Ressourcenproduktivität

Springer

Berlin
Heidelberg
New York
Barcelona
Budapest
Hong Kong
London
Mailand
Paris
Santa Clara
Singapur
Tokio

Raimund Bleischwitz

Ressourcen-produktivität

Innovationen für Umwelt und Beschäftigung

Mit einem Geleitwort von
Professor Dr. Ernst Ulrich von Weizsäcker

Springer

Raimund Bleischwitz

Wuppertal Institut für Klima Umwelt Energie GmbH
im Wissenschaftszentrum Nordrhein-Westfalen
Döppersberg 19
D-42103 Wuppertal
e-mail: bleischwitz@wupperinst.org
WWW: http://www.wupperinst.org

ISBN-13: 978-3-540-63953-4 e-ISBN-13: 978-3-642-93584-8
DOI: 10.1007/978-3-642-93584-8

Die Deutsche Bibliothek - CIP-Einheitsaufnahme

Bleischwitz, Raimund: Ressourcenproduktivität: Innovationen für Umwelt und Beschäftigung / Raimund Bleischwitz. Geleitw. von Ernst Ulrich von Weizsäcker. - Berlin; Heidelberg; New York; Barcelona; Budapest; HongKong; London; Mailand; Paris; Santa Clara; Singapur; Tokio: Springer 1998
ISBN-13: 978-3-540-63953-4

Umschlaggestaltung: de`blik, Berlin
Satz: Reproduktionsfertige Vorlage des Autors

SPIN: 10640959 30/3136 - 5 4 3 2 1 0 - Gedruckt auf säurefreien Papier *für Martina*

Geleitwort

Die Idee einer wirtschaftlich attraktiven Effizienzrevolution, die zugleich der Umwelt hilft, findet immer mehr Anhänger in Unternehmen und in der Politik. Dazu gehören beispielsweise Claude Fussler von Dow Chemical Europe sowie Netzwerke wie der „World Business Council for Sustainable Development" und das von Mitsubishi initierte „Future 500". Verschiedene Anleger haben Fonds öko-effizienter Unternehmen aufgelegt, dessen Aktienwerte sich besser zu entwickeln scheinen als herkömmliche nach dem sogenannten MSCI-Index. Die UN-Sondergeneralversammlung zu Umwelt und Entwicklung hat im Juni 1997 einen Faktor Vier bis Zehn für möglich und wünschenswert erklärt. Eine hochrangige Beratergruppe empfahl dem OECD-Generalsekretär im November 1997, der Ressourcenproduktivität in Zukunft die gleiche Aufmerksamkeit zu widmen wie bisher der Arbeitsproduktivität. Andreas Troge, der Präsident des Umweltbundesamtes, hat einen Faktor Vier zum Leitbild der Klimapolitikberatung seiner Einrichtung deklariert. Im Juni 1998 wird sich die Kärntner Messe Klagenfurt mit dem Faktor Vier beschäftigen.

Diese wenigen Aussagen zeigen, daß ein wahrer Kontinent neuer und faszinierender Möglichkeiten vor uns liegt. Es geht um eine Richtungsänderung des technischen Fortschritts, die bei einem schrittweise deutlich reduzierten Naturverbrauch ein mehr an Wohlstand und Lebensqualität bewirkt. Das bedeutet Märkte für neue Produkte, Stoffe und Dienstleistungen, verbesserte Organisationsverfahren innerhalb und zwischen Unternehmen, Chancen für Industrie, Dienstleister und Handwerk. Sie alle tragen dazu bei, die Innovationsdynamik von der Arbeits- auf die Ressourcenproduktivität umzulenken. Ressourcenproduktivität ist ein kommender Trend.

Gleichzeitig läßt sich nicht verkennen, daß der reale Megatrend der Globalisierung anhält und einen Kurswechsel hin zur Öko-Effizienz nicht gerade erleichtert.

Die wichtigsten Sorgen lauten, wie man die Beschäftigung erhöhen und das Wachstum wieder ankurbeln kann. Diese Sorgen sind berechtigt. Als Lösung des Dilemmas schwebt mir vor, die Innovationsrichtung im Sinne des genannten OECD-Berichts zu verändern: Mehr Ressourcenproduktivität, dafür langsamere Steigerung der Arbeitsproduktivität. Dies ist der wesentliche Sinn der Öko-Effizienz, die irgendwann zum Megatrend werden dürfte.

Wo liegen Hemmnisse für eine weitere Ausbreitung der Öko-Effizienz? Sicherlich sind Informationsdefizite und niedrige Preise zu nennen, die eine weitere Zerstörung der natürlichen Lebensgrundlagen begünstigen. Der weltweite Standortwettbewerb drückt die Kosten, verschärft die Krise der öffentlichen Haushalte und erschwert die Einführung einer ökologischen Steuerreform. Außerdem fehlt es häufig an visionären Ideen und Handlungsvorschlägen, in welche langfristige Richtung sich die Gesellschaft entwickeln soll.

Raimund Bleischwitz zeigt im vorliegenden Buch eine tieferliegende Ursache für die zögerliche Ausbreitung der Ressourcenproduktivität: Ein verengtes Produktivitätsverständnis, das einseitig den Faktor Arbeit rationalisiert und den Naturhaushalt vernachlässigt. Dieses Produktivitätsverständnis hat seine Wurzeln in der ökonomischen Theorie. Gleichzeitig, so argumentiert der Autor, lassen sich in der neueren Theorie Ansatzpunkte für ein erweitertes Verständnis finden, das der Produktivität des Naturhaushalts Rechnung trägt und den Faktor Arbeit vom Rationalisierungsdruck entlastet. So können positive Beschäftigungseffekte erzielt werden; Megatonnen und Kilowattstunden werden anstelle von Menschen arbeitslos. Eine derartige Neudefinition von Produktivität ist überfällig.

Das Buch leistet einen wichtigen Beitrag zur ökonomischen Neuausrichtung des technischen Fortschritts. Es erläutert Weichenstellungen der Vergangenheit, führt in neuere Theoriezweige zur Erklärung des wirtschaftlich-technischen Wandels ein und verbindet sie mit der Ressourcenproduktivität. Es spekuliert auf wissenschaftliche Weise über Innovationen, Verhaltensänderungen und Politikansätze, die eine forcierte Ressourcenproduktivität erzeugen und zu einer veränderten Langfristdynamik führen. Das Buch hat viele Leser und Folgediskussionen verdient.

Ernst Ulrich von Weizsäcker
im Frühjahr 1998

Vorwort

Das vorliegende Buch ist die geringfügig überarbeitete Fassung einer Dissertation, die unter dem Titel „Ressourcenproduktivität. Überlegungen zu einer zukunftsfähigen Langfristdynamik“ im Mai 1997 am Fachbereich Wirtschaftswissenschaft an der Bergischen Universität – Gesamthochschule Wuppertal eingereicht wurde. Hilfreich waren Ideen und Erfahrungen, die ich in den letzten Jahren als Forschungskoordinator am Wuppertal Institut und im Rahmen des Projekts „Zukunftsfähiges Deutschland" sammeln konnte. Die Friedrich-Ebert-Stiftung hat freundlicherweise wichtige Phasen der Arbeit großzügig und unbürokratisch unterstützt. Mein Dank gilt etlichen Kolleginnen und Kollegen, die mir während der Entstehung und der mühsamen Überarbeitungsphase mit Ratschlägen, Kritik und Anregungen behilflich gewesen sind. Mein besonderer Dank gilt dabei (in alphabetischer Reihenfolge) Jan C. Bongaerts, Friedrich Hinterberger, Jochen Luhmann, Detlev Karsten, Hans Nutzinger, Gerhard Scherhorn, Udo Ernst Simonis und Ernst Ulrich von Weizsäcker. Erich Hödl danke ich, weil er sich trotz seiner hohen zeitlichen Belastungen als Rektor Zeit für die Betreuung und Begutachtung einer externen Arbeit genommen hat und mich stets zur Straffung meiner Überlegungen anhielt. Peter Hennicke hatte sich freundlicherweise zur Erstellung des Zweitgutachtens bereit erklärt und mir darüber hinaus für die Buchfassung fruchtbare Hinweise geben können. Für die professionelle Überarbeitung der Abbildungen danke ich Thomas Pössinger, für die sorgfältige und kreative Buchgestaltung mit modernster Technik Dorothea Frinker. Die Verantwortung für alle verbleibenden Schwächen trägt selbstverständlich der Autor. Gewidmet ist die Arbeit meiner Frau Martina; ohne sie hätte ich das Projekt Dissertation während des Berufs- und Familienlebens weder aufgenommen, noch zu einem Abschluß bringen können.

Inhaltsverzeichnis

Abbildungs- und Tabellenverzeichnis

Einleitung: Neigt sich das Zeitalter der Arbeitsproduktivität dem Ende zu?

In wirtschaftlich schwierigen Zeiten sind Innovationen notwendig, um veraltete Strukturen und Märkte zu überwinden. Sie zeugen von vorwärtsgerichtetem Denken, kurbeln Wachstumskräfte an und erschließen Steuerquellen für öffentliche Haushalte. So können sie gleichzeitig zur Lösung der drängenden Probleme von Arbeitslosigkeit und Umweltzerstörung beitragen.

Üblicherweise wird die Frage debattiert, wie Innovationen zustande kommen und welcher politische Ordnungsrahmen dabei hilfreich sein kann. Dabei wird leicht die Richtung vernachlässigt: Nicht jede Zukunftstechnologie schafft Arbeitsplätze in nennenswerter Zahl und entlastet die Umwelt. Wenn aber die Richtung unklar bleibt, wächst die Orientierungslosigkeit über den zukünftigen Kurs von Wirtschaft und Politik.

Die Kluft zwischen Wirtschaft und Politik wird größer. Die Wirtschaft will primär eine Verbesserung „harter" Standortfaktoren wie Lohnkosten, Steuern und Abgaben etc. erreichen. Die Politik möchte die Wirtschaft unterstützen und muß gleichzeitig Lösungskonzepte gegen Arbeitslosigkeit und Umweltzerstörung vorlegen, die kurzfristig möglicherweise Kosten verursachen und sich erst langfristig auszahlen. So wächst ein Konfliktpotential, in dem sich Standortmodernisierung auf der einen und Arbeitsmarktpolitik, Bildung, Umwelt und soziale Belange auf der anderen Seite gegenüber stehen. Aussagen über einen Interessenausgleich zwischen beiden werden zwar getroffen, wirken jedoch vorläufig noch bemüht. Eine demokratische, das Gemeinwohl achtende und umweltschonende Innovationskultur ist bislang erst vage erkennbar.

Die Forschung ist mehr denn je gefordert, Konzepte für eine wirkungsvolle Harmonisierung zwischen ökonomischen, sozialen und ökologischen Zielsetzungen vorzulegen. Bedauerlicherweise folgt sie dabei oft herkömmlichen Gedankenlinien, die Paul Krugman im Herbst 1997 in der Zeitschrift 'Foreign Affairs' zutreffend beschreibt. Unter dem Titel „Is capitalism too productive?“ skizziert der amerikanische Wissenschaftler eine Auseinandersetzung zwischen technologischen Pessimisten und Optimisten, die nach seiner Analyse zunehmend das Verhältnis zwischen Europa und den USA bestimmt. Wenn der Kapitalismus zu produktiv ist, so heißt es vor allem in Europa, wachsen Arbeitslosigkeit und soziale Ungleichheit an. Entweder zähmt und dämpft die Politik die Produktivitätsentwicklung, oder der „entfesselte“ Kapitalismus würde über kurz oder lang an seinen inneren Widersprüchen scheitern. Nach dieser Perspektive geht der Arbeitsgesellschaft allmählich die Arbeit aus. Die Politik soll Mängel verwalten, Arbeit umverteilen und soziale Gerechtigkeit stärken. Das Zeitalter eines Wohlstands für alle neigt sich dem Ende zu und wird möglicherweise sogar von autoritären Strukturen abgelöst.

Krugman bezeichnet diese Position als „globale Sättigung“ ('global glut') und stellt ihr seine Auffassung von den positiven Wirkungen einer forcierten Produktivitätsentwicklung gegenüber. Nur ein Anstieg der Produktivität, so argumentiert er im Einklang mit der Mehrheit seiner Fachkollegen, setzt Wachstumskräfte frei, schafft Arbeitsplätze und ermöglicht zufriedenstellende Einkommenssteigerungen. Je höher der Produktivitätsanstieg, desto besser für die Wohlstandsentwicklung. Mit neuen Technologien, Produktionsverfahren und der Liberalisierung der Welmärkte sind die Voraussetzungen dafür heute günstig wie lange nicht mehr. Demnach erholt sich die Produktivitätsentwicklung von ihrer vorübergehenden Schwächephase, und ein neuer Boom beginnt.

Bei aller Anerkennung gibt Krugman auf eine wichtige Frage lediglich eine vereinfachte Antwort. Ob und inwieweit ein Produktivitätsanstieg (und mithin umgesetzte Innovationen) die Beschäftigung erhöht oder absenkt, wird in der Forschung aus guten Gründen uneinheitlich bewertet. Man unterscheidet zwischen arbeitsvermehrenden und -sparenden Richtungen des technischen Fortschritts. Offensichtlich ist in vielen Ländern die arbeitssparende Richtung stark ausgeprägt, und technologische Impulse garantieren keineswegs automatisch eine deutliche Entlastung des Arbeitsmarktes. Deshalb muß erörtert werden, ob und wie arbeitsvermehrende Wirkungen von Innovationen gefördert werden können. Außerdem wäre es vorteilhaft, dabei eine aktive Umweltentlastung erzielen zu können.

Die Suche nach einem Kurswechsel zugunsten von Arbeit und Umwelt basiert auf der Einsicht, daß technischer Wandel notwendig ist. Mithin wäre ein „weiter wie bisher“ genauso fatal wie das Abbremsen dynamischer Kräfte. Die Hypothese lautet vielmehr, daß Arbeitslosigkeit und Umweltzerstörung eine gemeinsame Ursache haben und gemeinsam lösbar sind. Diese Vermutung leugnet nicht die komplexen Wirkungszusammenhänge zwischen Einzelfaktoren, die beide Probleme mitverursachen. Daß beispielsweise die demographische Entwicklung und der soziale Wandel den Arbeitsmarkt belasten wird genausowenig in Abrede gestellt wie die Beiträge eines Anspruchsdenkens und des weltweiten Bevölkerungswachstums zur kritischen Lage der Umwelt.

Im Kern geht es um das Produktivitätsverständnis, das sich seit Beginn der Industrialisierung einseitig auf den Faktor Arbeit konzentriert und die Natur vernachlässigt. Nur nach dem herkömmlichen Verständnis heißt es zu Recht, daß ein niedriger Anstieg der Arbeitsproduktivität gleichbedeutend mit einem stotternden Innovationsmotor ist. Was aber wäre, wenn andere Faktoren zum Träger der Produktivitätsentwicklung werden? Kann ein geringerer Anstieg der Arbeitsproduktivität positive Beschäftigungsfolgen haben, wenn gleichzeitig andere Innovationslinien verfolgt werden? Könnten sich derartige Innovationslinien und Technologiepfade auf eine aktive Entlastung der Natur beziehen? Kann es sich dabei um Leitmärkte für eine zukunftsfähige Langfristdynamik handeln? Sind mit anderen Worten Innovationen für Umwelt und Beschäftigung möglich?

Diese Fragen stehen im Mittelpunkt des vorliegenden Buches. Es handelt von einem neuen Produktivitätsverständnis, das maßgeblich auf dem Anstieg der Ressourcenproduktivität beruht. Darunter wird die Erwirtschaftung von Wohlstand mit einem sinkenden Einsatz von Energieträgern und Material verstanden. Dieser Anspruch einer angemessen und stetig sinkenden Ressourcenentnahme steht im Einklang mit der Forschung zahlreicher Sachverständiger, die klar den bedrohlichen Zustand der Umwelt bilanzieren und gleichzeitig die vielfältigen Handlungsmöglichkeiten hervorheben.

Die Notwendigkeit für einen Übergang zur Ressourcenproduktivität resultiert somit aus der Zielsetzung eines intakten Naturhaushalts und aus der Suche nach Alternativen zu einem Anstieg der Arbeitsproduktivität. Das Zeitalter der Arbeitsproduktivität neigt sich demnach nicht etwa dem Ende zu, weil es technologisch oder ökonomisch ausgezehrt ist, sondern weil es Folgekosten hervorruft und ein Übergang im öffentlichen Interesse liegt.

Ob ein Anstieg der Ressourcenproduktivität dauerhaft möglich ist, wird bislang unterschiedlich bewertet. Auffälligerweise reagieren einige technologisch aufgeschlossene Gruppen zurückhaltend, wenn andere auf Innovationslücken und weitergehende Chancen für Öko-Effizienzsteigerungen hinweisen. Standardeinwände lauten etwa „das haben wir schon immer gemacht", „das ist mittlerweile weitgehend ausgeschöpft" und „das können wir nur machen, wenn sich alle anderen ähnlich verhalten".

Befürworter der Öko-Effizienz verweisen auf Beispiele erfolgreicher Effizienzsprünge und sprechen von einem „Faktor Vier – doppeltem Wohlstand bei halbiertem Naturverbrauch" oder sogar von einem „Faktor Zehn". Nur zur Verdeutlichung: ein Faktor Zehn würde erreicht, wenn ein gleichbleibendes Wohlstandsniveau mit einem Zehntel des heutigen Einsatzes natürlicher Ressourcen erwirtschaftet wird. Das ist zweifelsohne visionär.

Das vorliegende Buch nimmt diese begonnene Kontroverse zum Anlaß für eine Reflexion ökonomischer Theorieansätze. Jenseits von spezifischen Hemmnissen vermute ich, daß Ursachen für die Skepsis gegenüber einer Innovationsdynamik zugunsten von Umwelt und Beschäftigung in theoretischen Fehldeutungen der Wirklichkeit und dogmengeschichtlich verhängnisvollen Weichenstellungen zu finden sind. Um dieser Vermutung nachzugehen, ist eine Rekonstruktion der umfangreichen Produktivitätsdebatte nützlich. Dabei erweist sich, daß über die Integration neuerer Theoriezweige und eine Rückbesinnung auf die Klassiker Grundlagen für ein neues Produktivitätsverständnis erarbeitet werden können. Beide heben gleichermaßen die Einbettung der Wirtschaft in gesellschaftliche Zusammenhänge hervor und thematisieren normative Ziele der Ökonomie.

Das Buch ist in fünf Abschnitte gegliedert. Abschnitt A begründet das Umweltziel einer deutlichen Absenkung der Ressourcenentnahme und seine reziproke Größe, den Anstieg der Ressourcenproduktivität. Abschnitt B stellt das Produktivitätsverständnis in der ökonomischen Theorie und Dogmengeschichte dar. Abschnitt C bietet einen Überblick über problematische Folgen des herkömmlichen Produktivitätsverständnisses für einige Bereiche der Wirtschafts- und Umweltpolitik. Abschnitt D öffnet einen Zugang zur Produktivität des Naturhaushalts und entwickelt theoretische Ansatzpunkte für ein erweitertes Produktivitätsverständnis. Er kann als Kern des vorliegenden Buches angesehen werden. Abschnitt E zeigt eine Modellskizze über einen dauerhaften Anstieg der Ressourcenproduktivität, die die theoretischen Erkenntnisse mit empirisch überprüfbaren Einzeltrends verbindet.

Insgesamt lautet das Ergebnis, daß eine Innovationsdynamik für Umwelt und Beschäftigung möglich ist, wenn das bisherige Produktivitätsverständnis überwunden wird. Das Buch greift eine praxisnahe Fragestellung auf, reflektiert theoretische Erklärungs- und Steuerungsansätze und hofft, als vorläufige Analysebasis und vorstrukturierender Bezugsrahmen für Folgearbeiten dienen zu können.

A. Sustainable Development als mögliches Gleichgewicht zwischen Umwelt, Innovationen und Beschäftigung

1. Sustainability als Leitbild einer integrierten Umweltpolitik

Seit einigen Jahren nimmt das Leitbild Sustainable Development[1] – zukunftsfähige Entwicklung[2] allmählich Einfluß auf ökonomische, politische und soziale Zielvorstellungen. Darunter wird eine Entwicklung verstanden, in der die Bedürfnisse heutiger Generationen befriedigt werden, ohne die Möglichkeiten künftiger Generationen zu beeinträchtigen, ihre Bedürfnisse zu befriedigen. Entscheidend ist die Einsicht, daß künftigen Generationen nicht wahlweise ein intaktes ökonomisches, soziales oder ökologisches System hinterlassen werden soll, wenn dies auf Kosten der Funktionsfähigkeit eines der anderen Systeme geschieht. Vielmehr verbindet sich mit dem neuen Leitbild die Erkenntnis, daß die ökonomische, soziale und ökologische Entwicklung als eine immer neu herzustellende notwendige Einheit zu betrachten ist.

Bei dem Verhältnis der drei Systemkomponenten sind wechselseitige Abhängigkeiten und unterschiedliche Dynamiken feststellbar. In den letzten Jahrzehnten hat vor allem die wirtschaftliche Dynamik die endogene Entwicklung sozialer und ökologischer Systeme hinter sich gelassen. Die zunehmende Nutzung des Raumes für wirtschaftliche Aktivitäten und die Verkürzung der Zeittakte für Produktion, Handel und Konsum haben Wohlstand hervorgebracht, jedoch gleichzeitig steigende Belastungen für gewachsene soziale Ordnungen und die natürliche Umwelt verursacht. Historisch betrachtet hat der industrielle Fortschritt zunächst die „soziale Frage" hervorgerufen, in deren Verlauf in Deutschland und in einigen anderen Industrieländern schrittweise und unter erheblichen Konflikten ein sozialer Ordnungsrahmen für die Marktwirtschaften geschaffen wurde. In vergleichbarer Weise sollen nach dem Leitbild eines Sustainable Development weltweit Ordnungsrahmen für die Einbindung der Ökonomie in soziale und ökologische Systeme geschaffen werden, ohne die wirtschaftliche Innovationsdynamik substanziell zu beeinträchtigen.

Ein solches Verständnis eines Sustainable Development unterstellt ein Spannungsverhältnis zwischen marktwirtschaftlicher Innovationsdynamik und korrespondierenden sozialen und ökologischen Ordnungen, das grundsätzlich harmonisierungsfähig ist. Modellhaft betrachtet ist die Ökonomie eine Teilmenge der Gesellschaft und diese wiederum eine Teilmenge des sie umgebenden Naturraumes mit seinen Systemen. Es gilt daher aus umweltökonomischer Sicht,[3] die Dynamik wirtschaftlicher Innovations- und Wachstumsprozesse an die Begrenztheit natürlicher Ressourcen und an die sogenannte „Tragekapazität" ökologischer Systeme (Kapitel 3) anzupassen. Aus der Erkenntnis heraus, daß die Natur Grundlage des Wirtschaftens ist und ihre Strukturen und Funktionen nicht unbegrenzt belastbar sind, können Grenzen abgeleitet werden, die eine zukunftsfähige Entwicklung nicht überschreiten sollte. Als grundlegende *Funktionen der Umwelt* für den Menschen gelten:[4]

- die Produktionsfunktion (erneuerbare und nicht-erneuerbare Ressourcen, landwirtschaftliche Ernte mit und ohne Anbau, Tierhaltung);
- die Trägerfunktion (für Abfälle und Schadstoffe);
- die Regelungsfunktion (Reinigungsmechanismen, globale Kreisläufe, Schutzfunktion);
- die Informationsfunktion (Vorbilder für technische Systeme und Erfahrungswissen)
- Die Ausgleichs- und Erholungsfunktion (Freizeit und Erholungswerte).

Die physischen Grenzen des Wachstums setzen Rahmenbedingungen des Wirtschaftens. Mit der Anerkennung solcher physischer Belastungsgrenzen beginnt eine grundlegende ökonomische Transformation, nämlich die Abkehr vom herkömmlichen linearen Wachstums- und Wohlstandsmodell und die Hinwendung zu einer Strategie der Entkoppelung von Wachstum, Wohlstand und Umweltbelastungen. Letzten Endes würden sich neue Wohlstandsmodelle herausbilden, in denen Umweltbelastungen auf einem für Mensch und Natur erträglichen Niveau gehalten werden. Auf welche Weise industrielles Vorwärtsstreben dauerhaft umweltverträglich gestaltet werden kann, ist deshalb wohl die entscheidende Frage einer zukunftsfähigen Entwicklung. Der in diesem Zusammenhang verwendete Begriff des „Sustainable Growth"[5] ist unter den genannten Prämissen problematisch und kann nicht als klar definierter und operationalisierbarer Grundbegriff der Umweltökonomie angesehen werden. Er ist somit in der Politik mit Vorsicht zu verwenden.

Überlegungen zu ökologischen Rahmenbedingungen des Wirtschaftens müssen den Zustand und die Entwicklung natürlicher und naturnaher Systeme beachten. Der Naturhaushalt wird durch Veränderungen charakterisiert, in der sich zum Beispiel über die Evolution ständig neue Ordnungen herausbilden. Die Natur hat keinen dauerhaften, unveränderten Zustand; sie besteht aus komplexen stofflichen und strukturellen Wechselwirkungen zwischen einer Vielfalt von Systemen, in deren Verlauf sich immer neue Fließgleichgewichte herausbilden. Die Fähigkeiten der Natur, auf Veränderungen zu reagieren und Störungen auszugleichen, hat eigene Gesetzmäßigkeiten und spezifische Systemzeiten. Es hat Jahrzehnte gedauert, bis die Wälder durch fortdauernde Schadenseinwirkungen in einen Zustand gelangt sind, in dem ihre Belastbarkeit und ihre Mechanismen des Streßausgleichs soweit beeinträchtigt waren, daß enorme Schäden sichtbar wurden. Es hat ebenfalls Jahrzehnte gedauert, bis die emittierten FCKW so grundlegend die Selbstreinigungsmechanismen der Atmosphäre veränderten, daß in der stratosphärischen Ozonschicht mehr als 10 Kilometer über dem Erdboden teils erhebliche Ausdünnungen entstehen konnten. Und es dauert ein Jahrhundert und länger, bis durch die Verbrennung fossiler Energieträger CO_2 und andere Treibhausgase soweit in der Atmosphäre akkumuliert sind, daß eine globalen Erwärmung eintritt, als deren Folgen der Meeresspiegel ansteigen und sich die Vegetationszonen verschieben werden. Die Industrie muß deshalb lernen, sich innerhalb der Ordnungsprinzipien der Natur neu zu orientieren, die sowohl durch Grenzen der Belastbarkeit als auch durch Eigendynamik, Vielfalt und Komplexität gekennzeichnet sind.

Zieht man die Kenntnisse über ökologische Rahmenbedingungen des Wirtschaftens in Betracht (Kapitel 4), geht der absehbare ökonomische Kurswechsel deutlich über den Einsatz und die Weiterentwicklung von Technologien hinaus, die für die ersten Jahre der Umweltpolitik charakteristisch waren. Die folgende Kritik an nachsorgenden Reinigungstechnologien („End-of-the-Pipe“) ist mittlerweile umweltökonomisches Allgemeingut geworden:[6]

- Sie erfassen Umweltprobleme punktuell und leisten nur einen unzureichenden Beitrag zur Lösung komplexerer neuartiger Umweltveränderungen.
- Sie verlagern Umweltprobleme, da während ihres Betriebes entstehende Stoffe wie beispielsweise Klärschlämme oder Gips aus Entschwefelungsanlagen neue Entsorgungsprobleme schaffen.

- Sie sind ökonomisch relativ ineffizient, weil sie mit hohen Investitions- und Betriebskosten verbunden sind.

Die Grenzen sogenannter integrierter Umwelttechnologien werden demgegenüber erst allmählich deutlich. In der Regel bezieht sich ihr Einsatz auf spezifische Umweltprobleme und auf etablierte Bereiche der Umweltpolitik, d.h. auf Luftreinhaltung, Gewässerschutz, Bodensanierung und Abfallvermeidung. Hier ist ihr Einsatz ökonomisch und ökologisch gesehen vorteilhaft. Integrierte Umwelttechnologien tragen aber wenig zum notwendigen Strukturwandel umweltintensiver Bereiche wie Energieversorgung, Verkehr, Chemie und Landwirtschaft bei. Ihr Einsatz reduziert das Entstehen von Emissionen, Abwässern und Abfällen. Er verändert einzelne Produktionsschritte, entfaltet jedoch keine Eigendynamik weiterer Umweltentlastungen und Strukturveränderungen umweltintensiver Bereiche und ihrer Produktpalette. Sie bilden eine Übergangslösung zu einer integrierten Umweltpolitik, die in Wirtschaft und Gesellschaft eine Innovationsdynamik zum Schutz der natürlichen Umwelt zur Entfaltung bringt.

Erste Elemente einer integrierten Umweltpolitik liegen vor. Als technische Bausteine sind Kraft-Wärme-Kopplungsanlagen, die unterschiedlichen Anwendungsbereiche der Solarenergie, modernste Kraftwerkstechnologien, stromsparende Geräte und Produkte, neuartige Antriebssysteme für Fahrzeuge und intelligente Werkstoffe wie etwa biologisch abbaubare Kunststoffe zu nennen. Sie deuten eine neue Technikgeneration an, deren Credo „Mehr Leistung mit weniger Naturverbrauch" lautet. Kernelemente der neueren umweltökonomischen Strategiediskussion wie Effizienzrevolution, Stoffstrommanagement, ökologische Steuerreform, Verkehrsvermeidung und neue Konsumformen basieren auf solchen Bausteinen und trachten danach, sie mit einem intra- und interindustriellen Strukturwandel sowie mit einem Wertewandel in der Gesellschaft zu verknüpfen. Die marktwirtschaftliche Innovationsdynamik benötigt freilich eine ordnungspolitische Gesamtentscheidung im Sinne Walter Euckens,[7] die eine Richtungsänderung hin zur Öko-Effizienz, zur solaren Stoffumwandlung und zu einem vorläufig unklaren neuen Wohlstandsverständnis anstößt und stabilisiert. Diese Richtungsänderung kann sogar mit positiven Beschäftigungseffekten verbunden sein, weil der Rationalisierungsdruck auf den Faktor Arbeit nachläßt. Sustainability wird zum Leitbild einer integrierten Umweltpolitik, in der der technische Wandel, ein politisch gestalteter Ordnungsrahmen und sozio-kulturelle Faktoren ineinandergreifen. Für die Umweltökonomie wird dies neben dem Ausbau ihrer Beziehungen zu den Naturwissenschaften die deutliche Intensivierung ihres Dialogs mit den Sozial- und Geisteswissenschaften zur Folge haben.[8] Sustainability ist so gesehen nicht nur für Politik, Wirtschaft und Gesellschaft relevant, sondern auch für die Wissenschaft.

2. Sustainability im engen und erweiterten Verständnis

Die grundsätzliche Einigkeit in Politik, Wirtschaft und Gesellschaft über die Notwendigkeit einer integrierten Umweltpolitik führt zu weitergehenden Fragen an die Forschung, wie der Wert der Natur ökonomisch zum Ausdruck gebracht werden kann. Idealtypisch können dabei zwei Positionen unterschieden werden, die vielfach als enge („weak“) und erweiterte („strong“) Sustainability bezeichnet werden.[9]

2. 1 Das enge Verständnis: Erhaltung des Kapitalstocks

Das enge Verständnis von Sustainability greift die Argumentation auf, daß künftige Generationen nicht automatisch einen höheren Lebensstandard und gesellschaftliche Wohlfahrt als gegenwärtig genießen werden. Deshalb sollen sie einen Kapitalstock erhalten, dessen Nutzungsmöglichkeiten über einen längeren Zeitraum hinweg konstant sind.[10] Dieser Kapitalstock besteht aus:

- dem produzierten Kapital;
- dem Anteil des produzierten Kapitals, der unmittelbar der Naturnutzung oder ihrer Wiederherstellung dient,
- der potentiell nutzbaren Natur (natürliche Ressourcen und andere Umweltgüter), deren Wert über verschiedene Methoden in monetären Einheiten ermittelt wird.

Die ökonomische Zielsetzung eines über einen längeren Zeitraum hinweg konstanten Kapitalstocks schließt die ökonomisch relevante Natur mit ein; sie wird auch als „Naturkapital“ bezeichnet. Wenn man sie als Teil des Kapitalstocks betrachtet, kann man etablierte theoretische Gesetzmäßigkeiten auf umweltökonomische Analysen anwenden und einen optimalen Wachstumspfad ermitteln.

2.1.1 Das Naturkapital als Teil des Kapitalstocks

Mögliche Wachstumsgrenzen lassen sich nach dem engen Sustainability-Verständnis über die Substituierbarkeit von Ressourcen und technischen Fortschritt soweit verschieben, daß sie auf absehbare Zeit keine ernsthafte Restriktion darstellen. Dabei geht man von der rechtzeitigen Entwicklung einer „*Backstop-Technologie*" aus, die bei einer auftretenden Knappheit gegebene technologische und ökonomische Hemmnisse überwindet. Ein nahendes Ende der Rohölvorräte würde so beispielsweise zur Entwicklung andersartiger Antriebstechnologien für Motoren und zu weiteren Neuentwicklungen für andere Nutzungsbereiche führen. Eine andere Option ist der Technologieeinsatz für ein Management von Ökosystemen, das möglicherweise ein Verschieben von Belastungsgrenzen erlaubt.

Ein solches Vertrauen auf „Backstop-Technologien" mag relativ hoch erscheinen. Es gründet sich auf den Prozeß der Industrialisierung, in dessen Verlauf es neben inkrementalen Verbesserungen immer wieder Durchbrüche in der Technologieentwicklung gegeben hat. Man kann deshalb festhalten, daß das enge Sustainability-Verständnis auf einem technologischen Optimismus hinsichtlich ökologischer Knappheitsgrenzen basiert[11] und sich überwiegend auf Wachstumsprozesse konzentriert, weil sie die Produktion eines für künftige Generationen nutzbaren Kapitalstocks ermöglichen.

Die Forschung vertieft darüber hinaus die implizite Eigenschaft der Substituierbarkeit, der das Naturkapital nach neoklassischen Annahmen unterliegt. Der Wert des Kapitalstocks bleibt bei einer Verknappung des Naturkapitals unverändert hoch, wenn vermehrt Sachkapital produziert worden ist. Die Wertabnahme des Naturkapitals könnte demnach durch eine Wertsteigerung des produzierten Kapitals ausgeglichen werden. Beckerman führt aus:

> „(...) the criterion of whether a substitution of man-made for natural capital is acceptable is whether it makes an adequate contribution to welfare".[12]

Die Annahme der Substituierbarkeit bezieht sich zum einen auf die Ersetzbarkeit von Stoffen im Produktionsprozeß. Bestimmte Ressourcen können durch andere ersetzt werden, und darüber hinaus können über den technischen Fortschritt funktionale Substitute zum Einsatz gebracht werden. Die Angebotsknappheit von Ressourcen wäre in dieser Perspektive überwindbar. So argumentieren etwa Barnett u. Morse:

> „That man will face a series of particular scarcities as a result of growth is a foregone conclusion; that these will impose general scarcity – increasing cost – is not a legitimate corollary.(...) In short, the resource problem is one of a continual accomodation and adjustment to an ever-changing economic-resource quality spectrum. The physical properties of the natural-resource base impose a series of initial constraints on the growth and progress of mankind, but the resource spectrum undergoes kaleidoscopic change through time. Continual enlargement of the scope of substituability – the result of man´s technological ingenuity and organizational wisdom – offers those who are nimble a multitude of opportunities to escape.“[13]

Zum anderen werden in Anlehnung an die neoklassische Produktionstheorie alle nutzbaren Umweltgüter wie Inputfaktoren betrachtet, für die ein substitutionaler Grundansatz gilt. Nach dieser Annahme können trotz Beeinträchtigungen der Natur Wirtschaftsleistungen in gleicher Höhe erzielt werden, wenn ihre reduzierte Leistungsfähigkeit durch vermehrten Kapital- oder Arbeitseinsatz kompensiert wird. Diese Auffassung ist für nicht-erneuerbare Ressourcen realitätsnah, weil ohne ihre Verwendung ein Wirtschaften auf absehbare Zeit kaum möglich ist. Jede Nutzung nicht-erneuerbarer Ressourcen mindert jedoch zwingend den Wert des Naturkapitals, so daß der Kapitalstock aufgefüllt werden muß. Dasgupta u. Heal formulieren:

> „Even in the absence of any technical progress, exhaustible resources do not pose a fundamental problem, if reproducible capital is sufficiently substitutable for natural resources.“[14]

Ob allerdings Umweltgüter wie Ressourcen betrachtet werden können, ob sie substituierbar sind und ob sich diese Annahmen auch auf nicht-nutzbare Natur beziehen, ist äußerst umstritten. Nach neoklassischer Auffassung ist dies zumindest weitgehend möglich, und die problematischen Größen sind die Rate des technischen Fortschritts und die Substitutionselastizität. Nur wenn der technische Fortschritt und zusätzlicher Faktoreinsatz die Erschöpfung der Natur kompensieren, kann die Wirtschaftsleistung in gleicher Höhe aufrechterhalten werden. Formal läßt sich dieser Zusammenhang zwischen der Wirtschaftsleistung, dem Faktoreinsatz und dem technischen Fortschritt mittels einer Produktionsfunktion

$$Y = f(K_{S+N,} A, T)$$

ausdrücken, wobei Y für Output, K_{S+N} für Sach- und Naturkapital steht, A für Arbeit und T für den technischen Fortschritt steht. Im einfachsten Fall ist analog der Cobb-Douglas Produktionsfunktion die Substitutionselastizität gleich eins, d.h. ein veränderter Wertanteil Ressourcen wird durch den gleichen Anteil Kapital oder Arbeit substituiert, und der technische Fortschritt kann in vollem Umfang zur Erweiterung der Produktion eingesetzt werden (Kapitel 6, 10).

2.1.2 Das dauerhafte Einkommen nach Hicks

Eine Konstanz des Kapitalstocks kann in Anlehnung an das Hickssche Einkommenskonzept erreicht werden, nach dem Einkommen nicht aus dem Verzehr von Kapital entstehen soll. Hicks bezeichnet dies als „dauerhaftes Einkommen“. Er formuliert in seiner Einkommenstheorie:

> „The purpose of income calculations in practical affairs is to give people an indication of the amount which they can consume without impoverishing themselves. Following out this idea, it would seem that we ought to define a man´s income as the maximum value which he can consume during a week, and still expect to be as well off at the end of the week as he was at the beginning. Thus when a person saves he plans to be better off in the future; when he lives beyond his income he plans to be worse off. Remembering that the practical purpose of income is to serve as a guide for prudent conduct, I think it is fairly clear that this is what the central meaning must be.“[15]

Sustainability kann somit als Erzielung eines konstanten Einkommens interpretiert werden, das als Quellen gleichermaßen Arbeit, Kapital und Naturkapital kennt.[16] Einkommen im Zusammenhang mit der Natur können aus verschiedenen Kapitalformen resultieren und sind die Folge geschaffener Eigentumsrechte („property rights“) an der Natur und ihren Funktionen. Diese sind bei Ressourcen im Regelfall vorhanden und entstehen bei Technologien im Verlauf der Implementation umweltpolitischer Maßnahmen.

Bei dem Abbau erneuerbarer Ressourcen läßt sich ein konstantes Einkommen verhältnismäßig gut ermitteln. Es wird unter Anerkennung einer grundlegenden Regel der Nachhaltigkeit erzielt. Sie lautet: Die Abbaurate erneuerbarer Ressourcen soll ihre Regenerationsrate nicht überschreiten. In einer Erweiterung berücksichtigt sie die ökologische Leistungsfähigkeit des umgebenden Ökosystems („maximum sustainable yield“),[17] d.h. daß neben der Produktionsfunktion weitere Funktionen des bewirtschafteten Systems beachtet werden. Am Beispiel der Forstwirtschaft läßt sich dieser Ansatz verdeutlichen. Um das Produktionssystem für

Holz erhalten und nutzen zu können muß der Betrachtungszeitraum mehrere Baumgenerationen umfassen, Nach der erweiterten Regel sind auch die Bodenfruchtbarkeit, die Lebensräume von Arten und die regionalen Wasserkreisläufe zu beachten. Grundsätzlich läßt sich dieser Ansatz auf andere erneuerbare Ressourcen übertragen (z.B. Fischereiwirtschaft).

Auch bei der Nutzung nicht-erneuerbarer Ressourcen kann das Einkommen über längere Zeiträume hinweg konstant gehalten werden. Hartwick hat in einer gedanklichen Weiterentwicklung der Hotelling-Regel[18] im Zusammenhang mit britischen Nordseeölbohrungen ein Modell entwickelt, nach dem ein Teil des Fördererlöses für die Entwicklung erneuerbarer Energieträger als Substitute investiert werden soll.[19] Es gilt also, ein funktionales Nutzungsäquivalent für die jeweilige nicht-erneuerbare Ressource zu erforschen und zur Markteinsatzreife zu entwickeln. So kann zumindest in der Theorie ein konstantes Einkommen aus einer Ressource und ihrem erneuerbaren Substitut erzielt werden, auch wenn der Bestand der Ressource reduziert wird. Solow hat diesen Ansatz zu einer Regel über die intergenerative Allokation natürlicher Ressourcen weiterentwickelt.[20]

Bei allen anderen Umweltgütern ist die Ermittlung eines konstanten Einkommens deutlich schwieriger. Eigentumsrechte an öffentlichen Gütern zu schaffen, bei denen es sich teilweise um globale Schutzgüter („global commons") handelt, ist aus methodischen und wirtschaftspolitischen Gründen nahezu ausgeschlossen. Darüber hinaus erfordern die Trägerfunktion und die Regelungsfunktion der Natur eine Einsicht in komplexe ökologische Wirkungszusammenhänge, die die Ermittlung eines konstanten Einkommens zusätzlich erschwert.

Zusammenfassend kann festgestellt werden, daß sich das enge Verständnis von Sustainability auf einen konstanten Kapitalstock bezieht, aus dem ein konstantes Einkommen erwirtschaftet werden soll. Die Produktivität dieses Kapitalstocks kann durch Substitution und technischen Fortschritt gesteigert werden. Die genannten Annahmen lassen sich formal darstellen. Sie erweitern das Theoriegerüst der Neoklassik, ohne es in Frage zu stellen. Es wird hingegen auch deutlich, daß die Theorieansätze und methodischen Werkzeuge zur Integration natürlicher Knappheitsgrenzen nahezu ausschließlich ökonomisch fundiert sind. Sie erfordern eine Monetarisierung, die methodisch, wirtschaftspolitisch und aus ethischen Gründen zweifelhaft ist. Sie basieren auf Annahmen der Substituierbarkeit und der Wirksamkeit des technischen Fortschritts, die aus umweltwissenschaftlicher Sicht möglicherweise unangemessen sind. Deshalb ergibt sich die Schlußfolgerung, einen intensiveren Austausch mit naturwissenschaftlichen Forschungsansätzen anzustreben, um das Verständnis für die Interaktion zwischen Ökologie und Ökonomie zu erhöhen.

2.2 Das erweiterte Verständnis: Der Schutz des Naturhaushalts unabhängig vom Wert des Kapitalstocks

Der zentrale Unterschied zwischen dem engen und dem erweiterten Sustainability-Verständnis liegt in der Bedeutung der Natur im Wirtschaftsprozeß. Während der enge Ansatz davon ausgeht, daß gleichbleibende Wohlstandsleistungen auch bei einem verringerten Wert des Naturkapitals mit dem Leitbild einer zukunftsfähigen Entwicklung übereinstimmen können, wird in dem erweiterten Ansatz diese Möglichkeit ausgenommen. Hier soll die Natur intakt bleiben, um künftige Generationen bezüglich Umweltqualität und Ressourcenangebot nicht schlechter zu stellen. Weil die Natur somit als eigenständige (wenn auch nicht unabhängige) Größe anerkannt wird, spricht man auch von einem „komplementären" anstelle eines „substitutiven" Ansatzes.

Die Aufrechterhaltung des Naturkapitals bezieht sich auf die wichtigsten Strukturen und Funktionen der Natur sowie auf die Ressourcenbasis.[21] Damit wird ausgedrückt, daß es nicht vorwiegend um die Kapitalgüter geht, mit deren Hilfe die Natur ökonomisch genutzt wird, sondern um die Naturgüter selber. Eingeschlossen sind auch gegenwärtig ungenutzte oder nicht nutzbare Naturgüter, also sogenannte Options- oder Existenzwerte. Allerdings ist der Begriff „Naturkapital" noch relativ unscharf. So ist beispielsweise unklar, ob die Konstanz des Naturkapitals in monetären oder in physischen Einheiten bewertet werden soll. Physische Einheiten würden den Naturbestand abbilden, während monetäre Einheiten Aggregierungen und Kompensationen innerhalb des Naturhaushalts ermöglichen und Vergleiche mit ökonomischen Aktivitäten erleichtern. Das obengenannte Hickssche Einkommenskonzept kann auch separat für das Naturkapital angewendet werden.

In der ökonomischen Forschung widmet sich der Zweig der sog. *Ecological Economics* („Ökologische Ökonomie") in besonderer Weise dem Schutz des Naturhaushalts.[22] Angesichts der gezeigten Defizite der neoklassisch ausgerichteten Umwelt- und Ressourcenökonomie[23] bietet das Forschungsfeld der Ecological

Economics Vorteile eines Methodenpluralismus und analysiert ökologisch begründete Ziele in ihrer Interaktion mit ökonomischen Aktivitäten, ohne daß hochgeschraubte Ansprüche an die Formulierung einer neuen Theorie erhoben werden. Über die vorwiegend allokationstheoretisch geprägten Ansätze der neoklassischen Umweltökonomie[24] hinaus

- geht sie in besonderer Weise auf ökologische Belastungsgrenzen ein,
- analysiert die Vielfalt verschiedener Strukturen und Funktionen ökologischer Systeme und
- bezieht Werturteile in die Theoriebildung ein, von denen hier der Schutz des Naturhaushalts und die inter- und intragenerative Gerechtigkeit bereits betont worden sind.

2.2.1 Der Naturhaushalt als ökologischer Ausdruck des Naturkapitals

Die vorliegende Arbeit legt physische Einheiten für die Erarbeitung von Indikatoren und Zielen zugrunde, weil sie für die Analyse von Nutzungsmöglichkeiten zielführender sind als monetäre. Wie noch gezeigt werden wird, führt dies keineswegs zu einem Rückzug der Ökonomie aus wichtigen umweltwissenschaftlichen Fragestellungen, sondern zu neuen Aufgaben. Für physische Einheiten ist der Begriff „Naturkapital" jedoch wenig zweckmäßig. Der Begriff „Naturhaushalt" ist zutreffender, da er unmittelbar auf naturwissenschaftliche Bezüge verweist und ökonomisch verwendet werden kann. Er ist in der Novelle des Bundesnaturschutzgesetzes definiert als die „Gesamtheit der Bestandteile Boden, Wasser, Luft, Klima, Tiere und Pflanzen sowie das Wirkungsgefüge zwischen ihnen".[25] Diese Definition deckt die wichtigsten Strukturen und Funktionen ab und schließt auch Ressourcen ein.

Der Begriff Naturkapital ist auch nach der Kapitaltheorie unscharf. Danach hat Kapital die zweifache Bedeutung, einen Güterbestand und Serviceleistungen zu bezeichnen, die aus dem Bestand erwirtschaftet werden.[26] Das Naturkapital würde demnach sowohl den Bestand aller Naturgüter als auch die daraus erwirtschafteten Serviceleistungen umfassen. Es kann also a) der Bestand aller Naturgüter in physischen Einheiten unabhängig von Nutzungsformen ausdrücken, b) eine nutzbare Ressourcenmenge, c) eine Inanspruchnahme wichtiger Strukturen und Funktionen oder d) ein bestimmtes Einkommen. Der Kapitalbegriff einer Produktionsfunktion umfaßt lediglich monetarisierte Serviceleistungen des Naturkapitals, deren Konstanz keineswegs zwingend einen intakten Naturhaushalt nach sich zieht. Wenn physische Größen im Sinne von b) und c) gemeint sind, ist die Zielsetzung einer Konstanz umweltökonomisch irreführend. Vielmehr müßte ein umweltverträgliches Niveau künftig erst erreicht werden. Also wäre der Erhalt eines bestimmten Bestands von Naturgütern in seinen Strukturen und seiner Funktionsfähigkeit eine sinnvolle Interpretation des Begriffs Naturkapital; diese Ableitung ist jedoch weniger ökonomisch als umweltwissenschaftlich. Zusammenfassend betrachtet ist der Kapitalbegriff für umweltökonomische Arbeiten weniger brauchbar als der hier vorgeschlagene Begriff „Naturhaushalt".

Für den erweiterten Sustainability-Ansatz eines Schutzes des Naturhaushalts werden im Kern drei Argumente angeführt, von denen zwei wissenschaftlich-methodisch begründet sind und ein Argument wirtschaftspolitischer Art ist:[27]

1) Begrenzte Substitutionsmöglichkeiten,
2) Wissenschaftliche Unsicherheiten,
3) Internationale Kooperationsfähigkeit.

2.2.2 Grenzen der Substituierbarkeit

Es leuchtet unmittelbar ein, daß nicht alle Ressourcen, Strukturen und Funktionen der Natur unbegrenzt ersetzbar sind. Zwar kennt die neoklassische Produktionstheorie das Gesetz von der abnehmenden Grenzrate der Substitution, und eine explizite Inkaufnahme einer irreversibel zerstörten Natur läßt sich in der obengenannten Position auch bei kritischem Blick nicht ausmachen[28] – dennoch trifft der Einwand zu, daß ein enges Verständnis von Sustainability physische Wertverluste am Naturhaushalt billigend in Kauf nimmt. Das Augenmerk der Neoklassik gilt weniger der Natur als vielmehr ökonomischen Wachstumsprozessen. Deshalb ist der naturwissenschaftliche Einwand sinnvoll, daß wesentliche systemare Eigenschaften des Naturhaushalts nicht ersetzbar sind. In dieser Hinsicht ist der Optimismus, mit dem weite Teile der Neoklassik die rechtzeitige Verfügbarkeit problemlösender Backstop-Technologien annehmen, unangemessen und mit hohen Risiken verbunden. Es ist ferner kaum mit dem getroffenen Werturteil gleicher Rechte für künftige Generationen vereinbar, wenn Nutzungsoptionen für wesentliche Strukturen und Funktionen der Natur beeinträchtigt werden.

Die folgenden Beispiele für begrenzte Substitutionsmöglichkeiten stehen auch für sogenannte „globale Umweltveränderungen" und zeichnen sich besonders dadurch aus, daß das Ursache-Wirkungsgefüge zeitverzögert ist und mit anschließenden nicht-linearen Sprüngen auftritt:

- die stratosphärische Ozonschicht mit ihrer Schutzfunktion vor der UV-B-Strahlung);
- das Klimasystem mit seiner Stabilisierungsfunktion;
- die Bodenfruchtbarkeit, die für die Nahrungsmittel- und Rohstofferzeugung eine Produktionsfunktion hat;
- der Wasserkreislauf, der für die Wasserverfügbarkeit eine Regelungsfunktion hat.

Als ein besonderes Kriterium begrenzter Substitutionsmöglichkeiten kann das der Irreversibilität gelten. Insbesondere sensible Systeme sind bei hoher Eingriffstiefe nicht wieder herstellbar. Wenn sie zerstört sind, handelt es sich um endgültige Verluste. Verlorengegangene Arten oder Biotope können nicht wieder erschaffen werden. Wichtige Ressourcen wie Boden und Wasser sind wegen ihrer langwierigen Neubildungsrate quasi nicht-erneuerbar. Umweltfunktionen der Produktion, der Regelung wichtiger Kreisläufe und der Aufnahmefähigkeit zu ersetzen, ist nach dem gegenwärtigen Stand des Wissens kaum und wenn nur zu hohen Kosten möglich.

Das enge Verständnis von Sustainability muß daher um naturwissenschaftliche Erkenntnisse erweitert werden. Die neoklassische Theorie der Substituierbarkeit zwischen den Produktionsfaktoren enthält keine Hinweise darauf, wie das Ausmaß und wie die Grenzen der Substituierbarkeit ermittelt werden können. Auch die Hotelling-Regel und der „maximum sustainable yield"-Ansatz aus der Ressourcenökonomie können nur begrenzt zu Rate gezogen werden, da sie auf nicht-erneuerbare bzw. erneuerbare Rohstoffe anwendbar sind und bei ökosystemaren Fragestellungen an die Grenzen ihrer Aussagefähigkeit gelangen. Im Unterschied zum mengenbezogenen, kalkulierbaren Rohstoffabbau zeigen sich bei globalen Umweltveränderungen schwer kalkulierbare Zeitverzögerungen zwischen Verursachung und Wirkung sowie sprunghafte Entwicklungen. Dort operieren die Umweltwissenschaften mit Ansätzen wie „carrying capacity" und „critical level / loads", auf die untenstehend eingegangen wird (Kapitel 3, 4). Die umweltökonomische Forschung erkennt infolgedessen die begrenzten Substitutionsmöglichkeiten zunehmend an und schafft mit dem normativen Ziel „Schutz des Naturhaushalts“ eine günstige Voraussetzung für die Integration naturwissenschaftlicher Erkenntnisse.

2.2.3 Wissenschaftliche Unsicherheiten

Die These der Unersetzbarkeit des Naturhaushalts und seiner wesentlichen Systeme bedarf der Forschung, denn bei der näheren Betrachtung bestimmter Einzelphänomene zeigen sich teils erhebliche fachwissenschaftliche Unsicherheiten. Die deutsche Waldschadensforschung, nach der auch nach mehr als 10 Jahren umfangreicher Forschungsarbeiten keine eindeutige Ursache-Wirkung-Beziehungen bei den neuartigen Waldschäden feststellbar sind, mag als Beleg dieser Aussage dienen. Der Sachverständigenrat für Umweltfragen spricht von einem „Komplexitätsdilemma“[29] der Ökologie: Einerseits ist sie gefordert, die Komplexität ihres Betrachtungsgegenstandes zu vereinfachen und möglichst eindeutige Aussagen zu den unterschiedlichen Belastbarkeiten der naturräumlichen Systeme zu treffen. Andererseits sind solche Aussagen problematisch, da sie regional und lokal unterschiedliche Nutzungs- und Belastungsintensitäten sowie unterschiedliche naturräumliche Voraussetzungen berücksichtigen müssen. Weil bei komplexen Umweltproblemen einfache Experimente als Methode nicht mehr ausreichen, müssen lange Testreihen unternommen und/oder aufwendige Modelle konstruiert werden, deren Ergebnisse oftmals eher Wahrscheinlichkeiten als Fakten darstellen.

Darüber hinaus müssen Umweltveränderungen in Zusammenarbeit mit der sozialwissenschaftlichen Forschung bearbeitet werden, da sie von Menschen verursacht werden und auf den Menschen zurückwirken. Eine Zusammenarbeit zwischen Natur- und Sozialwissenschaften ist aber erfahrungsgemäß nicht einfach und findet in der Forschung zwar zunehmend, aber immer noch zu selten statt.[30] Für die Ökonomen ergibt sich daraus die Schlußfolgerung eines Handelns unter Unsicherheiten, für das sich in der ökonomischen Theorie durchaus Ansatzpunkte finden lassen. In der Umweltökonomie hat dieser Sachverhalt Konsequenzen für die Formulierung von Umweltzielen, auf die noch zurückzukommen ist. Naturwissenschaftliche Unsicherheiten bilden zusammenfassend aus Erwägungen der Vorsorge und der Risikominimierung ein weiteres Argument für den Schutz des Naturhaushalts.

2.2.4 Internationale Verantwortlichkeit

Als drittes Argument für einen Erhalt des Naturhaushalts lassen sich wirtschaftspolitische Überlegungen der internationalen Verantwortlichkeit und der Kooperationsfähigkeit anführen. Sie werden international unter dem Stichwort „Equity"[31] diskutiert und ergänzen das Werturteil der intergenerativen Gerechtigkeit um intragenerative Aspekte. Im Kern geht es dabei um eine politische Auseinandersetzung zwischen westlichen Industrie- und den Entwicklungsländern. Einige Länder Asiens und Lateinamerikas argumentieren, im Zuge ihrer nachholenden Entwicklung ähnliche Verschmutzungsrechte in Anspruch nehmen zu können wie die Industrieländer in der Vergangenheit und setzen dieses Argument quasi als Drohung in den Verhandlungen ein, in denen bindende Rechte an der Nutzung bestimmter Umweltgüter geregelt werden. Dieser Vorgang ist in den Verhandlungen zum Schutz der Ozonschicht, zum Schutz der biologischen Vielfalt und über Klimaänderungen deutlich erkennbar.[32] Die internationale Verantwortlichkeit hat in diesen Auseinandersetzungen drei unterschiedliche Dimensionen:

- die Beiträge zu der Verursachung von Umweltveränderungen,
- die regional unterschiedlichen Auswirkungen von Umweltveränderungen sowie
- die unterschiedlichen Handlungsmöglichkeiten zur Vorsorge oder Anpassung.

Verallgemeinernd kann man die Aussage treffen, daß die westlichen Industrieländer einen weitaus größeren Anteil an der Verursachung internationaler Umweltprobleme tragen als die Entwicklungsländer. Dies haben die Industrieländer in Erklärungen und Präambeln bereits anerkannt.[33] Sie haben ohne Zweifel auch größere technische und ökonomische Möglichkeiten, sich an Umweltveränderungen entweder anzupassen oder entsprechende Vorsorgemaßnahmen zu treffen. Vereinfachend zeichnet sich deshalb ab, daß ärmere Entwicklungsländer zu den Verlierern weltweiter Umweltveränderungen gehören werden, einige Schwellenländer bis auf weiteres mit ihren ökonomischen Expansions- und Verschmutzungsmöglichkeiten spekulieren und westliche Industrieländer relative Gewinne erzielen können.[34]

Die daraus resultierenden wirtschaftspolitischen Konflikte sprechen für die Zielsetzung eines Schutzes des Naturhaushalts. Es erleichtert mittel- und langfristig die internationale Kooperation, wenn globale Umweltgüter wie die Erdatmosphäre oder die biologische Vielfalt als Schutzgut anerkannt werden.[35] Damit wird völkerrechtlich zum Ausdruck gebracht, daß in Entwicklungsländern mehr Menschen unmittelbar von den natürlichen Lebensgrundlagen abhängig sind als in Industrieländern.[36] Der Anteil der Land-, Forst- und Fischereiwirtschaft am Bruttoinlandsprodukt ist ein Indikator für diese Aussage. Vor allem aber folgt aus diesen Überlegungen, daß die westlichen Industrieländer die von ihren Territorien ausgehenden Umweltbelastungen stärker reduzieren müssen als der Weltdurchschnitt. Dies entspricht einer Internationalisierung des Verursacherprinzips und der Anerkennung ihrer technischen und ökonomischen Möglichkeiten.

Vielfach wird weitergehend argumentiert, man solle sich bei der Suche nach geeigneten Verteilungskriterien an einem Pro-Kopf-Kriterium orientieren.[37] Da jeder Mensch den gleichen Anspruch auf eine saubere Umwelt hat, stehen ihm, so die Argumentation, auch Rechte und Pflichten gleicher Umweltbelastungen auf einem insgesamt tragfähigen Niveau zu. In der Praxis wird dieses Prinzip bestenfalls schrittweise implementiert, da die weltweiten Ungleichheiten enorm sind und auch die steigenden Bevölkerungszahlen auf geeignete Weise zu berücksichtigen sind. In der internationalen Politik globaler Umweltveränderungen zeichnet sich jedenfalls ab, daß die westlichen Industrieländer weiterreichende Reduktionsziele akzeptieren werden als andere Länder.

2.3 Fazit: Einsicht in die Notwendigkeit einer intakten Natur

In der umweltökonomischen Forschung nimmt die Einsicht in die Notwendigkeit einer intakten Natur zu.[38] Außenstehenden mag dies trivial erscheinen. Aber die Ökonomie mußte erst lernen, naturwissenschaftliche Erkenntnisse zu integrieren und Werturteile neu zu erörtern. Mittlerweile kann sowohl eine Position für den Schutz des Naturhaushalts argumentieren, die weitgehenden Naturschutz mit Nutzungsverzicht kombiniert, als auch eine solche, die langfristige Ziele mit einem schrittweisen Vorgehen und dem Einsatz von Technologien zu verbinden weiß. Beide Positionen sind nicht gegenüber Fragestellungen immun, welche Belastungen ertragen und wo die Selbststeuerungskräfte der Natur mit Unterstützung des Menschen verbessert werden können. Die Zielsetzung einer intakten Natur ist insofern eher idealtypisch zu sehen.

Bislang ist erst anhand weniger Vorschläge deutlich geworden, zu welchen konkreten Indikatoren und Zielen die Forderung nach einem Schutz des Naturhaushalts führt[39] und wie diese mit der Eigendynamik ökonomischer und sozialer Systeme in Verbindung zu bringen sind. Entsprechend rar sind Arbeiten an integrierten Umsetzungsstrategien, die über einzelne Bereiche hinausgehen. Deshalb werden im folgenden verschiedene Modelle der Umweltindikatorenbildung und der Formulierung von Umweltzielen untersucht. Im Anschluß wird die Zielsetzung einer kontinuierlichen Erhöhung der Ressourcenproduktivität begründet.

3. Indikatorenmodelle zum Schutz des Naturhaushalts

In einem grundlegenden Aufsatz nennt Herman Daly folgende Kriterien konstitutiv für die Ecological Economics und zielführend für den Schutz des Naturhaushalts: Allokation, Distribution und Umsatz („scale“).[40] Allokation wird von ihm im herkömmlichen ökonomischen Sinn als Kriterium einer effizienten Verteilung von Umweltgütern definiert. Gegenstand der Distribution sind für ihn inter- und intragenerative Gerechtigkeitsaspekte. Der Umsatz bezieht sich auf das physische Volumen des Energie- und Stoffumsatzes einer Wirtschaft. Zur Illustration verwendet Daly das Beispiel einer Bootsfracht: Während des Beladens muß die Ladung für die spätere Fahrt optimal ausbalanciert werden, ein typisches Allokationsproblem. Wird das Boot jedoch über eine bestimmte Marge hinaus („plimsoll-line“) zu schwer beladen, sinkt es. Das ist das Umsatz-Kriterium. Die vorliegende Arbeit vertritt die These, daß die Kriterien Allokation, Distribution (Gerechtigkeit) und Umsatz für die Erarbeitung von Umweltindikatoren für den Schutz des Naturhaushalts von grundlegender Bedeutung sind. Sie bilden den ökonomischen Bezug zu einer stark naturwissenschaftlich und statistisch geprägten Diskussion.

Den Ausgangspunkt der folgenden Überlegungen bildet die Einsicht, daß für den Schutz des Naturhaushalts vor monetarisierenden Ansätzen zunächst physische Indikatoren zu definieren sind. Wenn man die Natur als eine Ordnung sich ständig neu einstellender Fließgleichgewichte begreift, ergibt sich vor allem die Frage nach den Fähigkeiten der Natur, auf Veränderungen zu reagieren, sich an Eingriffe anzupassen und ein neues Gleichgewicht herzustellen. Eng damit im Zusammenhang stehen Untersuchungen über Wirkungszusammenhänge in der Natur unter funktionellen Gesichtspunkten. Physische Indikatoren haben somit die Funktion, Aussagen über Belastungsgrenzen treffen zu können und die Risiken einer Überschreitung aufzuzeigen.[41]

Bei der Suche nach physischen Indikatoren kann man sich an ökologischen Grundbegriffen orientieren: Gleichgewicht, Stabilität, Tragfähigkeit (strukturelle Belastbarkeit) und Funktionalität.[42] Das *Gleichgewicht* ist definiert als ein konstanter Zustand des Ausgleichs innerhalb eines bestimmten Zeitraumes zwischen den verschiedenen physikalischen, chemischen und biologischen Wechselbeziehungen sowie Energie-, Stoff- und Informationsflüssen in einem Ökosystem oder einer Landschaft. Im Unterschied dazu wird unter der *Stabilität* allgemein die Fähigkeit eines Ökosystems verstanden, Störungen zu widerstehen und nach Veränderungen in die Ausgangslage zurückzukehren. Die folgenden Begriffe enthalten eine dynamische Komponente, die für das langfristige Verständnis von Ökosystemen erforderlich ist. So ist die *Tragfähigkeit* als die Fähigkeit eines Ökosystems definiert, Belastungen zu tolerieren, ohne daß seine systemimmanenten oder vom Menschen geschaffenen Strukturen und Funktionen verändert werden. Das Konzept der Tragfähigkeit (strukturelle Belastbarkeit) hängt damit von der Schwankungsbreite möglicher Systemzustände in Raum und Zeit ab; im englischen wird der Begriff der *„resilience"* verwendet. Die *Funktionalität* beschreibt die unterschiedlichen Funktionen verschiedener Ökosysteme oder der Regenerationsfähigkeit der Natur, von denen die Produktions-, die Regelungs-, Träger- und Informationsfunktionen als zentral gelten. Als Grundsatz gilt, daß größere und komplexere Systeme wie beispielsweise Tropenwälder, Ozeane oder Erdatmosphäre erheblich mehr Zeit für die Reaktion auf eine Belastung benötigen. Untersucht werden müssen jeweils Art, Intensität und Dauer der Belastung einerseits und die Belastbarkeit der Natur oder des untersuchten Ökosystems andererseits.

Als Beispiel einer möglichen Orientierung der Wirtschaft an ökologischen Grundbegriffen mag die Forstwirtschaft dienen. Jahrhundertelang wurden die Wälder vorwiegend als Holzlagerstätte betrachtet; es kam zur historischen Holzkrise der frühen Neuzeit.[43] Schrittweise etablierte sich zunächst eine Forstwirtschaft, die nachhaltig wirtschaftete, indem sie nicht mehr Holz entnahm als nachwachsen konnte. Mittlerweile hat sich der naturnahe Waldbau entwickelt, in dem auch die Bedeutung der Wälder für das Klima, die regionale Wassersituation, als Lebensraum für Arten und als Erholungsgebiet anerkannt wird.[44]

Die Ökologie versteht sich nicht als wertende Wissenschaft. Aussagen darüber, ob sich bestimmte Veränderungen negativ auf Strukturen und Funktionen von Ökosystemen und auf den Menschen auswirken, erfordern jedoch Werturteile und damit eine Zusammenarbeit zwischen Ökologen, anderen Disziplinen und der

Gesellschaft in einem politischen Prozeß. In diesem Zusammenhang wird häufig vor einem „*naturalistischen Fehlschluß*“ gewarnt.[45] Ein naturalistischer Fehlschluß würde sich ergeben, wenn aus beschreibenden Aussagen über einen ökologischen „Ist“-Zustand auf ein „Soll“ geschlossen würde. Aus der berechtigten Warnung sollte allerdings nicht umgekehrt gefolgert werden, allein aus normativen, politischen oder ökonomischen Erwägungen Umweltziele ableiten zu können; Höffe hat dies als Gefahr eines „normativen Fehlschlusses“ bezeichnet.[46] Der hier vertretene methodische Weg liegt daher in der Verknüpfung von ökologischen Seins- mit normativen und politischen Soll-Aussagen.

Der Schutz des Naturhaushalts und die Ableitung von Umweltindikatoren orientieren sich in starkem Maße an der Tragfähigkeit bzw. dem Aufrechterhalten der verschiedenen Umweltfunktionen. Dies wird auch an den vielzitierten Verhaltensregeln für den Schutz des Naturhaushalts deutlich:[47]

1) Die Nutzungsrate einer erneuerbaren Ressource soll kleiner sein als ihre Regenerationsrate.
2) Die Freisetzung von Stoffen soll geringer sein als die Tragfähigkeit der Umwelt.
3) Die Nutzung nicht-erneuerbarer Ressourcen soll minimiert werden. Ihre Nutzung soll nur in dem Maße geschehen, in dem ein physisch und funktionell gleichwertiger Ersatz in Form erneuerbarer Ressourcen geschaffen wird.
4) Das Zeitmaß der menschlichen Eingriffe soll in einem ausgewogenen Verhältnis zum Zeitmaß der natürlichen Prozesse stehen, sei es als Abbaurate von Abfällen, der Regenerationsrate erneuerbarer Rohstoffe oder von Ökosystemen.

Die ersten beiden Regeln orientieren sich an ökologischen Grundbegriffen der Tragfähigkeit; hier ist auch der maximum sustainable yield-Ansatz erkennbar. Regel drei geht vor allem auf die erwähnte Hartwick-Regel über nicht-erneuerbare Rohstoffe zurück. Regel vier bezieht sich auf die Komplexität größerer ökologischer Systeme. Die ökologischen Grundbegriffe der Tragfähigkeit und der Funktionsfähigkeit ergänzen damit die umwelt- und ressourcenökonomische Theoriebildung recht gut und können als notwendiger Bestandteil eines Modells von Umweltindikatoren angesehen werden.

3.1 Das Indikatorenmodell der OECD und andere Ansätze

International hat sich als Modellrahmen für die Erarbeitung von Umweltindikatoren das „Pressure-State-Response"-Modell der OECD durchgesetzt.[48] Es unterscheidet die Ebenen

- Belastungen („Pressure") als Maß für das Umweltbelastungspotential menschlicher Aktivitäten;
- Zustand („State") als Ausdruck für Veränderungen der Umweltqualität;
- Handlungsmöglichkeiten („Response"), die die unterschiedlichen Reaktionsmöglichkeiten auf erkannte oder absehbare Umweltschäden beschreiben.

Dieses Modell weist ein einfaches Aggregationsniveau auf und genießt aus diesem Grund eine hohe Wertschätzung bei Umweltwissenschaftlern und Praktikern. Kritisch ist jedoch zu sehen, daß es einfache, lineare Wirkungzusammenhänge suggeriert, die bei Umweltveränderungen neueren Typs kaum mehr anzutreffen sind. Dennoch kann es als vorläufiger Modellrahmen für eine vorsorgende Umweltpolitik verwendet werden, weil es zwischen Umweltbelastungen und einer Veränderung der Umweltqualität unterscheidet. Vor dem Hintergrund schwer erkennbarer Ursache-Wirkungs-Beziehungen zwischen den verursachenden Belastungen und den Veränderungen der Umweltqualität ist die analytische Unterscheidung geradezu die Voraussetzung für die Erarbeitung von Umweltindikatoren. Dabei zeichnet sich ab, daß bei den Überlegungen über Handlungsstrategien *Belastungsindikatoren* der Vorzug gegenüber Qualitätsindikatoren gegeben wird, da sie stärker auf gesellschaftliche Akteure ausgerichtet und damit umsetzungsorientiert sind.

Einen konkretisierenden Vorschlag innerhalb des OECD-Rahmenmodells stellt der „Ecocapacity"-Ansatz des Niederländischen Rates für Umweltforschung dar.[49] Hier werden für ausgewählte nicht-erneuerbare Ressourcen, für die Gesamtheit der erneuerbaren Ressourcen (in Form der insgesamt produzierten Biomasse) sowie für ausgewählte Stoffeinträge in die Umwelt Nutzungskriterien definiert und Umweltziele abgeleitet.

Der Wissenschaftliche Beirat der Bundesregierung „Globale Umweltveränderungen" (WBGU) arbeitet seit seinem ersten Bericht 1993 an dem *„Syndrom-Konzept"*, nach dem aus einem globalen Beziehungsgeflecht Syndrome im Sinne von Krankheitsbildern identifiziert werden, die typische weltweite Krisenlagen mit

Bezug zu globalen Umweltveränderungen erkennen lassen. Nach Klärung ihres funktionalen Musters können unter Berücksichtigung der Ebenen Leitbilder, Akteure und Träger, Instrumente, Implementierung und Entscheidungsprozesse syndromspezifische Lösungsansätze entwickelt werden. Durch die Einführung von „Relevanzkriterien" und „Integrationsprinzipen" kann nach Auffassung des WBGU ein Forschungstableau erarbeitet werden, mit dessen Unterstützung sich laufende und erforderliche Forschungsaktivitäten bündeln lassen.[50]

Einige methodischen Grenzen innerhalb der skizzierten Ansätze liegen darin begründet, daß die Umweltrelevanz eines großen Teiles der emittierten Stoffe kaum zuverlässig abgeschätzt werden kann. Wechselwirkungen und Rückkopplungsmechanismen sind überaus komplex, und eine Vorhersagbarkeit sprunghafter, stochastischer Entwicklungen ist nur in begrenztem Umfang möglich. Von einigen Stoffen ist nicht einmal die genaue chemische Zusammensetzung bekannt. Die hohe Anzahl der Stoffe, ihre Zusammensetzung sowie Abschätzung und Bewertung potentieller Auswirkungen stellen jede analysierende Stelle vor kaum überwindbare Schwierigkeiten. Beispielsweise hat die Zahl der bekannten öko- und humantoxikologischen Stoffemissionen einen kaum überschaubaren Umfang erreicht. Eine ähnliche Konstellation zeigt sich bei der Bewertung marktgängiger Chemikalien, weil zwar etliche tausend Chemikalien gehandelt werden, aber nur für wenige Stoffe amtliche Bewertungen vorliegen. Wenn man sich daher an Veränderungen des Umweltzustandes anhand einer denkbaren Problemliste oder spezifischen Syndromen orientiert, kann man diese zwar mit einigen Einschränkungen analysieren und Lösungsstrategien entwickeln. Aber man läuft Gefahr, neue Problemstellungen erst spät oder gar nicht zu erkennen und Arbeiten an übergreifenden Handlungsstrategien solange zurückzustellen, wie die Problemaufbereitung noch nicht abgeschlossen ist.

Die hier geäußerten Einwände stellen die Ansätze der OECD, des WBGU oder des Niederländischen Rates für Umweltfragen nicht grundsätzlich in Frage. Sie machen aber ihre begrenzte Aussagefähigkeit und Tauglichkeit als Grundlage für Handlungsvorschläge deutlich. Bis auf weiteres kann man auf ihrer Basis nur für eine begrenzte Anzahl von Umweltproblemen und Stoffeinträgen methodisch saubere und praktisch umsetzbare Indikatoren und Ziele ableiten. Umweltpolitik und -ökonomie können dadurch in das Dilemma geraten, einerseits um die Unvollständigkeit des gewählten Ansatzes zu wissen und andererseits keine leidlich zuverlässige, transparente und handlungsorientierte Alternative vorweisen zu können. Das

Komplexitätsdilemma erfordert eine gleichzeitige Suche nach einfachen und richtungssicheren Indikatoren.

3.2 Tragfähigkeit und Mengenumsatz als duales Indikatorenmodell

Um dem Komplexitätsdilemma zu entkommen, wird deshalb hier ein dualer Ansatz vorgeschlagen. Neben problemspezifische ökologische Indikatoren der Tragfähigkeit und der Funktionsfähigkeit treten physische Indikatoren des Mengenumsatzes,[51] die sich an der Menge der entnommenen Energieträger und anderer Rohstoffe orientieren. Solche Mengenindikatoren sind zunächst ein Maß für den Rohstoffverbrauch selber. Darüber hinaus sind jedes Produkt und jede Dienstleistung entlang ihres Lebensweges mit Energie- und Stoffumsätzen verbunden. Diese Umsätze stellen im wesentlichen aufgrund ihrer Menge relevante Eingriffe in die Natur dar. Zu Beginn des Lebensweges sind es Landschaftseingriffe wie z.B. Abraumberge, Tunnel, abgepumptes Grundwasser und etliche Tonnen umgepflügte Erde. Die Stoffmengen, die durch Eingriffe und Bewegungen verändert, aber nicht wirtschaftlich verwertet werden, sind von Schmidt-Bleek als „*Ökologische Rucksäcke*" der Produktion charakterisiert worden.[52] Die biologische Vielfalt wird durch solche Eingriffe oft schwerwiegend beeinträchtigt. Zusätzlich werden im Boden gebundene Schadstoffe wie Schwefel, Lachgas, Stickstoffe oder Kohlenstoff freigesetzt. Im weiteren Verlauf des Lebensweges von Stoffen oder Produkten entstehen Emissionen, Abwässer, dissipative Verluste und Abfälle.

Energie- und Stoffumsätze bilden zum einen einen groben Indikator für die mit ihnen verbundenen Emissionen und Abfälle. Vereinfachend kann gesagt werden, daß anthropogene Abfälle und Emissionen nur dort entstehen, wo vorher Stoffe ihrer natürlichen Lage in der Umwelt entnommen und in den Wirtschaftskreislauf eingeführt worden sind. Eine Reduktion der Abfallmengen kann nicht dauerhaft gelingen, solange der Wirtschaft steigende Rohstoffmengen zugeführt werden. Zum anderen können Energie- und Stoffumsätze als Indikator für Umweltbelastungen gelten, die nicht von Emissionen und Abfällen verursacht werden. Wenn man sich in einem Gedankenexperiment eine emissions- und abfallfreie Wirtschaft vorstellt, verbleiben Umweltprobleme wie Zersiedelung, Landschafts- und Rohstoffverbrauch, Verlust der biologischen Vielfalt, Bodenerosion und Süßwasserknappheit. Solche Probleme können, mit Einschränkungen bei dem komplexen Phänomen der biologischen Vielfalt, recht gut mit einem mengenbezogenen Indikator beschrieben und analysiert werden. Die Energie- und Stoffentnahme kann aus diesen Gründen als einfaches, zugegebenermaßen grobes, aber verhältnismäßig richtungssicheres Maß für umweltbelastende Aktivitäten angesehen werden. Sie bildet eine notwendige Ergänzung zu problemspezifischen Indikatoren.

3.2.1 Leitlinien des dualen Indikatorenmodells

Für ein Indikatorenmodell zum Erhalt des Naturhaushalts lassen sich aus diesen Überlegungen grundlegende Leitlinien ableiten, die den dualen Ansatz charakterisieren. Neben die *Regenerations-Leitlinien*

a) Die Nutzung einer erneuerbaren Ressource soll nicht größer sein als ihre Regenerationsrate;
b) Die Freisetzung von Stoffen soll nicht größer sein als die Tragfähigkeit der Umwelt;

tritt die *Leitlinie über die Ressourcenentnahme aus der Natur*

c) Die Entnahme von Energieträgern und Stoffen soll auf ein Niveau abgesenkt werden, das für die Tragfähigkeit und die Funktionsfähigkeit der Umwelt mit minimalen Risiken verbunden ist. Minimale Risiken bedeutet in diesem Zusammenhang, sich an sensiblen Ökosystemen und anderen Akzeptoren zu orientieren. Im Rahmen dieser Reduktion soll der Anteil erneuerbarer Energieträger und Stoffe maximiert werden.

3.2.2 Die Ressourcenentnahme als Umweltbelastungsindikator

Im einzelnen können vor dem Hintergrund der beiden grundlegenden Leitlinien folgende Größen für ein duales Umweltindikatorenmodell vorgeschlagen werden:[53]

Primärenergieverbrauch: Er gibt den Energiegehalt der in einem Bezugsjahr eingesetzten Energieträger an.

Materialentnahme: Sie umfaßt alle Rohstoff-Mengen mit Ausnahme von Wasser und Luft, die in einem Bezugsjahr der Natur entnommen werden. Erfaßt werden die wirtschaftlich genutzten und die ungenutzten, aber bewegten Mengen.[54]

Man kann den Energieverbrauch auch in Tonnen gemessen als Subindikator der Materialentnahme ausweisen. Das würde das Indikatorenmodell vereinfachen. Gegen diese Vereinfachung spricht aber, daß der Energieverbrauch für eine Reihe bekannter Syndrome wie Treibhauseffekt oder Versauerung und Eutrophierung durch Luftschadstoffe einen sehr brauchbaren Indikator darstellt. Für den Energieträger Erdgas dürfte eine Erfassung in Tonnen nicht unbedingt zweckdienlich sein. Es gibt ferner einen Zielkonflikt zwischen Materialentnahme und Energieverbrauch, da sinkender Energieverbrauch mit zusätzlichem Materialeinsatz (Wärmedämmung) verbunden ist und Stoffe nur mit steigendem Energieeinsatz im Wirtschaftskreislauf verbleiben (Recycling). Letzten Endes unterscheiden sich beide Indikatoren durch den physikalischen Sachverhalt, daß die Erde materiell ein geschlossenes System darstellt, dem Sonnenenergie zugeführt wird. Daraus werden sich unterschiedliche Ziele für die Materialentnahme und den Energieverbrauch ergeben. Aus diesen Gründen sollte der Energieverbrauch als eigener Indikator ausgewiesen werden.[55]

Wasserentnahme: Da die Förderung und der Umsatz von Wasser den bei weitem größten anthropogenen Mengenstrom darstellen und der Wasserkreislauf von hoher ökologischer Bedeutung ist, sollte er separat erfaßt werden. Dabei sollte zwischen Oberflächen- und Grundwasser differenziert werden.

Energie, Material und Wasser werden im folgenden zusammenfassend als „Ressourcen" bezeichnet; dieser Begriff bezieht sich also auf natürliche Ressourcen und nicht auf die Produktionsfaktoren Kapital und Arbeit.[56] Neben diese Indikatoren, die sich auf die Ressourcenentnahme beziehen, treten in dem dualen Modell eine Reihe *ausgewählter Stoffemissionen*: das Treibhausgas CO_2, die versauernden Substanzen NO_x, SO_2, NH_3 sowie flüchtige organische Verbindungen (VOC), und Dünge- bzw. Pflanzenschutzmittel (vgl. auch einige Erläuterungen im folgenden Kapitel zu Umweltzielen). Sie können von der Umweltforschung zunehmend zu Belastungsindizes zusammengefaßt werden. Bis auf weiteres sollten die Stoffemissionen als absolute Größen erfaßt werden, d.h. die Größe der sogenannten *Nettoemissionen*, die die zeitlich befristete Bindung bestimmter Stoffemissionen in Biomasse berücksichtigt, sollte solange keine Verwendung finden, wie die naturwissenschaftlichen Grundlagen nicht hinreichend erforscht sind. Darüber hinaus sind für die *Flächennutzung* verschiedene Indikatoren in der Diskussion; beispielsweise die Veränderung der Verkehrs- und Siedlungsflächen oder die Veränderung unzerschnittener Flächen.

Das duale Indikatorenmodell kann die physischen Ursachen eines großen Teils heute bekannter Umweltprobleme überblicksartig beschreiben. Es ist benutzerfreundlicher und für ökonomische Steuerungsansätze besser geeignet als Ansätze, die bis zu mehreren hundert Einzelindikatoren verwenden. Es sei allerdings hervorgehoben, daß das Indikatorenmodell kein System zur Beschreibung der Umweltqualität darstellt, sondern eines zur Beschreibung von Umweltbelastungen. Es muß daher um *Umweltbeobachtungssysteme* ergänzt werden, die erheblich feiner gegliedert sind. Im Sinne des OECD-Modells bietet ein System von Umweltbelastungsindikatoren aber den Vorteil, verursacher- und handlungsorientiert zu sein.

Tab. 1: Ein vorsorgeorientiertes System von Umweltbelastungsindikatoren

Ressourcenentnahme	Ausgewählte Stoffemissionen	Belastungsindex
Material • Materialentnahme (Mio t/Jahr) • Anteil erneuerbarer Rohstoffe (%)	CO_2	GWP[1]
Energie • Primärenergieverbrauch (PJ/Jahr) • Anteil erneuerbarer Energien (%)	SO_2 NO_x NH_3	ODP[2] Versauerungspotential
Wasser • Wasserentnahme (Mrd m3/Jahr) • Anteil d. Grundwasserförderung (%)	VOC[3] Erosion	Eutrophierungspotential Toxizitätsindex[4]
Fläche • Zu-/Abnahme von Siedlungs- und Verkehrsflächen (%/a) • Zu-/Abnahme unzerschnittener Flächen kritischer Größe (%/a)	Synthetische Düngemittel Pflanzenschutzmittel	

1 GWP: Global Warming Potential = Treibhaus-Potential
2 ODP: Ozone Depletion Potential = Ozon-Zerstörungs-Potential
3 VOC: Volatile Organic Compounds = Flüchtige Kohlenwasserstoff-Verbindungen
4 Entwicklung ist Gegenstand laufender Forschungsbemühungen

Quelle: BUND/Misereor, 1996, S. 47.

Mit dem dualen Umweltindikatorenmodell gelangt man zu den Kriterien von Herman Daly zurück. Seine Unterscheidung zwischen Allokation, Umsatz und Distribution läßt sich ohne Mühe in dem beschriebenen Indikatorenmodell identifizieren. Das Kriterium der Allokation entspricht den unterschiedlichen Schadstoffen, deren Emission an die Tragfähigkeit und Funktionsfähigkeit der Umwelt anzupassen ist. Effizient ist die Allokation dann, wenn die maximal tolerierbare Eintragsmenge zu den geringstmöglichen wirtschaftlichen Kosten emittiert wird. Die neoklassische Theorie der Umwelt als Allokationsproblem findet hier ihre Entsprechung. Das Umsatzkriterium wird in dem beschriebenen Indikatorenmodell und bei Daly nahezu deckungsgleich verwendet. Eine Entsprechung in der neoklassischen Umweltökonomie gibt es bislang nicht; eher lassen sich aus der Entropie-Diskussion Analogien bilden.[57] Das Distributions(= Gerechtigkeits)-kriterium schließlich wird bei der konkreten Ableitung von Umweltzielen seine Anwendung finden, wenn für die Industrieländer ihre Beiträge zu globalen Umweltveränderungen abgeschätzt und bindende Verpflichtungen eingegangen werden. So verweist das Indikatorenmodell, das im wesentlichen aus ökologischen Kriterien entwickelt worden ist, wiederum auf die Ecological Economics und ihre Erweiterung der neoklassischen Umweltökonomie zurück.

3.2.3 Zur Meßbarkeit der Ressourcenentnahme

Die Ermittlung der Ressourcenentnahme setzt eine Meßbarkeit der genannten Einzelindikatoren Energie, Material und Wasser sowie gegebenenfalls Fläche voraus. Das ist physikalisch möglich, da entsprechende Einheiten wie Joule, Tonnen, Kubikmeter und Hektar etabliert und international harmonisiert sind. Grundsätzlich müssen die verwendeten Mengen lebenszyklusweit erfaßt werden, d.h. alle direkt einfließenden Rohstoffe, Hilfsstoffe, Zwischenprodukte und Halbzeuge müssen ebenso berücksichtigt werden wie die indirekt benutzten Leistungen von Kapitalgütern und weiterer Infrastruktur. Methodisch gesehen werden die entsprechenden Mengen addiert und in den Maßeinheiten für Energie, Material, Wasser und Fläche ausgedrückt. Von den genannten Kategorien abgesehen wird weder nach den einzelnen Materialien oder ihrer Zusammensetzung differenziert noch eine spezifische Wirkungsbilanz erstellt. Das unterscheidet den Ansatz von *Ökobilanzen*. Am Wuppertal Institut werden die Energie- und Materialinputs der wichtigsten Grund- und Werkstoffe ermittelt und auf einer computergestützten Daten-

Abb. 1: Handlungsstrategien im dualen Indikatorenmodell

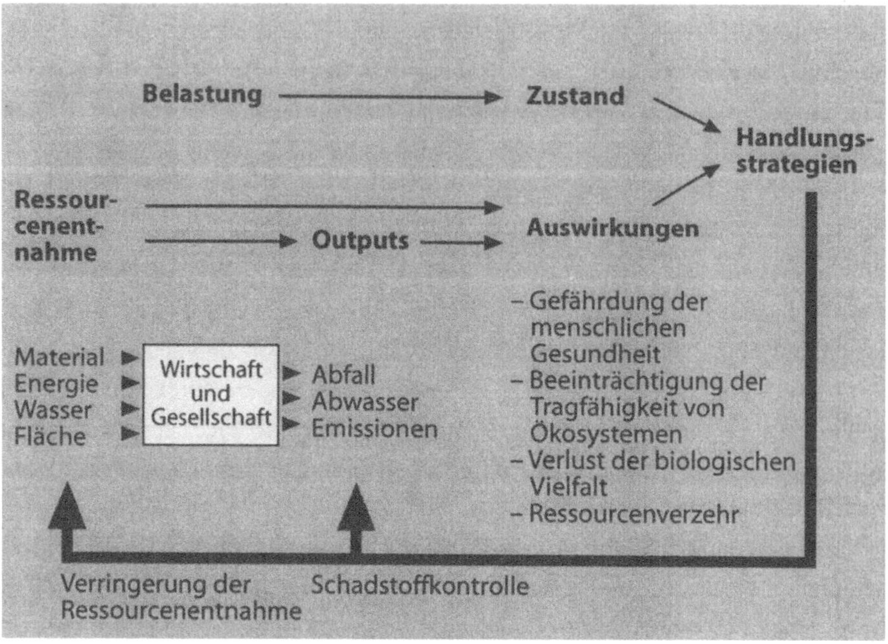

Quellen: BUND/Misereor,1996, S. 45; nach: Jänicke, 1995.

bank[58] zugänglich gemacht. Darüber hinaus werden für standardisierbare Leistungsangebote wie Stromversorgung, Verkehrsinfrastruktur und Entsorgung Module erstellt, die dem Status Quo eines gegebenen Wirtschaftsraums (Deutschland) entsprechen und lediglich im mehrjährigen Rhythmus überarbeitungsbedürftig sind. Bei dem Materialinput dieser Arbeiten orientiert man sich an den fünf Kategorien[59]

- abiotische Rohmaterialien, d.h. mineralische Rohstoffe, fossile Energieträger (die nach dem dualen Indikatorenmodell separat erfaßt und verwendet werden), nicht verwertete Rohförderung und bewegte Erde (z.B. Bodenaushub);
- biotische Rohmaterialien, d.h. pflanzliche Biomasse aus bewirtschafteten und nicht bewirtschafteten Bereichen;
- Bodenbewegungen in Land- und Forstwirtschaft, d.h. mechanische Bodenbearbeitung und Erosion;

- Wasser, d.h. Oberflächenwasser, Grundwasser und Tiefengrundwasser;
- Luft, d.h. Verbrauch durch Verbrennung und chemische Umwandlung.

Ziel dieser Arbeiten ist eine höhere Benutzerfreundlichkeit, um vergleichende Analysen über die Umweltbelastungsintensität verschiedener Produkte oder Systeme zu ermöglichen.

Für Deutschland sind Zahlenreihen für den Energieverbrauch durch die Arbeitsgemeinschaft Energiebilanzen eingeführt. Sie liegen neuerdings auch für andere Ressourcen vor.[60] Letztere werden in Deutschland auch im Zusammenhang mit den Umweltökonomischen Gesamtrechnungen entwickelt und enthalten die inländische Materialentnahme sowie eine Außenhandelsbilanz für Materialien. Man sollte auch nicht vernachlässigen, daß über die Öko-Audit-Richtlinie der Europäischen Union eine Fülle betrieblicher Umweltdaten gesammelt werden, aus denen Angaben zur Ressourcenentnahme entnommen oder abgeleitet werden können. Gegenstand laufender Arbeiten sind Angaben zu den ökologischen Rucksäcke für Im- und Exporte; sie liegen erst für wenige Jahre vor. Der Materialverbrauch kann unter Zuhilfenahme der Input-Output-Tabellen wirtschaftsstatistischer Ämter auch für Produktionssektoren oder Bedarfsfelder abgebildet werden.

Methodisch besteht vor allem in den Bereichen einer Erfassung der ökologischen Rucksäcke und der Außenhandelsbilanz noch Forschungsbedarf. Es bietet sich an, parallel zu vertiefenden Arbeiten in Analogie erste internationale Vereinbarungen abzuschließen, die eine Vergleichbarkeit ermöglichen und die gefundenen Ansätze schrittweise zu verbessern. Die vorliegenden Ansätze reichen aus, um erste Vereinbarungen abschließen zu können (Kapitel 11).

3.3 Fazit: Anwendungsnahe Indikatoren

Als Fazit ergibt sich nach dem dualen Indikatorenmodell ein übersichtliches Bündel anwendungsnaher Indikatoren. Dem Problembezug wird durch die Erfassung bestimmter Stoffeinträge Rechnung getragen. Parallel ergibt sich der Indikator Ressourcenentnahme, dessen Vorteil in seiner vereinfachten Aufaddierung der unterschiedlichen Materialien liegt. Er ist industrienah, weil Ressourcenentnahme, -umwandlung und -veredelung bis hin zur Gütererstellung zu den Kernkompetenzen des industriellen Sektors gehören.

4. Umweltziele zum Schutz des Naturhaushalts

Mit der Festlegung von Indikatoren für wesentliche Umweltbelastungen stellt sich die Frage nach konkreten Umweltzielen. Ihre Bestimmung ist grundlegende Voraussetzung für einen Schutz des Naturhaushalts. Umweltziele bilden die Brücke zwischen der Tragfähigkeit und Funktionsfähigkeit der ökologischen Systeme einerseits und der Erarbeitung von Handlungsstrategien andererseits. Im Zuge der laufenden Forschungsarbeiten über zukunftsfähiges Wirtschaften und Umweltindikatoren stellt sich zunehmend die Frage nach Umweltzielen, in deren Richtung konkrete und nachvollziehbare Schritte zur Umweltentlastung unternommen werden können. In diesem Zusammenhang werden bestehende Verfahren der Zielfindung überprüft, ergänzt, und neue werden sich herausbilden. Zu prüfen ist die Brauchbarkeit des dualen Indikatorenmmodells im Hinblick auf die Formulierung von Umweltzielen für den Schutz des Naturhaushalts

4.1 Bisherige ökonomische Ansätze zur Formulierung von Umweltzielen

Als ökonomische Ansätze zur Formulierung von Umweltzielen sind 1) der Standard-Preis-Ansatz und 2) die Emissionsbegrenzung nach dem Stand der Technik etabliert. Der anschließend analysierte Ansatz der optimalen Umweltbelastung entspricht neueren Forschungsarbeiten.

4.1.1 Der Standard-Preis-Ansatz

Mit dem Standard-Preis-Ansatz[61] hat die Umweltökonomie selber einen Ansatz entwickelt, der die Zielformulierung zu einer außerökonomischen Entscheidung erklärt. Danach legt die Politik auf der Basis naturwissenschaftlicher Erkenntnisse einen anzustrebenden Umweltstandard fest, der mit Hilfe eines ökonomischen Instrumentariums kostenminimierend erreicht wird. Der Standard-Preis-Ansatz stellt eine Form der Arbeitsteilung dar, in der neben der Politik die Ökologen den Zielformulierungsprozeß weitgehend prägen. Der politisch beschlossene Standard kann ökologisch ebenso suboptimal sein wie seine Umsetzung unter ökonomischen Gesichtspunkten. Bei der politischen Festlegung erweisen sich allerdings ökonomische Gesichtspunkte im Regelfall als unerläßlich, so daß die Politik auf die Mitarbeit der Ökonomen angewiesen bleibt.

4.1.2 Die Emissionsbegrenzung nach dem Stand der Technik

Im Rahmen emissionsorientierter Strategien, die vor allem in Deutschland praktiziert werden, werden individuelle, häufig anlagenbezogene Grenzwerte für die Schadstoffkontrolle festgesetzt. Die beiden wesentlichen Kriterien bilden der „Stand der Technik" und die „wirtschaftliche Vertretbarkeit".[62] Auf diese Weise können die jeweils modernsten Technologien zu den geringstmöglichen Kosten eingesetzt werden. Als Ausgangspunkt zur Festlegung eines Grenzwertes dienen dabei in der Regel technische Vermeidungspotentiale, deren Umsetzung als wirtschaftlich vertretbar angesehen wird. Ökonomisch betrachtet werden aus der statischen Allokationstheorie Vermeidungskostenfunktionen abgeleitet, die sich auf die Emissionen beziehen. Dieses Verfahren der Zielformulierung kann einige Erfolge in der Luftreinhalte- und Gewässerschutzpolitik vorweisen. Es wird zunehmend seltener praktiziert, weil Veränderungen der jeweiligen Umweltqualität nicht integraler Bestandteil des Verfahrens sind und weil das Kriterium „Stand der Technik" für dynamische Verbesserungen zu inflexibel ist. Die Emissionsbegrenzung nach dem Stand der Technik zeichnet sich damit zwar durch ein Primat der Ökonomie aus, ohne jedoch die Chancen des technologischen Wandels und ohne ökologische Erkenntnisse wirksam integrieren zu können.

4.1.3 Das Konzept der optimalen Umweltbelastung

Das Konzept der optimalen Umweltbelastung[63] bildet einen anspruchsvollen ersten Versuch der gemeinsamen Zielformulierung zwischen Natur- und Wirtschaftswissenschaften. Danach kann die Umweltqualität dann als optimal angesehen werden, wenn die Grenzkosten des Umweltschutzes gleichbedeutend mit dem Grenznutzen der Umweltqualität sind. Die optimale Umweltbelastung ergibt sich nach diesem Ansatz, wenn die durch eine weitere Reduktion der Umweltbelastung erwartbaren Umweltschäden kleiner sind als die Kosten, die zur Vermeidung der Schäden zu erbringen wären.

In der ökonomischen Theorie läßt sich das Konzept sowohl wohlfahrtstheoretisch als auch mit der Theorie der Property-Rights begründen. Seine Konstruktion fließt in beide Positionen der Kontroverse ein, die in Anlehnung an Pigou und Coase über geeignete Instrumente zur Internalisierung externer Kosten geführt wird.[64] Die Wohlfahrtstheorie (Pigou) argumentiert mit der Umweltqualität als Variable einer Wohlfahrtsfunktion. Die Umweltqualität ist dann optimal, wenn weitere Verbesserungen zu vergleichsweise höheren Wohlfahrtseinbußen durch die Kosten entsprechender Anpassungen führen würden. Nach der Theorie der Property-Rights, die in der Umweltökonomie eng mit Coase verknüpft ist, liegt dann eine optimale Umweltqualität vor, wenn jede Veränderung die individuellen Nutzenfunktionen negativ beeinträchtigen würde. Ein Unterschied liegt darin, daß Coase die Anpassungsleistungen des potentiellen Verursachers höher bewertet als der Wohlfahrtstheoretiker Pigou, für den die Reduktion der externen Kosten im Vordergrund steht. Deshalb wird zwischen individuell und sozial optimalen Umweltbelastungen unterschieden. Grundsätzlich gehen beide Ansätze von der Bestimmbarkeit optimaler Umweltziele aus.

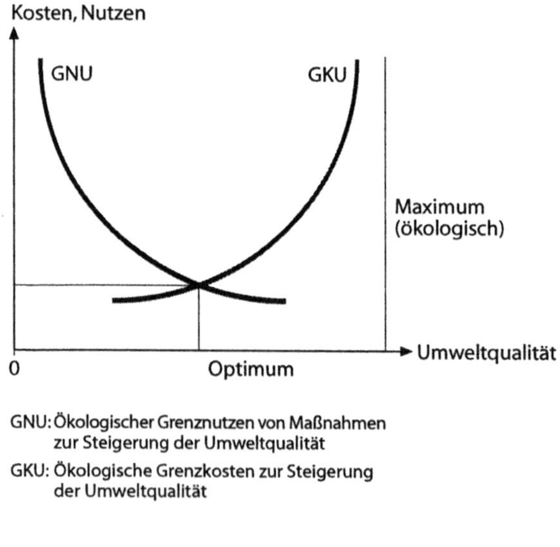

Abb. 2: Das Konzept der optimalen Umweltbelastung

Quelle: Eigene Darstellung

4.1.4 Einwände gegen das Konzept der optimalen Umweltbelastung

Das Konzept der optimalen Umweltbelastung basiert allerdings auf Annahmen, die seine Umsetzbarkeit erheblich beeinträchtigen. Um eindeutige Aussagen zum Ursache-Wirkungs-Beziehungsgeflecht zu treffen, müssen die Schäden, die steigende Umweltbelastungen hervorrufen, zunächst einmal bekannt sein. Den Schäden müssen in nächsten Schritten Kosten zugerechnet werden, und es müssen Verursacher identifiziert werden. Um die Vergleichbarkeit mit Vermeidungskosten herstellen zu können, müssen die Technologien und ihre jeweiligen Kostenfunktionen zur Erreichung unterschiedlicher Umweltziele bekannt sein. Dabei treten Unsicherheiten auf, die methodisch teilweise mit flexiblen oder stochastischen Funktionen, d.h. mit Erwartungswerten für die auftretenden Schadens- und Vermeidungskosten, behandelt werden können. Allerdings sind die entsprechenden Unsicherheiten bei einer Vielzahl neuartiger Umweltprobleme so hoch, daß das Konzept der optimalen Umweltbelastung zunehmend an die Grenzen seiner Aussagefähigkeit gelangt.

Die methodischen Unsicherheiten können am Beispiel des Treibhauseffekts demonstriert werden. Nach dem Stand der Klimaforschung sind die Auswirkungen global in ihren Grundzügen und in ihrem Ausmaß im wesentlichen bekannt, können aber noch nicht regional differenziert werden.[65] Genaue Schadensanalysen werden dadurch erschwert. Eine Methode der Schadenskostenberechnung müßte dies berücksichtigen. Ferner müßte sie einen Weg finden, um den sehr unterschiedlichen Wert für verschiedene Umweltgüter in unterschiedlichen Regionen zu ermitteln. Die langen Zeiträume von fünfzig und mehr Jahren bringen besondere Schwierigkeiten bei der Bestimmung einer geeigneten Diskontrate.[66] Für die Vermeidungskosten ergeben sich ähnliche methodische Probleme, da die entsprechenden Technologien sehr unterschiedlich hinsichtlich ihrer Wirksamkeit und der mit ihnen verbundenen Kosten eingeschätzt werden und jeweils Spillover- und Verstärkungs-Effekte einzubeziehen sind. Auf diese Weise können ohne die Zugrundelegung kritischer Annahmen keine überzeugende Aussagen über eine „optimale Erwärmung" zustande kommen, die überdies noch von Land zu Land unterschiedlich ausfallen dürfte.

Angesichts dieser grundlegenden methodischen Schwierigkeiten kann die Zielformulierung über das Konzept einer optimalen Umweltbelastung in Konflikt mit dem Kriterium eines Schutzes des Naturhaushalts geraten. Wenn die Bedingungen des ökonomischen Gleichgewichts erfüllbar sind, ist nicht zwangsläufig auch das ökologische Gleichgewicht gewährleistet.[67] Das Verfahren kann dazu führen, Anpassungsvarianten an Umweltveränderungen kostengünstiger als Vorsorgevarianten erscheinen zu lassen, weil methodische Unzulänglichkeiten und fragwürdige Annahmen zu einseitig verzerrten Ergebnissen führen, die sich im Zweifelsfall eher am Status Quo als an einer Richtungsänderung orientieren. Aussagen über eine optimale Allokation setzen daher erstens das Werturteil über den Schutz des Naturhaushalts und zweitens naturwissenschaftliche Einschätzungen über maximal tolerierbare Belastungen für bestimmte Strukturen und Funktionen der Natur voraus. Akzeptiert man dies, erhält das Konzept einen Rahmen, in dem die Umweltziele zumindest in einer Bandbreite eben doch von Ökologen vorformuliert werden. Ist eine solche Bandbreite bekannt, sind es gesellschaftliche und ökonomische Erwägungen, die die unterschiedlich hohen Risiken bewerten. Die Anerkennung des Vorsorgeprinzips würde dabei zu einer Risikominimierung führen.

Ein Verfahren, nach dem die Naturwissenschaften zunächst kritische Schwellenwerte ermitteln, die anschließend in der ökonomischen Forschung Eingang finden, hat in Klimaforschung und -politik eine erste Bewährungsprobe bestanden. Dort hat die Forschung zunächst eine maximal tolerierbare Erwärmung definiert, anschließend maximale Konzentrationen von Treibhausgasen in der Atmosphäre abgeleitet und in einem folgenden Schritt maximale Emissionsmengen für bestimmte Zeiträume ermittelt. Dieser Prozeß verlief zwischen 1985 (sog. Villach-Konferenz) und 1994 (IPCC-Bericht). Auf diesen methodischen Schritten bauen die neueren Modellentwicklungen auf, mit deren Hilfe die Ökonomie kostengünstige Schritte des Klimaschutzes erarbeiten will. Für das Konzept der optimalen Umweltbelastung folgt daraus, daß es in modifizierter Weise im Prozeß einer Zielformulierung Verwendung finden kann, wenn außerökonomische Kompetenzen über ökologische Rahmenbedingungen des Wirtschaftens anerkannt werden.

4.2 Umweltziele zur Gefahrenabwehr und zur Gefahrenvermeidung

Als Zwischenbilanz der bisherigen ökonomischen Ansätze zur Formulierung von Umweltzielen ergeben sich offene methodische Fragen und eine Reihe erkennbarer Defizite. Allgemein gilt, daß die zunehmende Komplexität und Vernetzung von

Umweltproblemen die Schwierigkeiten einer methodisch sauberen und politisch akzeptablen Zielformulierung erheblich erhöhen. Gerade deshalb ist die transdisziplinäre Kooperation mit den Naturwissenschaften wichtig. Für den Schutz des Naturhaushalts liegt es nahe, solche Umweltziele zu betrachten, zu denen man mit Hilfe ökologischer Bewertungsparameter und Indikatorensysteme gelangt und diese anschließend auf ihre ökonomische Relevanz zu untersuchen. Das oben beschriebene duale Indikatorenmodell führt bei einem derartigen Vorgehen zu zwei unterschiedlichen Typen von Umweltzielen,[68] zu 1) spezifischen Umweltzielen zur Gefahrenabwehr und zu 2) offenen Umweltzielen zur Gefahrenvermeidung.

4.2.1 Spezifische Umweltziele zur Gefahrenabwehr

Der Naturhaushalt ist bekanntlich weniger durch Ressourcenknappheit als vielmehr durch die Schädigung von Ökosystemen durch anthropogene Stoffeinträge und andere Ursachen gefährdet. Die unterschiedlichen Schädigungen können zu einer überschaubaren Anzahl von Syndromen zusammengefaßt und analytisch aufbereitet werden.[69] Im einzelnen können mittels der Regenerations-Leitlinie nach dem gegenwärtigen Stand der Umweltforschung folgende Umweltziele abgeleitet werden. Dabei verwendet die Umweltforschung die Konzepte der sog. „kritischen Konzentrationen" („Critical Levels") bzw. der „kritischen Eintragsraten" („Critical Loads").[70] Die ermittelten Ziele können aufgrund ihres Syndrombezugs als Umweltziele zur Gefahrenabwehr charakterisiert werden.

- *Klimaänderungen*: Die Rahmenkonvention über Klimaveränderungen von 1992 verpflichtet die Vertragsparteien, die Konzentrationen von Treibhausgasen auf einem Niveau zu stabilisieren, das eine gefährliche Störung des Klimasystems verhindert. Dieses Niveau soll innerhalb eines Zeitraums erreicht werden, in dem die Ökosysteme sich auf natürliche Weise den Klimaänderungen anpassen können. Die Klimaforschung hat sich deshalb auf die Obergrenze einer maximalen Erwärmung von 0,1° C pro Dekade verständigt. Mittels Szenarioanalysen kann man daraus eine weltweite Reduktion der Emissionen des wichtigsten Treibhausgases CO_2 um 50 Prozent bis zum Jahr 2050 auf der Basis von 1990 ableiten. Für Deutschland ergibt sich unter Berücksichtigung verschiedener Variationen des Verursacherprinzips bzw. eines „Equity"-Kriteriums (Kapitel 2.2.4.) eine wesentlich höhere Reduktion. Je nach angenommenem Zuwachs der Weltbevölkerung sollte Deutschland die von seinem Territorium ausgehenden energiebedingten CO_2-Emissionen bis zum Jahr 2050 um bis zu 90 Prozent absenken.[71]

- *Versauerung und atmosphärische Nährstoffeinträge*: Als Hauptursache der Versauerung von Niederschlägen und Böden gelten die weiträumigen Luftschadstoffe Schwefeldioxid (SO_2), Stickstoffoxide (NO_x) und in lokal/regionaler Hinsicht Ammoniak (NH_3). Ein verhältnismäßig neues Phänomen ist die Eutrophierung durch Stickstoffeinträge. Die kritischen Einträge liegen bei empfindlichen Ökosystemen um den Faktor 10 bis 15 zu hoch. Es ist daher weitgehender Konsens in der Umweltforschung, die Emissionen von Schwefeldioxid um mindestens 50 Prozent und von Stickstoffen und Ammoniak bis zum Jahr 2010 um 80 bis 90 Prozent abzusenken.[72]
- *Photochemischer Smog (Sommersmog)*: In den Sommermonaten entstehen in Bodennähe hohe Ozonkonzentrationen, die für Menschen, Tiere und Pflanzen gefährlich sind. Verursacht werden sie durch die Emissionen der Vorläufersubstanzen Kohlenmonoxid (CO), Stickstoffoxide (NO_x) und flüchtige Kohlenwasserstoffe (VOCs). Es entspricht dem Stand der Umweltforschung, diese Stoffemissionen bis zum Jahr 2005 um mindestens 80 Prozent abzusenken.[73]
- *Gewässerbelastung durch die Landwirtschaft*: Der Nährstoffgehalt vieler Gewässer liegt trotz leicht zurückgehender Einträge um ein Vielfaches zu hoch. Ein besonderes Problem ist der Nitratgehalt. Die wesentliche Ursache ist die hohe Belastung durch Düngung und Biozideinsatz in der Landwirtschaft. Aus Gründen des Vorsorgeprinzips sollte deshalb der Einsatz synthetischer Stickstoffdüngemittel und Biozide schrittweise deutlich reduziert werden; vorgeschlagen ist sogar eine vollständige Beendigung der Verwendung bis zum Jahr 2010.[74]
- Ein weiteres spezifisches Ziel kann aus der *Bodenerosion* abgeleitet werden. Im Deutschland liegen die Erosionsraten mit ca. 10 t/ha etwa einen Faktor 10 über der Bodenneubildungsrate. Wenn man die Regenerations-Leitlinie beachtet, müßte folglich die Erosionsrate um 80 bis 90 Prozent abgesenkt werden.

In der Summe sind diese Umweltziele sehr weitreichend (Tab. 2). Man sollte dabei hervorheben, daß die angegebenen Umweltziele sich an empfindlichen Akzeptoren orientieren und die Zeiträume zwar die Tragfähigkeit der Ökosysteme berücksichtigen, aber Unsicherheitsfaktoren enthalten. Die Umweltforschung wird diese Ziele daher gegebenenfalls modifizieren. Für einige bekannte Syndrome können Umweltziele nur mit erheblichen Vorbehalten ermittelt werden. Dies betrifft z.B. die Kontaminierung von Böden und den Verlust der biologischen Vielfalt. Eine bleibende Unbekannte bilden die Wechselwirkungen zwischen verschiedenen Syndromen. Wälder beispielsweise reagieren auf die Versauerung der Böden, auf bodennahes Ozon, auf steigende UV-B-Strahlung durch die Ausdünnung der stratosphärischen Ozonschicht und auf Klimaänderungen. Eine stärkere Beeinträchtigung der Wälder hätte wiederum Rückwirkungen auf Klimaänderungen, die Bodenerosion und den regionalen Wasserhaushalt. Weitere Wechselwirkungen gehen von der Verschmutzung der Weltmeere aus. Es ist weitgehend unbekannt, wie sich die Verschmutzung und die steigende UV-B-Strahlung auf das Phytoplankton der oberen Meeresschichten und damit auf den wichtigsten Kohlenstoffspeicher und den Beginn der marinen Nahrungsmittelkette auswirken. Diese Bemerkungen sollen unterstreichen, daß die Forschungsarbeiten keineswegs als abgeschlossen betrachtet werden können und neue Empfehlungen zu Umweltzielen sowohl höher als auch niedriger als die genannten ausfallen können.

4.2.2 Offene Umweltziele zur Gefahrenvermeidung: die Absenkung der Ressourcenentnahme und der Faktor 10

Angesichts der Wahrscheinlichkeit, nicht für alle Umweltbelastungen spezifische Ziele entwickeln zu können, schlägt das hier vorgestellte duale Indikatorenmodells eine Ergänzung vor, die sich an der Entnahme von Energieträgern und anderen Ressourcen orientiert. Die ableitbaren Ziele können als offene Ziele zur Gefahrenvermeidung charakterisiert werden. Unterschieden wird nach den Indikatoren Energie, Material, Wasser und Fläche.

- *Fossile Energieträger*: Weltweit und in den westlichen Industrieländern stützt sich die Energieversorgung zu etwa 90 Prozent auf die fossilen Energieträger Kohle, Erdöl und Erdgas, bei deren Verbrennung das Treibhausgas CO_2 und andere Schadstoffemissionen wie SO_2 und NO_x entstehen. Da das Treibhausgas CO_2 technisch nicht oder nur zu unvertretbar hohen Kosten zurückgehalten werden kann, lassen sich die Umweltziele für CO_2 auf den Einsatz fossiler Energieträger übertragen. Weltweit sollte ihr Einsatz bis zum Jahr 2050 um 50 Prozent, in Deutschland um 80 bis 90 Prozent zurückgehen, wenn man den Treibhauseffekt in den Risikogrenzen der Klimarahmenkonvention halten will. In diesem Zeitraum können Änderungen des Brennstoffmixes erfolgen, da der Kohlenstoffgehalt von Kohle etwa ein Viertel höher ist als der von Erdöl und dieser wiederum etwa ein Viertel über dem von Erdgas liegt. Andererseits liegen die weltweiten Kohlereserven deutlich über den Reserven für Erdöl und Erdgas, so daß die strategische Reichweite eines veränderten Brennstoffmixes zeitlich begrenzt ist. Es ist denkbar, den Rückgang fossiler Energieträger durch den verstärkten Einsatz erneuerbarer oder anderer kohlenstoffarmer Energieträger nahezu vollständig zu kompensieren. Eine vollständige Substitution ist aus umweltökonomischer Sicht jedoch keine kluge Strategie. Erneuerbare Energieträger werden trotz ihrer günstigen Umweltbilanz nicht zum ökologischen Nulltarif produziert; für die Produktion werden Rohstoffe, Energie, Fläche etc. benötigt, und es entstehen Emissionen und Abfälle. Ihre Nutzung ist ebenfalls mit Umweltbelastungen verbunden. Die Nutzung der Kernenergie ist aus Gründen der Entsorgung, der Proliferation und der Sicherheitsrisiken sehr umstritten; sie kann deshalb kaum als Zukunftsenergie betrachtet werden. Es ist deshalb gegenüber einer rein angebotsorientierten Strategie vorteilhaft, den Wettbewerb zwischen angebots- und nachfrageorientierten Strategien zu verstärken. Steigerungen der Energieeffizienz können die Energienachfrage in den nächsten Jahrzehnten deutlich absenken. Ein künftiger Energiekonsens sollte daher auf erneuerbaren Energien, Effizienzsteigerungen und einem sinkenden Mengengerüst für fossile Energieträger beruhen. Wenn man diesem Ansatz folgt, können Richtziele für den Primärenergieverbrauch abgeleitet werden; eine Halbierung des (deutschen) Primärenergieverbrauchs bis zum Jahr 2050 käme den Erfordernissen des Klimaschutzes, der Umweltintensität erneuerbarer Energieträger und den Chancen einer rationellen Energieverwendung wohl verhältnismäßig nahe.

- *Materialentnahme*: Die Materialentnahme wird definiert als die Gesamtheit der in einem bestimmten Zeitraum der Umwelt entnommenen Stoffe, also die Summe aus Rohstoffen, die wirtschaftlich verwertet werden, und „ökologischen Rucksäcken", die wirtschaftlich nicht verwertet werden.[75] Für die Materialentnahme kann kein ähnlich fundiertes Umweltziel wie für fossile Energieträger angegeben werden. Da es sich um eine hochaggregierte Summe handelt, muß gegebenenfalls spezifischen Umständen wie etwa der Verknappung einzelner Rohstoffe Rechnung getragen werden. Dennoch läßt sich mit dem gesagten Vor-

behalt ein offenes Umweltziel formulieren. Aus den genannten Größenordnungen der spezifischen Umweltziele und unter Berücksichtigung der Tatsache, daß fossile Energieträger mengenmäßig den umfangreichsten Stoffstrom bilden, läßt sich das Ziel einer weltweiten Reduktion um 50 Prozent bis zum Jahr 2050 ableiten.[76] Für ein westliches Industrieland wie Deutschland gilt dann eine Reduktion um 80 bis 90 Prozent bis zum Jahr 2050. Das ferne Zieljahr 2050 berücksichtigt das Vorsorgeprinzip und die nicht unmittelbar drohenden Gefährdungen durch Materialeinsatz. Es erleichtert ein schrittweises Vorgehen, das Strukturbrüche weitgehend vermeidet.
Im öffentlichen Raum ist dieses Umweltziel unter dem Stichwort *„Faktor 10"* zunehmend etabliert. 1994 wurde von einigen Wissenschaftlern ein „Faktor 10 Club" gegründet,[77] der österreichische Umweltplan von 1995 enthält ein Faktor 10 Ziel,[78] die Unternehmervereinigung „World Business Council for Sustainable Development" (WBCSD) diskutiert mögliche Öko-Effizienzsteigerungen bis hin zu einem Faktor 20, und in der Abschlußerklärung der VN-Sondergeneralversammlung über Umwelt und Entwicklung vom Juni 1997 wird ein Faktor 10 in Art. 28 Abs. f explizit aufgeführt.[79] Das von Mitsubishi initiierte Unternehmensnetzwerk „Future 500" orientiert sich immerhin an einem Anstieg der Öko-Effizienz um einen Faktor Vier. Die Verbreitung solcher Ziele ist sachlich vermutlich darauf zurückzuführen, daß in Wirtschaft und Politik der Bedarf nach einfachen Maßen für die Umweltintensität sehr groß ist und weitreichende Ziele Ingenieure und Manager eher zu Visionen inspirieren als detaillierte Einzelregelungen, die als reglementierend wahrgenommen werden. Dies wird durch die gedankliche Nähe einer sinkenden Rohstoffintensität zu globalen Trends der Mikroelektronik, der Informationsgesellschaft und einer lean („schlanke"!) production verstärkt.

- *Fläche:* Im Unterschied zu den Flußgrößen Energie und Material handelt es sich bei der Fläche um eine Bestandsgröße, deren Nutzung auf einem ökologisch tragfähigen Niveau stabilisiert werden muß. In diesem Zusammenhang hat der Sachverständigenrat für Umweltforschung Umrisse eines Konzepts der „kritischen strukturellen Veränderungen" entworfen.[80] Zum gegenwärtigen Zeitpunkt ist es jedoch noch nicht möglich, ein ökologisch tragfähiges Niveau zu bestimmen, zumal nach einzelnen Nutzungsarten differenziert werden muß. Die intensivste Form der Flächennutzung (abgesehen von Kontaminierungen mit persistenten Stoffen) bilden Flächenversiegelungen für Wohn- und Gewerbezwecke sowie durch Verkehrsinfrastruktur. Hier wird vorgeschlagen, die Größe der jährlich zusätzlich in Anspruch genommenen Flächen bis zum Jahr 2010 schrittweise auf Null zurückzuführen und auf dem Niveau von 1990 zu stabilisieren.[81] Andere Flächennutzungsformen sind die Land- und Waldwirtschaft. Eine Ausrichtung an Kriterien des ökologischen Landbaus und der naturnahen Waldwirtschaft ist ohne Zweifel die umweltverträglichste Nutzungsform.

Tab. 2: Ausgewählte Umweltziele für Deutschland

Umweltindikator	Umweltziel Kurzfristig (2010)	Umweltziel Langfristig (2050)
Ressourcenentnahme		
Energie*		
Primärenergieverbrauch	mindestens - 30 %	mindestens - 50 %
Fossile Energieträger	- 25 - 30 %	- 80 - 90 %
Erneuerbare Energien	+ 3 - 5 % p.A.	
Material		
Nicht-erneuerbare Rohstoffe	- 25 %	- 80 - 90 %
Fläche		
Siedlungs- und Verkehrsfläche	Stabilisierung der Inanspruchnahme auf dem Nivau von 1990	
Emissionen & Stoffabgaben		
Kohlendioxid (CO_2)	- 35 %	- 80 - 90 %
Schwefeldioxid (SO_2)	- 80 - 90 %	
Stickoxide (NO_x)	- 80 % bis 2005	
Ammoniak (NH_3)	- 80 - 90 %	
Flüchtige organische Verbindungen (VOC)	- 80 % bis 2005	
Synthetischer Stickstoffdünger	mittelfristig bis zu 100 %	
Biozide in der Landwirtschaft	mittelfristig bis zu 100 %	
Bodenerosion	- 80 - 90 %	

Das Basisjahr ist 1990.

* Eine Auseinandersetzung mit der Kernenergie findet in der vorliegenden Arbeit nicht statt; auf entsprechende Ziele wird deshalb verzichtet.

Quelle: BUND / Misereor, 1996, S. 80; dort wird für synthetische Stickstoffdünger und Biozide in der Landwirtschaft eine vollständige Reduktion bis zum Jahr 2010 gefordert.

4.3 Fazit: Umsetzbare und langfristig ausgerichtete Ziele

Aus dem dualen Indikatorenmodell und den abgeleiteten Umweltzielen ergeben sich konkrete, langfristig ausgerichtete ökologische Rahmenbedingungen eines zukunftsfähigen Wirtschaftens. Sie stützen sich auf den Stand der Umweltforschung und teilweise auf das zu diskutierende Werturteil weltweit gleicher Nutzungsmöglichkeiten auf einem umweltverträglichen Niveau. Insgesamt zeigt der bis zum Jahr 2050 reichende Zeithorizont der Umweltziele, wie notwendig eine Richtungsänderung des technischen Fortschritts ist. Die vorhandenen Teilerfolge einer Entkoppelung der Umweltbelastungen vom Wachstum des Bruttoinlandsprodukts waren zu zaghaft, um einen Kurswechsel anzustoßen. Politik, Wirtschaft und Gesellschaft stehen vor der Herausforderung, ihre Entwicklungsprozesse mit langfristigen Umweltzielen abzustimmen und neu auszurichten. Der Forschung fallen Aufgaben zu, kostengünstige, ja gewinnbringende Handlungsstrategien zu entwerfen und dabei Kriterien eines ökonomischen und sozial-kulturellen Wandels angemessen zu berücksichtigen.

5. Ein Anstieg der Ressourcenproduktivität als Basis für ein Sustainable Development

Sustainable Development gilt als Entwicklung, die die Bedürfnisse heutiger Generationen befriedigt, ohne die entsprechenden Möglichkeiten künftiger Generationen zu beeinträchtigen. Dabei sind die ökonomische, soziale und ökologische Entwicklung als eine immer neu herzustellende notwendige Einheit zu betrachten. In diesem Zusammenhang herrscht eine wachsende Übereinstimmung, den Naturhaushalt für künftige Generationen intakt zu halten. Diese Forderung geht über die konventionelle intergenerative Gerechtigkeitsvorstellung der Neoklassik hinaus, einen gleichwertigen Kapitalstock mit gleichwertigen Nutzungsmöglichkeiten zu hinterlassen. Wie, d.h. mit welchen Indikatoren und umweltpolitischen Zielen die Zielsetzung eines intakten Naturhaushalts verbunden ist, und wie dieses Teilziel mit anderen Zielen in Beziehung gesetzt werden kann, ist Gegenstand laufender Forschungsarbeiten.

Vor diesem Hintergrund nimmt die vorliegende Arbeit eine Konkretisierung vor. Aus dem dualen Indikatorenmodell und weiteren Prämissen läßt sich ableiten, daß Deutschland und andere Industrieländer wesentliche umweltintensive Tätigkeiten in den nächsten Jahrzehnten um etwa 80 bis 90 Prozent reduzieren müssen. Die Absenkung der Ressourcenentnahme mit dem angestrebten Ziel eines Faktor 10 bis zum Jahr 2050 kann als physikalisch-technische „Leitplanke" (Schmidt-Bleek) einer öko-sozialen Reformära der Industriegesellschaften angesehen werden. Ressourcenentnahme ist eine Größe, mit der Unternehmen und andere Akteure rechnen können. Sie stellt künftig einen Nenner dar, wenn wirtschaftliche Leistungen erzielt werden. *„Ressourcenproduktivität"* ist die reziproke Größe. Man erhält sie in erster Annäherung aus der erzielten Wertschöpfung pro Einheit eingesetzter Ressourcen.[82] Ein angemessener und stetiger Anstieg der Ressourcenproduktivität um durchschnittlich 3 bis 5 Prozent p.a. wird erzielt, wenn die Ressourcenentnahme verringert wird und gleichzeitig die wirtschaftlichen Leistungen ansteigen. Im Vergleich zur Unbestimmtheit des Leitbildes Sustainable Development ergeben sich die klaren Operationalisierungsschritte

- konkrete Umweltbelastungsindikatoren,
- konkrete Umweltziele sowie
- ein Maß für ökologisches Wirtschaften.

Ein Anstieg der Ressourcenproduktivität ist eine praxisrelevante Basis für ein Sustainable Development. Sie wurde hier im wesentlichen umweltökonomisch begründet. Im folgenden ist zu untersuchen, auf welche Weise ein Anstieg der Ressourcenproduktivität mit Innovationen und Beschäftigung verknüpft ist. Der Autor verläßt zu diesem Zweck den Forschungszweig der Umweltökonomie, die sich mit Ressourcenproduktivität bislang recht selten beschäftigt hat,[83] und bereitet die umfangreiche Produktivitätsdebatte auf. Anschließend werden theoretische Grundlagen einer zukunftsfähigen Innovationsdynamik diskutiert. Arbeiten über die Ressourcenproduktivität können so gesehen auch als Element einer ökonomischen Kommunikationsstrategie begriffen werden, mit der zentrale Wohlstandsfragen neu thematisiert werden.

B. Produktivität in der ökonomischen Theorie

6. Ein Überblick über das ökonomische Produktivitätsverständnis

Allgemein gilt Produktivität als Ausdruck der wirtschaftlichen Leistungsfähigkeit. Als Meßgröße gibt sie das Verhältnis zwischen der erwirtschafteten Leistung und den eingesetzten Produktionsfaktoren an. Ein Produktivitätsanstieg bringt zum Ausdruck, inwieweit ein Unternehmen oder eine Volkswirtschaft eine optimale Faktorallokation organisieren und den technischen Fortschritt in der Produktion umsetzen. Mit ansteigender Produktivität können neue Produkte etabliert oder die Produktionsmenge bei gleichbleibenden Kosten erhöht werden, so daß Wachstumseffekte die Folge sind. Wird die Produktionsmenge nicht erhöht, etwa weil die Nachfrage gesättigt ist, können Kosten gesenkt und Wettbewerbsvorteile erzielt werden. Für die Arbeitnehmer schlägt sich ein Produktivitätsanstieg in höheren Arbeitseinkommen nieder. Höhere Einkommen wiederum führen zu einer höheren Konsumnachfrage, so daß weitere Wachstumsimpulse entstehen.

Ein Produktivitätsanstieg gilt somit als Motor der wirtschaftlichen Entwicklung, als „engine that drives rising living standards".[84] Englander und Gurney stellen für die OECD fest: „Productivity growth is the key mechanism by which average income and welfare are improved (...)."[85] Albert Link schreibt:

> „Productivity is vital to economic well-being because it enhances the standards of living and the quality of life. It improves production efficiency, which in turn enhances the competitive, financial and military position of a nation within the international community. It increases income, which potentially then can be reallocated toward improving conditions of social concern such as environmental pollution or poverty, and thereby enhancing quality of life. Productivity advances ameliorate inflationary processes and thereby help establish economic stability. And, productivity growth stimulates market competition within an economy and between economies, thus improving resources allocation in general."[86]

Jenseits dieses Überblicks beginnen erste Schwierigkeiten bei der Unterscheidung, ob es sich bei Produktivität um einen Potentialbegriff oder um eine ex post ermittelte statistische Größe handelt. Tatsächlich sind beide Verwendungsformen gebräuchlich, wobei der Potentialbegriff in der Regel auf der betrieblichen Ebene Verwendung findet und der statistische Produktivitätsbegriff als volkswirtschaftliche Meßgröße etabliert ist.[87] Ein rein statistischer Produktivitätsbegriff würde zu der irrigen Auffassung führen, Produktivität sei die Folge und nicht die Ursache von Wachstumsprozessen. Demgegenüber ist jedoch Produktivität als Ausdruck einer mikroökonomischen Schaffenskraft anzusehen, die in der Summe die volkswirtschaftliche Leistungsfähigkeit und den Wohlstand steigert. Aus sachlogischer und theoretischer Perspektive ist Produktivität somit eher als Potentialbegriff anzusehen. In der Praxis unterscheiden sich beide Begriffe nicht grundlegend, weil jedes Unternehmen die bestmögliche Auslastung der Produktionsfaktoren anstrebt.

Die Produktivitätsforschung beschäftigt sich mit Meßverfahren sowie mit der Fragestellung, welche Wirkungsfaktoren und Mechanismen hinter dem Phänomen eines Produktivitätsanstiegs stehen. Die Vielfalt der zu berücksichtigenden Faktoren und ihr komplexes Wirkungsgefüge haben bislang die Entstehung einer empirisch fundierten und theoretisch konsistenten Produktivitätstheorie verhindert.[88] Produktivität ist Gegenstand der unterschiedlichen Produktions- und Wachstumstheorien. Darüber hinaus liegt man sicherlich nicht völlig fehl, Produktivität in ihrer allgemeinsten Form als eine Metapher der ökonomischen Rationalität zu begreifen,[89] nach der Erfolg mit möglichst geringem Mitteleinsatz erzielt werden soll.

Der Produktivitätsbegriff ist wissenschafts- und dogmengeschichtlich unterschiedlich verwendet und interpretiert worden. Insgesamt lassen sich drei Phasen der ökonomischen Produktivitätsdebatte unterscheiden:

- Die erste Phase bildete die klassische Debatte über „produktive" und „unproduktive" Arbeit. Da sie einen hohen Erklärungsgehalt für die einseitige Konzentration auf den Faktor Arbeit enthält, wird sie nachstehend vertieft (Kapitel 7).
- Die zweite Phase begann nach dem Ende des Zweiten Weltkrieges, als weltweit an vereinheitlichten Meßverfahren für die Wirtschaftspolitik gearbeitet wurde. Im Mittelpunkt stand die Entwicklung eines statistischen Meßverfahrens.[90] Ihre Relevanz ebbte ab, als die Meßverfahren weitgehend vereinheitlicht waren und kontinuierliche Verbesserungen erfolgen konnten.
- Die dritte Phase begann Mitte der siebziger Jahre, als sich in der Mehrzahl der westlichen Industrieländer die Produktivitätsraten abschwächten. Dieser Sach-

verhalt rief Forschungsarbeiten über empirische und theoretische Faktoren der abgeschwächten Produktivitätsentwicklung hervor.

Wenn nun ein Diskurs über Ressourcenproduktivität beginnt, könnte die vierte Phase der Produktivitätsdebatte beginnen.

6.1 Begriffliche Klärungen

6.1.1 Arbeitsproduktivität, Multifaktorproduktivität und technischer Fortschritt

Im Zusammenhang mit Produktivität finden die Begriffe der Arbeitsproduktivität, der Multifaktorproduktivität (oder totale Faktorproduktivität) und des technischen Fortschritts Verwendung; alle drei werden gelegentlich synonym als Produktivität bezeichnet. Warum? Die Arbeitsproduktivität, makroökonomisch gemessen als erwirtschaftetes Bruttoinlandsprodukt (BIP) pro Erwerbstätigen bzw. pro geleisteten Arbeitsstunden, dient als einfacher Maßstab der Produktivität einer Volkswirtschaft.[91] Die Ermittlung der Kapitalproduktivität ist methodisch gesehen mit größeren Schwierigkeiten verbunden.

Im Zeitverlauf zeigt sich, daß die Arbeitsproduktivität angestiegen, die Kapitalproduktivität jedoch – wenn man die gegebenen Meßverfahren akzeptiert – im wesentlichen stagniert ist. Der Kapitalstock, d.h. die Gesamtmenge aller für die Produktion einsetzbaren Maschinen, Fabrik- oder Bürogebäude, ist im Durchschnitt der letzten Jahrzehnte etwa parallel zum BIP angestiegen. Der Anstieg des Kapitalstocks drückt sich in einem steigenden Kapitaleinsatz pro Beschäftigtenstunde aus, oder anders gesagt in einer Substitution des Faktors Arbeit durch den Faktor Kapital. Statistisch gesehen schlägt sich dieser Substitutionsvorgang in Deutschland in einem leichten Rückgang der Kapitalproduktivität und in einem kräftigen Anstieg der Arbeitsproduktivität nieder, die im Zeitraum 1960 bis 1994 in (West)Deutschland um den Faktor 3,3 anstieg. Der Anstieg der Arbeitsproduktivität hängt also mit dem Wachstum des Kapitalstocks zusammen; er ist die Folge des technischen Fortschritts und eines Substitutionsprozesses zwischen Kapital und Arbeit (Kapitel 12).

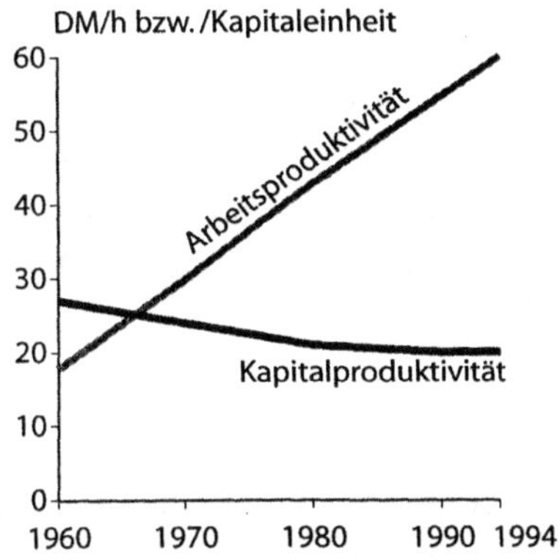

Abb. 3: Die Entwicklung der Faktorproduktivitäten in (West)Deutschland 1960 bis 1994

Die Angaben beziehen sich auf das frühere Bundesgebiet.
Arbeitsproduktivität ausgedrückt als Bruttoinlandsprodukt in Preisen von 1991 je Arbeitsstunde. Kapitalproduktivität ausgedrückt als Bruttoinlandsprodukt in Preisen von 1991 je Einheit des Kapitalstocks in Preisen von 1991 (mit Multiplikator).
Quelle: Eigene Darstellung auf der Basis von: Stat. Bundesamt, 1996.

In komplexeren Produktivitätsanalysen wird das Maß „*Multifaktorproduktivität*" oder „totale Faktorproduktivität" verwendet.[92] Sie entsteht als gewogenes harmonisches Mittel mehrerer Faktorproduktivitäten, kann also die Faktoren Arbeit und Kapital disaggregieren und berücksichtigt gegebenenfalls weitere Faktoren. So wird ermittelbar, welcher Faktor mit welchem Anteil zum Produktionsergebnis beiträgt. Dabei wird eine Produktionsfunktion zugrunde gelegt, die das Verhältnis zwischen dem Faktoreinsatz und dem erwirtschafteten Ergebnis idealtypisch abbildet; ein Produktivitätsanstieg bewirkt eine Verschiebung der Produktionsfunktion hin zum Koordinatenursprung. Die Multifaktorproduktivität (MFP) ergibt sich als Differenz zwischen der Veränderung der Arbeitsproduktivität (Ap) und der Veränderung der Substitutionskomponente von Arbeit durch Kapital (S), d.h. MFP = Ap – S. Sie liegt in der Regel etwas niedriger als die Arbeitsproduktivität und wird auch als Kennziffer für den technischen Fortschritt interpretiert.[93]

Eine wesentliche Frage im Zusammenhang mit der Ressourcenproduktivität lautet nun, warum in der Analyse der Meßgröße „Multifaktorproduktivität" die Natur gar nicht und Ressourcen nur in seltenen Ausnahmefällen (Kapitel 10) betrachtet werden. Sicherlich hat der Hinweis, daß kaum alle Faktorinputs vollständig erfaßt werden können, einige Berechtigung. Wäre dies der einzige Einwand, könnte man es als ein pragmatisches Vorgehen auf einer sauberen theoretischen Grundlage ansehen. Es sollte aber untersucht werden, ob der Grundbaustein einer Cobb-Douglas-Produktionsfunktion aus umweltökonomischer Sicht hinreichend ist oder ob er möglicherweise die Ergebnisse von Produktivitätsanalysen einseitig verzerrt. Dieser Fragestellung geht die vorliegende Arbeit nach.

6.1.2 Grenzproduktivitätstheorie

Die Volkswirtschaftslehre verwendet ferner die Grenzproduktivitätstheorie. Sie basiert auf der neoklassischen Mikrotheorie der Unternehmung und gehört zum Bereich der Verteilungstheorien. Die Grenzproduktivitätstheorie erklärt, daß unter den Bedingungen des Konkurrenzgleichgewichts a) die Wettbewerber im Minimum der langfristigen Durchschnittskosten arbeiten und b) die Entlohnung sämtlicher Faktoren nach dem Marginalitätsprinzip erfolgt. Die Grenzproduktivitätstheorie erklärt somit die Nachfrage nach einem Produktionsfaktor (z.B. Arbeit).

Die sogenannte „produktivitätsorientierte Lohnpolitik" ist ein daraus abgeleitetes Konzept der Tarifverhandlungen, nach dem sich Löhne und Gehälter am Produktivitätsfortschritt orientieren, um die Lohnstückkosten konstant zu halten und so von der Lohnkostenseite her keine Preiserhöhungen zu veranlassen.[94] Alternativ kann eine Verkürzung der Arbeitszeit vereinbart werden. In Deutschland sind seit 1960 etwa 3/4 des Produktivitätsanstiegs in Einkommensverbesserungen umgesetzt worden und etwa 1/4 in Arbeitszeitverkürzungen. Man kann daraus ein etwas mechanistisches Gedankenexperiment ableiten: Wäre der Produktivitätsanstieg vollständig in Arbeitszeitverkürzungen umgesetzt worden, hätte 1993 die durchschnittliche Jahresarbeitszeit bei etwa 700 Stunden anstelle der tatsächlichen 1.650 liegen können; dafür hätte das durchschnittliche Jahreseinkommen der Beschäftigten nur etwa 22.600 DM betragen.[95]

Aus umweltökonomischer Sicht kann die Frage nach der Entlohnung für die Leistungen des Naturhaushalts gestellt werden. Es ist ein Unterschied, ob die betrieblichen Kosten der Ressourcenentnahme gedeckt werden, ob gegebenenfalls zusätzlich negative externe Kosten ermittelt und internalisiert werden oder ob der Naturhaushalt als produktiver Faktor betrachtet und entsprechend entlohnt wird. Die Frage nach der Produktivität der Natur ist auch im Zusammenhang mit einer ökologischen Finanzreform von Bedeutung. Sie wird in Kapitel 11 vertieft.

6.2 Meßverfahren zur Produktivitätsermittlung

Produktivität drückt sich in dem quantitativen Verhältnis vom Produktionsergebnis zum Faktoreinsatz aus, oder in englischsprachiger Terminologie „Output per Unit of Input". Sie bezieht sich auf die Menge der eingesetzten Produktionsfaktoren, die zum Zwecke ihrer Addierbarkeit mit Faktorpreisen bewertet werden und wird in der Regel als Marginalgröße gemessen, d.h. die Ökonomie interessiert sich für die jeweiligen Produktivitätszuwächse. In der Volkswirtschaftslehre wird das reale Bruttoinlandsprodukt (BIP) zum Produktionsfaktor Arbeit bzw. Kapital in Beziehung gesetzt. Die gebräuchlichste Meßziffer ist die Arbeitsproduktivität. Hier wird das BIP durch die Zahl der Erwerbstätigen bzw. durch die geleisteten Erwerbsarbeitsstunden dividiert.

Die Betriebswirtschaftslehre bezieht die Produktivität auf die Leistung von Produktions- oder Arbeitseinheiten. So kann der Output eines Unternehmens oder von Unternehmensbereichen in ein Verhältnis zum jeweiligen Input gesetzt werden. Vor allem moderne Produktionskonzepte wie Lean Production, Reengineering etc. überprüfen die Leistung pro Organisationseinheit, also etwa die Produktion einer bestimmten Komponente für die Automobilherstellung pro Arbeitsstunde. Anders als das Faktorsystem der Volkswirtschaftslehre unterscheidet das Faktorsystem der Betriebswirtschaftslehre die Produktionsfaktoren Arbeit, Kapital, Energie und Material; unter Material werden eine Vielzahl von Werkstoffen wie etwa Rohstoffe, Vorprodukte, Energie oder Schmierstoffe subsumiert.[96]

Die Produktivitätsmessung bildet wegen ihrer erheblichen methodischen Komplexität einen Schwerpunkt der Produktivitätsforschung.[97] Unterschieden werden können methodische Probleme

- der Outputerfassung,
- der Inputerfassung,
- der Aggregierung und
- der Indexierung.

Bei der Outputermittlung geht es um Schwierigkeiten, ökonomisch relevante Aktivitäten in Grenzbereichen wie der Schattenwirtschaft, der Hausarbeit und in einigen sozialen Dienstleistungen adäquat zu erfassen; um Schäden am Naturhaushalt zu erfassen, wird an umweltökonomischen Gesamtrechnungen gearbeitet

(Kapitel 9). Darüber hinaus müssen die Aktivitäten den Sektoren und den Kategorien Vorleistung, Produktion und Konsum zugeordnet werden, ein Vorgang, der u.a. für Bildung, Forschungsaktivitäten sowie für Infrastruktur nicht einfach ist. Ein schwieriger Bereich ist ferner die Ermittlung des „realen BIP in konstanten Preisen", weil Qualitätsveränderungen und sehr unterschiedliche Preisentwicklungen in Einzelbereichen zu berücksichtigen sind. Diese Schwierigkeiten erhöhen sich bei langen Zeitreihen und im internationalen Vergleich.

Bei der Inputermittlung ist die Ermittlung der geleisteten Arbeitsstunden einschließlich Überstunden und Ausfallzeiten wegen Krankheiten etc. vor allem bei kleinen und mittelständischen Unternehmen problematisch. Ein Beispiel aus der deutschen Produktivitätsmessung illustriert die Relevanz dieser Basisgröße: Lange Zeit wurden die realen Beschäftigtenzahlen um ca. eine Million Arbeitnehmer zu niedrig geschätzt; erst die Volks- und Arbeitsstättenzählung von 1987 erlaubte eine Korrektur, die sich in der Statistik als gesunkene Arbeitsproduktivität niederschlug. Methodisch komplexer ist die Ermittlung von Kapitalleistungen in konstanten Preisen, weil die Altersstruktur des Kapitalbestands („vintage"), die unterschiedliche Lebensdauer bestimmter Kapitalgüter und die tatsächlichen Auslastungszeiten zu berücksichtigen sind. Die Inputmessung muß deshalb kontinuierlich verfeinert werden, um den tatsächlichen Gegebenheiten so weit wie möglich zu entsprechen.

Wenn alle Variablen korrekt erfaßt sind, kann die Forschung unter Hinzuziehung von Annahmen über die Elastizitäten zwischen Produktionsfaktoren („Substitutionselastizität") sowie zwischen Produktionsfaktoren und erwirtschafteter Leistung („Skalenelastizität") eine aggregierte Produktionsfunktion konstruieren, die eine Ermittlung der Multifaktorproduktivität als Residual ermöglicht. Die Wachstumsbuchhaltung („growth accounting") untersucht als empirischer Forschungszweig die genaue Zusammensetzung des Bruttoinlandsprodukts und ordnet den technischen Fortschritt jeweiligen Faktoren mit der Zielsetzung zu, die Größe des Residuals so gering wie möglich zu halten. Dabei findet häufig die Cobb-Douglas-Produktionsfunktion Verwendung.[98] So vertritt die OECD den Ansatz, die Produktivität über eine makroökonomische Produktionsfunktion vom Cobb-Douglas-Typ zu erfassen, und betont, daß ihr gegenüber auch neuere Ansätze wenig Überlegenheit zeigen.[99] Wenn die Produktivität aus den Veränderungsraten der Inputs Arbeit (A_t) und Kapital (K_t) sowie des Outputs (Y_t) ermittelt werden soll, ergibt sich als Formel

$$P(t) = \frac{Y_t}{c^*A_t + (1-c^*)\,K_t}$$

Die Gewichte c* und (1-c*) stellen den Anteil des jeweiligen Faktorinputs am Gesamtprodukt dar. Auf diese Weise erhält man die Produktivitätsänderungen (P (t)) als Residualmaß, das auch als „Effizienzparameter" bezeichnet wird. Die vollständige Zuordnung zu den jeweiligen Faktorproduktivitäten und ein Verschwinden des Residuals sind bis heute allerdings nicht gelungen, so daß einige Autoren von einem Scheitern dieses Ansatzes sprechen.[100]

Für umweltökonomische Fragestellungen ist die Charakterisierung der Produktivität als exogene Größe mit dem Grundbaustein einer Cobb-Douglas-Produktionsfunktion auch relevant, weil sie in etliche Modellierungsansätze einfließt. Die „autonomous rate of energy efficiency" liegt in der Mehrzahl der verwendeten energiewirtschaftlichen Modelle zwischen 0,5 Prozent und 1,5 Prozent p.a.[101] Demnach wären deutliche Steigerungen der Ressourcenproduktivität kaum zu realisieren. Die im folgenden geführte theoretische Diskussion ist daher umweltökonomisch interessant, wenn man höhere Anstiegsraten über einen Zeitraum von 10 Jahren und mehr begründen will. Abschließend ist die Feststellung zu treffen, daß die Produktivitätsmessung die Ressourcenproduktivität bislang nicht erfaßt und auch die spezifische Energie- oder Materialproduktivität nur in wenigen Ausnahmefällen eine Rolle spielt. Inwieweit dies Untersuchungen zu den Produktivitätseffekten des Umweltschutzes beeinflußt, stellt Kapitel 10 dar.

6.3 Der Grundbaustein der Produktivitätsermittlung

Die Produktivitätsermittlung baut theoretisch auf den Wachstumstheorien[102] auf, unter denen eindeutig die auf Robert Solow zurückgehende neoklassische Variante dominiert.[103] Nach seinem Standardmodell wird das Gleichgewichtswachstum vom Wachstum der Produktionsfaktoren und vom technischen Fortschritt bestimmt. Aufschlußreich ist die zugrunde gelegte Produktionsfunktion. Solow konstruiert auf der produktionstheoretischen Grundlage von Cobb und Douglas eine makroökonomische Produktionsfunktion, um die Wachstumsprozesse der

USA für den Zeitraum 1909 bis 1949 empirisch zu untersuchen.[104] Er nimmt also die theoretischen Annahmen einer mikroökonomischen Produktionsfunktion für eine Volkswirtschaft als gegeben an. Im Ergebnis stellt er fest, daß mehr als 80 Prozent des Wachstums im beobachteten Zeitraum nicht auf vermehrten Faktoreinsatz, sondern auf eine dritte Größe zurückgeführt werden kann: den technischen Fortschritt. Seit dieser Entdeckung gilt der technische Fortschritt als die langfristig entscheidende Wachstumsgröße, und die *Cobb-Douglas-Produktionsfunktion* bildet den Grundbaustein der Produktivitätsermittlung.

Die Zugrundelegung einer makroökonomischen Produktionsfunktion vom Cobb-Douglas-Typ für die Analyse von Produktivitäts- und Wachstumsprozessen ist in der Ökonomie allerdings durchaus umstritten.[105] Einwände werden vor allem gegen die Annahme formuliert, mikroökonomische Produktionsprozesse adäquat auf einer makroökonomischen Ebene aggregieren zu können. Über die Aggregierung ergibt sich eine ökonomische Idealwelt, in der Unternehmen das vollkommene Wissen über Marktentwicklungen und die effizienteste Faktormengenkombination besitzen, die Präferenzen stetig sind und die Wirtschaft sich im Konkurrenzgleichgewicht befindet. Relevante und überraschende Einflüsse aus Politik und Gesellschaft finden nicht statt. Ganz offensichtlich decken sich diese Annahmen jedoch nicht mit der beobachtbaren Wirklichkeit.[106]

Die Schwierigkeit, reale Prozesse des mikroökonomischen Wandels in einer linear-homogenen Produktionsfunktion abzubilden, ist innerhalb der Ökonomie theoretisch kaum umstritten. Ihre hochaggregierte Form und ihre weitgehend inflexiblen Eigenschaften bilden einen statischen Gleichgewichtsbegriff ab und erlauben nur bedingt einen Zugang zur Analyse dynamischer Prozesse. Ist es also überspitzt zu sagen, die Cobb-Douglas-Produktionsfunktion ähnele „dem Suchen eines Betrunkenen nach seinem Schlüssel unter einer Laterne, weil es dort heller sei"?[107] Nelson u. Winter führen zur Erklärung, weshalb vor allem neoklassische Wachstumstheorien mit einer relativ statischen mikroökonomischen Basis operieren, die Entwicklung der Forschung zwischen den zwanziger und fünfziger Jahren an:

> „One reason was that it proved easier to provide a satisfactory mathematical statement of a static theory than a dynamic one. It also seems to have been the case that during the period when these intellectual developments were occuring, economists tended to lose their interest in economic growth, although this may have been a result of the trend that theory was taking, just as much as it was a cause. In any case, the consequence was that in the 1950s, when many economists again became interested in

patterns of long-run economic growth, they found themselves without a well-developed growth theory. (...) By the late 1950s, growth theorists had responded to the need to understand these features by borrowing heaviliy from the intellectual kit of static microeconomics."[108]

Trotz der theoretisch anerkannten Defizite arbeiten viele Ökonomen weiterhin mit linear-homogenen Produktionsfunktionen, weil sie gut handhabbar sind und die mathematischen Modellrechnungen vereinfachen. Sie argumentieren, daß eine Aggregierung niemals exakt sein, wohl aber eine vernünftige Approximierung darstellen kann.[109] In der empirischen Wirtschaftsforschung zeigt sich, daß für langfristige Entwicklungen die Zugrundelegung einer Cobb-Douglas-Produktionsfunktion durchaus nützlich ist, eben weil sie eine sehr allgemeine Approximation darstellt.[110] Man kann deshalb wohl zwischen einer theoretisch dünnen Grundlage einerseits und einer gewissen Relevanz für Teile der empirischen Wirtschaftsforschung andererseits unterscheiden. Blaug betont beide Aspekte:

„It can hardly been doubted, however, that the aggregate two-inputs-one output version of the neoclassical theory of factor pricing had much evidence in the last years. (...) estimations of aggregate production function for purposes of measuring the sources of economic growth and drawing interferences about the nature of technical change have become a widespread practice in economic research. (...) The concept of an aggregate production function is frought with enormous difficulities and it is not too much to say that empirical work on production functions has come dangerously close on occasion to ‚measurement without theory'."[111]

Aus der Theorie ergeben sich somit Einwände gegen eine unüberlegte Verwendung der Cobb-Douglas-Produktionsfunktion für umweltökonomische Arbeiten. Um zu weiterer Vorsicht zu mahnen, sollten einige spezifische Eigenschaften linear-homogener Produktionsfunktionen reflektiert werden:

- die Skalenelastizität ist gleich eins;
- die Substitutionselastizität zwischen den Produktionsfaktoren ist gleich eins.

Die Annahme konstanter *Skalenerträge* ist für die neoklassische Wachstumstheorie konstitutiv.[112] Sie wird allerdings von der sog. neuen Wachstumstheorie nicht mehr vertreten; dort geht man von steigenden Skalenerträgen aus (Kapitel 12).[113] Diese wachstumstheoretische Kontroverse ist umweltökonomisch relevant: Eine höhere Skalenelastizität bringt zum Ausdruck, daß ein Produktionsergebnis ohne Leistungsbeeinträchtigung von den Ressourceninputs entkoppelt werden kann. Eine Verwendung der Cobb-Douglas-Produktionsfunktion mit ihrer Festlegung auf Skalenerträge gleich eins ist deshalb eine formale Einengung von Möglichkeiten. Sie führt bei Modellierungsversuchen implizit dazu, daß für den gleichen denkbaren Produktivitätsanstieg ein höheres Maß an technischem Fortschritt exogen vorgegeben werden muß.

Es ist durchaus fraglich, ob die Annahme einer *Substitutionselastizität* gleich eins auch unter den veränderten Rahmenbedingungen einer steigenden Ressourcenproduktivität Gültigkeit beanspruchen kann. Ob der technische Fortschritt im Rahmen eines Anstiegs der Ressourcenproduktivität Hicks-neutral[114] verläuft, d.h. ob die Relation zwischen den Produktionsfaktoren im Zeitverlauf konstant gleich eins bleibt, bedarf theoretischer und empirischer Forschung. Diese Fragestellung ist relevant, weil eine Richtungsänderung des technischen Fortschritts hin zur Öko-Effizienz Vorteile für Umwelt und Beschäftigung verspricht.[115] Dies würde bedeuten, daß der technische Fortschritt nicht Hicks-neutral verläuft (Kapitel 14). Auch eine Festlegung auf eine Substitutionselastizität gleich eins erscheint deshalb verfrüht.

Tab. 3: Überblick über die Eigenschaften unterschiedlicher Produktionsfunktionen

Funktion	**Substitutionselastizität**			**Skalenelastizität**			**Anzahl der Produktions-faktoren**
	1	konst.	variabel	1	konst.	variabel	
Cobb-Douglas	x			x			zwei
Produktionsfunktion vom Cobb-Douglas Typ	x				x		zwei
CES-Produktionsfunktion		x		x			zwei
Homogene CES-Produktionsfunktion			x		x		zwei
VES-Produktionsfunktionen			x		x		zwei
Homothetische CES-Produktionsfunktionen		x				x	zwei
Erweiterte CES-Produktionsfunktion		x		x			beliebig
Erweiterte Cobb-Douglas Produktionsfunktion	x			x			beliebig
Zweistufige Produktions-funktionen		x	x	x			beliebig
Translog-Produktionsfunktion			x			x	beliebig

Quelle: Eigene Zusammenstellung auf der Grundlage von: Linde, 1988², S. 287

Aus den genannten Einwänden sind Produktionsfunktionen mit flexibleren Eigenschaften hervorgegangen. Dale Jorgenson beispielsweise entwickelt und verwendet sektoral disaggregierte Modelle, um den ökonomischen Strukturwandel adäquater erfassen zu können.[116] Theoretisch reizvoll sind die Ansätze der sogenannten evolutorischen Ökonomie, die Innovationsvorgänge auf der Mikroebene untersucht und auf dieser Basis makroökonomische Modelle ohne die Zugrundelegung einer aggregierten Produktionsfunktion erarbeitet. Sie wird in den Kapitel 12 und 13 vorgestellt.

Zusammenfassend lautet die Einschätzung über die aggregierte Produktionsfunktion vom Cobb-Douglas-Typ, zu einer für herkömmliche Zwecke brauchbaren Messung auf dünner theoretischer Grundlage zu führen. Wie jede Produktionsfunktion hat sie für die Produktivitätsermittlung tautologische Züge, weil ihre zugrunde gelegten Eigenschaften über die Höhe des zu ermittelnden Residuals mitentscheiden. Produktionsfunktionen basieren deshalb auf einer funktionalen Form, die das Ergebnis der Produktivitätsermittlung mitbestimmt.[117] Ob diese Grundlage für Fragestellungen eines langfristigen Strukturwandels – etwa von der Produktion hin zu Dienstleistungen, Information und Umweltentlastung – ausreichend ist, darf angezweifelt werden. Für die vorliegende Arbeit ergibt daraus die Notwendigkeit, neuere theoretische Ansätze mitzuberücksichtigen.

6.4 Die Langfristdynamik der Produktivitätsentwicklung in ausgewählten Industrieländern

Die Bedeutung der Produktivität als Motor der wirtschaftlichen Entwicklung läßt sich durch eine Betrachtung langer Zeiträume empirisch verdeutlichen. Wie die folgende Abbildung zeigt, ist die Produktivität im Zeitraum 1870 bis 1992 in den USA etwa um den Faktor 13, in Deutschland um den Faktor 18, in Großbritannien um den Faktor 9 und in Japan sogar um den Faktor 43 angestiegen.

Für die relativen Unterschiede zwischen den Anstiegsraten lassen sich einige Faktoren nennen, die hier nicht weiter vertieft werden.[118] Ungeachtet dessen sind die erzielten absoluten Zuwächse gewaltig. Mit Zuwächsen zwischen einem Faktor 9 (Großbritannien) und einem Faktor 40 (Japan) in hundertzwanzig Jahren ist die Arbeitsproduktivität sogar etwas stärker als die Größenordnung angestiegen,

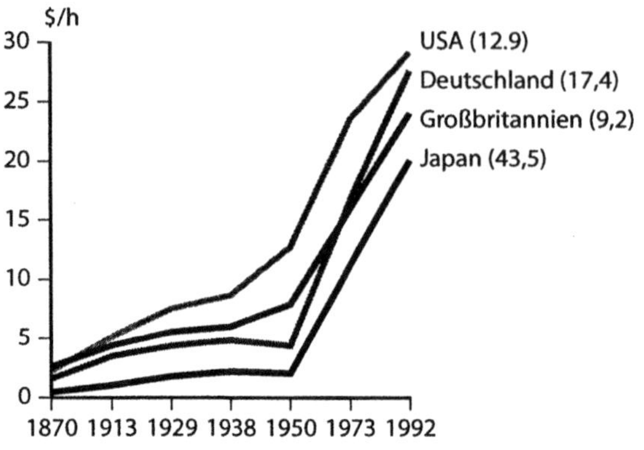

Abb. 4: Der Anstieg der Arbeitsproduktivität in ausgewählten Industrieländern 1870 bis 1992

Gemessen als BSP pro Arbeitsstunde auf der Basis relativer Preise von 1990 in US $.
Die Zahlenangaben wurden territorial bereinigt, so daß ihnen das gegenwärtige Staatsgebiet zugrunde liegt; für Deutschland entspricht dies dem früheren Bundesgebiet.
Die in Klammern genannten Zahlen in der Legende geben den Faktoranstieg über den betrachteten Zeitraum an.
Quelle: Eigene Darstellung auf der Basis von: Maddison, 1995, S. 249.

die in der Diskussion über die Ressourcenproduktivität als notwendig erachtet wird. Dort werden ein Faktor Vier, eine Verdoppelung der Wirtschaftsleistungen bei einer Halbierung des Ressourcenverbrauches, in einem mittelfristigen Zeitraum[119] und ein Faktor 10 als absolute Ressourceneinsparung in einem langfristigen Zeitraum bis zum Jahr 2050[120] für notwendig erachtet. Man kann die Arbeitsproduktivität deshalb in erster Annäherung als analoge Größe für einen denkbaren Anstieg der Ressourcenproduktivität betrachten. Dabei gilt es zu bedenken, daß die empirisch meßbaren Raten der Vergangenheit nur bedingt Rückschlüsse über zukünftige Entwicklungen zulassen und daß sie für den Anstieg der Arbeitsproduktivität, d.h. für die spezifischen Umstände einer partiellen Faktorproduktivität gelten. Die Wachstumstheorien, die unterschiedliche Erklärungen für eine Langfristdynamik anbieten, sind unter diesem Aspekt von neuem umweltökonomischen Interesse (Kapitel 12).

Der Produktivitätsanstieg ist allerdings nicht gleichmäßig verlaufen. Alle westlichen Industrieländer haben zwischen 1950 und 1973 die höchsten jährlichen Anstiegsraten der Produktivität zu verzeichnen, die in einigen Jahren dieses Zeitraums sogar nahezu zweistellig verliefen. Der Zeitraum zwischen 1950 und 1973 wird deshalb im nachhinein auch als „*goldenes Zeitalter*" („golden age") angesehen.[121] Seit 1973 nämlich sind in allen westlichen Industriestaaten die Produktivitätsraten von durchschnittlich 2,5 Prozent (USA) – 7,5 Prozent (Japan) p.a. 1950 bis 1973 auf 1 Prozent (USA) – 3,5 Prozent (Japan) abgesunken.

Einige Zusammenhänge zwischen den abgeflachten Produktivitätsraten und verursachenden Faktoren sind mittlerweile von der empirischen Ökonomie erforscht.[122] Danach wirkten sich fast alle Einflußfaktoren in den siebziger und achtziger Jahren dämpfend auf den Produktivitätsfortschritt aus. Als makroökonomische Größen machten sich die niedrige Investitionsneigung und der negative Trend der Kapitalintensitätsentwicklung bemerkbar. Auswirkungen der Energiepreissteigerungen und der Umweltpolitik auf die Produktivitätsentwicklung gelten mittlerweile als existent, aber vernachlässigbar (Kapitel 10).[123] Zu den makroökonomischen Größen kamen Änderungen im statistischen Ausgangsmaterial[124] und einige Sonderfaktoren. Diese Sonderfaktoren umfaßten in Deutschland das aufgrund des demographischen Wandels höhere Arbeitskräftepotential, die Ein-

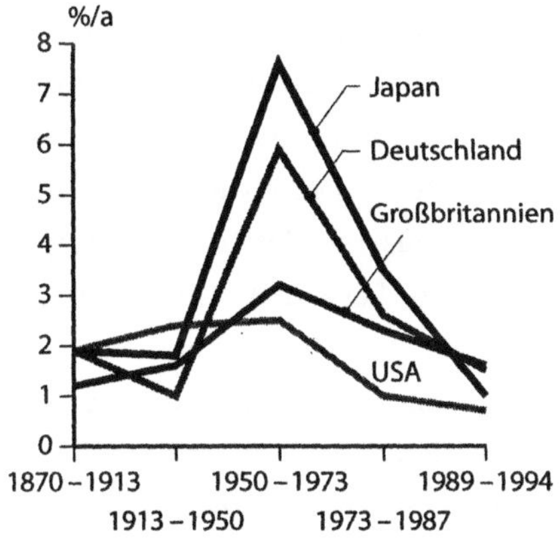

Abb. 5: Phasen des Produktivitätsanstiegs in ausgewählten Industrieländern 1870 bis 1994

1870 bis 1987 gemessen als BSP pro Arbeitsstunden auf der Basis relativer Preise von 1985 in US $.
1989 bis 1994 gemessen als BSP in Landeswährung pro Erwerbstätigen im gewichteten Fünfjahresdurchschnitt.
Die Zahlenangaben wurden territorial bereinigt, so daß ihnen das gegenwärtige Staatsgebiet zugrunde liegt; für Deutschland entspricht dies dem früheren Bundesgebiet.

Quellen: Eigene Darstellung auf der Basis von: Maddison, 1991, S. 51; OECD, 1997, S. 198 ff.; Stat. Bundesamt, 1996 führung von ABM-Maßnahmen sowie eine Zunahme von Arbeitsunterbrechungen. Das zunehmende Bildungsniveau konnte die Produktivitätsabschwächung bremsen, aber nicht entscheidend beeinflussen.

Als Ausblick ist bemerkenswert, daß seit Beginn der neunziger Jahre höhere Produktivitätsraten erzielt werden können; 1994 stieg zum Beispiel die Produktivität in Deutschland um 4,5 Prozent an.[125] Folgende Faktoren begründen die Aussicht auf höhere Produktivitätsraten als in den vergangenen zwei Jahrzehnten:

- der Einsatz neuer Basistechnologien aus Mikroelektronik und Telekommunikation,
- die Zunahme „schlanker" Produktionsorganisationen, die betriebliche Produktivitätssteigerungen bis zu 100 Prozent ermöglichen[126]
- die steigende Berücksichtigung von Produktivitätsaspekten bei Dienstleistungen (Kapitel 9) sowie
- die weltweite Öffnung der Märkte und die zunehmende Globalisierung, d.h. daß über Prozesse der Arbeitsteilung und des internationalen Handels Produktivitätsgewinne ermöglicht werden.

In der Summe ergeben die unterschiedlichen Anstiegsraten der Produktivität noch keine ausgereiften Erklärungsmuster, so daß weite Teile der Langfristdynamik theoretisch nicht hinreichend erklärt sind.[127] Die vorliegende Arbeit zieht daraus zum einen die Schlußfolgerung, sich mit Wachstumstheorien als einer Fragenheuristik über langfristige Entwicklungsprozesse auseinanderzusetzen (Kapitel 12). Zum anderen vertritt sie mit Paul Krugman die These, daß für die Produktivitätsentwicklung neben ökonomischen auch technologische, soziale und politische Faktoren in ihrer Wechselwirkung von Bedeutung sind.[128] Ihr Zusammenwirken führt zu einer kumulativen Dynamik („cumulative causation"), die nicht unbedingt gleichgewichtsförmig und linear verlaufen muß. Ein derartiger Ansatz geht über die Wachstumstheorien hinaus, weil er die Einbettung der Ökonomie in soziale Strukturen hervorhebt und weil er in Anlehnung an Gunnar Myrdal[129] zirkuläre Interdependenzen und Ungleichgewichtszustände als Ausgangsbasis für Entwicklungsprozesse betrachtet. Die vorliegende Arbeit stellt in ihrem letzten Abschnitt vorläufige Überlegungen an, welche kumulativ verlaufenden Prozesse für einen Anstieg der Ressourcenproduktivität vorstellbar sind.

6.5 Fazit: Das herkömmliche Produktivitätsverständnis bezieht sich auf Arbeit und vernachlässigt die Natur

Nach dem ersten Überblick über Produktivität in der ökonomischen Theorie gelangt man zu dem Fazit, daß es sich dabei um einen interessanten, aber zugleich komplexen und schwierigen Grundbegriff der Ökonomie handelt. Empirisch betrachtet haben in den vergangenen Jahrzehnten Produktivitätssteigerungen stattgefunden, die durchaus als brauchbare Analogie für einen möglichen Anstieg der Ressourcenproduktivität angesehen werden können. Produktivität ist jedoch bislang in keiner Weise mit der Ressourcenproduktivität verbunden. Sie bezieht sich im wesentlichen auf Arbeit und die industrielle Produktion und basiert theoretisch auf dem neoklassischen Standard-Wachstumsmodell und ihrem Grundbaustein einer Cobb-Douglas-Produktionsfunktion, die ihrerseits Gegenstand lebhafter Auseinandersetzungen sind. Im Hinblick auf die mögliche Übertragung dieses Konzepts auf ein Modell der Ressourcenproduktivität haben sich Zweifel ergeben. Der wiedergegebene Diskussionsstand zeigt die Notwendigkeit, die theoretische Basis im Hinblick auf eine zukunftsfähige Langfristdynamik zu vertiefen und zu erweitern.

7. Die klassische Produktivitätsdebatte und ihre Folgen

Das folgende Kapitel nimmt eine dogmengeschichtliche Vertiefung vor. Es geht der Frage nach, weshalb sich der technische Fortschritt einseitig auf die Arbeits- und nicht auf die Ressourcenproduktivität konzentriert. Zu vermuten sind ideengeschichtliche Weichenstellungen und Weltbilder, deren Rekonstruktion für die aktuellen Lösungsaufgaben von Arbeitslosigkeit und Umweltzerstörung relevant sind. Methodisch gesehen folgt das Kapitel wirtschaftshistorischen Ansätzen.[130]

Als sprachlicher Vorläufer des späteren Produktivitätsbegriffs kann der lateinische Begriff der „productio" angesehen werden. Er existiert bereits in der Antike und im Mittelalter in mehreren Schriften und bezeichnet dort Tätigkeiten wie „hervorbringen", „herstellen" oder „schaffen". Beispiele von „productio" werden in der frühen Neuzeit überwiegend in der Natur geortet; sie schafft im Unterschied zu der Schöpfung nicht etwas Neues („creatio"), sondern wandelt gegebene Stoffe um.[131] In anderen Untersuchungen, die sich meist mit den Beiträgen unterschiedlicher gesellschaftlicher Schichten und Berufsgruppen zum Reichtum eines Landes beschäftigten, wird der Begriff der „wirtschaftlichen Fruchtbarkeit" verwendet.[132] Man muß sich heute allerdings vergegenwärtigen, daß ökonomische Probleme im Mittelalter und in der frühen Neuzeit eher im Hinblick auf ihre Übereinstimmung mit theologischen Postulaten untersucht wurden als mit der Zielsetzung, mehr über die Gesetzmäßigkeiten wirtschaftlicher Abläufe zu erfahren. Sicher ist daher die Lokalisierung der Produktion in der Natur umweltökonomisch aufschlußreich. Eine systematische Produktivitätsanalyse fand jedoch in der Antike, im Mittelalter und in der frühen Neuzeit nicht statt. Als eigentlicher Beginn der Wirtschaftswissenschaft gelten deshalb die Physiokraten und Adam Smith in der zweiten Hälfte des 18. Jahrhunderts.

7.1 Produktivität als Naturphilosophie bei den Physiokraten

Die Theorie der Physiokraten[133] besteht im wesentlichen aus einer Analyse der Grundbedingungen einer „nationalen Ökonomie" sowie aus Vorstellungen über ökonomische und politische Mechanismen, mit deren Hilfe der nationale Reichtum vermehrt werden kann. Die Physiokraten stellen erstmalig die Bewegungen der Stoff-, Güter- und Geldströme der Volkswirtschaft zwischen mehreren Sektoren dar. Ihre Entdeckung, daß sich Produktionsprozeß und Güteraustausch unter bestimmten Bedingungen von selbst erneuern, war für die damalige Zeit neu. Lange vor Walras bildet das 1757 von Francois Quesnay veröffentlichte „Tableau Economique" das erste gesamtwirtschaftliche Kreislaufmodell in der Ökonomie. Deshalb können die Physiokraten heute als Vorläufer einer stofflichen Analyse des Produktionsprozesses angesehen werden.[134]

Tab. 4: Das „Tableau Economique" der Physiokraten

Produzierender Sektor	**Verkaufender Sektor**			**Ergebnis**
	I.	II.	III.	
I. Landwirte	2	1	2	**5**
II. Landbesitzer	2	0	0	**2**
III. Übrige („Sterile Klasse")	1	1	0	**2**
Totaler Verkauf	**5**	**2**	**2**	**9**

In Mengeneinheiten

Quellen: Quesnay, [1757], 1921, S. 23 ff.; Blaug, 19864, S. 27.

Nach der Produktionstheorie von Francois Quesnay ist der Boden die alleinige Quelle der Reichtümer und die Landwirtschaft der entscheidende Wirtschaftsbereich, der diese vervielfältigt.[135] Nach Turgot gibt der Landwirt

> „den ersten Anstoß zum Umlauf der Arbeiten; er ist es, der dem Boden den Lohn für alle Gewerbsleute abzwingt. (...) Was seine Arbeit außer dem zur Deckung seiner persönlichen Bedürfnisse Nötigen der Erde abgewinnt, bildet die einzige Grundlage der Entlohnung, die alle anderen Mitglieder der Gesellschaft im Tausch für ihre Arbeit empfangen. (...) Er ist also die alleinige Quelle des Reichtums"[136]

Nur Boden und Landwirtschaft haben die Fähigkeit, einen Netto- oder Reinertrag („produit net“) hervorzubringen. Dieser Nettoertrag ist der Überschuß des Rohertrags über dem Einsatz, wie er im Verhältnis von Ernte und Saat zum Ausdruck kommt. Die Natur vollbringt die eigentliche Produktionsleistung für die gesamte Wirtschaft und wird zum wichtigsten Produktionsfaktor. Die Ökonomie soll der Natur mittels geeigneter Mechanismen möglichst günstige Produktionsbedingungen verschaffen und die Naturproduktivität dauerhaft erhalten. Das Produktivitätsverständnis der Physiokraten bezieht sich folglich nicht auf eine Gütermenge oder auf die Arbeit, sondern auf die Natur. Diese Unterscheidung verdeutlicht, warum nur die Landwirtschaft Werte hervorbringen und die anderen Wirtschaftszweige sie lediglich umformen können. Die Physiokraten führen damit die Denktradition der frühen Neuzeit fort, nach der die Natur produktiv ist; sie formulieren eine ökonomische Ausprägung der frühen Naturphilosophie.[137]

Die Preistheorie der Physiokraten läßt einige Fragen offen. Auch wenn deutlich wird, daß der Nettoertrag im wesentlichen physisch, und nicht monetär bestimmt ist, stellt sich die Frage nach Kosten und Überschüssen. Nach den beiden Preisgesetzen der Physiokraten sollen die Preise für Agrarprodukte über ihren Kosten, die Preise für Produkte der sterilen Klasse aber in Höhe ihrer Kosten liegen. Nur so läßt sich die Unterscheidung zwischen der produktiven und sterilen Klasse aufrechterhalten. Wie diese Preise zustande kommen sollen, wird nicht eindeutig geklärt. Zur damaligen Zeit waren die Agrarpreise starken Schwankungen unterworfen und lagen im Schnitt deutlich niedriger als nach den Vorstellungen der Physiokraten.[138] Die physiokratischen Vorstellungen über die Anhebung der Agrarpreise bleiben demgegenüber unbefriedigend. Drei Argumente finden sich bei Quesnay: Erstens sind die Landwirte von allen Steuern befreit; die Steuerlast tragen ausschließlich die Landbesitzer. Zweitens verspricht sich Quesnay von der Einführung von Großbetrieben Kostenvorteile. Drittens formuliert er seine Preisgesetze unter der Annahme der Handelsfreiheit, ein Argument, das zwar als Begründung für kostengünstige Preise für „sterile“ Produkte überzeugt, als Begründung für höhere Agrarpreise allerdings kaum anzuführen ist. Vorstellbar wäre, die Agrarpreise mittels indirekter Steuern hochzuhalten. Indirekte Steuern lehnen die Physiokraten jedoch eindeutig ab. Somit bleibt unklar, wie die Physiokraten ihre Preisgesetze verwirklichen wollen. Da die Produktivitätstheorie mit den Preisgesetzen verbunden ist, stößt man auf eine Lücke im physiokratischen Gedankengebäude.

Es ist im nachhinein schwer nachvollziehbar, warum die Bergbauindustrien nach physiokratischer Auffassung nicht zur produktiven Klasse zählen. Sie hätten diese Industrien als produktiv bezeichnen können, da sie Reichtümer der Natur in Wohlstand für die Menschen umformen. Sie hätten es mit der Begründung ablehnen können, daß die Bergbauindustrien keinen Nettoertrag hervorbringen, sondern nicht-erneuerbare Ressourcen schrittweise erschöpfen. Quesnay allerdings begründet die Zuordnung der Bergbauindustrie zu der sterilen Klasse mit ihrer Eigenschaft, Tauschobjekte zu produzieren. Dieses Argument ist nicht zwingend und wirkt sogar wie eine aufgesetzte Ehrenerklärung für das angenommene Produktivitätsmonopol der Landwirtschaft. Vermutlich wäre die physiokratische Lehre in den nächsten Jahrzehnten anders aufgenommen worden, wenn die Hauptkräfte der beginnenden Industrialisierung, der Bergbau und die Mineralwirtschaft, auch als produktiv charakterisiert worden wären.

Insgesamt ergeben sich aus der Physiokratie zwiespältige Signale. Sie bilden die einzig nennenswerte Denkrichtung der ökonomischen Dogmengeschichte, in der die Natur einen zentralen Stellenwert einnimmt. Man kann ihre Vorstellungen als Vorläufer einer Wirtschaftsweise ansehen, die überwiegend auf erneuerbaren Ressourcen basiert und die ihre Produktionsgrundlagen nachhaltig bewirtschaftet. Ihre Gedanken zur Koexistenz physischer und monetärer Austauschbewegungen wirken jedoch letzten Endes unausgereift. Unklar bleibt, wie sich die Preise auf dem angestrebt hohen Niveau herausbilden sollten. Angesichts des historisch beobachteten langfristigen Preisverfalls landwirtschaftlicher Erzeugnisse seit dem Mittelalter,[139] ist dies eine wesentliche Frage. Damit können die Physiokraten aus heutiger Sicht eine Renaissance der Landwirtschaft begründen, insgesamt jedoch eher als Vorläufer einer Naturproduktivität ohne industrielle Wertschöpfung angesehen werden. Ein Anstieg der Ressourcenproduktivität erfordert hingegen eine stärkere Berücksichtigung industrieller Aktivitäten.

7.2 Produktivität als industrielle Wertschöpfung bei Adam Smith

Adam Smith nimmt die Unterscheidung der Physiokraten zwischen produktiver und unproduktiver Arbeit auf und vollzieht – mit deutlicher Kritik an den Physiokraten[140] – eine entscheidende Wende: nicht allein die Landwirtschaft, sondern auch Industrie und Handel sind produktiv. Smith geht soweit, in der Arbeit die Quelle des Wohlstandes zu sehen. Bereits in der Einführung zu seinem „Wohlstand der Nationen" spricht Smith davon, daß das jährlich verfügbare Produkt pro Kopf der Bevölkerung von dem Anteil der Erwerbstätigen abhängt, der in „nützlicher Arbeit" beschäftigt ist. Im zweiten Abschnitt trifft er schließlich eine eindeutige Feststellung:

> „Es gibt eine Art von Arbeit, die dem Wert des Gegenstandes, auf den sie verwendet wird, etwas hinzufügt, und es gibt eine andere, die diese Wirkung nicht hat. Jene kann als produktiv bezeichnet werden, da sie einen Wert hervorbringt, diese hingegen als unproduktiv."[141]

Im Unterschied zur heutigen Lehrmeinung ist nach Smith also nicht jede Erwerbsarbeit produktiv. Vielmehr identifiziert Smith eine Reihe unproduktiver Tätigkeiten. Er schließt Verwaltung, Kultur und viele andere Dienstleistungen vom Kreis der produktiven Tätigkeiten kategorisch aus:

> „Auch die Arbeit einiger angesehener Berufsstände in der Gesellschaft ist, wie die der Dienstboten, unproduktiv. (...) Als unproduktiv können, zum Beispiel, die Tätigkeit des Herrschers samt seiner Justizbeamten und Offiziere, ferner das Heer und die Flotte angesehen werden. Sie alle dienen dem Staat und leben von einem Teil des Ertrages, den andere Leute übers Jahr hin durch ihren Erwerbsfleiß geschaffen haben. (...) In die gleiche Gruppe muß man einige Berufe einreihen, die äußerst wichtig und bedeutend oder sehr anrüchig sind: Zum einen Geistliche, Rechtsanwälte, Ärzte und Schriftsteller aller Art, zum anderen Schauspieler, Clowns, Musiker, Opernsänger und Operntänzer."[142]

Eindeutig ist seine Trennlinie zwischen produktiven und unproduktiven Tätigkeiten allerdings nicht.[143] Neuere Forschungsarbeiten relativieren die allokationstheoretischen Aspekte und stellen sie in den Rahmen seiner Wachstumstheorie.[144] Dort analysiert er Möglichkeiten zur Mehrung verschiedener Kapitalformen („Stocks").

Für die vorliegende Arbeit hebt dieses Modell einige Irritationen um das Produktivitätsverständnis von Smith auf: Produktiv ist, was den Kapitalbestand wieder auffüllt oder erhöht. Gleichzeitig erhalten einige der Verbalinjurien von Smith (ein Schotte!) gegen Müßiggang, Bequemlichkeit, Luxus, Verschwendung und Leichtsinn ihren Stellenwert, da entsprechende Handlungen nichts zum Bestand beitragen, ihn vielmehr auszehren. Smith räumt investiven Tätigkeiten eindeutig den Vorrang vor konsumptiven ein. Wenn man diesem Gedankengang folgt, wären für Smith keineswegs alle Dienstleistungen oder geistige Tätigkeiten unproduktiv.

Tab 5: Unterschiedliche Kapitalformen nach Adam Smith

I. Kapitalform	II. Kapitalform	III. Kapitalform
Bestände („Stocks“),	**Anlagekapital („Fixed Capital“):**	**Umlaufkapital („Circulating Capital“),**
die unmittelbaren Konsumzwecken dienen und weder Einkommen noch Gewinn abwerfen, wie z. B. Lebensmittel, Bekleidung, Wohnungen und Möbel.	a) nützliche Maschinen, Werkzeuge und Geräte; b) „einträgliche“ Gebäude (alle anderen Gebäude gehören zur Kategorie 1); c) Bodenverbesserungen; d) Menschliche Fähigkeiten (Humankapital).	das aus Geld, Vorräten im Handel sowie Rohmaterial, Halbfabrikaten und Fertigprodukten besteht, die sich im Besitz von Produzenten oder im Handel befinden.

Quelle: Eigene Darstellung nach: Smith, [1776], 19905, S. 231 ff.

Zumindest produktionsnahe Dienstleistungen oder anwendungsorientierte Forschungs- und Entwicklungsaktivitäten wären nach dieser Interpretation für Smith zweifelsohne produktive Arbeit.

Nach Smith wird dem Kapitalbestand permanent eine gewisse Menge entzogen. Ein Teil des Bestands wird konsumptiven Zwecken zugeführt, und ein Teil des Umlaufkapitals muß kontinuierlich in Anlagekapital übergehen, um dort eine Wertminderung durch Alterung und Verschleiß zu vermeiden. Aus diesem Grund muß der Bestand ständig aufgefüllt werden, wenn kein Verlust eintreten soll. Wo soll der Zufluß herkommen? Diese Funktion einer notwendigen, aber unentgeltlichen Hilfsleistung nimmt nach Smith die Natur ein! Die Auffüllung des Bestands nämlich erfolgt aus der „Urproduktion“, hauptsächlich aus den Erträgen des Bodens, der Bergwerke und der Fischerei.[145] Die Früchte der Natur können nach Smith auf zweierlei Weise als Quelle des Wohlstands nutzbar gemacht werden.[146]

- Als Sammlung, da die Natur sich nach Smith durch eine natürliche und spontane Produktion auszeichnet. Die Erzeugnisse der Wildnis, die ungezähmten Tiere, die Fische im Meer sowie Erze und Mineralien werden ohne Zutun des Menschen hervorgebracht. Sie bedürfen lediglich der Sammlung.[147] Konsequenterweise vermeidet Smith in diesem Zusammenhang den Begriff Produktivität.
- Als verarbeitete Produkte. Um die Sammlung der Naturfrüchte zu verbessern, sollen moderne Anbaumethoden, Düngemittel und eine kluge Marktorientie-

rung für den Anbau von Rohprodukten genutzt werden. Dabei verursacht die „Arbeit“ der Natur nach Smith vorteilhafterweise keine Kosten.[148] Darüber hinaus fragt die Landwirtschaft Maschinen, Düngemittel und handwerkliche Arbeit nach.[149]

In beiden Fällen betrachtet Smith die Strukturen und Funktionen der Natur und ihre Erzeugnisse als freie Güter. Ihre Eigenschaft als freies Gut läßt die Natur zu der Quelle werden, die den Bestand auffüllen kann. Ihr Wert wird erst durch menschliche Arbeit erzeugt. Weil die Erzeugnisse der Natur entweder unmittelbar als Nahrungsmittel konsumiert werden oder mittels menschlicher Arbeit einen beständigen Zustrom am Kapital garantieren, kann eine hohe Produktivität erzielt werden. So ist die Aussage von Smith zu verstehen, nach der die Arbeit der Landwirte und Landarbeiter „gewiss produktiver als die der Kaufleute, Handwerker und im Gewerbe Tätigen ist.“[150]

Dieser eindeutige Zusammenhang zwischen der Eigenschaft der Natur, als freies Gut zur Verfügung zu stehen, und der hohen Produktivität im primären Sektor wird durch andere Aussagen bekräftigt. Nach Smith verändern die Naturgüter im Wirtschaftsprozeß sehr rasch ihre Form und werden zum Produkt der Arbeit. Jeder Preis enthält einen Rentenanteil, der an den jeweiligen Eigentümer fließt und in erster Instanz von Farmern oder Minenbetreibern,[151] in letzter von den Konsumenten bezahlt werden muß.[152] Allerdings macht Smith deutlich, daß dieser Anteil bei zunehmender Wertschöpfung immer geringer wird. Die besonders hohe Produktivität der Landwirtschaft liegt also in dem Umstand begründet, daß a) die zugrunde liegenden Materialien und die Mechanismen der Natur nichts kosten und b) die Rente einen – wenn auch geringen – zusätzlichen Nutzen („value added“) stiftet.

Aus umweltökonomischer Sicht hat Smith mit seinem Natur- und Produktivitätsverständnis einer fatalen Entwicklung den Weg geebnet. Er betrachtet naturnahe Sektoren wie Bergbau, Landwirtschaft und Fischerei als Basis einer Wirtschaft. Ähnlich wie bei den Physiokraten oder bei Ricardo, der von den ursprünglichen und unzerstörbaren Kräften des Bodens spricht, erscheint die Natur als unendliches Füllhorn. Im Unterschied zu den Physiokraten aber vernachlässigt Smith die notwendige Sorge um die Natur. So konnte die Illusion einer quasi naturlosen industriellen Entwicklung entstehen. Die Charakterisierung der Natur als freies Gut, die geringe Beachtung ihrer Tragfähigkeit und die Ausklammerung der nicht unmittelbar ökonomisch verwertbaren Natur, lassen die Smith´sche Lehre so als Einladung zur Übernutzung der Natur erscheinen.[153] Dies ist besonders schwerwiegend, weil Smith als erster Theoretiker mit seinem Optimismus, seiner Formulierung ökonomischer Gesetzmäßigkeiten und seiner Entdeckung einer zeitlichen Entwicklung die Industrialisierung entscheidend geprägt hat.

Auf Basis der Annahme, die Natur stehe als freies Gut in unendlicher Menge und Vielfalt zur Verfügung, ist das Modell von Smith weitgehend schlüssig. Da die Naturnutzung keinen Preis hat und zur Wertschöpfung keinen nennenswerten Beitrag leistet, müssen Produktivitätssteigerungen weitgehend aus dem Produktionsfaktor Arbeit resultieren. Der Übergang vom Produktivitätsträger Natur zur industriellen Arbeit ist deshalb die entscheidende Weichenstellung von Smith. Aus heutiger Sicht könnte sein Produktivitätsverständnis allerdings auch anders gedeutet werden. Wenn produktiv ist, was den Bestand erhält oder vergrößert, kann der Naturhaushalt als notwendiger und mit eigenen Gesetzmäßigkeiten ausgestatteter Teil des Bestands angesehen werden. Auf dieser Basis würden sich Rückschlüsse ergeben, die wiederum zur Ressourcenproduktivität führen: Über Steigerungen der Ressourcenproduktivität zur Erhaltung und Vermehrung der Bestandsgröße Naturhaushalt. So würde sich erweisen, daß Smith in seiner Gesamtheit vieldeutiger und moderner gelesen werden kann, als dies mehrfach geschehen ist. Auch in dieser Interpretation müßte man weiterführend analysieren, in welcher Weise der Naturhaushalt, der technologische Wandel, die industrielle Produktion und andere relevante Faktoren zusammenwirken. Auf diese Fragen kann Smith als Befürworter der industriellen Produktion keine Antworten geben.

7.3 Materielle Arbeit als Quelle aller Werte bei Karl Marx

Karl Marx folgt Adam Smith in dem Gedanken, in der Arbeit die Quelle des Wohlstands zu sehen. Sie steht bei ihm im Zusammenhang mit seinen grundlegenden Thesen von der Klassenstruktur der Gesellschaft und der Bedeutung der Produktivkräfte für gesellschaftliche Veränderungen. Weil Politik, Gesellschaft und Kultur von den ökonomischen Verhältnissen geprägt sind, beschleunigen Produktivitätssteigerungen die immanenten Entwicklungsgesetzmäßigkeiten zugunsten der kommenden klassenlosen Gesellschaft. Der Anstieg der Produktivität ist daher nach Marx eine historische Mission der kapitalistischen Produktionsweise.[154]

Stärker noch als Smith führt Marx einen Anstieg der Produktivität ausschließlich auf die Leistung der Arbeit in der industriellen Produktion zurück. Andere Faktoren treten demgegenüber in den Hintergrund, weil ihr Wert durch die in ihnen enthaltene Anzahl von Arbeitsstunden bestimmt wird. Nur Arbeit ist in der Lage, einen Mehrwert zu erzeugen, weil die Arbeitskraft einen Überschuß produzieren kann. Sie ist die wichtigste Produktivkraft. Für Marx ist also nicht die jeweilige Tätigkeit entscheidend, sondern ihre Fähigkeit, einen Mehrwert hervorzubringen. Damit erfährt die Arbeit eine gleichsam metaphysische Rangerhöhung, die über Smith und Ricardo hinausgeht. Die Mehrwert produzierende Arbeit ist ein Schlüsselbegriff seines Werkes, weil er in ihr das ökonomische Grundgesetz des Kapitalismus und die prägende Kraft sieht, die nahezu unausweichlich die Gesellschaft verändert.[155] Diese enorm hohe Wertschätzung industrieller Arbeit prägt sozialistische Programme, in denen beispielsweise formuliert wird: „Die Arbeit ist die Quelle allen Reichtums und aller Kultur (...)".[156]

Die Leistung der Arbeitskraft ist nach Marx auf elementare Weise physisch und materiell geprägt. Er sieht Arbeit als einen „Prozeß zwischen Mensch und Natur"[157], der historisch mit der Fähigkeit einsetzt, Nahrungsmittel zu erzeugen. In seiner mit Friedrich Engels verfaßten deutschen Ideologie sieht er in der Nahrungsmittelerzeugung den entscheidenden Unterschied zwischen Mensch und Tier. Durch diese schaffende Arbeit erzeuge der Mensch sich selbst;[158] Produktivität und Fruchtbarkeit sind weitgehend identisch.[159] Weil Arbeit ein physischer Schaffensvorgang des Menschen ist, kann die Arbeitskraft mehr Gebrauchswerte erzeugen, als zu ihrer eigenen Reproduktion unmittelbar notwendig sind. Aus diesem materiellen Produktivitätsbegriff leitet Marx seine Erklärung für Zustand und Lauf der ökonomisch-gesellschaftlichen Entwicklung ab. In seinem Vorwort zu der Kritik der Politischen Ökonomie schreibt er:

> „Die Produktionsweise des materiellen Lebens bedingt den sozialen, politischen und geistigen Überbau überhaupt. Es ist nicht das Bewußtsein der Menschen, das ihr Sein, sondern umgekehrt ihr gesellschaftliches Sein, das ihr Bewußtsein bestimmt"[160]

Die Natur ist an diesem Prozeß beteiligt, bleibt aber im wesentlichen passiv. Nach Marx bleibt die Gesellschaft stets Teil des Naturzusammenhangs. Aber die Gesellschaft gewinnt die Fähigkeit, sich die Gesetze der Natur zunutze zu machen und zur Befriedigung menschlicher Bedürfnisse einzusetzen. Es geht Marx also nicht um die Unabhängigkeit von Naturgesetzen, sondern um ihr Erkennen und die Möglichkeit, sie planmäßig wirken zu lassen. Diese Möglichkeit ist von den

Arbeitsmitteln und dem Können der Menschen abhängig. Nicht die Qualität der Natur, wie es die Physiokraten sehen, entscheidet daher über den Wert eines Gutes, sondern ausschließlich die Qualität der Arbeit.[161] Marx sieht also die Bedeutung des Naturhaushalts, ordnet ihn jedoch der allein wertschöpfenden Arbeit unter.

Für die vorliegende Arbeit ist Marx relevant, weil sein Werk trotz einer allgemeinen Anerkennung der Leistungen des Naturhaushalts einen weiteren Schritt zur Überschätzung der materiellen Produktion bedeutet. Sein Entwicklungsverständnis ist durchaus optimistisch, trägt jedoch aus heutiger Sicht zu mechanistische Züge. Bei aller Einseitigkeit bleibt es sein Verdienst, auf die Prägung von Kultur und Gesellschaft durch die Ökonomie hinzuweisen. Als früher Theoretiker einer evolutionären, konfliktorientierten und nicht-linearen Entwicklungsdynamik kann er heute (nach dem Ende des Kalten Krieges) möglicherweise wieder von Interesse sein.

7.4 Ansätze einer idealistischen Produktivitätstheorie bei der historischen Schule

Im geistigen Umfeld des Sturm und Drang, des Idealismus und der Romantik mußten die Theoretiker einer industriellen Produktion und ihre scharfe Trennlinie gegenüber „unproduktiven" geistigen Tätigkeiten enorm provozierend wirken. Vor diesem Hintergrund wird nachvollziehbar, daß die Produktivitätsdebatte im Anschluß an Smith bis zu Beginn des 20. Jahrhunderts von dem Versuch geprägt war, geistigen Tätigkeiten einen höheren Stellenwert einzuräumen. Die sog. historische Schule des deutschsprachigen Raums mit Vertretern wie Adam Müller, Wilhelm Roscher, Gustav Schmoller und Othmar Spann sowie Theoretiker wie Friedrich List, John Stuart Mill und Jean Baptiste Say stimmen darin überein, daß die abwertende Charakterisierung von Smith und Marx gegenüber geistiger Arbeit zu pauschal ist. Im Gegensatz zu ihnen und Ricardo sehen sie die Wertschöpfung nicht auf materielle Güterproduktion und den Handel beschränkt. Say beispielsweise entwickelt eine Theorie der „immateriellen Produkte" über Tätigkeiten, die nützlich sind und einen Tauschwert aufweisen, also etwa die Arbeit von Ärzten, Soldaten, Verwaltungsbeamten und angestellten Schauspielern.

Die historische Schule betont die Bedeutung institutioneller Mechanismen für die Wohlstandsentwicklung. Dabei konzentriert sie sich auf den Staat, den sie mit viel Pathos[162] (im aufkommenden Nationalbewußtsein!) als Schöpfer aller politischen Werte sieht und zum Träger der Wohlstandsentwicklung macht. In Abgrenzung zu Smith entwickelt Adam Müller zu Beginn des 19. Jahrhunderts seine Theorien der „idealistischen Produktion“ und des „geistigen Kapitals“.[163] Das geistige Kapital bildet nach Müller als Summe von Erfahrungen, Ideenreichtum und Lebensweisheit die unabdingbare Vorleistung für jede Produktion. Beamte bringen den Staat als geistiges Produkt hervor und schaffen ihn durch ihre Arbeit immer neu. Letzten Endes gibt es für Müller nur die „bürgerliche Notwendigkeit“ als Produktivitätsmaßstab. Darunter versteht er einen staatlich gesteuerten Entscheidungsprozeß der Prioritätensetzung, wonach beispielsweise in kornarmen Jahren die Landwirtschaft, bei ausbrechendem Krieg die Rüstungswirtschaft produktiver als andere Wirtschaftszweige ist.

Etwa hundert Jahre später baut Othmar Spann seine idealistische und organische Produktivitätstheorie auf Müllers Vorstellungen auf.[164] Spann, der sich selber zwischen Liberalismus und Marxismus ansiedelt, betrachtet die Ökonomie als Mittel zum Zweck der Errichtung einer Welt des Geistigen und der Werte, in der das Gute, Schöne, Heilige, Wahre und Edle verwirklicht ist. Diese Welt steht im Gegensatz zur Welt des Materiellen, von Ursache und Wirkung und auch in Abgrenzung zur Natur.[165] Die Natur verkörpert nach Spann eine sinnliche Weltseele, die nicht denkt.[166] Spann begreift Produktivität als Fruchtbarkeit und als einen elementaren Grundbegriff seiner „Theorie der Leistungen“. In dieser Theorie unterscheidet er verschiedene Elemente der Fruchtbarkeit, von denen das Element der Nachhaltigkeit, das er durchaus im heutigen Verständnis einer Ergiebigkeit langlebiger Kreisläufe natürlicher Ressourcen definiert, von Interesse für die vorliegende Arbeit ist.[167] Spann sieht in der Arbeit, vor allem in geistiger Arbeit, die führende Fruchtbarkeit, wohingegen Kapital und natürlichen Ressourcen lediglich eine untergeordnete, „abhängige“ Fruchtbarkeit zugestanden wird.

Aus heutiger Sicht wirken viele Vorstellungen der historischen Schule philosophisch interessant, aber ökonomisch wenig überzeugend.[168] Ihr kommt der Verdienst zu, die Einseitigkeit und Institutionenferne der klassischen, materialistisch ausgerichteten Produktivitätslehre so deutlich zu kritisieren. Sie schuf Voraussetzungen für die notwendige Anerkennung menschlicher Fähigkeiten („Humankapital“) und staatlicher Aufgaben in einer modernen Volkswirtschaft. Allerdings hinterließ sie kein konsistentes ökonomisches Modell. Im Gegenteil, mit ihrer übersteigerten Neigung, neue Begriffe für bekannte Sachverhalte zu schaffen,[169] schuf sie ein nebulöses Produktivitätsverständnis. Quasi nebenbei war der Natur bei dem Lob auf die Produktivität der geistigen Arbeit ihr Status als Produktionsfaktor aberkannt worden. So spielt die Natur in „idealistischen" Produktivitätstheorien nur eine nachgeordnete Rolle.

7.5 Die Theorie der produktiven Kräfte nach Friedrich List

Eine interessante Sonderrolle unter den Ökonomen seiner Zeit nimmt Friedrich List (1789 bis 1846) ein. Mit seiner „Theorie der produktiven Kräfte"[170] wendet er sich unmittelbar gegen Adam Smith. Nicht die Steigerung der Gütererzeugung steht nach seiner Auffassung im Mittelpunkt der Produktivität, sondern die Förderung der produktiven Kräfte einer Nation. „Die Kraft, Reichtümer zu schaffen ist demnach unendlich wichtiger als der Reichtum selbst."[171] Als produktive Kräfte bezeichnet List alle nicht ausreichend entwickelten menschlichen Fähigkeiten, die direkt oder indirekt den Wohlstand erhöhen können. Neben Bildung und Wissenschaft betont er auch die Bedeutung der Institutionen und der sozialen Ordnung eines Landes. Die produktiven Kräfte werden nach List aus vier Quellen gebildet:

- Arbeit (geistige und physische);
- Kapital;
- Naturfonds;
- soziale und politische Ordnung.

Die Gleichstellung von geistiger und körperlicher Arbeit begründet List mit deutlichen Worten. Seine Aussage gegenüber Smith lautet:

> „Wer Schweine erzieht ist nach ihr ein produktives, wer Menschen erzieht ein unproduktives Mitglied der Gesellschaft. Wer Dudelsäcke oder Maultrommeln zum Verkauf fertigt, produziert; die größten Virtuosen, da man das von ihnen gespielte nicht zu Markte tragen kann, sind nicht produktiv. Der Arzt, welcher seine Patienten rettet, gehört nicht in die produktive Klasse, wohl aber der Apothekerjunge, obgleich die Tauschwerte oder die Pillen, die er produziert, nur wenige Minuten existieren mögen, bevor sie ins Wertlose übergehen. Ein Newton, ein Watt, ein Kepler sind nicht so produktiv als ein Esel, ein Pferd oder ein Pflugtier (...)."[172]

List erblickt daher in geistiger Arbeit, vor allem in Bildung und Wissenschaft, die notwendige Voraussetzung der materiellen Güterproduktion. Deshalb ist geistige Arbeit ebenso produktiv wie physische. Mit dieser Aussage korrigiert er Smith und distanziert sich von dem weitergeführten Streit über unterschiedliche Beiträge einzelner Berufsstände zur Produktivität. Mit der Nennung des „Naturfonds" interpretiert er die Natur als eigenständigen Produktionsfaktor.[173] Auch sein Zeitgenosse John Stuart Mill beschäftigt sich in ähnlicher Weise mit den Voraussetzungen der Produktion und erachtet die laufende Debatte als wenig sachdienlich. Er definiert Produktivität als eine „Erhöhung der permanenten Quellen des Genusses", zu denen auch der Erwerb von Fähigkeiten und Infrastrukturinvestitionen gehören.[174]

Die „Theorie der produktiven Kräfte" von List und die Ausführungen von Mill reichen über ihre Zeit hinaus. Weitaus deutlicher als andere erkennen beide das zeitliche Moment der Wohlstandsentwicklung. Mit ihrer Kernthese, heute die Voraussetzungen für den Erfolg von morgen zu schaffen, konnten beide zu ihrer Zeit verschiedene Infrastrukturinvestitionen[175] begründen. Aus heutiger Sicht haben sie das Konzept der Vorleistung in die Ökonomie eingebracht, das etwa 100 Jahre später bei der Konzeption der volkswirtschaftlichen Gesamtrechnung gründlich und kontrovers diskutiert wurde. Da beide deutlicher als andere Bildung, Wissenschaft und organisatorische Mechanismen ansprachen, können sie als intellektuelle Ahnen der neuen Wachstumstheorie gelten[176] und auch Begründungen für ressourcensparende Infrastrukturinvestitionen liefern.

7.6 Die subjektive Wertlehre der Neoklassik

Ende des 19. Jahrhunderts beginnt in der Ökonomie ein Paradigmenwechsel zugunsten der neoklassischen Denkrichtung, der das Produktivitätsverständnis mit neuen Fundamenten versieht.[177] In der Auseinandersetzung mit den Klassikern und dem Marxismus gelangen Vertreter der Wiener Grenznutzenschule wie Carl Menger, Eugen v. Böhm-Bawerk und Friedrich v. Wieser sowie andere Neoklassiker zu der grundlegenden Erkenntnis subjektiver Nützlichkeitsvorstellungen. Nach ihrer subjektiven Wertlehre liegt der Tauschwert von Gütern nicht in objektiven materiellen Größen, sondern in Nutzenerwägungen privater Marktteilnehmer. Während die Klassiker den Wohlstand im wesentlichen mit der Menge der vorhandenen Güter gleichsetzen, sind nach der neuen Theorierichtung nur jene Güter produktiv, die direkt oder indirekt konsumwirtschaftliche Bedürfnisse erfüllen. Die Gütermenge ist insofern relevant, als mit wachsender Güterproduktion ein sinkender Grenznutzen einhergehen kann. Die Neoklassik fragt deshalb nicht nach Durchschnittswerten, sondern nach den jeweiligen Veränderungen. Damit löst sie sich von dem Denken in Beständen, das die Ökonomie bis dato geprägt hatte. Die von ihr geschaffenen Begriffe des „Grenznutzens“[178] und der „Grenzproduktivität“ sind im Marginalansatz bis heute von grundlegender Bedeutung.

Das neue ökonomische Denken bedeutet eine Zäsur in der laufenden Produktivitätsdebatte, da der klassische Wertobjektivismus durch einen monetär orientierten Wertsubjektivismus abgelöst wird. Scheinbare Vorteile der neuen Lehre liegen in ihrer eindeutigen Hinwendung zum marktwirtschaftlichen Wettbewerb und zu monetären Größen durch den Marginalansatz. Wert, Preis und Nutzen eines Gutes stehen nach dem Marginalansatz in einem engen Zusammenhang.

Die frühe Neoklassik und die Wiener Grenznutzenschule erwähnen die Funktionen der Natur für die Ökonomie, ohne sich intensiv mit ihnen auseinanderzusetzen.[179] Daran mag auch die aufkommende Arbeitsteilung unter den Wissenschaften beteiligt sein. Anders als bei Smith, Marx oder List sind die Natur bzw. der Boden nun nicht mehr Bestandteil des Kapitals. Marshall erwähnt die „freien Geschenke der Natur“ im Zusammenhang mit Land als Einnahmequelle aus freien Gütern; unterscheidet dies aber explizit vom Kapital.[180] Denkbare Knappheiten, die Smith und Ricardo zumindest bei der Landnutzung für denkbar halten, werden von Marshall mit dem Verweis auf verbesserbare Anbaumethoden aufgrund höherer Preise beiseite geschoben.[181]

Für Arbeiten zur Ressourcenproduktivität bedeutet die neue Lehre, daß die Natur nun endgültig außerhalb der ökonomischen Betrachtung steht. Subjektive Wertlehre und Marginalansatz bergen aus umweltökonomischer Sicht die Gefahr eines tautologischen Fehlschlusses: Weil Güter einen bestimmten Preis haben, haben sie einen Nutzen und weil sie einen Nutzen haben, haben sie einen Preis. Nach dieser zirkulären Argumentation kann die bloße Tatsache, daß die Natur weitgehend als freies Gut gilt, als Ausdruck ihrer geringen Nützlichkeit fehlinterpretiert werden. Gleichzeitig erhöht sich der Stellenwert derjenigen Arbeit, die preiswirksam ist. Der Prozeß einer zunehmenden Naturentfremdung, zu dem Smith bereits entscheidend beigetragen hat, kann nun bis zum Entstehen der Umweltökonomie als abgeschlossen gelten.

7.7 Die Tagung des Vereins für Socialpolitik 1909

Etwa zur Jahrhundertwende ist mit der einsetzenden Neoklassik und ihrer subjektiven Werttheorie auf der einen und der „idealistischen Produktivitätstheorie" als Nachfolge des klassischen Wertobjektivismus auf der anderen Seite die Konfusion um die Produktivität nahezu perfekt. Deshalb fordert Alfred Marshall in seinen „Principles" 1890, den unscharfen Begriff aus dem Sprachgebrauch der Nationalökonomen zu entfernen.[182] Um die Vielzahl der Begrifflichkeiten zu systematisieren und eine Klärung herbeizuführen, setzt der Verein für Socialpolitik den Produktivitätsbegriff auf die Tagesordnung seiner Tagung 1909 in Wien.

Auf der Tagung wird äußerst kontrovers diskutiert. Einleitend referiert der Grenznutzentheoretiker Philippovich sorgfältig den Stand der damaligen Produktivitätsdebatte und unterscheidet dabei zwischen technischer und volkswirtschaftlicher Produktivität. Unter technischer Produktivität versteht er das, was heute allgemein unter Produktivität verstanden wird, nämlich das Verhältnis der Produktionsleistung zu den eingesetzten Mitteln. Die volkswirtschaftliche Produktivität setzt er in Beziehung zum gesellschaftlichen Wohlstand. Er lehnt ein Meßkonzept ab, stellt aber die Frage, ob man nicht mittels eines Abzugs- bzw. Korrekturverfahrens „unproduktive" Leistungen als wohlfahrtsmindernd ausweisen soll. Mit dieser Frage begibt er sich in die Nähe erforderlicher Werturteile. Vor allem Max Weber und Werner Sombart kritisieren ihn deshalb in heftiger Form; Webers pointierte Aussage, der unscharfe und zu unwissenschaftlichen Werturteilen auffordernde Begriff gehöre „in den Orkus geworfen", ist mittlerweile Geschichte geworden.[183]

Das eigentliche Resultat der Auseinandersetzungen auf der Tagung des Vereins für Socialpolitik 1909 ist ein vorläufiges Ende der Produktivitätsdebatte. Bis zum Entstehen der Bundesrepublik fanden in Deutschland kaum noch nennenswerte Ansätze einer theoretischen Produktivitätsforschung statt.[184] So konnten sich zu Beginn der fünfziger Jahre auch in Deutschland die angelsächsischen Ansätze durchsetzen, die auf der Grenznutzentheorie der Neoklassik basieren. Nach der bis heute gültigen Lehre ist all jene Arbeit produktiv, die über den Markt erfolgt und meßbar zum Wohlstand beiträgt. Die Natur gilt als unproduktiv.

7.8 Die Jahre des Wirtschaftswunders

Nach Abschluß der klassischen Produktivitätsdebatte können spätere ideengeschichtliche Spuren für die einseitige Konzentration des technischen Fortschritts auf den Faktor Arbeit und die mangelnde Berücksichtigung der Natur in den fünfziger Jahren dieses Jahrhunderts geortet werden. In diesen Jahren entstanden die Wachstumstheorien und reduzierten das Faktormodell auf Kapital und Arbeit. Gleichzeitig charakterisierten sie den technischen Fortschritt als entscheidenden Motor der Wohlstandsentwicklung. Er gilt seitdem als deus ex machina, der „wie Manna vom Himmel fällt" (ein Ökonomenwort!)[185] und gleichsam naturgesetzlich und im Überfluß vorhanden ist. Wenn man einen Vergleich mit den Physiokraten ziehen mag, nimmt der auf im wesentlichen auf Arbeit bezogene technische Fortschritt nun die Funktion der Natur ein, Werte zu produzieren.

Der Fortschrittsglaube jener Jahre wirkt aus heutiger Sicht zweifelsohne etwas blauäugig. Der reale Erfahrungshintergrund ist jedoch beeindruckend, da viele Länder Wachstumsraten in nie gekannter Höhe erzielten. Zu erinnern ist an die Überwindung der Energieknappheit mit den ungeheuren neuen Öl-Fördermöglichkeiten im arabischen Raum und den (scheinbaren) Chancen der Kernenergie. Daran angelehnt versprach die steigende Binnennachfrage der privaten Haushalte einen Wachstumsschub für die Bauwirtschaft, den Straßenbau und die Automobilproduktion. Und schließlich entstanden über die Entkolonialisierung neue Märkte, die nahezu immerwährendes Wachstum versprachen. War nicht die Raumfahrt der endgültige Beweis für die These, daß der Mensch mit Hilfe der Technik die Fesseln der Natur endgültig abstreifen konnte? Spätestens mit den Wachstumstheorien, ihrer Orientierung auf die Arbeitsproduktivität und den absehbaren realwirtschaftlichen Trends galt deshalb das Gespenst der nachkriegsbedingten Rohstoffknappheit als überwunden.[186] So beflügelte in den fünfziger Jahren die Vision vom „Goldenen Zeitalter" eines stetigen und gleichgewichtigen Wachstums gleichermaßen Ökonomen, Politiker und Öffentlichkeit.

In den Jahren des Wirtschaftswunders konnten die westlichen Industrieländern darüber hinaus für einige Jahrzehnte ein weitgehend sozialpartnerschaftliches Modell für die verteilungspolitischen Auseinandersetzungen zwischen Kapital und Arbeit etablieren. Ein Anstieg der Arbeitsproduktivität erlaubte kräftige Lohnsteigerungen und führte über Produktionsausweitungen zu mehr Beschäftigung. Was hätte die Gewerkschaften bewegen sollen, nach „produktiven" Faktorkonkurrenten zu suchen, was die Arbeitgeber, eine weitere Konfliktlinie der Verteilungspolitik zu eröffnen? Die anfänglich weitgehende Gleichsetzung von technischem Fortschritt, Innovationen und Arbeitsproduktivität hat lange Zeit die Tarifauseinandersetzungen und die Gesellschaftspolitik vereinfacht. Gewerkschaften und Arbeitgeber bildeten ein rationales und nach heftigen Auseinandersetzungen kooperatives „Bündnis für Lohnsteigerungen". Es konnte solange Bestand haben, wie die Lohnsteigerungen für beide Seiten akzeptabel waren, ausreichende Arbeitsplätze geschaffen wurden und die Umweltpolitik keinen Strukturwandel erforderte. Diese Bedingungen trafen lange Zeit zu. Erst seit Beginn der neunziger Jahre zeichnen sich über den zunehmenden wettbewerbsbedingten Lohnkostendruck, die anhaltend hohe Arbeitslosigkeit und die Übernutzung der Natur die Grenzen dieses Bündnisses ab. Die Naturferne der Produktivität und die einseitige Intensivierung des Faktors Arbeit begünstigen die Suche nach einem ausbalancierteren Produktivitätsverständnis.

7.9 Fazit: Weichenstellungen für ein einseitiges Produktivitätsverständnis

In der Ökonomie herrscht weitgehender Konsens,[187] die klassische Produktivitätsdebatte als Kinderkrankheit der Ökonomie[188] und als „staubiges Museumsstück"[189] zu betrachten. Diese Auffassung sollte überdacht werden. Bei näherer Betrachtung zeigt sie sich als Wegweiser für die zunehmende Entfernung von der Natur und die gleichzeitig erfolgte Überhöhung der Arbeit. Seit der physiokratischen Naturphilosophie hat sich die Balance zwischen beiden Faktoren verschoben, und die Arbeit etablierte sich als scheinbar naturloser und gesellschaftlich ungebundener Produktivitätsträger. Smith, List und Marx hatten die Natur von ihrer frühneuzeitlichen Rolle als Quelle der Wertschöpfung zunächst an den Rand des Erkenntnisinteresses gedrängt. Sie wurde von Smith jedoch noch ausdrücklich zur Auffüllung des Kapitalbestands, von Marx als Naturkraft oder von List als Naturfonds gewürdigt. Erst die Wertannahmen der Neoklassik, die sich etwa zur Jahrhundertwende durchsetzten, manövrierten die Natur endgültig außerhalb der ökonomischen Wertschöpfung. Sie stellten die tautologische Beziehung zwischen

Wert und Preis her, wonach der Preis der Güter ihren Wert bestimmt und der Wert ihren Preis. Da die Naturnutzung nichts kostete und auch nicht mehr als produktiv angesehen wurde, war sie buchstäblich wertlos geworden. Die Natur gilt seitdem als unbeteiligt am Wertschöpfungsprozeß. Die Jahre des Wirtschaftswunders setzten dieser Entwicklung quasi die Krone auf, indem sie das Zweifaktorenmodell Kapital und Arbeit als Fortschrittsverständnis etablierten, das auf die Rationalisierung von Arbeit, das Wachstum eines Kapitalstocks und die steigende Nutzbarmachung kostengünstiger Natur ausgerichtet ist. Die seit einiger Zeit als verhängnisvoll erkannte Entwicklung ist folglich nicht das Resultat technischer Zufälle und kann auch nur bedingt auf die Verschiebung relativer Preise zurückgeführt werden. Vielmehr hat die ökonomische Theorie ideengeschichtliche Weichen gestellt, Werturteile gefällt und realen Trends eine wissenschaftliche Basis verliehen.

Darüber hinaus hat die klassische Produktivitätsdebatte eine Reihe von Wohlstandsfragen thematisiert, die bis heute ungelöst sind. Ihre analytische Kategorie der unproduktiven Arbeit findet in negativen Externkosten ihre aktuelle Entsprechung. Der Vorschlag von Philippovich, wohlstandssenkende Aktivitäten auch als solche auszuweisen, kann geradezu als Vorläufer zu einer umweltökonomischen Gesamtrechnung aufgefaßt werden. So zeigt sich, daß der Übergang vom Wohlstand auf der Basis produktiver Tätigkeiten zum Bruttoinlandsprodukt auf der Basis monetär erfaßter Erwerbsarbeit[190] ein praktikables Meßverfahren mit eingeschränktem Realitätsgehalt und Funktionen einer Fehlsteuerung etabliert hat.

8. Exkurs: Produktivität in ausgewählten Wissenschaftsdisziplinen

Das folgende Kapitel ergänzt die ökonomisch-dogmengeschichtlichen Hintergründe der Produktivität um eine Analyse ausgewählter Wissenschaftsbereiche. Es geht zum einen der Fragestellung nach, ob das vorökonomische Produktivitätsverständnis der frühen Neuzeit, Stoffe innerhalb der Natur umzuformen, in anderen Disziplinen möglicherweise länger erhalten blieb als in der Ökonomie. Es steht zu vermuten, daß die Geistes- und Verhaltenswissenschaften eigene Vorstellungen zu dem Verhältnis zwischen Natur, Geist und Produktivität entwickelt haben, die bis in die heutige Zeit wirksam sind. Zum anderen ist das Produktivitätsverständnis der Ökologie von Interesse. Für Analysen zur Ressourcenproduktivität sind beide Schritte erkenntnisleitend, weil sie Folgerungen zu a) zu einem weniger materiell gebundenen Produktivitätsverständnis, b) einer Integration ökologischer Belange und c) einem transdisziplinären Dialog zulassen.

8.1 Das immaterielle Produktivitätsverständnis in den Geistes- und Verhaltenswissenschaften

Eingangs wurde bereits festgestellt, daß der Begriff der Produktion bereits in der frühen Neuzeit in dem Sinne verwendet wird, daß die Natur vorhandene Stoffe umformt. Einige Beispiele finden sich z.B. bei Bruno, Spinoza, Locke, Leibniz und wenig später bei Schelling.[191] In der Aufklärung weisen vor allem Hume und Kant darauf hin, daß Produktion eine Leistung des menschlichen Subjekts sein kann. Kant erwähnt die „produktive Einbildungskraft“, mit der sich der Mensch vor der Erfahrung einen bildlichen Eindruck von Gegenständen verschafft. Damit nimmt Kant einen Sprachgebrauch auf, der das Schaffende und Hervorbringende im

Bereich anschaulicher Gestaltbildung vollzieht.[192] Heute könnte man das industrielle Design, die Architektur, Teile der Forschung und im weiteren Sinne Kunst und Visualisierung als Ausdruck eines derartigen Verständnisses ansehen. Die Begriffe der „Produktion" und der „Produktivität" werden somit während der beginnenden Industrialisierung in der Philosophie weiter verwendet.

Bereits frühzeitig gibt es eine gemeinsame Verständnisebene zwischen Ökonomie und Philosophie, die sich in der Produktivität als Verhaltensleitbild ausdrückt.[193] Die Aufklärung schafft gegen Ende des 18. Jahrhunderts geistige Voraussetzungen für den Menschen, seine vorhandene Situation aus eigener Kraft zu verbessern. Produktivität wird als qualitative Veränderung in der Zeit gesehen. Sie wird zum Verhaltensleitbild, weil jeder selbst produktiv sein oder sich in geeigneter Weise am allgemeinen Produktionsprozeß beteiligen kann. Der vorindustrielle Mensch war für die neue Zeit zu genügsam und zu wenig an der Verbesserung seiner Lebensumstände interessiert. Parallel zu den sozialen Konflikten der Frühindustrialisierung findet ein kultureller Wertewandel statt, der vom Ideal des sich umfassend weiterbildenden und entwickelnden Menschen der Aufklärung angetrieben wird.[194]

Diese anthropologische Veränderung erklärt die Heftigkeit, mit der im Anschluß an Adam Smith über die Produktivität bestimmter Berufsstände gestritten wird. Auch die häufig wenig ökonomische Argumentation unterstreicht den Willen vieler Gruppen an einer aktiven Teilnahme und Partizipation am Entwicklungsprozeß. Max Weber beschreibt den Widerstand traditioneller Lebensformen gegen die Industrialisierung wie folgt:

> „Der Mensch will ‚von Natur' nicht Geld und noch mehr Geld verdienen, sondern einfach leben, so leben wie er zu leben gewohnt ist und soviel erwerben, wie dazu erforderlich ist. Überall wo der moderne Kapitalismus sein Werk der Steigerung der ‚Produktivität' der menschlichen Arbeit durch Steigerung ihrer Intensität begann, stieß er auf den unendlich zähen Widerstand dieses Leitmotivs präkapitalistischer wirtschaftlicher Arbeit (...)."[195]

Besonders deutlich und facettenreich treten produktive Eigenschaften des Menschen bei Goethe hervor.[196] Goethe reflektiert in seinen Werken „Faust", „Wilhelm Meister" und in der Ballade vom „Zauberlehrling" die beginnende Moderne und verleiht ihr Symbolfiguren. Gleichzeitig zeigt er ein großes Interesse am Vorgang des eigenen Wirkens, achtet auf seine Stimmungen und berücksichtigt eine fördernde Umgebung. Für Goethe ist das Begreifen des Menschen und der Natur eine Teilnahme an der Produktivität der Natur. Im Künstler bringt die Natur größere und kleinere Werke hervor, auch wenn sie „manchmal in großen Pausen ruht".[197] Wie wohl kaum bei einem anderen Dichter ist bei ihm die Ambivalenz zwischen Faszination und Furcht vor dem technischen Fortschritt spürbar. Einerseits zeigt sich Goethe deutlich von den Visionen eines neuen Zeitalters angetan, begeistert sich für technische Projekte und setzt sich mit Fragen der Wirtschaft auseinander. Andererseits warnt er vor Auswüchsen, die sich aus der überwältigenden Dynamik der Moderne ergeben können. Die Nemesis des Fortschritts wird am Ende des Faust-Dramas deutlich, als sich der erblindete Faust am Ziel seiner Wünsche wähnt und nicht realisiert, daß die Arbeiter sein Grab schaufeln. Damit repräsentiert Goethe ein Produktivitätsverständnis, das eine qualitative Verbesserung anstrebt, naturphilosophische Züge trägt, aber durchaus die Gefahren einer ordnungspolitisch zügellosen Wirtschaft erkennt.

In der Folgezeit beeinflußt diese Position unter anderem die historische Schule der Nationalökonomie. Ihre Anwaltschaft einer geistigen Produktivität und für die Produktion immaterieller Güter entsteht in enger Wechselwirkung zu den Geistes- und Verhaltenswissenschaften; besonders deutlich ist dies bei Adam Müller und Othmar Spann.[198] Frieda Wunderlich, die nicht der historischen Schule zuzurechnen ist, postuliert ein Primat der Kulturwerte und der Menschenwürde und glaubt an die Steigerung der Produktivität durch die Schöpferkraft des Menschen. Ihre Vision einer Loslösung des Menschen aus materieller Gebundenheit für nichtmaterielle Zwecke geht über das herkömmliche Verständnis von Produktivität hinaus, weil es normative Ziele des Wirtschaftens thematisiert.[199]

In der jüngeren Zeit knüpfen beispielsweise Hannah Arendt und Erich Fromm an diese Denktradition an. Sie weisen auf die Ambivalenz, ja den möglichen Konflikt zwischen einem materiell-ökonomischen und einem immateriell-sozialen Produktivitätsverständnis hin. Hannah Arendt warnt in ihrer umfangreichen Analyse der Arbeitsgesellschaft davor, daß durch den stetigen technischen Fortschritt die Erwerbsarbeit ausgehen könnte. Dies werde jedoch nicht, wie z.B. Karl Marx annimmt, mit dem Reich der Freiheit verbunden sein, sondern mit der Gefahr, daß die

> „Künste des Menschen und damit seine wirkliche Produktivität in einem ungeheuer intensivierten Lebensprozeß einfach untergehen"[200] könnten.

Vergleichbare Eigenschaften meint Erich Fromm, wenn er einen Zustand „innerer Aktivität" als produktiv charakterisiert.[201] Er unterscheidet zwischen Tätigsein und Geschäftigkeit im Sinne von nicht entfremdeter und entfremdeter Arbeit. Produktives Tätigsein ist für ihn gleichbedeutend mit einer nicht entfremdeten Aktivität. Sie bezieht sich nicht notwendigerweise auf die Fähigkeit, etwas Neues oder Originales zu schaffen, sondern auf die Qualität und das Erleben eines Prozesses. Produktivität ist für ihn eine Charakterorientierung, zu der jeder Mensch fähig ist. Seine Alternative „Haben oder Sein" bringt zwei unterschiedliche Werthaltungen zum Ausdruck, die er als „pathologisch übersteigerten Konsum" und als „produktiv" charakterisiert. Fromm sieht daher einen Konflikt zwischen materiellen und immateriellen Gütern, da der Einsatz zum Erwerb und zum Unterhalt materieller Güter die Erlebnisfähigkeit immaterieller Güter beeinträchtigt.[202] In ähnlicher Weise bezieht André Gorz die Werthaltung „Haben" auf die Maximierung der materiellen Produktion und die Werthaltung „Sein" auf die Maximierung immaterieller Güter beziehen.[203]

Ein solches Produktivitätsverständnis mag einigen Ökonomen analytisch unsauber oder sogar schwärmerisch erscheinen. Es verdeutlicht jedoch, daß Produktivität sich nicht zwingend auf eine Steigerung des materiellen Outputs bezieht, sondern auf gesellschaftlichen Wohlstand und die Lebensqualität. Qualität ist auch, um Begriffe des Qualitätsmanagements zu verwenden, Prozeß- und Strukturqualität. Produktivität gilt als kreativer und selbstbestimmter Prozeß, der vom Menschen ausgeht und sich auf den Menschen bezieht. Sie bezieht sich

- auf die Stimulierung eigener Entwicklungspotentiale des Menschen sowie
- auf eine aktive Übereinstimmung zwischen innerer Beteiligung und Erlebnisfähigkeit mit der sozialen und natürlichen Umwelt.

Insgesamt zeigt der Blick in die Geistes- und Verhaltenswissenschaften seit der frühen Neuzeit Spuren eines immateriell-sozialen Produktivitätsverständnisses, das sich vom traditionellen ökonomischen Verständnis unterscheidet. Zwar ist die Produktivität zeitgleich mit der beginnenden Industrialisierung als Verhaltensleitbild hervorgetreten und hat die wirtschaftliche Entwicklung im Sinne Max Webers gefördert. Ferner läßt sich mit der gemeinsamen Vorstellung einer qualitativen Verbesserung der Lebensumstände eine Verständnisebene und ein gelegentlicher geistiger Austausch zwischen beiden Welten ausmachen. Dennoch ist das immateriell-soziale Produktivitätsverständnis in seinen erkennbaren Grundzügen anders als das ökonomische. Wenn man daher nach Kriterien einer Produktivität öffentlicher und sozialer Dienstleistungen (innerhalb oder außerhalb der Erwerbsarbeit) sucht, nach Möglichkeiten eines maßvollen Konsums oder nach Werthaltungen jenseits der Wegwerfgesellschaft, ergeben sich aus den Geistes- und Verhaltenswissenschaften unter dem Stichwort Produktivität einige weiterführende Hinweise.

8.2 Produktivität in der Ökologie

Die Ökologie kennt Produktivität im Zusammenhang mit der Nettoprimärproduktion von Ökosystemen.[204] Als Nettoprimärproduktivität (NPP) wird die Stoffmenge bezeichnet, die von einem autotrophen Organismus[205] auf einer definierten Flächeneinheit in einem definierten Zeitraum gebildet wird. Die Stoffmenge kann als Trocken- oder Frischgewicht angegeben werden, wobei für Vergleiche die Angabe in Trockengewicht überwiegt. Für die Betrachtung eines Ökosystems ist die NPP eine wichtige Größe, da sie für die nächsthöhere Ebene, z.B. die Nahrungskette oder den Energiefluß, zur Verfügung steht. Sie steht in engem Zusammenhang mit anderen Systemeigenschaften wie Gleichgewicht, Stabilität und Tragfähigkeit (Kapitel 3).

Das ökologische Produktivitätsverständnis ist mit dem ökonomischen vergleichbar. Produktionsergebnis ist die produzierte Stoffmenge. Produktionsfaktoren sind die Sonne sowie sehr unterschiedliche Standortfaktoren wie z.B. die Länge der Vegetationsperiode, Menge und Intensität der Niederschläge, Lufttemperatur, Bodenbeschaffenheit usw. Das Produktivitätsverständnis der Ökologie ist allerdings komplexer als dasjenige der naturnahen Wirtschaftsbereiche Land,- Forst- und Fischereiwirtschaft, die primär an der Steigerung wirtschaftlich verwertbarer Outputs in Form landwirtschaftlicher Erzeugnisse, Holz oder Fisch, ausgerichtet sind und negative externe Effekte lange vernachlässigt haben. Dies trifft auch auf die nachhaltige Forstwirtschaft zu, aus der die Umweltökonomie die Regenerationsregeln erneuerbarer Ressourcen entlehnt hat. Hier werden zwar Regeln zur nachhaltigen Nutzung von Holzbeständen entwickelt, aber oft Monokulturen gefördert und andere Systemeigenschaften vernachlässigt. Erst in jüngerer Zeit entwickeln sich mit dem Ökolandbau und der naturnahen Waldwirtschaft Ansätze, die mit dem Produktivitätsverständnis der Ökologie weitgehend übereinstimmen.

Was die Komplexität der Produktionsfaktoren und ihre Wechselwirkungen untereinander betrifft, wäre die Natur mit dem skizzierten ökonomischen Ein-Output-Zwei-Input-Standardmodell (Kapitel 6) analytisch kaum zu erfassen. Der Naturhaushalt kann deshalb lehrreich für die heutige Ökonomie sein, da keine nennenswerten negativen externen Effekte in Form von Schadstoffen oder Abfällen und deren Folgewirkungen entstehen. Mit Ausnahme der Sonnenenergie und des Strahlungshaushaltes bildet der Naturhaushalt eine Kreislaufwirtschaft. Die Produktion beruht weitgehend auf erneuerbaren Stoffen; nicht-erneuerbare Rohstoffe werden zwar genutzt, aber nicht abgebaut. Jede Spezies erfüllt im systemischen und selbstorganisierten Zusammenwirken mit anderen eine bestimmte Funktion und trägt zur Evolution bei. Die Natur kann so gesehen als ein Modell für eine Langfrist-Ökonomie angesehen werden, die ihren Bestand nicht auszehrt, sondern die jeweiligen Leistungsfähigkeiten nutzt. Vor allem die Forschungsrichtung der ökologischen Ökonomie untersucht solche Systemeigenschaften der Natur, um daraus umweltverträglichere Wirtschaftsformen ableiten zu können.

Einen möglichen gemeinsamen analytischen Ausgangspunkt zwischen der Ökologie und einem Anstieg der Ressourcenproduktivität bildet die dynamische und nicht-lineare Evolution. In der Natur existiert kein statisches Gleichgewicht, sondern eine Vielzahl von Fließgleichgewichten, in denen Selektionsmechanismen über Anpassungen, Veränderungen und Fortentwicklungen entscheiden. Diese Entwicklungsprozesse können in einer nicht-linearen Dynamik sprunghaft verlaufen. Im Regelfall verlaufen sie jedoch allmählich und stetig. Ähnlich kann der ökonomische, technische und soziale Wandel für einen Anstieg der Ressourcenproduktivität analysiert werden. Wandel findet kontinuierlich statt und geht von den mikroökonomischen Akteuren aus. Die evolutionäre Ökonomie ist die Forschungsrichtung, die die dynamische und nicht-lineare Evolution zum Ausgangspunkt einer eigenständigen ökonomischen Theorie wählt (Kapitel 12 + 13).

Eine Ökonomie der Ressourcenproduktivität strebt eine ökologisch ausgerichtete Produktivität an, ohne sich direkt am Produktivitätsverständnis der Ökologie zu orientieren. Ein Unterschied ist im Faktorsystem zu sehen. Während die Ökologie neben der Sonne komplexe und nicht vollständig auf anthropogene Wirtschaften übertragbare Standortfaktoren analysiert, nimmt die Ressourcenproduktivität eine vereinfachte Aggregierung auf die Menge der eingesetzten Energieträger und Rohstoffe vor (Kapitel 3, 12). Das hat den Vorteil, Stoffstromanalysen leichter erstellen zu können als dies mittels ökologischer Standortfaktoren möglich wäre.

Denn die ursprünglichen Standortfaktoren verlieren im Verlauf des Produktionsprozesses schrittweise an Bedeutung; dieser Effekt verstärkt sich mit einer steigenden Langlebigkeit der produzierten Güter. Die eingesetzten Mengen Energieträger und Rohstoffe hingegen können kontinuierlich ermittelt werden. Damit soll nicht zum Ausdruck gebracht werden, daß Produktionsprozesse unabhängig von der Natur stattfinden, denn die unterschiedlichen Strukturen und Funktionen des Naturhaushalts sind direkt und indirekt für jeden Produktionsprozeß relevant. Aber es wäre ein Fehlschluß, deswegen die Natur in ihrer Gesamtheit als Produktionsfaktor zu betrachten und für jeweilige Produktionsprozesse die benötigte Menge oder ihren Wert zu ermitteln. Ein solches Unterfangen scheitert an seiner Komplexität. Die Ressourcenproduktivität hat einen vergleichsweise schlichten Ansatz, da nur die eingesetzten Mengen von Energieträgern und Rohstoffen betrachtet werden. Über die Umweltpolitik kommen neben der Ressourcenentnahme weitere Indikatoren zum Einsatz.

8.3 Fazit: Erweiterung durch Transdisziplinarität

Der Exkurs in die Geistes- und Verhaltenswissenschaften sowie in die Ökologie verdeutlicht die theoretische Vielschichtigkeit des Produktivitätsbegriffs. Aus den Geistes- und Verhaltenswissenschaften kann man lernen, Produktivität von Wachstumsprozessen zu entkoppeln und stattdessen die Qualität eines erlebten Prozesses zu betonen. Die Ökologie beschäftigt sich mit dynamischen Wechselwirkungen unterschiedlicher Faktoren. Beide Fachrichtungen zeigen ein Produktivitätsverständnis, das für eine Ökonomie der Ressourcenproduktivität wichtige Ansatzpunkte bereithält.

C. Produktivität in der Wirtschafts- und Umweltpolitik

9. Wirtschaftspolitische Aspekte der Produktivitätsentwicklung

Das folgende Kapitel erörtert einige Konsequenzen, die sich aus dem Produktivitätsverständnis und seiner praktischen Umsetzung ergeben haben. Es steht zu vermuten, daß das Meßkonzept mit seinen inhärenten Schwächen gegenüber realen Sachproblemen und Trends einer sich ausdifferenzierenden Welt an die Grenzen seiner Leistungsfähigkeit gelangt. Als Beispiele solcher Sachprobleme und Trends werden die Entstehung negativer Folgekosten, Arbeitslosigkeit und Dienstleistungen darstellt. Bei letzteren sind Konsequenzen bekannter produktionstheoretischer Defizite zu vermuten, für die Umwandlung von Inputs in Outputs realitätsnahe Erklärungsmuster anzubieten. Abschließend wird das gegenwärtige Verhältnis von Produktivität und Kultur skizziert.

Die Beispiele bauen auf den theoretisch abgeleiteten Erkenntnissen auf und haben jeweils erhebliches wirtschaftspolitisches Gewicht. Sie sind untereinander verknüpft, weil Externkosten und Arbeitslosigkeit Ausdruck einer bestimmten Richtung des technischen Fortschritts sind und weil Dienstleistungen potentielle Chancen für Umwelt und Beschäftigung enthalten. Sie erheben jedoch nicht den Anspruch einer konsistenten Beweisführung, weil sie lediglich gezielt einige Leistungsschwächen herausarbeiten. Die genannten Beispiele geben jeweils Diskussionen wieder, die an anderer Stelle tiefgehender als in der vorliegenden Arbeit behandelt werden können. Hier werden sie im Zusammenhang mit dem Produktivitätsverständnis analysiert, um die Vermutung einer notwendigen Erneuerung zu prüfen. Trifft die Annahme zu, daß ein verengtes Meßkonzept Fehlentwicklungen Vorschub leistet, sollten ein neues Meßkonzept erarbeitet und seine theoretische Basis erweitert werden.

9.1 Die Entstehung externer Kosten

Seit etwa 1970 steigen in den meisten westlichen Industrieländern negative Externkosten rascher an als einschlägige Wohlstandsindikatoren. Die meßbaren Kosten für Gesundheit, für defensive Maßnahmen im Verkehrsbereich und zur Reparatur umweltbedingter Schäden sind ansteigend, ohne daß eine Trendumkehr erwartet werden kann.[206] Der über das Bruttoinlandsprodukt erwirtschaftete Wohlstand geht zunehmend zu Lasten des Naturhaushalts und sozialer Belange. Vor allem bei globalen Umweltveränderungen gehen die neuartigen externen Kosten über die einschlägige Definition von Kapp[207] hinaus:

- sie beinhalten teilweise Kosten, die als Folgekosten vergangener Produktionsprozesse oder als Vorsorgeinvestitionen bereits bei Unternehmen oder privaten Haushalten internalisiert sind;
- sie sind Folgen von Lebensstilen und den dazugehörigen Produktionsmustern, d.h. ihr Ursache-Wirkungsgefüge ist komplex, und eine Anwendung des Verursacherprinzips fällt schwer;
- Ursachen, Wirkungen und Handlungsmöglichkeiten sind international und unterschiedlich verteilt;
- sie führen zu zeitversetzten Bestandsverlusten, d.h. sie führen zu Auszehrungen, ohne unmittelbar erkennbar zu sein.

Nach seiner gegenwärtigen Ermittlung bietet ein Produktivitätsanstieg Anreize zur Externalisierung einzelwirtschaftlicher Kosten. Die Abwälzung negativer Folgekosten auf die Allgemeinheit senkt betriebliche Kosten und weist für die Unternehmen scheinbar einen Produktivitätserfolg aus. Solange die Natur weitgehend als freies und öffentliches Gut gilt, tritt das Ziel eines intakten Naturhaushalts weder als Faktor noch als qualitativer Bestandteil des Produktionsergebnisses in Erscheinung. Die Inanspruchnahme von Leistungen des Naturhaushaltes substituiert umgekehrt sogar die kostenwirksamen Faktoren Kapital und Arbeit und entlastet die Unternehmen. Ähnliches gilt für das soziale Kapital einer Gesellschaft (Kapitel 9.4., 17.4). Die betriebliche Rationalität einer Kostensenkung durch Externalisierung steht somit in einem Spannungsverhältnis zu dem Ansatz der Internalisierung externer Kosten. So erklärt sich der vermeintliche Widerspruch zwischen steigender Produktivität bei gleichzeitig steigenden Folgekosten: sie sind

Zwillingserscheinungen, solange keine ordnungspolitische Veränderung der ökonomischen Rahmenbedingungen erfolgt.

Für die vorliegende Arbeit konstituiert diese Entwicklung die umweltökonomische Begründung für eine Absenkung der Ressourcenentnahme und für einen Anstieg der Ressourcenproduktivität. Nach der Argumentation von Abschnitt A senkt ein Anstieg der Ressourcenproduktivität zum einen externe Folgekosten ab. Zum anderen beginnt eine Langfristdynamik, die aktiv umweltschonende Innovationslinien einschlägt und sich nicht notwendigerweise mit der Abwehr spezifischer Folgewirkungen legitimieren muß. Angesichts der komplexen Ursache-Wirkungs-Beziehungen globaler Umweltveränderungen ist dies ein unschätzbarer Vorteil für die Politik. Entstehung, zeitlicher Verlauf und Komplexität externer Kosten können deshalb als starkes Argument für eine Erweiterung des Produktivitätsverständnisses gelten.

9.2 Produktivität und Beschäftigung

Die anhaltend hohe Arbeitslosigkeit ist ein zentrales Problem der Wirtschaftspolitik. Zwischen Arbeitsproduktivität und Beschäftigung besteht ein janusköpfiger Zusammenhang. Einerseits bewirkt ein Produktivitätsanstieg eine Entlassung von Beschäftigten, weil eine gegebene Produktionsleistung mit einer geringeren Beschäftigtenzahl bzw. in kürzerer Zeit erwirtschaftet werden kann. Auf diesen Prozeß stützt sich die vor allem unter Soziologen verbreitete These, der Arbeitsgesellschaft gehe angesichts der anhaltenden Produktivitätsdynamik die Arbeit aus.[208] Sie wird in der Arbeitsmarktforschung als „*technologische Arbeitslosigkeit*“ bezeichnet.[209] Andererseits regt ein Produktivitätsanstieg Wachstumsprozesse an, die mit einer Ausweitung der Produktion und des Beschäftigungsvolumens einhergehen. Wirtschaftspolitische Zielsetzungen eines ausreichend hohen Beschäftigungsstands oder der Vollbeschäftigung[210] üben daher einen hohen Wachstumsdruck aus, solange sich der technische Fortschritt überwiegend auf die Arbeitsproduktivität bezieht.

Die Beschäftigungssituation ist von der Richtung des technischen Fortschritts abhängig. Ein arbeitssparender Fortschritt hat zur Folge, daß das gleiche Produktionsvolumen (makroökonomisch ausgedrückt als reales Bruttoinlandsprodukt) mit einem verringerten Arbeitsvolumen (ausgedrückt in Arbeitsstunden) erzielt werden kann. Der Freisetzungseffekt wird andererseits durch die Produktionsausweitung kompensiert. Wachstumsimpulse können von Absatzerweiterungen aufgrund günstigerer Faktorkosten oder von Produktinnovationen ausgehen. Die Herstellung neuer Produkte ist zwar auch mit der Verdrängung vorhandener Produkte verbunden und kann arbeitsplatzneutral sein. In vielen Fällen werden aber neue Bedürfnisse geweckt und neue Märkte erschlossen. Das resultierende Arbeitsvolumen (AV), das in der Regel in Jahresarbeitsstunden ausgedrückt wird, kann folglich aus

$$AV = \frac{\text{reales Bruttoinlandsprodukt}}{\text{Arbeitsproduktivität}}$$

errechnet werden.

Im internationalen Vergleich hat sich in den vergangenen Jahrzehnten die arbeitssparende Richtung des technischen Fortschritts[211] in unterschiedlicher Weise bemerkbar gemacht. In Deutschland und Großbritannien (sowie in anderen europäischen Ländern) ist das Arbeitsvolumen gesunken, in den USA und in Japan hingegen angestiegen. In Japan dürfte dieser Anstieg mit den enormen Wachstumsraten zusammenhängen, in den USA korreliert er mit niedrigeren Anstiegsraten der Arbeitsproduktivität. Ein international einheitlicher empirischer Trend existiert daher nicht.

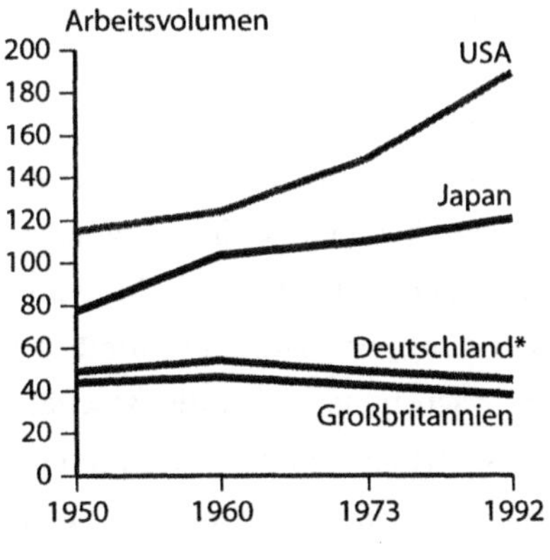

Abb. 6: Die Entwicklung des Arbeitsvolumens in ausgewählten Industrieländern 1950 bis 1992

In Milliarden Stunden. * Deutschland = früheres Bundesgebiet, Zahlenangaben für 1950, 1960, 1973, 1994.
Quelle: Eigene Darstellung auf der Basis von: Maddison, 1995, S. 253; Stat. Bundesamt, 1996.

Ein weiterer Kompensationseffekt gegenüber negativen Beschäftigungswirkungen eines Produktivitätsanstiegs resultiert aus *Arbeitszeitverkürzungen* der Erwerbstätigen, die als Verkürzung der Wochenarbeitszeit, zusätzlicher Jahresurlaub bzw. Sonderurlaubstage oder als eine Steigerung von Teilzeittätigkeiten vereinbart werden. In Deutschland sank die durchschnittliche wöchentliche Arbeitszeit von 82 Stunden im Jahr 1825 auf 48 Std. im Jahr 1950 und durchschnittlich rd. 38 Std. 1995; die Einführung der 35-Stunden-Woche ist in einigen Bereichen beschlossen. Gleichzeitig stieg die durchschnittliche Dauer des Jahresurlaubs von 9 Tagen 1950 auf 30 Tage an. Insgesamt ist die durchschnittlich geleistete Jahresarbeitszeit je Arbeitnehmer seit 1950 um rd. 33 Prozent abgesunken.[212] Dies kann neben den erzielten Einkommenssteigerungen als historischer Verdienst der gestiegenen Arbeitsproduktivität angesehen werden.

Bei den geleisteten Jahresarbeitsstunden ist in Deutschland dennoch nur ein leichter Rückgang zu verzeichnen, da die Arbeitszeitverkürzung mit einem Prozeß der Erschließung neuer Beschäftigungsfelder, der verstärkten Arbeitsteilung, einem erhöhten Transaktionsaufwand und der Erhöhung der Erwerbsquote einherging,. Gesamtwirtschaftliche Auswirkungen der Arbeitszeitverkürzung auf die Beschäftigungssituation sind daher insgesamt schwer zu ermitteln und umstritten; während gewerkschaftsnahe Kreise und das Institut der Bundesanstalt für Arbeitsmarkt und Berufsforschung der Bundesanstalt für Arbeit (IAB)[213] von positiven Wirkungen ausgehen, wird dies von arbeitgebernaher Seite und z.B. dem Sachverständigenrat zur Begutachtung der gesamtwirtschaftlichen Entwicklung in Frage gestellt.[214]

In der ökonomischen Forschung geht der Zusammenhang zwischen Produktivität und Produktionsvolumen auf Verdoorn zurück.[215] Aus dem empirisch ermittelten Verdoorn-Ansatz einer gegenseitigen Abhängigkeit beider Größen wird der Zusammenhang zwischen Wachstum und Beschäftigung mit Hilfe der „*Beschäftigungsschwelle*“ oder der „marginalen Beschäftigungsintensität“ ermittelt. Die Beschäftigungsschwelle bezeichnet die Rate des Wachstums, ab der die Beschäftigung zunimmt oder anders gesprochen die Wachstumsrate, bei der Wachstum und Produktivität gleich hoch sind. Die marginale Beschäftigungsintensität gibt an, um welchen Prozentsatz sich die Beschäftigung verändert, wenn sich das Wachstum um 1 Prozent verändert. In Deutschland ist die Beschäftigungsschwelle allmählich von 4 Prozent 1961 bis 1973 auf gut 1 Prozent 1981 bis 1989 abgesunken,[216] d.h. in den sechziger Jahren mußten für den gleichen Beschäftigungseffekt höhere

Wachstumsraten erzielt werden als in den achtziger Jahren. Solange die Wachstumsraten unterhalb der Beschäftigungsschwelle liegen, handelt es sich um „jobless growth“, um ein Wachstum ohne Entstehung zusätzlicher Arbeitsplätze. Die abgeschwächten Wachstumsraten der siebziger und frühen achziger Jahren lagen unterhalb der Beschäftigungsschwelle.

Ob der Trend einer sinkenden Beschäftigungsschwelle in den nächsten Jahren anhält, ist fragwürdig. Eine Prognose des Instituts für Arbeitsmarkt- und Berufsforschung der Bundesanstalt für Arbeit (IAB) geht von einer Trendumkehr, d.h. von einer steigenden Beschäftigungsschwelle aus.[217] Um positive Beschäftigungseffekte zu erzielen, müßten folglich höhere Wachstumsraten als in den letzten zwanzig Jahren erzielt werden. Begründet wird diese Trendumkehr mit

- dem Einsatz neuer Basistechnologien aus Mikroelektronik und Telekommunikation, die gesamtwirtschaftlich als arbeitssparend angenommen werden,[218]
- einer Zunahme „schlanker“ Produktionsorganisationen, die Produktivitätssteigerungen bis zu 100 Prozent ermöglichen,[219]
- mit den Produktivitätsanstrengungen des Dienstleistungssektors sowie
- mit der zunehmenden Globalisierung, d.h. mit der Auslagerung der Produktion in kostengünstige und / oder absatznahe Regionen.

Je nach wirtschaftlicher Entwicklung könnte die künftige wirtschaftliche Entwicklung zwar mit einem leichten Anstieg der Beschäftigtenzahlen verbunden sein, insgesamt jedoch nicht mit einer deutlich verbesserten Lage auf dem Arbeitsmarkt. Die Zahl der Beschäftigten würde je nach Szenarioannahmen ausgehend von 27 Millionen im Basisjahr 1987 (Westdeutschland) im Jahr 2010 zwischen 26,5 Millionen und 28 bis 29 Millionen betragen. Eine durchgreifende Verbesserung der Lage auf dem Arbeitsmarkt ist daher nicht in Sicht.[220] Dieser Sachverhalt wird international ähnlich gesehen.[221] Somit zeichnet sich ab, daß die hohe Arbeitslosigkeit mit allen daraus resultierenden Schwierigkeiten die Industriegesellschaften in den nächsten Jahren begleiten wird, wenn keine neuen Wege eingeschlagen werden. Ein weiterer Anstieg der Arbeitsproduktivität weist deshalb einen sinkenden wirtschaftspolitischen Grenznutzen auf. Aus diesem Grund wird ein Anstieg der Ressourcenproduktivität, der den ökonomischen Druck zur Erhöhung der Arbeitsproduktivität lockert, auch beschäftigungspolitisch attraktiv.

9.3 Die Produktivität öffentlicher Dienstleistungen

Seit einigen Jahren nimmt der Dienstleistungsanteil an der Wertschöpfung kontinuierlich zu; teils wird sogar von der beginnenden Dienstleistungsgesellschaft gesprochen. Worum handelt es sich? Dienstleistungen bezeichnen Tätigkeiten, die nicht allein im tertiären Sektor, sondern in allen ökonomischen Bereichen stattfinden. Sie sind deshalb schwer definierbar und können außerhalb des Dienstleistungssektors mit der allgemeinen Beschreibung erfaßt werden, dabei handele es sich um weitgehend immaterielle Leistungen, die sich auf eine industrielle Stoffumwandlung beziehen.[222] Diese Beschreibung läßt offen, ob derartige Dienstleistungen aus der industriellen Stoffumwandlung hervorgehen, oder ob umgekehrt die industrielle Stoffumwandlung im wesentlichen für bestimmte Dienstleistungen stattfindet.

Grundsätzlich gelten Dienstleistungen seit Adam Smith als wenig produktiv. Die Tertiarisierung, d.h. der zunehmende Anteil des Dienstleistungssektors an der Wertschöpfung war deshalb als eine Ursache der nach 1973 eingetretenen Produktivitätsabschwächung vermutet worden. In der Zwischenzeit hat sich diese Vermutung als unzutreffend erwiesen.[223] Vor allem produktionsnahe[224] und marktorientierte Dienstleistungen sind hochproduktiv. Einige althergebrachte Merkmale von Dienstleistungen, wie etwa die Geringfügigkeit des technischen Fortschritts, die hohe Arbeitsintensität und der Zusammenfall von Produktion und Konsum, sind somit nicht mehr allgemeingültig.

Deshalb ist vor allem die Produktivität öffentlicher und privater Dienstleistungen ohne Erwerbszwecke vermehrt Gegenstand theoretischer und wirtschaftspolitischer Auseinandersetzungen.[225] Sie stehen seit Beginn der neunziger Jahre wegen der öffentlichen Haushaltsdefizite in Verbindung mit der allgemeinen Wachstumsschwäche unter einem verstärkten Produktivitätsdruck. Allerdings weist das herkömmliche Produktivitätsverständnis, das auf die industrielle Produktion ausgerichtet ist, im Hinblick auf solche Dienstleistungen analytische Schwächen auf. Die Erfassung der herkömmlichen Inputs ist über Arbeitsleistungen und Kapitalausstattung nicht wesentlich komplizierter als bei industriellen Vorgängen – aber welche Leistung soll ermittelt werden?

Öffentliche Dienstleistungen erbringen kein marktfähiges Produkt, sondern produzieren öffentliche Güter wie Sicherheit, Gesundheit und Bildung. Ob

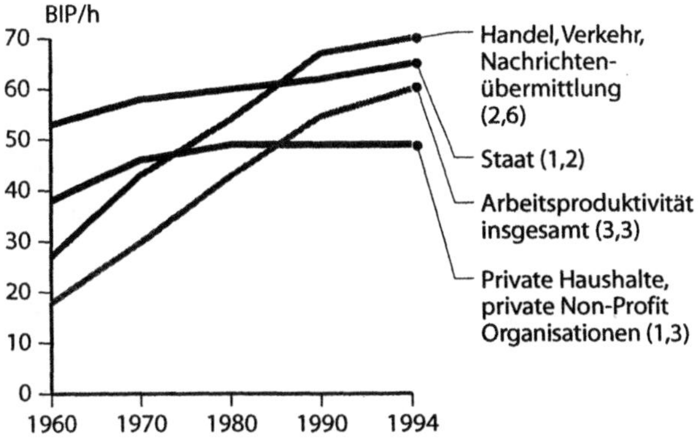

Abb. 7: Die Produktivität unterschiedlicher Dienstleistungen in Deutschland 1960 bis 1994

Die Angaben beziehen sich auf das frühere Bundesgebiet.
Angaben in unbereinigter Bruttowertschöpfung in Preisen von 1991 je Erwerbstätigen.
Quellen: Eigene Darstellung auf der Basis von: Sachverständigenrat zur Begutachtung der gesamtwirtschaftlichen Entwicklung, 1995, S. 386f.; Stat. Bundesamt, 1996.

Meßverfahren, nach denen die allgemeine Sicherheit am Personalbestand der Polizei, die Gesundheit an Ausgaben für Arzneimittel, oder der Erfolg von Bildungseinrichtungen am Hervorbringen von Abiturienten und Akademikern ablesbar sind, kann jedoch als zweifelhaft gelten. Obendrein belastet der übliche Marginalansatz öffentliche und soziale Dienstleistungen schwer, da sie eine kontinuierliche Leistung mit arbeitsintensiven Tätigkeiten erbringen. Der auf die Arbeit bezogene Produktivitätsanstieg ist daher notwendigerweise gering. Anders verhält es sich mit Energie- und Materialeinsparungen. Die entsprechenden Potentiale sind in Bürogebäuden und anderen Einrichtungen (z.B. Krankenhäusern) gegeben, so daß ein Anstieg der Ressourcenproduktivität auch über einen längeren Zeitraum möglich ist.

Die Produktivität öffentlicher Dienstleistungen sollte im Zusammenhang mit ihrer Beschäftigungswirksamkeit sowie mit Entstehung und Internalisierung externer Kosten gesehen werden. Ein verengtes Produktivitätsverständnis regt einen „hochproduktiven" ökonomischen Kernbereich an, der soziale Kosten für Bildung, Gesundheit, Sicherheit etc. sowie ökologische Kosten externalisiert. Es bleibt dann weitgehend den Bürgern selber und dem öffentlichen Dienstleistungssektor vorbehalten, nicht nur eine notwendige Schadensbeseitigung und Grundversorgung sicherzustellen, sondern darüber hinaus eine in die Zukunft gerichtete Vorsorgepolitik zu betreiben. Ob der öffentliche Sektor unter derartigen Rahmenbedingungen produktiv sein kann, darf wohl bezweifelt werden. Seine Produktivität hängt daher auch davon ab, daß negative externe Kosten möglichst verursachergerecht zugeordnet werden und öffentliche Güter nach neuen Kriterien organisiert werden. Dieser Zusammenhang wird in rein betriebswirtschaftlich und auf Arbeitseinsparung ausgerichteten Produktivitätsanalysen vernachlässigt.

Öffentliche und soziale Dienstleistungen können als gesellschaftliche Leistungs- und *Qualitätserstellung* aufgefaßt werden.[226] Dabei kann man in einem mehrstufigen Prozeß in Anlehnung an Methoden des betrieblichen Total Quality Management das (produzierte) Leistungsangebot, Nachfrage, Kundenzufriedenheit bzw. Erfolg und den Beitrag zur gesellschaftlichen Wohlfahrt unterscheiden. Neben die bislang dominierende Struktur- und Angebotsqualität würden kontinuierliche Verbesserungsprozesse der Prozeß- und Ergebnisqualität treten, bei denen betriebliche und gesellschaftliche Faktoren zu integrieren sind. So könnte im Zeitverlauf die Produktivität öffentlicher und sozialer Dienstleistungen gesteigert werden.

Abb. 8: Qualitätsebenen der Produktivität öffentlicher Dienstleistungen

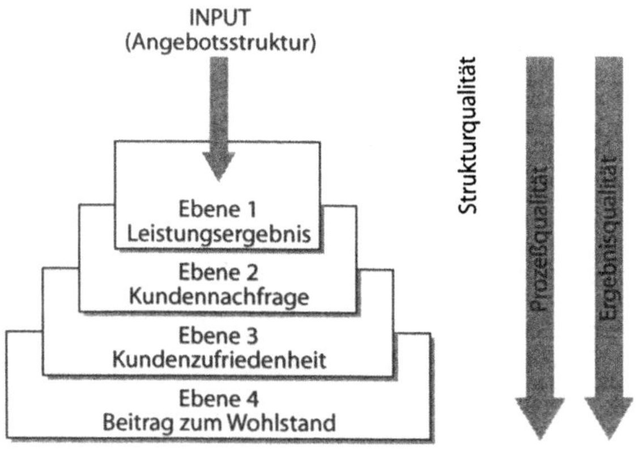

Quelle: Eigene Darstellung in Anlehnung an Pfaff, 1994; v. Bandemer, 1996.

Erfolgskategorien der Kundenzufriedenheit und Wohlstandsentwicklung verlangen nach neuen Meßverfahren. Die bisherigen Verfahren sind nur begrenzt anwendbar, da sie keinen geeigneten Zugang zur Leistungserstellung dank Motivation und Teamfähigkeit der Arbeitnehmer finden. Obendrein suggerieren sie die Gleichsetzung von Wohlstand und Bruttoinlandsprodukt. Für die Produktivität von Dienstleistungen sollte das bisherige Konzept daher um Kategorien erweitert werden, die den Ressourceneinsatz integrieren, die prozessual und systemisch angelegt sind und die einen Zugang zu sozio-kulturellen Dimensionen finden. Hier besteht Forschungsbedarf.

9.4 Kulturelle Dimensionen der Produktivitätsentwicklung

Aus sozialwissenschaftlicher Sicht sind kulturelle Dimensionen der Produktivitätsentwicklung[227] offensichtlich. In Unternehmen und in der internationalen Wirtschaftspolitik stellen sich sehr konkrete Fragen, ob kulturelle Eigenarten zugunsten der Anwendung anerkannter Managementlehren oder internationaler Standards beseitigt werden sollen oder ob umgekehrt gerade regionale und sozio-kulturelle Besonderheiten eine notwendige Voraussetzung für innovative Entwicklungen darstellen. Für die Forschung ergibt sich daraus die Schwierigkeit, den Einfluß kultureller Faktoren auf die wirtschaftliche Leistungsfähigkeit herauszuarbeiten. Dabei erweist sich das herkömmliche Produktivitätsverständnis nicht als hilfreich, da es kulturelle Unterschiede vernachlässigt und so scheinbar universell gültige Gesetzmäßigkeiten enthält.

Das Verhältnis zwischen Produktivität und Kultur ist gestört. Die herkömmliche Produktivitätsentwicklung verkürzt die Zeittakte in der industriellen Produktion, weil Leistungen in immer kürzerer Arbeitszeit erstellt werden. Gleichzeitig verkürzen sich Innovations- und Produktlebenszyklen. Als Folge ist eine Beschleunigung des gesellschaftlichen Lebens zu verzeichnen, deren Nutzen häufig fragwürdig ist. Produktivität kann deshalb als Triebfeder eines Prozesses angesehen werden, der die Fähigkeit einer Gesellschaft zum sozialen Wandel überlasten und ihre normativen Grundlagen zersetzen kann. Hannah Arendt bemerkt zu den soziokulturellen Auswirkungen der Arbeits- und Konsumgesellschaft:

> „Woran sie leiden, ist einfach das zutiefst gestörte Gleichgewicht zwischen Arbeit und Verzehr, zwischen Tätigsein und Ruhe (...). Nichts ist vielleicht geeigneter, unsere Aufmerksamkeit auf dies unselige Glücksideal des Animal laborans und die Gefahr seiner Verwirklichung zu lenken, als das Tempo, mit dem die moderne Wirtschaft notwendigerweise sich in Richtung einer ‚waste economy', einer auf Vergeudung beruhenden Wirtschaft entwickelt (...)."[228]

Es ist deshalb an der Zeit, das Verhältnis zwischen Produktivität und Kultur neu zu überdenken. Kultur bildet einen sozialen Nährboden für wirtschaftliche Entwicklung und kann sie nach Max Weber fördern,[229] ihr aber auch den Widerstand vormoderner oder verkrusteter Strukturen entgegensetzen. Sozio-kulturelle und ökonomische Faktoren wirken im zeitlichen Verlauf aufeinander ein. Eine dichotomisierende Bewertung, hier destruktive Kräfte der Produktivität, dort ausgleichende und bewahrende Fähigkeiten sozialer Gemeinschaften, ist deshalb ebenso unzulässig wie die gegenteilige These, zugunsten ökonomischer Gesetzmäßigkeiten sozio-kulturelle Kontexte zu vernachlässigen.[230] Die gegenseitigen Wechselwirkungen müssen theoretisch und empirisch vertiefend analysiert werden. Die ökonomische Forschung ist dabei auf methodischen Pluralismus in der Zusammenarbeit mit geistes- und verhaltenswissenschaftlichen Disziplinen angewiesen. Interessante Ansätze beschäftigen sich mit dem „sozialen Kapital" und Wirtschaftskulturen.[231]

9.5 Fazit: Der Glanz der Arbeitsproduktivität verblaßt

Als Fazit ergeben sich reale wirtschaftspolitische Sachprobleme und Trends, die mit dem herkömmlichen Produktivitätsverständnis nur unzureichend erfaßt werden können. Die bislang geltende These, nur industrielle Produktion schaffe Wohlstand, ist mit dem Anstieg negativer externer Kosten, dem Übergang zur Informations- und Dienstleistungsökonomie und der steigenden Relevanz sozialer und kultureller Faktoren brüchig geworden. Überdies reicht die Wachstumsdynamik nicht mehr aus, um die anhaltend hohe Arbeitslosigkeit abzubauen. Weil Produktivität bislang theoretisch und methodisch eng an das Wachstum der industriellen Produktion gekoppelt ist, wird das herkömmliche Verständnis zunehmend hinfällig. Gefragt sind neue Meßverfahren und ein erweitertes Produktivitätsverständnis, das ökologische und soziale Belange integriert.

10. Produktivitätseffekte der Umweltpolitik – Methodische Verfahren

Seit den siebziger Jahren hat sich die Produktivitätsentwicklung in fast allen westlichen Industrieländern gegenüber dem Zeitraum 1950 bis 1973 verlangsamt. Es lag nahe, die beginnende Umweltpolitik und die aufgrund der politischen Erdölverknappung eintretenden Energiepreissteigerungen mit diesem Phänomen in Verbindung zu bringen und beide als Ursache für den verlangsamten Produktivitätsanstieg anzusehen. So zieht sich die These, Umweltpolitik und steigende Energiepreise würden Produktivität, Wachstumsraten und Wettbewerbsfähigkeit einer Volkswirtschaft beeinträchtigen, wie ein roten Faden durch die wirtschaftspolitischen Debatten bis hin zu aktuellen Kontroversen über den Industriestandort Deutschland und die Kosten einer Klimaschutzpolitik.

Nach den bisherigen Ausführungen ist anzunehmen, daß die ermittelten Produktivitätseffekte einem verengten und umweltökonomisch irreführenden Produktivitätsverständnis folgen. Diese Hypothese wird im folgenden anhand von drei methodischen Ansätzen untersucht. Stimmt die Vermutung, können umweltökonomische Argumente für eine Erweiterung des Produktivitätsverständnisses abgeleitet werden.

10.1 Produktivitätseffekte in umweltintensiven Bereichen

Ein methodisch gesehen einfaches Verfahren folgt einem kostentheoretischen Ansatz.[232] Nach diesem Ansatz werden in bestimmten umweltintensiven Bereichen direkte und indirekte Kosten aufgrund umweltpolitischer Maßnahmen ermittelt; als direkte Kosten werden die Investitionskosten von Reinigungstechnologien berücksichtigt, als indirekte Kosten die Betriebskosten sowie erhöhte Transaktionskosten, die durch Informationspflichten, verlängerte Genehmigungsverfahren etc. entstehen. Auf diese Weise können Angaben zu den Kosten des Umweltschutzes ermittelt werden.

Der Ansatz folgt einem vereinfachten Opportunitätskostenprinzip. Weil zusätzliche Arbeitskräfte und zusätzliches Kapital nicht zur Produktionsverbesserung oder -ausweitung, sondern für Umweltbelange eingesetzt werden, reduziert sich mit erhöhtem Faktoreinsatz die Produktivität. Außerdem kann die Güterstruktur beeinflußt und dadurch zumindest teilweise die Produktivität abgesenkt werden. Durch Umweltschutzmaßnahmen werden Mittel gebunden, die sonst für Forschung und Entwicklung zur Verfügung stünden. Höhere Energiepreise binden weitere Mittel und dämpfen die Produktivität dann, wenn sie nicht mit faktorsparenden Investitionen oder einer Verjüngung des Kapitalstocks verbunden werden („crowding in"). Sie führen zu einer vorübergehend stärkeren finanziellen Belastung für die Unternehmen, weil die entsprechenden Investitionssummen zusätzlich zu den steigenden Energiekosten aufgewendet werden müssen und Nutzeneffekte erst zu einem späteren Zeitpunkt eintreten. Methodische Ansätze, die betrieblich entstehende Kosten als einmalige Ausgaben erfassen, führen deshalb zu anderen Schlußfolgerungen als solche, die einen längeren Zeitraum umfassen.

Ein auf mikroökonomischen Investitionskosten basierender Ansatz müßte allerdings *Modernisierungseffekte* berücksichtigen. Sonst wird vernachlässigt, welche mittelfristigen Kostenentlastungen aufgrund getätigter Investitionen entstehen. Steigende Energie- und Materialkosten begünstigen Rationalisierungsinvestitionen, die vorhandene Einsparpotentiale erschließen und neue Technologiepfade ermöglichen. Dadurch kann die Produktivität des Unternehmens ansteigen. Für die Ermittlung solcher positiven Effekte ist es erforderlich, den Betrachtungszeitraum zu verlängern (im Durchschnitt auf 10 bis 15 Jahre) und eine Integration von Spillover-Effekten soweit wie möglich durchzuführen. In diesem Zusammenhang müßte eine Methodik zum Einsatz kommen, die eine Kalkulierbarkeit innerbetrieblich notwendig werdender Umstrukturierungsmaßnahmen gewährleistet. So kann z.B. ein Rückgang der PVC-Produktion zumindest teilweise durch eine gesteigerte Produktion von Substituten kompensiert werden. Methodische Schwierigkeiten entstehen bei der Ermittlung von Transaktionskosten, die bei allen Anpassungs-, Modernisierungs- und Strukturwandeleffekten entstehen.

Zusammenfassend betrachtet sind negative Produktivitätseffekte in umweltintensiven Bereichen methodisch leichter zu ermitteln als denkbare Modernisierungs- und Strukturwandeleffekte. Eine Untersuchung umweltintensiver Bereiche ist für gesamtwirtschaftliche Produktivitätseffekte wenig aussagekräftig. Grundsätzlich übersteigt die Frage, welche volkswirtschaftlichen Kostenentlastungen an anderer Stelle entstehen, weil bestimmte negative externe Kosten reduziert werden, die Möglichkeiten eines mikroökonomischen kostentheoretischen Ansatzes. Erst ein solcher Vergleich ermöglicht Rückschlüsse über die Auswirkungen der Umweltpolitik auf die gesamtwirtschaftliche Produktivität.

10.2 Makroökonomische Produktivitätseffekte auf statischer Grundlage

Ein gängiger Ansatz zum Zusammenhang zur Erfassung makroökonomischer Produktivitätseffekte der Umweltpolitik geht auf die *Wachstumsbuchhaltung* (Kapitel 6) zurück und basiert auf dem Ein-Output-Zwei-Inputmodell aggregierter Produktionsfunktionen. Die gesamtwirtschaftliche Produktivität sinkt als Folge der Umweltpolitik aus mehreren Gründen.

Es wird unterstellt, daß die Produktion um den Anteil der Opportunitätskosten ausgeweitet worden wäre.[233] In den USA wurde mit diesem Ansatz z.B. ein um 0,235 Prozentpunkte geringeres Wachstum für den Zeitraum 1973 bis1975 ermittelt, weil Auflagen für den Umweltschutz zu erfüllen waren.[234] Bei diesem negativen Effekt macht sich bemerkbar, daß für den ökonomischen Erfolg der Umweltpolitik ausschließlich die im Bruttoinlandsprodukt meßbare Güternachfrage maßgeblich ist. Diese liegt trotz der Nachfrage nach Reinigungstechnologien im Durchschnitt etwas niedriger als eine hypothetische Nachfrage, die in vollem Umfang zur Produktion marktfähiger Güter eingesetzt werden würde. Produktionsfaktoren werden durch umweltpolitisch induzierte Maßnahmen nach dieser Sichtweise zumindest partiell für „unproduktive" Aktivitäten eingesetzt. Längerfristig sinkt deswegen die Rentabilität des eingesetzten Kapitals, die Investitionsneigung nimmt ab und das wirtschaftliche Wachstum sinkt. Darüber hinaus können sich sinkende Ausgaben für umweltbedingte Folgeschäden negativ auf das BIP auswirken, falls sie nicht für produktive Investitionen verwendet werden. So führt die Umweltpolitik nach der Methodik der Wachstumsbuchhaltung zu sinkenden Wachstums- und Produktivitätsraten.

Auf der Inputseite wirkt sich die Aggregierung des Zwei-Faktorenmodells negativ auf den Produktivitätsanstieg aus. Ein sinkender Energieeinsatz entwertet den Kapitalstock von Bergwerken und energieintensiven Bereichen. Für die mögliche Wertsteigerung anderer Bereiche müßten differenzierte Bewertungsverfahren erst entwickelt werden. Wird Energie als Substitut für Kapital oder Arbeit im Produktionsprozeß betrachtet, sinkt die Produktivität, weil mehr Arbeit oder Kapital bei sinkendem Energieeinsatz aufgewendet werden müssen, um das gleiche Produktionsergebnis zu erzielen. Sieht man Energie als komplementäre Größe zu Kapital an, reduzieren steigende Energiepreise die Kapitalnachfrage und die Investitionen sinken. Steigende Energiepreise, als deren Folge der Energieeinsatz sinkt, wirken sich nach dem Ansatz der Wachstumsbuchhaltung deshalb negativ auf die Produktivität aus.[235]

Eine sinkende Umweltqualität wirkt sich nach der dargestellten Methode nicht negativ auf die Produktivität aus. Es ist demgegenüber jedoch plausibel, daß die Kapitalproduktivität und die Arbeitsleistungen bei einer Verschlechterung der Umweltqualität zumindest langfristig abnehmen würden. Daraus ableitbare direkte oder indirekte Nutzeneffekte des Umweltschutzes kann die Wachstumsbuchhaltung jedoch kaum erfassen, weil sie eine hypothetische Kostenfunktion zugrunde legen müßte. Sie hat keinen geeigneten analytischen Zugang auf die bereits gestellte Frage, ob und unter welchen Umständen Maßnahmen des Umweltschutzes die Erneuerung des Kapitalstocks beschleunigen können, indem veraltete Anlagen modernisiert, durch neue ersetzt oder zu neuartigen Systemen erweitert werden. Im Energiebereich kann man beispielsweise umweltbelastende Kraftwerke u.a. durch verhältnismäßig saubere Effizienztechnologien einsparen, d.h. es findet eine Substitution zwischen unterschiedlichen Formen des Sachkapitals statt. Umweltschutz kann deshalb mit verbesserter Produktivität verbunden sein. Es sei sogar spekuliert, daß positive Wachstumseffekte erzielt werden, wenn die entsprechenden Investitionen zum Wachstum eines umweltschonenden Kapitalstocks beitragen. Wenn andererseits nach gegenwärtigen Maßstäben „unproduktive“ Dienstleistungen oder Selbstversorgungsaktivitäten zunehmen, dämpft dies die Wachstumsraten.

Der skizzierte Ansatz weist zusammenfassend vier elementare Schwächen auf, wenn der Zusammenhang zwischen Energiepreisen, Umweltpolitik und Produktivität untersucht werden soll:

- auf der Outputseite wird das BIP nicht um entstehende negative externe Kosten korrigiert;
- ein aggregiertes Zwei-Input-Modell kann die Faktoren Energie und Material analytisch nicht sauber darstellen;
- Modernisierungseffekte sind kaum zu erfassen;
- die Veränderung der Umweltqualität wird nicht als Indikator einbezogen.

Für eine Analyse umweltpolitischer Auswirkungen auf die Produktivität greift der Ansatz der Wachstumsbuchhaltung mit dem Grundbaustein einer Cobb-Douglas-Produktionsfunktion deshalb deutlich zu kurz.[236]

10.3 Makroökonomische Produktivitätseffekte auf flexibler Grundlage

Aus der Kritik an der Cobb-Douglas- oder an der ähnlichen CES Produktionsfunktion[237] hat sich eine Klasse flexibel funktionaler Formen entwickelt, von denen transzendent-logarithmische Funktionen zunehmend Verwendung finden. Sie werden abgekürzt als *Translog-Produktionsfunktionen* bezeichnet und sind durch die Eigenschaft definiert, Produktionsfunktionen näherungsweise darstellen zu können, deren Eigenschaften nicht im einzelnen spezifiziert sind. Die Translog-Funktion ist ein Sonderfall der Produktionsfunktionen, da sie deren Eigenschaften lediglich lokal approximiert. Die Produktivitätsmessung wird mittels einer Kosten- statt einer Produktionsfunktion durchgeführt.[238] Dieses Verfahren führt zu Aussagen über mindestens entstehende Produktionskosten bei alternativ vorgegebenen Produktionsmengen. Die Dualität zwischen der Produktions- und der Kostenfunktion kann mittels Shephard´s Lemma[239] beantwortet werden; danach ist die Erhöhung der Kosten, die einer Faktorpreiserhöhung folgt, gleich der jeweiligen Produktionsmenge.

Auf den ersten Blick verspricht die Translog-Funktionen eine Reihe von Vorteilen. Sie bildet reale Kostenverläufe der einzelnen Wirtschaftssubjekte ab und kann mehrere Inputs und Outputs empirisch abbilden. Sie kann den Einfluß umweltpolitischer Maßnahmen auf die Produktivität simultan mit der Produktivitätsentwicklung abschätzen. Da sie von variablen Substitutions- und Skalenelastizitäten ausgeht, bietet sie eine hohe analytische Offenheit. So kann der Frage nachgegangen werden, in welchem Ausmaß die eingesetzten Ressourcen durch Kapital und Arbeit substituiert werden können und welche Entkoppelungspotentiale beschreibbar sind.

In der Umweltökonomie finden Translog-Funktionen zunehmend dort Verwendung, wo die Kosten einer bestimmten Maßnahme oder eines Maßnahmenbündels bekannt sind. Barbera u. McDonnell unterscheiden in ihrer modellgestützten Analyse der Auswirkungen umweltpolitischer Gesetzgebung auf die Produktivität fünf umweltintensiver Industrien in den USA von 1960 bis1980 zwei unterschiedliche Kapitalformen als Inputs: *„produktives"* und *„umweltentlastendes" Kapital.*[240] Ersteres meint Kapital im konventionellen Sinn, letzteres das Kapital für die Umsetzung umweltpolitischer Standards. Die Untersuchung ist aus zwei methodischen Gründen aufschlußreich. Die Autoren kalkulieren eine beschleunigte Modernisierung des Kapitalstocks als indirekte positive Auswirkung der Umweltpolitik und sie gehen davon aus, daß die Industrie eine Minimalkostenkombination entwickelt, um gleichzeitig die Produktionsmenge zu erhöhen und die Umweltbelastungen abzusenken. Beide Annahmen sind realitätsnah und lassen sich verhältnismäßig gut mit einer Translog-Funktion darstellen. Die verwendete Form entspricht einer Zwei-Output Vier-Input Funktion, in der die Produktionsleistung minus der monetär bewerteten Emissionslevel als Output sowie Arbeit, Kapital, Energie und Material als Input eingehen. Im Ergebnis stellen die Autoren fest, daß zwar die betrachteten umweltintensiven Industrien leichte Produktivitätseinbußen hinnehmen mußten. Diese sind jedoch vergleichsweise geringer als in anderen Untersuchungen und können als Erklärung für einen Rückgang zwischen 10 und 30 Prozent der Multifaktorproduktivität dieser Industrien im Untersuchungszeitraum angesehen werden. Insgesamt, so die Autoren, ist dies ein geringfügiger Einfluß, der vor allem durch die unterschiedlichen volkswirtschaftlichen Nutzeneffekte des Umweltschutzes in anderen Bereichen wettgemacht wird.

Translog-Funktionen sind mit methodischen Schwierigkeiten bei der erforderlichen Normierung des Approximierungsverfahren verbunden, weil sehr unterschiedliche Kosten kalkuliert werden müssen. Diese Ungenauigkeiten steigen mit der Betrachtung längerer Zeiträume oder größerer Wirtschaftsräume an. Eine Kalkulation der Zusatzkosten mag für end-of-the-pipe Reinigungstechnologien noch möglich sein; bei integrierten Umwelttechnologien, Effizienztechnologien und

Phasenübergängen treten jedoch schwerwiegende methodische Unsicherheiten auf. Auch die zu analysierenden Zusatzkosten des Klimaschutzes sind kaum zu ermitteln. Anders als die Mehrzahl anderer umweltpolitischer Maßnahmen ist der erforderliche Rückgang des Einsatzes fossiler Energieträger immer auch mit einer Kostenentlastung in den Unternehmen verbunden, so daß die typische Kostenkurve zeitweise im negativen Bereich verläuft und anschließend erst ansteigt. Dies bedeutet, daß eine integrierte Umweltpolitik zumindest in Teilbereichen mit wirtschaftlichen Nutzeneffekten und einer steigenden Produktivität verbunden sein kann. Näheres hängt im wesentlichen von Modellannahmen ab.[241]

Die Translog-Funktion hat zusammenfassend betrachtet einige elementare umweltökonomische Schwächen herkömmlicher Produktionsfunktionen überwunden. Die Ansätze von Jorgenson, Barbera, McDonnell, Repetto u.a. sind innovativ, weil sie Energie und Material auf der Inputseite explizit aufführen und auf der Outputseite eine Korrektur der Wirtschaftsleistungen um negative externe Kosten durchführen. Damit wird umweltökonomischen Erwägungen stärker Rechnung getragen. Die Translog-Funktion stößt jedoch an ihre Grenzen, wenn die Kostenverläufe künftiger Investitionen und die komplexen Impulse umweltpolitischer Maßnahmen abgeschätzt sowie Annahmen über den technischen und sozialen Wandel getroffen werden müssen. Die Unterscheidung zwischen „produktivem“ und „unproduktivem“ Kapital ist aus diesem Grund analytisch unbefriedigend. Wie eine solche Unterscheidung getroffen werden soll, wenn man einen langfristigen Wandel hin zu zukunftsfähigen Wirtschaftsmustern unterstellt, bedarf theoretischer Überlegungen.

10.4 Fazit: Methodische Schwächen führen zu verzerrten Ergebnissen

Die drei vorgestellten methodischen Ansätze führen in unterschiedlicher Weise zu der Aussage, daß die Produktivitätseffekte der Umweltpolitik und steigender Energiepreise gesamtwirtschaftlich negativ sind. Wenn man den Untersuchungsrahmen auf umweltintensive Bereiche beschränkt, grenzt diese Aussage an Trivialität. Umweltintensive Bereiche müssen bei einer Internalisierung von ökologischen

Folgekosten höhere Anpassungsleistungen als durchschnittliche Unternehmen bewältigen. Dieser Prozeß kann durch den Einsatz integrierter Technologien sowie durch eine aktive Umstrukturierung und Diversifizierung zugunsten weniger umweltbelastender Produktionslinien erleichtert werden. Er benötigt jedoch Zeit und setzt günstige Rahmenbedingungen voraus, so daß Beeinträchtigungen der Produktivität umweltintensiver Bereiche kurz- und mittelfristig wahrscheinlich sind.

Die Produktivitätsabschwächung umweltintensiver Bereiche kann gesamtwirtschaftlich durch Erfolge anderer Bereiche zumindest teilweise wettgemacht werden. Allerdings sind die methodischen Meßverfahren bislang unzureichend. Die Zugrundelegung aggregierter Produktionsfunktionen weist für umweltökonomische Modellrechnungen die nachteilige Annahme einer relativ statischen Wirtschaftsstruktur auf und kann Modernisierungseffekte zugunsten eines umweltverträglichen Kapitalstocks kaum erfassen. Die vorliegenden Ansätze haben die Wohlstandsmessung nicht um ökologische Folgekosten korrigiert. Demgegenüber weisen sektoral disaggregierte Ansätze auf der Grundlage einer Translog-Funktion einige Vorzüge bei der Berücksichtigung von Modernisierungseffekten auf. Auch hier werden jedoch traditionelle Aussagen begünstigt, solange die komplexen und langfristigen Strukturwandeleffekte möglicher Steigerungen der Ressourcenproduktivität theoretisch und empirisch nicht ausreichend erforscht sind.

Die Verfeinerung und Weiterentwicklung bestehender methodischer Ansätze hat insgesamt noch nicht zu umweltökonomisch zufriedenstellenden Ergebnissen geführt. Das läßt die Schlußfolgerung zu, daß die analysierten negativen Produktivitätseffekte der Umweltpolitik auf methodologische Mängel bei der Konstruktion der Meßverfahren zurückgeführt werden können. Zu diesem Schluß gelangt auch eine neuere Studie des World Resources Institute; Repetto et al. schreiben:

> „The current methodology leads almost inevitably to the conclusion that environmental protection reduces productivity growth. Though this perception is reinforced by extensive empirical work, it is basically an artefact of the methodology now being used and is not necessarily correct.“[242]

Man kann die neuerdings anzutreffende Unterscheidung zwischen umweltpolitisch induzierten „produktiven“ und „unproduktiven“ Investitionen[243] als Eingeständnis einer methodologischen Verunsicherung bewerten. Nebenbei bemerkt lebt damit die klassische Produktivitätsdebatte (Kapitel 7) wieder auf. Als „produktiv“ gelten solche Investitionen, die den Kapitalstock verjüngen, die die Arbeitsproduktivität erhöhen und die die gesamtwirtschaftliche Nachfrage steigern. Als „unproduktiv" gelten alle Investitionen, die die Umweltsituation verbessern, ohne mit Wachstumseffekten einherzugehen. Diese Unterscheidung setzt die fragwürdige Tradition der Ökonomie fort, den Naturhaushalt als unproduktiv zu betrachten; Kapitel 12 wird demgegenüber seine Produktivität begründen. Darüber hinaus bezieht sich die Unterscheidung auf die konventionelle Meßgröße Bruttoinlandsprodukt pro Arbeitseinheit bzw. pro gewichtetem Faktoreinsatz. Sie berücksichtigt noch keine neueren Arbeiten zu umweltökonomischen Gesamtrechnungen. Bei einer korrigierten Wohlstandsmessung könnten sich alle Investitionen als günstig erweisen, die unmittelbar oder mittelbar zum Schutz des Naturhaushaltes beitragen. Deshalb sollte man ein ökologisch korrigiertes Verfahren der Wohlstandsmessung auch im Zusammenhang mit der Produktivitätsermittlung als hohe Forschungspriorität ansehen. Dies betonen auch Repetto et. al.:

> „It is important to introduce an unbiased measure of productivity that accurately captures the economic impact of environmental protection (...)."[244]

Tab: 6: Günstige Produktivitätseffekte der Umweltpolitik

Günstige Produktivitätseffekte aufgrund einer steigenden Umweltqualität	Günstige Produktivitätseffekte aufgrund eines effizienten Mitteleinsatzes	Günstige Produktivitätseffekte aufgrund einer veränderten Langfristdynamik
Umweltbedingte Krankheiten können reduziert und die Arbeitsfähigkeit verbessert werden.	Bislang für Reparaturmaßnahmen gebundene Mittel können für Vorsorgeinvestitionen eingesetzt werden.	Veränderte Präferenzen und ein Wertewandel beleben die Nachfrage zugunsten umweltverträglicher Güter.
In naturnahen und auf Sauberkeit angewiesenen Bereichen erhöht sich die Produktivität.	Rationalisierungsinvestitionen in die Faktoren Energie und Material führen zu sinkenden laufenden Kosten und zu einem umweltschonenden technischen Fortschritt.	Ein reduzierter Einsatz von Energie und Material kann über Substitutionseffekte zu positiven Beschäftigungswirkungen führen.
Eine wirksame Politik zum Schutz des Naturhaushalts beugt einer Produktivitätsabschwächung aufgrund der verschlechterten Umweltsituation vor.	Über Recycling und ein intelligentes Stoffstrommanagement können Rohstoffe wiedergewonnen und die Lebensdauer von Materialien verlängert werden.	Langfristig gesehen kann ein umweltschonender Kapitalstock aufgebaut werden.
Ausweichkosten für Reinigung, Gesundheit, Sicherheit etc. entfallen.		

Quelle: Eigene Zusammenstellung.

Bei den anstehenden Forschungsarbeiten zur Behebung methodischer Mängel des Meßverfahrens müßten die beschriebenen positiven Produktivitätseffekte der Umweltpolitik integriert werden. Sie sind teils auf eine verbesserte Umweltqualität zurückzuführen, teils auf einen effizienten Mitteleinsatz und teils auf eine veränderte Langfristdynamik. Ihre Integration müßte demzufolge über veränderte Meßgrößen der Wertschöpfung, über eine möglichst flexible und dynamische Produktionsfunktion sowie über einen verlängerten Betrachtungszeitraum erfolgen.

Die methodisch komplexen Forschungsarbeiten über Meßverfahren sind theoretisch anspruchsvoll und führen zu weitergehenden Fragen über die Integration des technischen, ökonomischen und sozialen Wandels in die Wirtschaftswissenschaft.[245] Die naheliegende Vereinfachung „Umweltschutz ist produktiv, weil er einem öffentlichen Interesse dient" gibt daher eher eine Suchrichtung an,[246] um die gegebene Naturferne der Produktivität zu überwinden und um Forschungsarbeiten zu einer zukunftsfähigen Langfristdynamik zu vertiefen.

11. Schlußfolgerungen zum heutigen Produktivitätsverständnis

Produktivität erfüllt bislang im wesentlichen die Funktion, Motor des wirtschaftlichen Wachstums zu sein (Kapitel 6). Die wissenschaftliche Diskussion hat in ihrem Verlauf einige methodische Defizite der Produktivitätsermittlung herausgearbeitet, die zu punktuellen Erweiterungen, aber nicht zu einer Revision ihrer theoretischen Konstruktion geführt hat: Produktivitätsanalysen basieren auf der neoklassischen Wachstumstheorie mit dem Grundbaustein einer aggregierten Cobb-Douglas-Produktionsfunktion. Ihre Stärke liegt in der Erfassung einer wirtschaftlichen Dynamik, die vom Wachstum der industriellen Produktion getragen wird. Weil sich die reale Wirtschaft mittlerweile stärker ausdifferenziert und weil die Probleme von Arbeitslosigkeit und Umweltzerstörung politisch dringlich sind, droht das Produktivitätskonzept zu veralten. Die Leistungsschwächen lassen sich für die vorliegende Arbeit wie folgt zusammenfassen:

- Die gegenwärtige Produktivitätsmessung führt unweigerlich zu dem Ergebnis, Umweltschutz belaste die Produktivität. Die geplante Korrektur des BIP zu einer umweltökonomischen Gesamtrechnung kann die Produktivitätsermittlung diesbezüglich erweitern.
- Der Grundbaustein der Cobb-Douglas-Produktionsfunktion ist zu unflexibel, um einen Strukturwandel zugunsten umweltschonender Produktionslinien zu erfassen.
- Die spezifische Dynamik der Produktivitätsentwicklung rationalisiert den Faktor Arbeit und trägt zur Arbeitslosigkeit bei. Die anhaltend hohe Arbeitslosigkeit übt einen Wachstumsdruck aus, der aus umweltökonomischer Sicht bedenklich sein kann.
- Zur Produktivität öffentlicher Dienstleistungen müßten differenziertere Bewertungsverfahren der Leistungserstellung und -nachfrage entwickelt werden.

- Zur Interaktion zwischen sozio-kulturellen und ökonomischen Faktoren herrscht Forschungsbedarf.

Insgesamt ist das herkömmliche Produktivitätsverständnis nicht mehr zeitgemäß und für umweltökonomische Arbeiten kaum brauchbar. Die naheliegende Alternative einer um den Faktor Ressourcen erweiterten Cobb-Douglas-Produktionsfunktion ist aus theoretischen und methodischen Gründen unzulänglich. Auf diese Weise könnte man zwar den Faktor separat ausweisen, dessen Einsatz aus umweltökonomischer Sicht in den nächsten Jahren deutlich reduziert werden soll. Die oben genannten Einwände sind damit jedoch nicht entkräftet. Darüber hinaus sind die impliziten Eigenschaften der Cobb-Douglas-Produktionsfunktion zu statisch, um mögliche dynamische Prozesse steigender Skalenerträge und einer hohen Substitutionselastizität zu erfassen. Ohne vorhergehende theoretische und empirische Analysen wäre eine Festlegung auf bestimmte formale Eigenschaften verfrüht und methodologisch bedenklich. Ein Modell der Ressourcenproduktivität müßte mit anfechtbar hohen Annahmen zur exogen vorgegebenen Rate des technischen Fortschritts operieren. Die Nutzung von Modellen auf der Basis einer erweiterten Cobb-Douglas-Produktionsfunktion[247] ist deshalb eher ein Einstieg, um anspruchsvollere Arbeiten durchzuführen.

11.1 Eine Korrektur des Meßverfahrens

Ein künftiges Meßverfahren zur makroökonomischen Produktivitätsermittlung sollte zumindest ein um Umweltbelange korrigiertes Bruttoinlandsprodukts (BIP) berücksichtigen. Ein entsprechender Indikator ist der sogenannte Genuine Progress Indicator (GPI).[248] Der 1989 erstmalig vorgestellte Index korrigiert die Angaben des BIP, indem er Additionen und Subtraktionen ergänzt. Eine relevante Addition bildet z.B. der in Marktpreisen gerechnete Wert der Hausarbeit. Relevante Subtraktionen umfassen z.B. defensive Ausgaben im Gesundheitsbereich, für Verkehrsunfälle (Sachschäden) und bestimmte Kosten der Umweltverschmutzung. In allen Bereichen werden nur die getätigten Ausgaben erfaßt, also keine hypothetischen Kosten über eine Zahlungsbereitschaftsanalyse o.ä. ermittelt.

Trotz seiner methodischen Vorläufigkeit zeigt der GPI, daß geltende wirtschaftliche Erfolgsindikatoren nicht mehr aussagefähig genug sind. Seit 1993 liegt seitens der Vereinten Nationen ein erster Entwurf für ein korrigiertes BIP vor, und das Statistische Bundesamt hat 1996 erstmalig einen Entwurf *Umweltökonomischer Gesamtrechnungen* vorgestellt.[249] Einige umweltökonomische Ansätze des GPI werden darin aufgegriffen. In der neuen volkswirtschaftlichen Gesamtrechnung wird der Abbau natürlicher Ressourcen als Kapitalverbrauch oder Abschreibung erfaßt und als ökologisch korrigiertes Nettoinlandsprodukt dargestellt. Zusätzlich werden Konten ausgewiesen, die das produzierte und das nicht-produzierte Naturvermögen physisch abschätzen.[250] Auf diese Weise können auftretende Schäden am Naturhaushalt im nachhinein mit einigen methodischen Einschränkungen erfaßt werden.

Um vorsorgeorientierte Aktivitäten zu erfassen, beschäftigen sich die laufenden Forschungsarbeiten vor allem mit dem Ansatz der sog. *Vermeidungskosten.* Dieser Ansatz soll einen analytisch-methodischen Rahmen bilden, der potentielle Schadenswirkungen auf andere Länder, auf globale Umweltgüter und hinsichtlich künftiger Generationen mit kostengünstigen Handlungsmöglichkeiten zu ihrer Vermeidung vergleicht.251 Mit dieser Ambition reicht der Ansatz der Vermeidungskosten weit über die Methodik einer Wohlstandsmessung hinaus. Im Grunde wird Forschungsbedarf zum ökonomischen und sozialen Wandel, zur Richtung des technischen Fortschritts und zu Steuerungsmöglichkeiten ökonomisch-technisch geprägter Systeme demonstriert, der weit über statistisch-methodische Arbeiten hinausreicht. Dies bestätigen auch die vorgebrachten Einwände gegen das Konzept der optimalen Umweltbelastung (Kapitel 4.1.4.), das im Zusammenhang mit Vermeidungskosten Verwendung findet.

Ein um Umweltbelange korrigiertes BIP sollte jedenfalls künftig den Zähler der Produktivitätsermittlung bilden. Auf der Unternehmensebene könnten entsprechende Schattenpreise eingesetzt werden. Als Nenner einer bereinigten Meßgröße sollten die spezifischen Meßgrößen für Arbeit, Kapital und Ressourcen vorerst getrennt ermittelt werden. Für die Ressourcenproduktivität wird die Zugrundelegung des aggregierten Ressourceneinsatzes vorgeschlagen (Kapitel 4, 12), die weiter disaggregierbar ist. Insofern scheinen die Meßprobleme mit einigen Vorbehalten pragmatisch lösbar zu sein, und Ressourcenproduktivität kann als praxisrelevante umweltökonomische Meßgröße gelten.

Für die Ermittlung der gesamtwirtschaftlichen Arbeitsproduktivität ist eine statistische Berücksichtigung der Arbeitslosigkeit anzustreben, die über die Größe „*Erwerbspersonen*" im Nenner zum Ausdruck gebracht kann.[252] Diese Meßgröße setzt sich aus der Zahl der Beschäftigten plus der Zahl der Erwerbslosen mit Wohnsitz im jeweiligen Land zusammen. Bei hoher Arbeitslosigkeit wäre die gesamtwirtschaftliche Produktivität statistisch vergleichsweise niedriger als bei Zugrundelegung der Beschäftigtenzahlen. Sicherlich ergeben sich Ungenauigkeiten, wenn man die „stille Reserve"[253] derjenigen Personen abschätzen will, die als Arbeitsmarktreserve gelten, jedoch in der amtlich ausgewiesenen Arbeitslosenzahl nicht enthalten sind. Als weitere Schwäche könnte man ansehen, daß nicht die tatsächlich Erwerbstätigen, sondern eine Potentialgröße zugrunde gelegt und somit der arbeitssparende technische Fortschritt nicht als wirtschaftlicher Erfolg ausgewiesen wird. Dem läßt sich entgegenhalten, daß auch die mikroökonomische Produktivität als Potentialgröße alle Beschäftigtenstunden unabhängig von ihrer tatsächlichen Auslastung erfaßt und daß ein Anstieg der Arbeitsproduktivität mit sozialen Kosten einhergeht, die gegenwärtig verschleiert werden. Produktivität bildet immer auch die Leistungs*fähigkeit* eines Landes ab, für die das Arbeitskräftepotential eine grundlegende Größe ist. So kann insgesamt betrachtet die Größe bereinigtes BIP pro Erwerbspersonen bei der Ermittlung der Arbeitsproduktivität durchaus als Annäherung an ein Meßverfahren gelten, das wirtschaftpolitische Fehldeutungen des vorhandenen Konzepts korrigiert.

11.2 Auf der Suche nach einer zukunftsfähigen Innovationsdynamik

Das Produktivitätskonzept ist auf das Wachstum der industriellen Produktion ausgerichtet. Das gilt als seine ökonomische Stärke, weil dieser Prozeß über Jahrzehnte hinweg Wohlstand und Lebensqualität gesteigert hat. Allerdings ist der Zusammenhang zwischen Produktivität, Wachstum und Wohlstand brüchig geworden. Es mag daher zwar sein, daß die Arbeitsproduktivität in den nächsten Jahren weltweit wieder in eine Boomphase eintritt. Das Zeitalter der Arbeitsproduktivität neigt sich folglich nicht seinem Ende zu. Nur: ob dadurch drängende Probleme von Arbeitslosigkeit, Umweltzerstörung und sozio-kultureller Desintegration behoben werden können, kann als äußerst zweifelhaft gelten. Der Glanz der herkömmlichen Innovationsdynamik verblaßt.

Es ist überdies fraglich, ob die Wirkungsmechanismen dieser Dynamik auch für einen zukünftig möglichen Anstieg der Ressourcenproduktivität charakteristisch sein werden. Denn für die Wachstumsdynamik sind Faktoreinsatzmengen und technischer Fortschritt Mittel zum Zweck, und Wachstumsprozesse sind im allgemeinen mit einer steigenden Faktoreinsatzmenge, mithin mit steigendem Energie- und Materialeinsatz verbunden. Deshalb ist aus umweltökonomischer Sicht hervorzuheben, daß die Mengen der eingesetzten Ressourcen abgesenkt werden sollen, und zwar nicht allein relativ zum Produktionsergebnis, sondern auch absolut.[254] Ein Anstieg der Ressourcenproduktivität wird statistisch auch erzielt, wenn die Menge der eingesetzten Ressourcen nur geringfügig, das Produktionsergebnis aber deutlich stärker ansteigt. Ein „Faktor Vier" kann beispielsweise eine Verachtfachung des Produktionsergebnisses bei einer Verdoppelung des Ressourceneinsatzes bedeuten. Relative Steigerungen der spezifischen Ressourcenproduktivität sind folglich von absoluten Mengenreduktionen zu unterscheiden.[255] Erstere sind als Entkoppelung und einleitende Schritte einer Produktionsumstellung notwendig, aber mittel- und langfristig aus umweltwissenschaftlicher Sicht nicht ausreichend. Idealtypisch können vier Varianten einer steigenden Ressourcenproduktivität unterschieden werden, von denen Variante (3) die attraktivste ist:

Tab. 7: Vier Varianten einer steigenden Ressourcenproduktivität

Variante 1)	$0 < R_i < P_e$	Steigende Inputs, stärker steigendes Produktionsergebnis
Variante 2)	$R_i = 0 < P_e$	Stagnierende Inputs, steigendes Produktionsergebnis
Variante 3)	$R_i < 0 < P_e$	Sinkende Inputs, steigendes Produktionsergebnis
Variante 4)	$R_i < P_e < 0$	Stark sinkende Inputs, leicht absinkendes Produktionsergebnis

Wobei R_i = veränderte Ressourceninputs, P_e = verändertes Produktionsergebnis.

Quelle: Eigene Zusammenstellung.

Die Analogie zwischen Arbeits- und Ressourcenproduktivität ist somit nur bedingt tauglich, da der historische Produktivitätsanstieg lediglich in geringem Umfang aufgrund eines absinkenden Arbeitsvolumens und überwiegend aufgrund von Wachstumsprozessen zustande gekommen ist. Produktivität muß daher gewissermaßen umgepolt werden, um für den angestrebten Anstieg der Ressourcenproduktivität zielführend zu werden. Das ist eine Herausforderung an die ökonomische Theorie: Sie hätte künftig weniger die Bedingungen für das Zustandekommen höherer Wachstumsraten mit leicht variierender Faktorausstattung zu analysieren als vielmehr Überlegungen über eine Innovationsdynamik anzustellen, die sich auf eine absolute Mengenreduktion des Faktors Ressourcen bezieht. Auf der Forschungsagenda steht eine Richtungsänderung des technischen Fortschritts hin zu einer zukunftsfähigen Innovationsdynamik, in der wirtschaftliche Entwicklung aktiv mit Umweltentlastung einhergeht und möglicherweise über einen Anstieg des Arbeitsvolumens positive Beschäftigungseffekte erzielbar sind. Produktivitätssteigerungen, mit deren Hilfe eine absolute Faktorreduktion angestrebt wird, erfordern daher eine Auseinandersetzung mit dem Methodenpotential der Wachstums- und Innovationstheorien. Darüber hinaus sind analytische Neuorientierungen zu begründen, die die gegebene Naturferne der Produktivität überwinden.

D. Grundlagen für ein neues Produktivitätsverständnis

Die Abschnitte B und C der vorliegenden Arbeit haben einige Schwächen des heutigen Produktivitätsverständnisses gezeigt. Da die Ressourcenproduktivität nicht nahtlos in ein bewährtes Konzept einbezogen werden kann, ist eine Erweiterung des Meßverfahrens und seiner theoretischen Basis anzustreben. Diese Erweiterung geht über die Addition eines zusätzlichen Faktors hinaus. Da zumindest einige Wirkungsfaktoren und Mechanismen der realen Produktivitätsentwicklung zu erheblichen Folgekosten führen, handelt es sich um eine Neuausrichtung, für die theoretische Grundlagen zu erarbeiten sind. Produktivität würde ihre Funktion behalten, Motor der wirtschaftlichen Entwicklung zu sein, jedoch stärker als bisher auf eine Reduktion des Ressourceneinsatzes ausgerichtet sein.

Die theoretische Durchdringung einer solchen Innovationsdynamik ist ein weitgehend neues Forschungsgebiet. Die vorliegende Arbeit entwickelt erste Grundlagen und untersucht als notwendigen Einstieg die Produktivität des Naturhaushalts. Dabei wird argumentiert, daß Ressourcen künftig als Teil des volkswirtschaftlichen Faktorsystems anzusehen sind. Nach diesem methodischen Schritt werden die Wachstumstheorien darauf hin untersucht, welche Zusammenhänge sie zwischen Faktoreinsatz, technischem Fortschritt und wirtschaftlichen Leistungen konstatieren. Zu diesem Zweck werden sie als Fragenheuristik über Entwicklungsprozesse interpretiert, deren Gegenstand die Analyse von Wirkungszusammenhängen zwischen Faktormengen und wirtschaftlichen Leistungen im Zeitverlauf ist. Die Auseinandersetzung mit den Wachstumstheorien führt zu weitergehenden Fragen nach der Genese des technischen Fortschritts, für die gängige Erklärungsansätze dargestellt werden. Anschließend werden auf dieser Basis Überlegungen angestellt, inwieweit eine Richtungsänderung des technischen Fortschritts zugunsten von Umwelt und Beschäftigung möglich ist.

12. Ein Zugang zur Produktivität des Naturhaushalts

Das folgende Kapitel beschäftigt sich mit der Produktivität des Naturhaushalts und der Funktion von Ressourcen in einer Ökonomie der Ressourcenproduktivität. Zu untersuchen ist, ob der Naturhaushalt Wert produziert und inwieweit Ressourcen zugleich Umweltbelastungsindikator und Produktionsfaktor sein können.

12.1 Die Wertproduktion des Naturhaushalts

Die Frage der Wertproduktion ist theoretisch anspruchsvoll und in der Umweltökonomie bislang wenig behandelt worden. Sie stellt sich, da das Faktorsystem alle wesentlichen Faktoren erfassen soll, die zur Wertschöpfung beitragen. Daher ist ein theoretischer Nachweis anzustreben, daß der Naturhaushalt Wert produziert und daß der Indikator Ressourcenentnahme in diesem Zusammenhang hilfreich ist.[256] Zu diesem Zweck wird hier auf die analytische Unterscheidung zwischen dem öffentlichen Gut „Naturhaushalt" und dem Belastungsindikator „Ressourcenentnahme" zurückgegriffen.

Bis zum Entstehen der Umweltökonomie hat die Ökonomie den Wert der Natur unterschätzt. Dies hing im wesentlichen mit der Fehleinschätzung zusammen, die Natur stehe als öffentliches Gut stets in ausreichender Menge, unzerstörbar und frei oder zu niedrigen Kosten zur Verfügung. Am traditionellen ökonomischen Wertschöpfungsvorgang ist die Natur daher praktisch nicht beteiligt; sie gilt nicht als produktiv (Kapitel 6 + 7). Dies wird in den Wachstumstheorien deutlich, nach denen sich Wachstum aus den Faktoren Arbeit und Kapital sowie dem technischen Fortschritt ergibt. Hans Immler spricht in diesem Zusammenhang von dem gespaltenen

> „Grundcharakter der modernen Industriegesellschaften und ihrer Ökonomie: daß sie die Quellen ihrer Produktivität maßlos ausschöpfen, aber nicht die Quellen, sondern

das Schöpfgerät als produktiv ansehen; daß sie in unübertroffener Abhängigkeit von der Natur existieren, aber sich in vollkommener Unabhängigkeit von ihr wähnen; daß sie die Überwindung der Natur als gesellschaftlichen Erfolg definieren, ohne zu merken, daß dieser Erfolg zum physischen Schaden wird."[257]

Die Umweltökonomie hat dieses theoretische Defizit über den Ansatz der Internalisierung externer Kosten vor allem auf der instrumentellen Seite korrigiert. In der Theorie ist jedoch noch nicht hinreichend klar herausgearbeitet, ob und in welcher Weise die Natur Wert produziert. Dies ist eine andere Frage als diejenige nach einer Bewertung von Umweltschäden, für die es in der Umweltökonomie zufriedenstellende Arbeiten gibt. Produziert die Natur Wert? Nach der klassischen Produktivitätsdebatte und den etablierten Wert- und Preistheorien ist dies nicht bzw. nur in geringem Umfang der Fall, da der Wertschöpfungsanteil der Faktoren Kapital und Arbeit wesentlich höher anzusetzen ist. Diese Theorien sind allerdings aufgrund ihrer Annahme, die Natur stehe im wesentlichen als freies Gut zur Verfügung, fragwürdig. Produziert die Natur also mehr Wert, als in den Wert- und Preistheorien angenommen wird? Eine weitreichende Gegenposition nimmt vor allem Immler ein, nach dessen Argumentation die Natur *alle* ökonomischen Werte einschließlich der menschlichen Natur und ihrer Arbeitskraft erzeugt.[258] Er begründet dies mit

a) der Existenz lebensnotwendiger Ökosysteme,
b) der physischen Herkunft von Stoffen und Produkten („natura naturans"),
c) der Nutzbarkeit und Veränderlichkeit der Natur („natura naturata"),
d) der Herkunft des Menschen, seiner Gesellschaften und Wirtschaftssysteme aus der Natur.

Immler weist auf die Herkunft seiner These einer allein werterzeugenden Natur aus physiokratischen Gedanken hin, distanziert sich aber von ihrer zentralen Aussagen über die alleinige Produktivität der Landwirtschaft. Immler betrachtet menschliche Arbeitskraft selber als Naturprodukt und wendet gegen die Physiokraten ein, daß sie sich zu einseitig auf die äußere Natur beziehen. Für ihn betreiben deshalb Landwirtschaft und die moderne Industrie eine Umformung von Stoffen und Prozessen innerhalb der umfassenden Naturproduktivität, eine „Naturproduktion auf hohem technologischen Niveau".[259]

Die Argumentation von Immler ist vor allem in den Teilen nachvollziehbar, in denen er die Wertschöpfung durch die Natur herausarbeitet. Sie findet sich in der umweltökonomischen Zielsetzung eines Schutzes des Naturhaushalts unabhängig vom Wert des produzierten Sachkapitals wieder (Kapitel 2). Zu ergänzen wäre die besondere Bedeutung der Sonnenenergie, die als exogener Faktor die Phytosyntheseproduktion bewirkt. Von Bedeutung ist die Frage, ob der Natur quasi ein neophysiokratisches Produktivitätsmonopol eingeräumt werden soll oder ob eine solche Position die Vielfalt genuin menschlicher Kreativitätspotentiale unterschätzt. Genauer gesagt geht es dabei um den Unterschied zwischen Herkunft und physischer Abhängigkeit des Menschen einerseits und andererseits um seine Handlungsmöglichkeiten.

Es ist umweltökonomisch zwar naheliegend, die Produktion stärker als bisher an natürlichen Prozessen zu orientieren, aber es ist keineswegs zwingend, sie auf eine intelligente Kopie von Naturvorgängen einzuschränken. Lernprozesse und Wissensanwendung finden in vielen Bereichen statt, für die es in der Natur keine Vorbilder gibt und deren Inspiration aus der Natur praktisch nicht erklärbar ist.[260] Produktionsprozesse oder neue Werkstoffe können mit einem Minimum an Eingriffen in den Naturhaushalt verbunden sein, ohne sich ausdrücklich an natürlichen Prozessen zu orientieren. Des weiteren können über spezielle Organisationsformen und Verfahren wie etwa produktionsnahe Dienstleistungen, Logistiksysteme, eine intelligente Kuppelproduktion, Unternehmensnetzwerke und neuartige Nutzungsformen Entlastungen der Natur erzielt werden, für die in der Natur keine Anhaltspunkte vorhanden sind.[261] Weil sich dies so verhält, produziert auch die menschliche Lernfähigkeit Werte. *Arbeit und Umwelt* sind die Quellen der Wertschöpfung. Im Hinblick auf das volkswirtschaftliche Faktorsystem läßt sich daraus ableiten, Ressourcen und Arbeit bzw. Lernfähigkeit als originäre Produktionsfaktoren zu betrachten und Kapital als abgeleiteten Produktionsfaktor.

Die produzierten Werte sind unterschiedlich. Der Naturhaushalt produziert ausschließlich physische Werte wie nicht-erneuerbare und erneuerbare Ressourcen, Pflanzen, Tiere, Ökosysteme und Landschaften. Er erhält bestimmte Strukturen und Funktionen aufrecht. Die Wertproduktion des Naturhaushalts haben Robert Costanza u.a. kürzlich auf die astronomisch hohe Summe von etwa 33 Billionen $ (10^{12}) beziffert, d.h. auf etwa den doppelten Wert des Weltsozialprodukts.[262] Unabhängig von methodischen Zweifeln an solchen Monetarisierungsansätzen ist die Einsicht wichtig, daß die Natur physischen Wert erzeugt. Über den Einsatz von Kapital und Arbeit können auf dieser Grundlage monetäre Werte erzeugt werden. Physische und monetäre Werte sind nicht identisch. Die monetäre Wertschöpfung beruht allerdings teils direkt und teils indirekt auf der Leistungsfähigkeit des

Naturhaushalts. Die monetäre Wertschöpfung muß künftig stärker als bisher mit ihren physischen Grundlagen verknüpft sein, um den tautologischen Fehlschluß der Neoklassik zu überwinden (Kapitel 7.). Der hier dargelegte Weg besteht nicht in der Ermittlung von Schätzwerten für das Naturkapital, sondern in den Schritten

- Anerkennung der physischen Wertproduktion durch den Naturhaushalt,
- Erfassung ihres Beitrags zur monetären Wertproduktion über die Integration des Umweltbelastungsindikators „Ressourcenentnahme" in das volkswirtschaftliche Faktorsystem (s.u.),
- Entlohnung des Naturhaushalts als produktiver Faktor (Kapitel 15.1.).

12.2 Von der Produktivität des Naturhaushalts zur Ressourcenproduktivität

Wenn der Naturhaushalt als produktiv anerkannt wird, kann man die Ableitung eines Faktors anstreben. Als Produktionsfaktoren bezeichnet man alle Einsatzgüter, die zur Produktion erforderlich sind. Seit Say ist in der Volkswirtschaftslehre eine Einteilung gebräuchlich, nach der die Faktorkategorien Arbeit, Kapital und Boden unterschieden werden. Aus dieser Einteilung resultiert in der Mehrzahl der makroökonomischen Produktionsfunktionen, die u.a. über die neoklassische Wachstumstheorie Eingang in die Modellbildung fanden, mehrheitlich die Verkürzung auf die beiden Faktoren Kapital und Arbeit. Im Unterschied dazu unterscheidet die Betriebswirtschaftslehre die Faktorkategorien Arbeit, Kapital, Material und Energie.[263] Es stellt sich daher die Frage, welche Faktorkategorien für ein Modell der Ressourcenproduktivität gelten sollen. Hier wird die These vertreten, daß die in der Betriebswirtschaftslehre etablierten Faktorkategorien eine brauchbare Ausgangsposition für weitergehende Analysen darstellen. Sie sind in der Makroökonomie u.a. auch von Lawrence Klein[264] vorgeschlagen worden und werden in ökonometrischen Produktivitätsanalysen u.a. von Dale Jorgenson[265] verwendet. Es handelt sich folglich nicht um einen genuin neuen Ansatz, sondern um eine Überprüfung vorliegender Einzelauffassungen, die sich aus verschiedenen Gründen noch nicht mehrheitlich etablieren konnten. Über ein derartiges Faktorsystem kann auch ein Beitrag zu einer besseren mikroökonomischen Fundierung der makroökonomischen Theorie erzielt werden.

Der in der Volkswirtschaftslehre überwiegend verwendete Faktor Boden ist aus umweltökonomischer Sicht unscharf. Gemeint sein können

- die für wirtschaftliche Produktionszwecke in Anspruch genommene Fläche für Land- und Forstwirtschaft, Siedlungszwecke oder gewerbliche Nutzung, sowie etwas weiter gefaßt
- die Bodenrente, die aus landwirtschaftlichen Eigentumsverhältnissen resultiert,
- die Menge der dem Boden entnommenen Energieträger und Rohstoffe,
- die Böden als Aufnahmemedium für Abfälle und Schadstoffe.

Ein Produktionsfaktor Boden ist aus umweltökonomischer Sicht mit ähnlichen methodischen Schwierigkeiten wie ein möglicher Produktionsfaktor Umwelt bzw. „Naturkapital" verbunden, nämlich nicht klar auszudrücken, was genau in welcher Menge in der Produktion Verwendung findet.[266] Die vorliegende Arbeit baut demgegenüber auf dem in Kapitel 3 eingeführten dualen Indikatorenmodell auf und leitet daraus weiterführende Schritte ab. Sie betrachtet den Naturhaushalt als öffentliches Gut, dessen Selbststeuerungsmechanismen aufrechterhalten werden sollen. Zu diesem Zweck bedarf es zweier Typen von Indikatoren: Qualitätsindikatoren beschreiben Veränderungen des Zustandes der natürlichen Umwelt, Belastungsindikatoren solche wirtschaftliche Aktivitäten, die die Umwelt belasten. Aus ökonomischer Sicht sind daher die Belastungsindikatoren von primärem Interesse. Hier können nach dem dualen Indikatorenmodell spezifische Indikatoren zur Gefahrenabwehr von Indikatoren zur Gefahrenvermeidung unterschieden werden, die sich an der Entnahme von Energieträgern und Material orientieren und zu einer Größe „Ressourcen" aggregiert werden können. Die Ressourcenentnahme kann neben spezifischen Indikatoren als grober, aber verhältnismäßig richtungssicherer Ausdruck für Umweltbelastungen angesehen werden.

Das Verhältnis zwischen Ressourcenentnahme und Naturhaushalt ist in seinen Grundzügen recht einfach beschreibbar: Je geringer die Ressourcenentnahme, desto geringer die Eingriffe in den Naturhaushalt. Aus ökonomischer Sicht erfüllen Energieträger und Material damit eine Doppelfunktion; sie sind Umweltbelastungsindikator und Produktionsfaktor zugleich. Soweit die Input-Funktion gemeint ist, gibt das betriebswirtschaftliche Faktorsystem damit eine brauchbare Grundlage für umweltökonomische Betrachtungen ab. Allerdings ist hinzuzufügen, daß ein Anstieg der Ressourcenproduktivität in Verbindung mit einem gezielten Rückgang der Ressourcenentnahme realisiert wird, und sich optimale

Abbauraten und betriebliche Kostenminimierungsstrategien daran orientieren sollten.

Die vor allem in der neoklassischen Ökonomie bislang überwiegend verwendete Alternative zu einem eigenständigen Produktionsfaktor Ressourcen ist die Integration der Sachwerte von Bergwerken etc. sowie die Einbeziehung von Schätzwerten für das Naturkapital in den Produktionsfaktor Kapital. Eine derartige Zuordnung ist auch für den Faktor Boden üblich, da er auch als Sachkapital erfaßt werden kann. Allerdings sind die bereits in Kapitel 2 genannten Einwände gegen eine Zuordnung von Ressourcen bzw. dem Naturkapital zum Produktionsfaktor Kapital auch in diesem Zusammenhang stichhaltig. Die Zuordnung ermöglicht eine Substitution von Naturgütern durch Kapitalgüter innerhalb des Kapitalstocks. Sie stellt einen risikoreichen Anreiz zur Naturübernutzung mit möglicherweise irreversiblen Folgen dar. Würden Ressourcen unter den Produktionsfaktor Kapital subsumiert, könnte darüber hinaus die angestrebte Reduktion der Ressourcenentnahme in den nächsten Jahrzehnten steuerungssystematisch kaum erfaßt werden. Daher gibt es zu einer eigenständigen Erfassung von Energie und Material als Ressourcen in das Faktorsystem der Volkswirtschaftslehre keine überzeugende Alternative.

12.3 Die Aggregierbarkeit von Ressourcen

Die Messung des Mengeneinsatzes von Produktionsfaktoren ist stets mit methodischen Schwierigkeiten der Aggregierung verbunden. Auf einige typische Probleme bei der Messung des Einsatzes von Arbeit und Kapital wurde bereits hingewiesen. Das bislang wohl durchdachteste Konzept zu einer Aggregierung von Ressourcen bildet das erwähnte MIPS-Konzept. Methodisch besteht es aus einer Aufaddierung des Ressourceneinsatzes in Tonnen einschließlich der „ökologischen Rucksäcke", d.h. der umgewälzten, aber wirtschaftlich nicht verwerteten Rohstoffmengen in Form von Abfällen bei der Rohförderung, Bodenaushub und Erosion. Wesentliche methodische Fragen im Hinblick auf ein Faktorsystem lauten:

- Welche Ressourcen werden erfaßt?
- Wie werden die ökologischen Rucksäcke erfaßt?
- Wie wird die Außenhandelsbilanz erfaßt?

Verhältnismäßig einfach sind Antworten im Bereich der Erfassung von Ressourcen. Bislang unterscheidet das MIPS-Konzept die Kategorien Material und Wasser. Die Flächennutzung wird über die genutzten Km^2 separat erfaßt. Diskussionsbedürftig ist die Erfassung der Energieträger. Nach dem MIPS-Konzept werden sie in Tonnen gemessen und zu den anderen Materialien hinzuaddiert. Für ihre separate Erfassung nach der etablierten Meßeinheit Joule sprechen aber die in Kapitel 3 dargelegten physikalischen, umweltökonomischen und statistischen Gründe, so daß einige neuere Publikationen Energie und Material getrennt erfassen.[267] Dieser Ansatz wird auch in der vorliegenden Arbeit vertreten.

Ein denkbarer Einwand betrifft die „Nichtaggregierbarkeit" unterschiedlicher Materialien. Sollen mengen- und wertmäßig unterschiedlich relevante Materialien wie beispielsweise Gold und Sand, sollen erneuerbare und nicht-erneuerbare Stoffe, sollen toxische und risikoarme Stoffe in der gleichen Einheit erfaßt werden? Die Antwort fällt je nach Verwendungszweck unterschiedlich aus. Für eine makroökonomische Aggregierung sind Vereinfachungen unabdingbar. Sie sollten durch differenziertere Methoden vor allem auf der Mikro- und Meso-Ebene ergänzt und fundiert werden. In komplexen ökonometrischen Modellen kann man mit einer größeren Anzahl erfaßter Inputfaktoren operieren. Im übrigen werden in einfachen Modellen auch die Arbeitsstunden qualifizierter und unqualifizierter Arbeitskräfte ohne weitere Differenzierung erfaßt. Neben der Differenzierung zwischen Energieträgern und Material sollte aus umweltökonomischer Sicht zumindest eine weitere Differenzierung zwischen erneuerbaren und nicht-erneuerbaren Stoffen vorgenommen werden.

Die vorliegenden Zahlen zum Ressourcenumsatz in Volkswirtschaften entkräften einen weiteren denkbaren Einwand. Er lautet: Warum sollte ein Produktionsfaktor separat erfaßt werden, dessen Einsatz in den nächsten Jahrzehnten ohnehin deutlich zurückgehen soll? Die Antwort lautet, daß eine separate Erfassung gerade wegen des angestrebten Rückgangs erforderlich ist. Die Zahlen zeigen darüber hinaus, daß der Ressourcenumsatz sogar nach einem erheblichen Rückgang mengenmäßig beachtlich bleiben wird. Der jährliche Ressourcenverbrauch liegt in Deutschland gegenwärtig bei etwa 5.800 Mrd. Kg.[268] Im Vergleich dazu beträgt das jährlich in Deutschland geleistete Arbeitsvolumen knapp 40 Mrd. Stunden,[269] so daß die gegenwärtige rechnerische Mengenrelation (wenn man diesen Vergleich zuläßt) zwischen Ressourcenumsatz (Kg) und Arbeitsvolumen (h) bei etwa 145 : 1 liegt.

Methodisch zeigen die Bereiche einer Erfassung der ökologischen Rucksäcke und der Außenhandelsbilanz auf absehbare Zeit noch ausreichenden Forschungsbedarf. Um bei ökonomischen Arbeiten zur Ressourcenproduktivität voran zu kommen, bietet es sich an, erste internationale Vereinheitlichungen[270] abzuschließen, und die gefundenen Ansätze anschließend schrittweise zu verbessern.

12.4 Mögliche Eigenschaften einer Produktionsfunktion

Nach den bisherigen Ausführungen sind Arbeit (A) und Ressourcen (R) als originäre Faktoren einer Ökonomie der Ressourcenproduktivität anzusehen; Kapital (K) und der technische Fortschritt (FT) bilden weitere Faktoren. Das Faktorsystem kann somit als Y = f (K, R, A, FT) umschrieben werden; (Y) sei ein um Umweltbelange korrigiertes Bruttoinlandsprodukt. Neben der möglichen Rate eines ressourcensparenden technischen Fortschritts sind die Eigenschaften der Produktionsfunktion relevant. Dabei sind vor allem dynamisch wirkende Eigenschaften zu analysieren, unter denen die Annahmen steigender Skalenerträge und einer Substitutionselastizität größer eins von besonderem Interesse sind. Beide Annahmen würden modelltheoretisch die Rate des technischen Fortschritts relativieren, weil ein Teil der Produktivitätserhöhungen aus Skalen- und Substitutionseffekten resultiert.

Steigende Skalenerträge bringen nach dem hier verfolgten Denkansatz zum Ausdruck, daß eine gleichbleibende oder steigende wirtschaftliche Leistung mit sinkenden Ressourceninputs erbracht wird. „*Green economies of scale*“ beziehen sich demnach auf das Verhältnis zwischen physischem Faktoreinsatz und der monetär bewerteten wirtschaftlichen Leistung, werden also im Unterschied zu einigen Auffassungen nicht auf Wachstumseffekte reduziert.[271] Die angenommenen Skaleneffekte resultieren zum einen aus den bekannten Kostendegressionen bei steigenden Stückzahlen, die sich beispielsweise bei der Weiterentwicklung von Windenergiekonvertern oder von Solarkollektoren beobachten lassen.[272] Sie beziehen sich auf wachsende Märkte für Effizienz- und Umwelttechnologien im weitesten Sinne. Zum anderen resultieren Skaleneffekte nach der Innovationsforschung aus Erfahrungen und Lernerfolgen (Kapitel 14.2). Die Beschäftigten gewinnen schrittweise Erfahrung mit neuen Produktionsverfahren und lernen die allmähliche Verbesserung vorhandener Rationalisierungspotentiale für die Ressourceneinsparung. Die neue Wachstumstheorie hat diese mikroökonomische Einsicht makroökonomisch weiterentwickelt, indem sie steigende Skaleneffekte mit der steigenden Grenzproduktivität des Wissens begründet (Kapitel 13.2). Die Frage ist nun, ob derartige Prozesse auch bei einem Anstieg der Ressourcenproduktivität zu erwarten sind. Die nachstehenden Kapitel sollen zeigen, daß diese Frage mit einigem Vorbehalt bejaht werden kann. Wichtige Erfolgskriterien sind eine lebenszyklusweite Betrachtung, die Langlebigkeit von Produkten und Stoffen, die Dienstleistungsintensität und eine Orientierung am gesellschaftlichen Bedarf. Die Umsetzung dieser Faktoren setzt Lernfähigkeit voraus, so daß kontinuierliche Skaleneffekte, die aus Erfahrung und Lernprozessen resultieren, zu erwarten sind. Steigende Skalenerträge sind deshalb in Verbindung mit einer sinkenden Ressourcenentnahme durchaus wahrscheinlich.

Eine *Substitutionselastizität* größer eins bezieht sich auf den Austausch der Produktionsfaktoren untereinander und bedeutet, daß ein Anteil Kapital oder Arbeit einen jeweils etwas größeren Anteil Ressourcen substituiert. Im umweltökonomischen Bereich hebt die neoklassische Ressourcenökonomie nahezu beliebig flexible und rasch erfolgende Substitutionseffekte hervor und leitet daraus ab, daß drohende Knappheiten für das Wachstumsgleichgewicht ökonomisch wenig relevant sind. Demgegenüber weist die ökologische Ökonomie auf die unzutreffende Analogie zwischen Ressourcen und Ökosystemen sowie auf die mangelnde Fähigkeit von Märkten hin, absolute Knappheiten rechtzeitig zu erkennen (Kapitel 2). Die hier geführte Argumentation kommt nach dieser Auseinandersetzung wieder auf die Relevanz von Substitutionseffekten zurück. Die Doppelfunktion von Ressourcen als Umweltbelastungsindikator und als Produktionsfaktor bedeutet, daß eine Substitution von Ressourcen in der Produktion den Naturhaushalt entlastet. Ihre Substitution hat nicht ihre Auszehrung, sondern ihre Schonung zur Folge, weil sie im Naturhaushalt verbleiben. Kapital und/oder Arbeit würden die Funktionen von Ressourcen verrichten. Je stärker Arbeit und Kapital anstelle von Energieträgern und Material eingesetzt werden, desto wirksamer wird die Natur entlastet. Eine hohe Substitutionselastizität ($\partial > 1$) wäre demnach ein wertvolles Strategieelement bei der Suche nach einer zukunftsfähigen Langfristdynamik. Dabei bleibt zu beachten, daß Produktion und Unterhalt von Sachkapital immer Ressourcen erfordern. Dieser Sachverhalt konstituiert physische Grenzen eines wirtschaftlichen Wachstums, das auf einem materiell gebundenen Kapitalstock beruht.

Umweltökonomisch und beschäftigungspolitisch ist es deshalb gleichermaßen vorteilhaft, die Substitution durch Arbeit stärker zu betonen. Ein arbeitsvermehrender und ressourcensparender technischer Fortschritt wäre die Folge.

Sicherlich können Ressourcen nicht in allen Bereichen vollständig durch Arbeit und Kapital ersetzt werden, weil physikalisch-technische thermodynamische Minima existieren. Diesem zutreffenden Einwand kann entgegengehalten werden, daß thermodynamische Minima auf absehbare Zeit (d.h. für einige Jahrzehnte) angesichts der gegebenen Höhe des Ressourcenumsatzes nicht absehbar sind, zumal sich entsprechende Mindesteinsatzmengen auf ein vorgegebenes Produktionsvolumen beziehen. Wenn also argumentiert wird, es gäbe thermodynamische Minima zur Stromerzeugung, ist dies grundsätzlich richtig.[273] Aber die Höhe des Stromverbrauchs ist nicht als gesamtwirtschaftlich gegeben vorauszusetzen, sondern eine technologisch veränderbare Größe. Least-Cost Planning Programme und andere Ansätze zeigen, daß der Stromverbrauch von der wirtschaftlichen Leistung entkoppelt werden kann.[274] Somit kann das Erreichen thermodynamischer Minima hinausgezögert werden. Für Material werden im folgenden ähnliche Überlegungen angestellt. Insgesamt bleibt somit festzuhalten, daß Substitutionseffekte ein wirksames Strategieelement bei der Reduktion der Ressourcenentnahme darstellen.

Die genannten formalen Aspekte verdeutlichen noch einmal einige methodologische Einwände an der häufig verwendeten linear-homogenen Produktionsfunktion (Kapitel 6.3., 10.2.). Steigende Skalenerträge und eine Substitutionselastizität größer eins würden aus formaler Sicht eine kumulative Dynamik zur Absenkung der Ressourcenentnahme erheblich begünstigen.

12.5 Empirischer Exkurs: Die Entwicklung der Ressourcenproduktivität

International vergleichbare und in längeren Zeitreihen verfügbare Daten zur Ressourcenproduktivität liegen bislang erst in wenigen Ansätzen vor.[275] Die folgenden Zahlen beziehen sich zunächst auf Westdeutschland und sind angesichts ihrer methodischen Neuheit mit Vorbehalt zu betrachten.[276] Die inländische Ressourcenentnahme (einschließlich Energieträgern) stieg in Westdeutschland zwischen 1960 und 1972 insgesamt um etwa 60 Prozent an. Seit 1970 liegt sie jährlich etwa bei 1 Mrd. t. Addiert man die ökologischen Rucksäcke hinzu, läßt sich ein geringfügiger Anstieg der gesamten inländischen Ressourcenentnahme beobachten. Sie lag 1970 noch bei etwa 2 Mrd. t und stieg bis 1990 auf mehr als 2,3 Mrd. t an. An diesen Zahlen ist die mengenmäßige Bedeutung der ökologischen Rucksäcke ablesbar. Schließt man Importe und ihre Rucksäcke mit ein, beträgt der vollständige Ressourcenumsatz in (Gesamt)Deutschland 1994 5,75 Mrd. t.[277] Seit Ende der achtziger Jahre steigt die inländische Ressourcenentnahme u.a. durch die Folgen der deutschen Einheit (Bau- und Infrastrukturbedarf) wieder an.

Aufschlußreich ist ein Vergleich zwischen der Entwicklung der Arbeits- und Ressourcenproduktivität, der im folgenden für (West)Deutschland von 1975 bis 1990 gezeigt wird. Die Abbildung zeigt vor allem in den Jahren zwischen 1975 und 1987 einen hohen Anstieg der Ressourcenproduktivität, der in diesem Zeitraum im Schnitt deutlich über dem der Arbeitsproduktivität lag. 1975 bis 1977, 1980 bis 1982 und 1985 stieg die Ressourcenproduktivität jeweils um mehr als vier Prozent an; Spitzenwerte lagen sogar bei mehr als 8 Prozent (1980, 1982). Zwischen 1960 und 1973 stagnierte die Ressourcenproduktivität, in einigen Jahren sind sogar rückläufige Raten zu beobachten. Nach 1987 scheint wieder eine Stagnationsphase zu beginnen, wenn man die Jahre 1987 bis 1990 als Indiz betrachtet. Auffälligerweise sind über einen Zeitraum von nahezu fünfzehn Jahren (1973 bis 1987) hohe Anstiegsraten der Ressourcenproduktivität zwischen 4 Prozent und 8 Prozent möglich gewesen. Diese Raten sind annähernd mit der boomenden Arbeitsproduktivität zwischen 1950 und 1970 vergleichbar, die in diesem Zeitraum jährlich durchschnittlich etwa 6 Prozent betrug.

Der Anstieg der Ressourcenproduktivität verlief im wesentlichen kontrazyklisch zu den Wachstumsraten der Arbeitsproduktivität. Möglicherweise stehen Arbeits- und Ressourcenproduktivität tatsächlich in einem überwiegend substitutiven Verhältnis zueinander. Das könnte bedeuten, daß unter günstigeren Rahmenbedingungen als nach 1973 der Faktor Arbeit Ressourcen substituieren und das gesamtwirtschaftliche Arbeitsvolumen ansteigen könnte.

Die Entwicklung der Ressourcenproduktivität bedarf der Interpretation. Da die Angaben bislang in der dargestellten Zeitreihe nur aggregiert vorliegen, sind vertiefende und insbesondere sektoral disaggregierte Aussagen über den Zeitverlauf noch nicht möglich. Man weiß aber, daß in der Wiederaufbauzeit der fünfziger Jahre und in der Zeit hoher Wachstumsraten vor allem rohstoff- und energieintensive Bereiche wie Bauwirtschaft, Eisen-, Stahl- und Metallindustrie Produktivi-

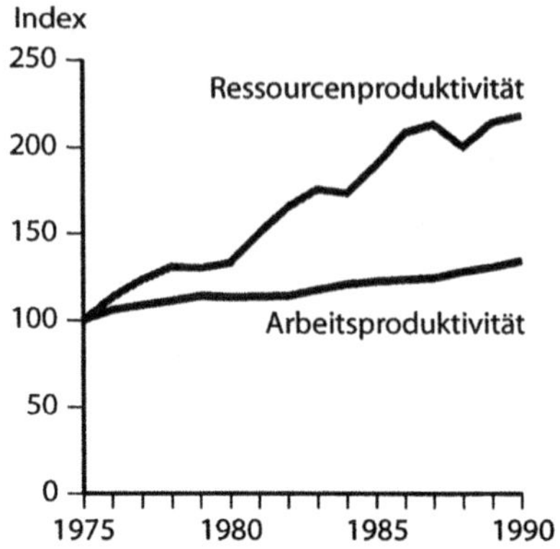

Abb. 9: Die Entwicklung der Arbeits- und Ressourcenproduktivität in (West)Deutschland 1975 bis 1990

1975 = 100. Eigene Berechnungen auf der Basis von: Adriaanse et al., 1997; Sachverständigenrat zur Begutachtung der gesamtwirtschaftlichen Entwicklung, 1995. Ressourcenproduktivität ausgedrückt als BIP/Total Material Requirements (vgl. Fn. 277); Arbeitsproduktivität als BIP/Erwerbstätigen.

tätsträger gewesen sind. Diese Bereiche trugen zu dem Abflachen der Wachstumsraten in den siebziger Jahren überproportional bei.[278] Empirisch ist ein Zusammenhang zwischen den Energiepreissteigerungen und den hohen Steigerungen der Ressourcenproduktivität zwischen 1973 bis 1987 feststellbar. Ein solcher Zusammenhang ist um so weniger von der Hand zu weisen, als das Abflachen der Ressourcenproduktivität seit Mitte der achtziger Jahre mit einer gewissen Verzögerung die gesunkenen Energie- und Rohstoffpreisen widerspiegelt.

Zusammenfassend läßt sich feststellen, daß der Anstieg der Ressourcenproduktivität in den vergangenen Jahren zeitweise hoch war, jedoch keineswegs kontinuierlich verlaufen ist. Zukünftig können Anstiegsraten in einer Höhe von vier Prozent und mehr grundsätzlich als möglich gelten; über die Voraussetzungen ihres Zustandekommens, die Bedingungen ihrer Dauer und über gesamtwirtschaftliche Zusammenhänge müssen jedoch vertiefende Überlegungen angestellt werden.

12.6 Fazit: Ressourcenproduktivität als Träger einer neuen Wertschöpfung

Der Naturhaushalt ist produktiv, weil er unersetzliche physische Strukturen und Funktionen für Wirtschaft und Gesellschaft aufrechterhält. Aus dem Naturhaushalt sind Ressourcen als Schlüsselgröße ableitbar. Sie erfüllen im vorliegenden Modell eine Doppelfunktion, Umweltbelastungsindikator und Produktionsfaktor zugleich zu sein. Von grundsätzlicher Bedeutung ist der Nachweis ihrer Wertproduktion. Eine absinkende Ressourcenentnahme trägt zur physischen Wertproduktion bei, indem sie den Naturhaushalt entlastet und seine Selbststeuerungskräfte aktiviert. Ressourcen kommt kein Produktivitätsmonopol zu, da menschliche Arbeit bzw. Lernfähigkeit ebenfalls originär wertschöpfend sind. Da Ressourcen aufgrund der vorliegenden methodischen und statistischen Verfahren aggregierbar sind, können sie in eine Produktionsfunktion integriert werden. Bei den Überlegungen zu einer Produktionsfunktion (Y = (K, R, A, FT) wurden Eigenschaften einer steigenden Skalenelastizität und einer verhältnismäßig hohen Substitutionselastizität als besonders günstig beschrieben. Anders als eine denkbare Integration des „Naturkapitals“ bedeutet die Substituierbarkeit hier keine Belastung der Natur, sondern ihre Entlastung, weil Rohstoffe geschont werden. Erste empirischen Arbeiten zum Verlauf der Ressourcenproduktivität zeigen hohe Anstiegsraten über einen Zeitraum von etwa 15 Jahren nach 1973. Insgesamt ist die These der Produktivität des Naturhaushalts und des Umweltziels einer absinkenden Ressourcentnahme eine wichtige Grundlegung für weiterführende Arbeiten zu einer zukunftsfähigen Innovationsdynamik.

13. Wachstumstheorien als Fundgrube möglicher Entwicklungspfade

Ressourcen stellen eine abgeleitete Größe aus dem produktiven Naturhaushalt dar. Die vorliegende Arbeit interpretiert sie als Umweltbelastungsindikator und als Produktionsfaktor, dessen Mengeneinsatz im Zeitverlauf deutlich reduziert werden soll. Diese umweltökonomisch motivierte Zielsetzung führt zu Fragestellungen über eine Langfristdynamik marktwirtschaftlich-technisch geprägter Systeme, mit denen sich in der Ökonomie vor allem die Wachstumstheorien[279] beschäftigen. Ihr wesentlicher Erkenntnisgegenstand ist die Zunahme des realen wirtschaftlichen Outputs, des Netto(bzw. Brutto)Inlandsprodukts. Die Wachstumstheorien untersuchen die Mechanismen, die die langfristige Entwicklung des Sozialproduktes und seiner wesentlichen Bestandteile bestimmen. Sie zeigen die Wirkungsfaktoren auf, die das Wachstumstempo einer Volkswirtschaft bestimmen.

Die vorliegende Arbeit untersucht die Wachstumstheorien unter einem ungewöhnlichen analytischen Blickwinkel. Sie interpretiert sie als Fragenheuristik über Entwicklungsprozesse, die die Mechanismen und Wirkungsfaktoren zwischen dem Faktoreinsatz und einer erzielten Leistung im Zeitverlauf zum Gegenstand hat. Diese Interpretation ist nicht allzu weit von dem eigentlichen Erkenntnisinteresse der Wachstumstheorien entfernt. Die gewählte Fragestellung gilt jedoch nicht den Bedingungen für ein angemessenes und stetiges Wachstum oder dem Konflikt zwischen Wachstum und Umweltbelangen, sondern theoretischen Möglichkeiten, um wirtschaftliche Leistungen mit einem sinkenden Faktoreinsatz „Ressourcen" zu erzielen. Wachstum wird folglich als „eine Art wirtschaftlicher Wandel"[280] betrachtet, damit die mit einer Reduktion der Ressourcenentnahme verbundenen Wirkungsmechanismen in den Vordergrund treten können.[281] Diese Mechanismen werden anschließend auf einen Anstieg der Ressourcenproduktivität übertragen.

13.1 Substitutionseffekte und die Bedeutung des technischen Fortschritts nach der neoklassischen Wachstumstheorie

Als Beginn der neoklassischen Wachstumstheorien gilt ein Aufsatz von Robert Solow aus dem Jahr 1956.[282] Im Unterschied zu den frühen Wachstumstheorien (Harrod, Domar) ist sein Ansatz von folgenden Merkmalen geprägt. Er geht von einer kontinuierlichen Substituierbarkeit aus; demnach können Faktoren in nahezu beliebiger Weise kombiniert werden, und die Faktorpreise reagieren sofort auf jede Veränderung. Darüber hinaus unterstellt das neoklassische Standardmodell eine wirksame und rasch erfolgende Tendenz zum Gleichgewicht auf den wichtigsten Märkten, wodurch sich die Stabilität der Wirtschaft erhöht. Als weitere Voraussetzung wird unterstellt, daß die Veränderungen von Rahmenbedingungen und Verhaltensweisen den Wachstumsprozeß selbst nicht qualitativ verändern. Die resultierenden Wachstumsraten sind von der Höhe des Kapitalstocks abhängig, der das Resultat der getätigten Investitionen darstellt. Seitdem gelten die Investitionen als entscheidende Determinante für kurz- und mittelfristige Wachstumsraten. Auf kurze und mittlere Sicht müssen die Investitionen gefördert werden, um einen Wachstumspfad einzuschlagen.

Auf lange Sicht betrachtet sind die Investitionen und die Höhe des Kapitalstocks für die Wachstumsraten jedoch weniger entscheidend als das Arbeitskräftepotential und der technische Fortschritt. Die neoklassische Wachstumstheorie begründet diese ernüchternde Aussage mit dem Gesetz vom fallenden Grenzertrag, das zu einer sinkenden Kapitalproduktivität und sehr langfristig sogar zu einer Wachstumsrate gleich Null führt. Angesichts der relativ stabilen Bevölkerungssituation in den meisten Industrieländern[283] und der zunehmenden Faktormobilität ist das Arbeitskräftepotential empirisch weniger relevant und damit der technische Fortschritt die entscheidende Größe für langfristige Wachstumsraten. Solow hat dazu 1956 empirisch festgestellt, daß für den Zeitraum 1909 bis 1949 etwa 80 Prozent der US-Wachstumsraten auf den technischen Fortschritt und lediglich 20 Prozent auf gesteigerten Faktoreinsatz zurückgeführt werden können.

Aus heutiger Sicht wird die Funktion des technischen Fortschritts differenzierter beurteilt, weil genauere Zuordnungen zu den jeweiligen Faktorproduktivitäten möglich sind und die Rolle des Humankapitals hervorgehoben wird.[284] Die frühen Ergebnisse von Solow sind deshalb in starkem Ausmaß von den gewählten Annahmen einer niedrigen Produktionselastizität des Kapitals (0,2 bis 0,3) und konstanten Skalenerträgen geprägt. Angesichts des enormen Wachstums mußte so eine neue Erklärungsgröße, nämlich der technische Fortschritt, entstehen. Die folgende Tabelle zeigt neuere Forschungsergebnisse über die empirisch abgeleiteten Beiträge der jeweiligen Faktoren zu den gesamtwirtschaftlichen Wachstumsraten.

Unabhängig von diesen Verfeinerungen ist es das Verdienst der neoklassischen Wachstumstheorie, die Bedeutung des technischen Fortschritts für wirtschaftliche Entwicklungsprozesse erkannt zu haben. Auf die später erarbeiteten Erklärungsansätze zu seiner Genese geht Kapitel 14 ein. Der technische Fortschritt relativiert eine Ausgangshypothese der Wachstumstheorien. Vorher war die Ökonomie mit Cobb und Douglas davon ausgegangen, daß Wachstumsprozesse primär durch steigenden Einsatz der Produktionsfaktoren hervorgerufen werden. Seit Solow kann man davon ausgehen, daß Wachstum relativ unabhängig von den Faktoreinsatzmengen ist, solange technischer Fortschritt und eine hohe Substituierbarkeit Angebotsengpässe überwinden. Für die angestrebte Richtungsänderung des technischen Fortschritts kann deshalb aus den neoklassischen Wachstumstheorien gefolgert werden, daß mit einer Absenkung der Ressourcenentnahme unter bestimmten Bedingungen steigende wirtschaftliche Leistungen erzielbar sind.

Als weiteres Element für ein Modell der Ressourcenproduktivität eignet sich die Annahme der Faktorsubstitution. Da Ressourcen als Faktor betrachtet werden, können sie zum einen untereinander substituiert werden. Der Naturhaushalt wird geschont, wenn umweltintensive Ressourcenverwendungen durch weniger umweltintensive ersetzt werden. Ob die neoklassische Annahme einer hohen und rasch wirksamen Substitution sachlich gerechtfertigt ist, bedarf detaillierter mikroökonomischer Arbeiten. Zum anderen können Ressourcen durch Kapital und Arbeit substituiert werden. Bei einem Rückgang des Ressourceneinsatzes kann dann eine gleich hohe wirtschaftliche Leistung erzielt werden, wenn aufgrund der Substitutionselastizität ein Mehreinsatz von Kapital oder Arbeit erfolgt. Substitutionseffekte durch Kapital entstehen, wenn ein investitionsinduzierter technischer Fortschritt zu einem geringeren Ressourceneinsatz führt. Wenn der Wirkungsgrad eines fossil betriebenen Kraftwerkes erhöht wird, ist dies mit einem Substitutionsprozeß fossiler Energieträger durch Kapital verbunden. Aus beschäftigungspolitischer Sicht ist vor allem die Substitution von Energie und Material durch Arbeit von Interesse, weil sie zu einer Ausweitung der Beschäftigung führt. Derartige Effekte entstehen bei einer Erhöhung der Dienstleistungsintensität, bei

Tab. 8: Faktorbeiträge zu den Wachstumsraten ausgewählter Industrieländer

	Wachstum d. Kapitalstocks	Wachstum d. Beschäftigung	Wachstum d. Humankapitals	Multifaktor-produktivität
USA				
Englander-Gurney	37	42	–	20
Boskin-Lau	22	30	11	38
Dougherty	47	15	18	21
Maddison	46	31	11	12
Deutschland				
Englander-Gurney	45	0	–	55
Boskin-Lau	33	- 10	27	49
Dougherty	54	- 27	9	34
Maddison	67	- 19	5	46
Großbritannien				
Englander-Gurney	38	0	–	61
Boskin-Lau	34	- 4	24	46
Dougherty	50	- 24	11	60
Maddison	68	- 18	6	45
Japan				
Englander-Gurney	44	11	–	45
Boskin-Lau	41	5	11	43
Dougherty	60	-1	7	34
Maddison	52	6	8	35

Ausgedrückt als Prozentraten für leicht differierende Zeiträume zwischen 1960 und 1990.

Quellen: Englander / Gurney, 1994 (1960 bis 1990); Boskin/Lau, 1992 (1960 bis 1985); Dougherty, 1991 (1960 bis 1989); Maddison, 1991 (1960 bis 1989).

einem Ersatz von Maschinenleistungen durch (manuelle) Arbeit und bei einer Zunahme von Selbstversorgungsaktivitäten; letztere sind per definitionem keine Erwerbsarbeit. Als Beispiele für arbeitsvermehrende Substitutionseffekte lassen sich im Energiebereich Vergleiche zwischen der kapitalintensiven Kraftwerkswirtschaft und dezentralen Energieversorgungsstrukturen nennen[285] sowie zwischen der konventionellen Landwirtschaft und dem ökologischen Landbau.

Angesichts der Tatsache, daß die Bildung des Sachkapitalstocks materialgebunden ist und angesichts der existierenden Beschäftigungsprobleme, ist eine Substitution des Faktors Ressourcen durch Arbeit vorteilhaft. Dazu hat die Umweltpolitik bislang in geringer Weise beigetragen, weil mit der Einführung nachsorgender Reinigungstechnologien überwiegend kapitalintensive Prozesse angestoßen worden sind. Für zukünftige Prozesse gehen demgegenüber einige modellgestützte umweltökonomische Szenarien von einer arbeitsvermehrenden technischen Entwicklung aus.[286] Die vorliegende Arbeit folgt dieser Vorstellung. Sie läßt sich – wie im folgenden ausgeführt wird – mit der angestrebten Erhöhung der Dienstleistungsintensität begründen, mit einer Umorientierung der Infrastruktur und mit anderen Konsummustern (Kapitel 17).

Dennoch sind im Verhältnis zwischen Arbeit und Ressourcen substitutive ebenso wie ergänzende Beziehungen vorstellbar. Ein ergänzendes Verhältnis beider Größen stellt sich ein, wenn Ressourceneinsparungen die Leistungsfähigkeit der Beschäftigten steigern. So ist beispielsweise ein Produktivitätsanstieg nach der Umstellung auf stromsparende, moderne und blendfreie Beleuchtung festgestellt worden.[287] Ähnliche Effekte sind über eine verbesserte Heizungs- und Klimatechnik erzielbar. Lebenszyklusweite Ressourcenanalysen tragen zum besseren Verständnis von Arbeitsabläufen bei und können aufgrund inkrementaler und sukzessiver Verbesserungen zu Produktivitätssteigerungen aller eingesetzten Faktoren führen. Insgesamt kann ein umweltpolitisch aufgeschlossenes Unternehmensprofil die Motivation der Beschäftigten erhöhen. Ein Anstieg der Ressourcenproduktivität würde demnach in einigen Fällen mit einem Anstieg der Arbeitsproduktivität einhergehen.

Auf der anderen Seite sind in steigendem Maße Substitutionsprozesse zu erwarten, die mit einem steigenden Arbeitseinsatz verbunden sind. Ressourcenintensive Bereiche wie Energieversorgung, Bergbau und Grundstoffproduktion weisen eine hohe Kapitalintensität bei einer relativ geringen Beschäftigtenzahl auf. Sie können im Zuge eines Strukturwandels allmählich von ressourcenproduktiven Bereichen abgelöst werden, die gleichzeitig arbeitsintensiver sind. Innerhalb des produzierenden Gewerbes ist dies unter einer entsprechenden Gestaltung der Rahmenbedingungen mit einem Strukturwandel hin zu produktionsnahen Dienstleistungen für Distribution, Finanzierung und Marketing verbunden sowie mit einem denkbaren Aufschwung von Bereichen wie Elektrotechnik, Anlagen- und Maschinenbau oder dem Baugewerbe. Allerdings ist ein derartiger Strukturwandel langwierig und konfliktreich.

Ob zukünftig unter dem Strich Substitutions- oder Additionsprozesse zwischen Arbeit und Ressourcen überwiegen, ist u.a. von der Entwicklung der relativen Faktorpreise abhängig und kann aus heutiger Sicht noch nicht hinreichend zuverlässig abgeschätzt werden. Beide Prozesse weisen positive Beschäftigungswirkungen auf, da sie mit Wachstumseffekten verbunden sind. Substitutionsprozesse führen über Wachstumseffekte hinaus zu zusätzlichen und unmittelbaren Beschäftigungswirkungen. Insgesamt bleibt festzuhalten, daß aus den neoklassischen Wachstumstheorien die Bedeutung des technischen Fortschritts und die Eigenschaft einer hohen Faktorsubstituierbarkeit für ein Modell der Ressourcenproduktivität entlehnt werden können.

13.2 Lernprozesse und eine aktive Technologiepolitik nach der neuen Wachstumstheorie

Die neue Wachtumstheorie[288] entwickelt sich seit Mitte der achtziger Jahre und bildet eine Reaktion auf Defizite der traditionellen neoklassischen Theorie, die für einige beobachtbare Phänomene keine befriedigende Erklärung anbietet. Würde die traditionelle Wachstumstheorie vollständig der Realität entsprechen, so hätte sich im Laufe der Zeit zwischen Industrie- und Entwicklungsländern eine hohe Konvergenz ergeben müssen. Die unterstellten Annahmen der hohen Faktormobilität auf den Kapitalmärkten und der raschen Verbreitung neuer Technologien hätten in Entwicklungsländern zu vergleichsweise höheren Direktinvestitionen, zu höheren Wachstumsraten und damit zu einer Angleichung der weltweiten Pro-Kopf-Einkommen führen müssen. Abgesehen von Einzelbeispielen einer erfolgreichen Konvergenzentwicklung in Südostasien und in einigen erdölexportierenden Staaten, ist diese Entwicklung jedoch nicht eingetreten.[289] Die reale Divergenz zwischen Entwicklungs- und Industrieländern sowie die ungleichmäßige Diffusion neuer Technologien begründen Zweifel daran, ob wesentliche Merkmale neoklassischer Wachstumstheorien zutreffend sind.

Vor diesem Hintergrund formuliert die neue Wachstumstheorie andere Prämissen. Sie geht von den Annahmen eines unvollkommenen Wettbewerbs, nichthomogener Produktionsfaktoren, asymetrischer Informationen sowie zunehmender Skalenerträge aus. Für die internationale Produktivitätsentwicklung folgt daraus die Existenz dauerhafter Divergenzen, die nicht ohne Transfers und eine gezielte Technologie- und Bildungspolitik überwindbar sind. Für einen wichtigen Bereich hebt die neue Wachstumstheorie das Gesetz der sinkenden Grenzproduktivität auf; die Grenzproduktivität des Wissens nimmt nicht ab, sondern zu. Wissen

(Humankapital) erhöht die Grenzproduktivität anderer Produktionsfaktoren und gilt als einziger Produktionsfaktor mit zunehmender Grenzproduktivität. Dies begründet die Annahme steigender Skalenerträge.

Traditionelle und neue Wachstumstheorie führen zu unterschiedlichen Ansätzen in der staatlichen Wachstumspolitik. Gemeinsam ist beiden die hohe Einschätzung von Investitionen und des technischen Fortschritts. Die Förderung des Wettbewerbs, eines funktionierenden Preismechanismus sowie das Stärken marktwirtschaftlicher Kräfte sind deshalb adäquate Handlungsmuster. Während aber die traditionelle Wachstumstheorie eine aktive Technologiepolitik ablehnt, weil dies zu Allokationsverzerrungen führen würde, für Freihandel eintritt und die Rolle des Staates allgemein eher beschränkt sehen möchte, plädiert die neue Wachstumstheorie für eine gezielte Technologiepolitik, für den Ausbau des Bildungswesens sowie für einen begrenzten Protektionismus, um eine eigene, noch nicht ausgereifte Technologie vorübergehend vor ausländischer Konkurrenz zu schützen. Man kann also dogmengeschichtlich die traditionelle Wachstumstheorie auf Adam Smith und die neue Wachstumstheorie auf Friedrich List und Joseph Schumpeter zurückführen. Beide Theorien bilden zum gegenwärtigen Zeitpunkt keine unvereinbaren Gegensätze, sondern komplementäre und einander ergänzende Theorieansätze.[290] Diese Einschätzung läßt sich darauf zurückführen, daß die neue Wachstumstheorie zwar einige Prozesse besser erklären kann als die traditionelle, letzten Endes jedoch real stattfindende Wachstums- und Entwicklungsprozesse von beiden Theorierichtungen nur partiell erklärbar sind.[291]

Für die Integration der Ressourcenproduktivität und ein erweitertes Produktivitätsverständnis bietet die neue Wachstumstheorie einige interessante Ansatzpunkte. Die erforderliche Änderung des technischen Fortschritts hat zur Voraussetzung, daß dieser – wie die neue Wachstumstheorie im Unterschied zum neoklassischen Standardmodell annimmt – beeinflußbar ist. Wirtschaftspolitisch steht die neue Wachstumstheorie einer Gestaltung der marktwirtschaftlichen Rahmenbedingungen und einem denkbaren Außenhandelsschutz für bestimmte Branchen, wie sie in den Diskussionen über die Einführung einer ökologischen Steuerreform gefordert werden,[292] aufgeschlossen gegenüber. Darüber hinaus bietet die Annahme steigender Skalenerträge die theoretische Möglichkeit einer Entkoppelung der eingesetzten Ressourcenmenge von dem erzielbaren Produktionsergebnis; „green economies of scale" wären mit Reduktionen des Ressourceneinsatzes verbunden, die über die Faktorsubstitution und den technischen Fortschritt hinausgehen. Steigende Skalenerträge lassen sich vor allem auf Lernprozesse zurückführen, die in der Produktion eine sukzessive Absenkung des Ressourcenverbrauchs ermöglichen. Ob derartige Lernprozesse für Steigerungen der Ressourcenproduktivität[293] möglich sind, wird Kapitel 16 analysieren. Als letzter Aspekt sei angeführt, daß die neue Wachstumspolitik auch für eine verbesserte Kooperationsfähigkeit in regionalen Wirtschaftsorganisationen sowie zwischen Nord- und Süd wichtige Kernelemente enthält, weil sie eine aktive Rolle von Transfermechanismen und Handelspolitik betont.[294]

Diese positive Einschätzung der neuen Wachstumstheorie mag für umweltökonomische Denkrichtungen überraschend sein, die zwischen den Zielen Wachstum und Umweltschutz einen unvereinbaren, oder zumindest auf lange Sicht kaum überwindbaren Gegensatz sehen. Die neue Wachstumstheorie geht auf den Konflikt zwischen Umweltschutz und Wachstum allerdings nicht explizit ein; dies ist ein Defizit, denn immerhin bestimmt dieser Konflikt seit Beginn der siebziger Jahre Teile der wachstumstheoretischen Diskussion. Die neue Wachstumstheorie verstärkt vordergründig sogar den Zielkonflikt zwischen Umweltschutz und Wachstum, da sie im Unterschied zur traditionellen Theorie höhere erzielbare Wachstumsraten und kein Abflachen der Wachstumsdynamik annimmt. Wenn daher an dieser Stelle interessante Ansatzpunkte für ein Modell der Ressourcenproduktivität in der neuen Wachstumstheorie geortet werden, hängt dies mit ihrer Interpretation als Fragenheuristik zusammen und ist nicht mit einer uneingeschränkt positiven Einschätzung aus umweltökonomischer Sicht zu verwechseln. Die normative und physische Orientierung am Schutz des Naturhaushalts und daraus abgeleitete Umweltziele bilden eine notwendige Voraussetzung für umweltschonende Entwicklungsprozesse. Kritisch ist z.B. die Frage, inwieweit ein umweltschonender Kapitalstock errichtet werden kann.[295]

13.3 Realitätsnahes Unternehmensverhalten und Ungleichgewichtsprozesse nach der evolutorischen Ökonomie

Die evolutorische Ökonomie kennzeichnet einen verhältnismäßig neuen Theorieansatz, dessen zentrales Anliegen das Erklären langfristiger ökonomisch-technischer Veränderungen darstellt.[296] Ihr theoretischer Anspruch geht weit über die neue Wachstumstheorie hinaus. Sie entstand aus der wachsenden Einsicht in die Leistungsschwächen der formalen Methoden der Neoklassik und ihrer unzureichenden Analyse von zwei entscheidenden Größen: dem technischen Fortschritt und dem Verhalten von Unternehmen. Die evolutorische Ökonomie stellt Fragen von Marktprozessen und Innovationen in den Mittelpunkt ihrer Analysen. Sie bildet damit einen anspruchsvollen Versuch, die mangelnde Mikrofundierung der makroökonomischen Theorie aufzuheben. Die Besonderheit der evolutorischen Ökonomie besteht darin, den offen oder unterschwellig vorgetragenen Einwänden gegen die Neoklassik Rechnung zu tragen und aus der Theoriebildung heraus eigene Modelle zu entwickeln, die empirisch überprüfbar sind. Dabei vertritt sie nicht den Anspruch, die neoklassische Denkrichtung durch eine neue Theorie abzulösen, sondern strebt an, auf bestimmte Fragen und theoretische Defizite Antworten zu erarbeiten und zur Weiterentwicklung der ökonomischen Theorie beizutragen.

Ulrich Witt nennt drei charakterisierende Merkmale der evolutionären Ökonomie:

1) ihre Dynamik, d.h. ihr Gegenstand sind Entwicklungsprozesse;
2) ihre Annahme der historischen Zeit; d.h. sie betrachtet Entwicklungen als irreversibel, überwiegend einmalig und kaum vorhersehbar;
3) ihre Konzentration auf Veränderungen; d.h. sie erklärt, wie es zu Neuerungen kommt, welche Einflüsse sie haben und wie das zeitliche Verhalten von Systemen eingeschätzt werden kann.[297]

Für die von der Neoklassik erforschten Entwicklungsprozesse kann Marshalls Leitmotiv am Anfang seiner einschlägigen Prinzipien als konstitutiv angesehen werden: „Natura non facit saltum." Diesem Stetigkeits- und Kontinuitätsprinzip soll auch die Ökonomie unterliegen. Nun ist dieses Leitmotiv in der Zwischenzeit von den Naturwissenschaften revidiert worden, da in der Natur sehr wohl sprunghafte Entwicklung in Form sog. Evolutionssprünge oder nicht-linearer Dynamik stattfindet. Ähnliches vollzieht sich auch in der Ökonomie, wenn sich Basisinnovationen am Markt durchsetzen oder aufgrund neuer Wettbewerber grundlegend neue Marktstrukturen entstehen. Die evolutorische Ökonomie geht deshalb von der Hypothese aus, daß eine auf evolutionstheoretischen Grundlagen aufbauende Theorie ökonomische Entwicklungsprozesse besser erklären kann als die Neoklassik.

In Anlehnung an Schumpeter sowie an organisatorische und behavioristische Unternehmenstheorien entwickelt die evolutorische Ökonomie neue Thesen zum Marktverhalten von Unternehmen. Sie erachtet die Annahmen der Neoklassik über die vollkommene Voraussicht und die daraus abgeleitete Gewinnmaximierung von Wirtschaftssubjekten als empirisch unzutreffende Verfremdung der Wirklichkeit. An ihre Stelle setzt sie Verhaltensregeln über Imitation, Routine, Innovation und positiven Gewinn. Die Annahme der Gewinnmaximierung wird relativiert, weil Unternehmensverhalten in weiten Teilen unter Unsicherheiten, dem Einhalten von „Daumenregeln" und individuellen Entscheidungsprozessen stattfindet und weil vielfältige Motive der Mitarbeitermotivation und des positiven Images des Unternehmens in der Öffentlichkeit nicht mit Regeln der Gewinnmaximierung übereinstimmen müssen. Dieses unterstellte Unternehmensverhalten wird in der Forschung über rationelle Energieversorgung weitgehend bestätigt, die auf die Bedeutung von Informationsdefiziten, Routineverhalten und Imageaspekten hinweist. Die dauerhafte Existenz hoher wirtschaftlicher Potentiale zur Energieeinsparung ist ohne solche Faktoren kaum erklärbar.[298]

Aus dem unterstellten Unternehmensverhalten leitet die evolutionäre Ökonomie ihr Entwicklungsverständnis als kontinuierliche Abfolge von Ungleichgewichtsprozessen ab. Im Unterschied zu der auf Gleichgewichtsprozessen basierenden Neoklassik konzentriert sich die evolutionäre Ökonomie auf die Analyse von Ungleichgewichtsprozessen, weil sie darin den wesentlichen Ausdruck von Veränderungen erkennt. Ungleichgewichtsprozesse sind mit dem notwendigen Mindestmaß an unvollkommener Information, Intransparenz und verzögerten Reaktionen auf veränderte Rahmenbedingungen verbunden, die für Entwicklungsprozesse konstitutiv sind. Die evolutorische Ökonomie begreift Entwicklungsprozesse daher nicht wie die Neoklassik als gleichförmige Bewegung einer Aneinanderreihung von Gleichgewichtszuständen, sondern als diskontinuierlichen Prozeß einer Abfolge unterschiedlicher Abweichungen und Annäherungen an Gleichgewichtsnähe.[299]

Aus dieser Positionsbestimmung entwickelt die evolutorische Ökonomie ihre Kritik an den neoklassischen Wachstumstheorien. Unter Anerkennung seiner Leistung, aber nicht ohne Ironie widmen sich Nelson u. Winter dem Ansatz von Solow, Wachstumsprozesse über eine aggregierte Produktionsfunktion vom Cobb-Douglas-Typ zu erfassen. Auf Solows Erkenntnis, die festgestellten Wachstumsprozesse im wesentlichen auf den technischen Fortschritt zurückzuführen, erwidern sie:

> „Instead of reporting to the profession and the public that the theory explained virtually none of the experienced productivity growth, the empirical researchers reported their ‚finding' that technical change was responsible for 80 (or 85 or 75) percent of experienced productivity growth. (...) The tail now wags the dog. And the dog does not fit the tail very well. The neoclassical approach to growth theory has taken us down a smooth road to a dead end."[300]

Eine Theorie, die langfristige Wachstumsprozesse auf eine exogene Größe zurückführt, kann nach der evolutionären Ökonomie kaum zu relevanten Aussagen gelangen. Ohne eine hinreichende Erklärung zur Genese des technischen Fortschritts werden die notwendigen Annahmen über die Eigenschaften einer zugrunde gelegten Produktionsfunktion jedoch weitgehend spekulativ. Im Ergebnis lehnen Nelson u. Winter deshalb die Vorstellung ab, daß Wachstumsprozesse eine Verschiebung der Produktionsfunktion darstellen.

Mit dieser grundsätzlichen Kritik an den Wachstumstheorien hat die evolutorische Ökonomie hohe Erwartungen an eine eigene Theorie geweckt. Sie müßte nicht nur beobachtbare Wachstumsprozesse mindestens ebenso schlüssig erklären wie die kritisierten Theorien, sondern darüber hinaus einen Beitrag zu einer empirisch stärker überprüfbaren mikroökonomischen Fundierung der Ökonomie leisten. Die evolutorische Ökonomie hat in diesem Zusammenhang erste Ansätze entwickelt. Nelson u. Winter haben ein eigenes Wachstumsmodell konstruiert, das auf einer repräsentativen Anzahl von Unternehmen basiert, die sich nach den vorgestellten Kriterien verhalten. Das Modell ist ein einfaches Ein-Output (BIP) Zwei-Input (Kapital und Arbeit) Modell, in dem die relativen Faktorpreise exogen vorgegeben sind. Als weitere exogene Variablen dienen die Innovationsfähigkeit, die Imitationsfähigkeit, die Kapitalkosten und der arbeitssparende technische Fortschritt.[301]

In dem von Nelson u. Winter durchgeführten Simulationsexperiment für die USA stimmen die neu berechneten Datenreihen für die Jahre 1909 bis 1949 recht gut mit der von Solow beobachteten Entwicklung auf der Makroebene überein.[302] Auch für die anschließenden Jahre verliefen Tests auf der Mikro- und der Makroebene erfolgreich. Für Deutschland ist Rahmeyer in einer Untersuchung über den sektoralen Strukturwandel und das Produktivitätswachstum für den Zeitraum 1961 bis 1985 zu einem ähnlich zufriedenstellenden Ergebnis gelangt.[303] Die evolutorische Ökonomie bietet deshalb insgesamt vielversprechende Ansatzpunkte, um zu einem tiefergehenden Verständnis von Entwicklungsprozessen auf der Ebene von Unternehmen und einzelnen Märkte zu gelangen. Ihre Untersuchungen zu

Ungleichgewichtsprozessen können als Einstieg für umweltökonomische Arbeiten dienen, die sich mit Möglichkeiten einer grundlegenden Richtungsänderung des technischen Fortschritts beschäftigen. Für ein Modell der Ressourcenproduktivität bietet die evolutionäre Ökonomie darüber hinaus den Vorteil, die Unternehmensebene und damit potentielle Pioniere theoretisch besser integrieren zu können. Da es sich um ökonomische Grundlagenforschung handelt, sind Fragen nach wirtschaftspolitischen Schlußfolgerungen vorläufig verfrüht.

13.4 Fazit: Wachstumstheorien sind nützliche Ratgeber für andere Entwicklungspfade

Die Ökonomie hat für das Phänomen eines langfristigen Anstiegs der Arbeitsproduktivität unterschiedliche Theorien entwickelt, die jeweils wesentliche Aspekte analytisch und formal sauber erklären können. In diesem Theorienwettbewerb kann keine Theorie eine grundsätzliche Überlegenheit gegenüber anderen beanspruchen, wenn es um die Erklärung des Gesamtphänomens geht. Die neoklassischen Modelle sind formal wohl am weitesten entwickelt, bieten jedoch aufgrund ihrer teils wirklichkeitsfremden Annahmen und einiger Fehlprognosen Anlaß für berechtigte Kritik. Die neue Wachstumstheorie und die evolutorische Ökonomie fordern die neoklassische Wachstumstheorie auf zentralen Feldern heraus, ohne sie bislang widerlegen zu können. Dabei muß man betonen, daß die neoklassische Wachstumstheorie auf der empirischen Ebene kaum widerlegbar ist.[304] Sie basiert auf einer makroökonomischen Produktionsfunktion mit einer variablen Restgröße „technischer Fortschritt“, deren Einfluß ökonometrisch meßbar, aber theoretisch kaum erklärbar ist.[305] Die evolutionäre Ökonomie bietet sicherlich vielversprechende Ansätze, solche und andere anerkannte Defizite der Neoklassik zu beseitigen. Es besteht jedoch Forschungsbedarf hinsichtlich der Relevanz außerökonomischer Faktoren, um das Phänomen Produktivität besser verstehen zu können.

Die vorangegangene Betrachtung der Wachstumstheorien ging von ihrer Interpretation als Fragenheuristik über Entwicklungsprozesse und Produktivitätssteigerungen aus. Gesucht wurden Wirkungsfaktoren, Funktionsmechanismen und Steuerungsgrößen für Entwicklungsprozesse, die unter bestimmten Annahmen möglicherweise auch für eine andere Langfristdynamik prägend sein können. Die

Suchrichtung hat im Hinblick auf ein Modell der Ressourcenproduktivität einige Ergebnisse hervorgebracht. Aus der neoklassischen Wachstumstheorie können die Bedeutung des technischen Fortschritts und von Faktorsubstitutionen entlehnt werden. Die neue Wachstumstheorie betont die Rolle von Lernprozessen. Ihre Annahme steigender Skalenerträge ist umweltökonomisch als weitere Entkoppelungsmöglichkeit wirtschaftlicher Leistungen von der Ressourcenentnahme interpretierbar; dies kann man als „green economies of scale" bezeichnen. Darüber hinaus sind ihre wirtschaftpolitischen Konsequenzen im Sinne einer integrierten Umweltpolitik, die die Rahmenbedingungen über ökonomische Anreizinstrumente ordnungspolitisch umgestaltet. Die evolutorische Ökonomie enthält wertvolle Hinweise auf Abweichungen von gleichgewichtsförmigen Entwicklungsprozessen, auf das Entstehen und die Umsetzung von Innovationen sowie auf den Übergang zwischen verschiedenen Marktstrukturen. Sie ist deshalb für die vorliegende Arbeit relevant (Kapitel 14.3.) . Insgesamt legitimieren die Ergebnisse das methodische Vorgehen, über eine Analyse der Wachstumstheorien die Ökonomie einer dynamischen Faktorreduktion theoretisch besser durchdringen zu können. Die Wachstumstheorien enthalten so gesehen modellhafte Beiträge zu einer Ökonomie der Ressourcenproduktivität. Es sei angemerkt, daß dieses Fazit keine Aussage über die Möglichkeit eines umweltverträglichen Wachstums enthält, sondern sich auf dynamische Prozesse zur Reduktion der Ressourcenentnahme konzentriert.

14. Die Genese des technischen Fortschritts

Die Wachstumstheorien weisen auf den technischen Fortschritt als entscheidende Größe für Produktivitätssteigerungen jeder Art hin. Für sie ist seine Umsetzung in den Unternehmen relevant. Im folgenden sollen neuere Erklärungsansätze zur Genese des technischen Fortschritts dargestellt werden. Sie ist für die vorliegende Arbeit von Interesse, weil eine zukunftsfähige Langfristdynamik mit einer Richtungsänderung des technischen Fortschritts verbunden ist. Eine solche Richtungsänderung setzt voraus, daß hinreichend klar ist, wie technischer Fortschritt überhaupt entsteht. Darüber hinaus sollten über die Ursachenanalyse Möglichkeiten erkennbar werden, wie eine Richtungsänderung des technischen Fortschritts angestoßen werden kann. Beide Voraussetzungen sind aus ökonomischer Sicht problematisch und sollen in den folgenden beiden Kapiteln vertiefend behandelt werden.

Technischer Fortschritt kann nach einer Definition von Helmut Walter wie folgt definiert werden:

„Technischer Fortschritt in der Volkswirtschaft kann uns in drei Formen begegnen:

- die Anwendung neuer Produktionsverfahren,
- die Schaffung neuer oder qualitativ verbesserter Güter und
- die Entwicklung und Nutzbarmachung neuer Mittel und Wege zur besseren Befriedigung menschlicher Bedürfnisse.“[306]

Nach dieser Definition bezieht sich technischer Fortschritt nicht allein auf die Produktion und betriebliche Kostenkriterien, sondern auf Güter allgemein und auch auf den Zweck, „neue Mittel und Wege für die bessere Befriedigung menschlicher Bedürfnisse“ zu entdecken und anzuwenden. Technischer Fortschritt ist somit ein Oberbegriff für qualitative Verbesserungen aller Art. Man kann auch sagen, daß er sich nicht notwendigerweise in einer steigenden Produktion erschöpft, sondern die Herstellung und Anwendung „anderer Güter mit besseren Eigenschaften“[307] bedeutet.

Die gegebene Definition ist für die vorliegende Arbeit hinreichend. Sie genügt den in Abschnitt A entwickelten Kriterien einer zukunftsfähigen Wirtschaft, wenn man die Möglichkeiten zur Bedürfnisbefriedigung künftiger Generationen mit einbezieht und einen Schutz des Naturhaushalts als physische Rahmenbedingung des Wirtschaftens akzeptiert. Darüber hinaus ist sie offen für eine Richtungsänderung und für einen Wandel der Präferenzen. Wenn man die erweiterte Definition dahingehend präzisiert, steht von der definitorischen Seite her einer stärkeren Berücksichtigung der Ressourcenproduktivität nichts entgegen.

14.1 Die Rolle von Investitionen, Lernprozessen und der Nachfrage

Seit den Arbeiten von Robert Solow ist die hohe Bedeutung des technischen Fortschritts unter Ökonomen unumstritten.[308] Nach seinem Modell ist der technische Fortschritt allerdings exogen; er fällt sozusagen „wie Manna vom Himmel".[309] Aus heutiger Sicht bleibt an dieser Einschätzung zutreffend, daß technische Erfindungen und Innovationen zufällig entstehen und in völlig anderen Gebieten als ursprünglich geplant zum Einsatz gelangen können. Die Technikgeschichte kennt eine Vielzahl solcher ungeplanter Neu- und Weiterentwicklungen („serendipity-inventions"). Wenn daher im folgenden Erklärungsansätze vorgestellt werden, bleibt zu bedenken, daß die Technologieentwicklung in weiten Teilen erklärbar sein mag, aber immer auch Elemente des Zufälligen enthalten wird. Wie bedeutend dieser Anteil ist, ist Gegenstand der folgenden Erklärungsansätze.

Für die Ökonomie ist eine Charakterisierung als exogene Größe unbefriedigend, weil die zentrale Ursache von Wachstumsprozessen aus dem theoretischen Bezugsrahmen fällt. Aus diesem Grund sind Ansätze entstanden, die den technischen Fortschritt in das ökonomische Theoriegebäude integrieren. Man spricht von einem „induzierten" in Abgrenzung von dem „autonomen" technischen Fortschritt. Hier lassen sich folgende Ansätze unterscheiden:

- Investitionsinduzierung,
- Lernprozeß- bzw. F&E-Induzierung,
- Nachfrageinduzierung.

Investitionen setzen den technischen Fortschritt in der Produktion um und werden getätigt, wenn neue Erfindungen den Einsatz anderer Kapitalgüter erfordern.[310] Investitionsinduzierter Fortschritt wird nach Solow als „embodied", d.h. *kapitalgebunden* bezeichnet; demgegenüber handelt es sich bei „disembodied technical progress" um einen kapitalungebundenen technischen Fortschritt. Ein methodisches Problem bei der Analyse des investitionsinduzierten Fortschritts ist die Altersstruktur des Kapitalstocks („vintage"). Wenn ein bestimmter Jahrgang in einer Produktionsfunktion erfaßt wird, setzt sich der Kapitalstock gleichermaßen aus modernen und veralteten Anlagen zusammen. Nach den Annahmen der hohen Substituierbarkeit und der Stetigkeit des technischen Fortschritts müßte die Anpaßbarkeit des Kapitalstocks jederzeit hoch sein, im Idealfall sogar beliebig hoch. Ein Prinzip der beliebigen Anpaßbarkeit („malleability") ist jedoch unrealistisch. Tatsächlich ist eine Substitution zwischen Arbeit und existierenden Kapitalgütern kaum möglich, und nach der Installation einer Anlage sind Anpassungen an neuere technische Entwicklungen nur begrenzt möglich. Gegebene Kapitalgüter können nicht beliebig lange modernisiert werden, sondern müssen zu einem geeigneten Zeitpunkt durch eine neue Anlage ersetzt werden. Diesen Zusammenhang stellen *Putty-Clay-Modelle* dar, nach denen die Veränderung von Anlagen vor der Installation beliebig wie weicher Kitt („Putty") ist, nach der Installation jedoch so schwierig wie die Bearbeitung von gebranntem Ton („Clay"). Putty-Clay-Modelle operieren mit zwei Produktionsfunktionen, die die unterschiedlichen Möglichkeiten der Technologiewahl und der Substituierbarkeit zu unterschiedlichen Zeitpunkten abbilden.[311] Kapitalgebundener technischer Fortschritt bezieht sich deshalb in der Regel auf variable Proportionen ex ante und fixe Proportionen ex post.

Die Untersuchungen über die Rolle von Investitionen und die Erneuerung des Kapitalstocks werden durch einen Ansatz ergänzt, den Arrow unter dem Stichwort „Learning by Doing" vertritt.[312] Er untersucht die *Lernprozesse* bei der Produktion, die technisches Wissen hervorbringen und leitet eine optimale Allokation der Arbeits- und Weiterqualifizierungszeiten ab. Aus heutiger Sicht ist sein Ansatz der Vorläufer zu differenzierteren Modellen der Integration des Faktors Lernen und der Humankapitalbildung, die im folgenden Kapitel dargestellt werden. Sein Ansatz war zunächst problematisch, weil er keinen Stabilitätsbeweis für das Wachstum auf dem Gleichgewichtspfad führen konnte.[313] Ferner waren wichtige Parameter wie Arbeit und technischer Fortschritt exogen vorgegeben. Ein hinreichender

Erklärungsansatz für den Zusammenhang zwischen Lernprozessen, technischem Fortschritt und Wachstum mußte deshalb vorläufig mißlingen.

Die beiden vorherstehend skizzierten Erklärungsansätze zur Entstehung des technischen Fortschritts sind angebotsorientiert. Sie werden auch unter dem Stichwort „*Technology-Push*" zusammengefaßt.[314] Demgegenüber betont vor allem Schmookler die wichtige Rolle der Nachfrage (*Demand-Pull*).[315] Er belegt seine Theorie eines Nachfragesogs mit der Entwicklung des Eisenbahnwesens im 19. und frühen 20. Jahrhundert, die im wesentlichen auf die starke Ausdehnung der (staatlichen) Nachfrage zurückging. Auch im Bereich der Energiewirtschaft lassen sich Belege für einen staatlicherseits induzierten Entwicklungsschub identifizieren, wenn man etwa an die Entwicklung der Kernenergie denkt. Auf dem Gebiet der Effizienztechnologien hat sich unter dem Stichwort „Demand-Side-Management" ein Ansatz fest etabliert, nach dem Energieversorgungsunternehmen aufgrund bestimmter Rahmenbedingungen die Nachfrage mit Effizienztechnologien befriedigen, um den Zubau von Kraftwerken so gering wie möglich zu halten. Die Nachfrage dient dabei als Selektionsmechanismus für die Auswahl der bestmöglichen Technologiekombination.

Die genannten Beispiele illustrieren, daß Schmookler mit seiner These eines Nachfragesogs einen wichtigen Erklärungsansatz für die Technologieentwicklung gegeben hat. Für das konkrete Wie und Warum der Innovationsentwicklung müssen dennoch ergänzende Ansätze zu Rate gezogen werden, da Entwicklungsprozesse im Regelfall unter unvollkommenen Informationen über die künftige Nachfrage stattfinden und Nachfrage ohnehin nicht auf staatliche beschränkt werden kann. Die These eines „Nachfragesogs" ist deshalb ein wichtiges, aber kein dominierendes Element von Erklärungsansätzen zur Genese des technischen Fortschritts.

Die drei dargestellten Ansätze stehen im Zusammenhang mit den wachstumstheoretischen Bemühungen um den Nachweis eines Wachstumsgleichgewichts, die für Erklärungsansätze zur Genese des technischen Fortschritts wenig zielführend sind. Die Neoklassik geht deshalb dazu über, konkrete Prozesse der Technologieentwicklung im Rahmen der in den achtziger Jahren entstandenen Innovationsökonomie zu behandeln. So gesehen bilden die Erklärungsansätze über die Investitions-, Lernprozeß- und Nachfrageinduzierung eine Ausgangsbasis und können in einen veränderten theoretischen Kontext eingefügt werden.

14.2 Pioniergewinne, lernfähige Organisationen und Netzwerke

Die Innovationsökonomie bringt neuartige Erklärungsansätze zur Genese des technischen Fortschritts hervor. Sie versucht, den technischen Fortschritt dort zu erfassen, wo er entsteht und setzt auf den Ebenen der Unternehmen, der Forschung und Entwicklung, der Wissensvermittlung und Lernprozessen an. Dieser Übergang führt zu einer Renaissance von Schumpeter, der als erster den technischen Fortschritt endogen betrachtete, dessen Überlegungen aber lange Zeit nicht in die formalen Modelle der Neoklassik übertragbar waren.[316] Neuere Ansätze betrachten den Ablauf eines Innovationsprozesses über die Systeme Innovator, Organisation und soziale Umwelt. Diese Systeme sind untereinander verbunden und wirken aufeinander ein. Der Innovator, beispielsweise ein Unternehmer[317] Schumpeterscher Prägung, zeichnet sich durch Erfindungsreichtum, Weitsicht, Pioniergeist und Tüchtigkeit aus. Die Organisation (ein Unternehmen) ist auf die aktive Gestaltung ihres ökonomischen Umfeldes oder auf die kreative Anpassung an Veränderungsprozesse ausgerichtet. Das Umfeld zeichnet sich durch Komplexität, Dynamik und eine Interaktion mit sozialen, kulturellen und politischen Faktoren aus; es bestimmt letzten Endes die Innovationsfähigkeit einer Volkswirtschaft.[318]

Systemanalytische Modelle können auf dieser Basis den mikroökonomischen Innovationsprozeß erklären und Kriterien für ein innovationsfreundliches Umfeld in und zwischen den Unternehmen, in anderen Organisationen oder durch die Politik erarbeiten. Sie haben zu wichtigen Erkenntnissen in der ökonomischen Theoriebildung geführt. Ein wichtiger Ansatz ist die Annahme *bleibender Gewinne* („first mover advantages") für Innovatoren. Nach einem Pionier-Nachfolger-Schema treten Opportunitätskosten der Zeit auf. Für Pioniere ergeben sich über Patente und die folgenden sukzessiven Verbesserungen des Produktes oder der Produktionsverfahren im Zuge von Skalen- oder Lernkurveneffekten Vorteile durch die Ersteinführung am Markt. In frühen Marktphasen ist nachfolgenden Unternehmen der Zutritt leichter als in späteren Phasen möglich. In späteren Marktphasen dominieren mit der Ausreifung der Technologie internes Erfahrungswissen, inkrementale Prozeßverbesserungen, hohe F&E-Eintrittskosten sowie realisierte Kosten- und Preissenkungen der Innovatoren.

Pioniergewinne kommen daher den besten Konkurrenten und ihren Nachfolgern in unterschiedlichem Ausmaße zugute. Auch die Nachfolger können das erworbene Know-how immer noch in anderen F&E-Projekten oder Innovationsbemühungen einsetzen. Dies ist nach Stiglitz um so erfolgreicher, desto mehr Erfahrungen mit ähnlichen Technologieproblemen bereits gesammelt werden konnten.[319] Innovationsprozesse lösen *positive externe Effekte* aus, die primär den aktiven Unternehmen zugute kommen. Der Pioniergewinn ist relativ zu den Mitkonkurrenten, und eine Wettbewerbssituation „the winner-take-all“[320] stellt eher einen Sonderfall dar. Beispiele für positive externe Effekte sind die Verbesserung der Infrastruktur als Folge von Innovationen, wie sie sich im Telekommunikationssektor zeigt und verbesserte Möglichkeiten für die Grundlagenforschung. Die Klimaforschung beispielsweise wäre ohne die Möglichkeiten moderner Großrechner bei weitem nicht auf ihrem aktuellen Stand.

Die Annahme von Pioniergewinnen bringt ein neues Verständnis von Sickereffekten des technischen Fortschritts zum Ausdruck. Nach der Neoklassik ist der technische Fortschritt weitgehend ein öffentliches Gut und die Unternehmen agieren nach der Cournot´schen Verhaltensannahme annähernd gleich, so daß zwar im Modell des sog. Bertrand-Wettbewerbs[321] vorübergehende Monopolgewinne möglich sind, die Wachstumsprozesse aber immer wieder rasch zum Gleichgewicht tendieren. Bleibende Pioniergewinne beinhalten jedoch, daß der technische Fortschritt auch den Charakter eines *privaten Gutes* annimmt, die Unternehmen am Markt unterschiedlich rasch agieren und daß das Erreichen von Gleichgewicht somit erschwert wird. Damit trifft die Innovationsforschung Aussagen, die makroökonomisch von der neuen Wachstumstheorie und der evolutorischen Ökonomie vertreten werden. Romer beispielsweise unterscheidet in seinem Modell firmenspezifisches Wissen (e) von allgemein zugänglichem Wissen (E).[322]

Die Unternehmen partizipieren nach der Innovationsökonomie keineswegs automatisch am technischen Fortschritt. Vielmehr lassen sich *unterschiedliche Unternehmenstypen* unterscheiden, die vom dynamischen Schumpeter-Unternehmer bis hin zu Unternehmen reichen, die sich von der Innovationsentwicklung abkoppeln und unter Wettbewerbsbedingungen schließlich aus dem Marktgeschehen verdrängt werden. Schumpeter sieht ein wesentliches Motiv für Veränderungen in der Psyche einzelner Unternehmer:

> „Da ist zunächst der Traum und der Wille ein privates Reich zu gründen, meist, wenngleich nicht notwendig, auch eine Dynastie. (...) Da ist sodann der Siegerwille. Kämpfen wollen einerseits, Erfolg haben wollen des Erfolges als solches wegen andererseits. (...) Freude am Gestalten endlich ist eine dritte solche Motivfamilie (...)“[323]

Neben den schöpferischen Unternehmer als Pionier stellt z.B. Kirzner den findigen Unternehmer.[324] Mit Findigkeit bezeichnet er alle Aktivitäten, die sich auf ungenutzte Gelegenheiten, brachliegendes Wissen, unausgeschöpfte Nachfrage und Koordinationschancen durch Marktprozesse beziehen. Damit wird der Unternehmer zum ausgleichenden Element im Marktgeschehen. Anders als bei Schumpeter ist der Unternehmer nicht die aus dem Gleichgewicht heraus drängende Kraft, sondern die zum Gleichgewicht hin orientierte. Kirzner hat deshalb mit seiner Sichtweise dazu beigetragen, daß die Innovationsforschung nach dem Sturm-und-Drang-Ansatz Schumpeters die Ebene der „Allerweltserneuerung"[325] stärker betont. Erwähnt seien auch die vier Unternehmertypen nach Heuss, der Pioniere, Imitatoren, Marktanpasser und immobile Unternehmer unterscheidet.[326]

In Anknüpfung an Arrow betonen innovationsökonomische Ansätze die Rolle von *Lernprozessen.* Anders als in neoklassischen Standard-Modellen, die die Bildung von der Produktion trennen, betonen neuere Ansätze die partielle Entstehung des technischen Fortschritts als *Spillover* der Produktion, quasi als Nebenprodukt. Dieser Effekt kann je nach Betonung von stärker kapital- oder arbeitsinduzierten Lernprozessen als Learning-by-Doing,[327] Learning-by-Using,[328] oder Training-on-the-Job bezeichnet werden. Solche Spillover-Effekte sind nur vordergründig ohne spezifische Eigenanstrengungen möglich. In der Regel gehen sie auf vorgelagerte Innovationsaktivitäten zurück und sind mit der „absorptiven Kapazität",[329] d.h. der Lernfähigkeit einer Organisation eng verbunden. Diese Lernfähigkeit ist zu erhalten und stetig zu verbessern, da der Wettbewerb für die Unternehmen entweder eine aktive Beeinflussung oder eine Anpassung erfordert und so ständig Lernprozesse stattfinden müssen.

Wie die Lernfähigkeit, d.h. konkret die Fähigkeit zum Generieren neuer Ideen und Visionen, zum Verändern bestehender Prozesse, zum Imitieren auswärtiger Entwicklungen und zum Anpassen an exogene Veränderungen, verbessert werden kann, bildet ein Kernproblem der Innovationsforschung. Dabei wird deutlich, daß Lernprozesse deutlich komplexer verlaufen als ein quasi mechanischer Vorgang, in dem ein Wissenschaftlerpool erfindet, die Erfindung im Unternehmen verfeinert wird und sich nach der Produktion am Markt bewährt. Vielmehr handelt es sich um vielschichtige und interaktive Prozesse, in der kognitives und nicht-kognitives Lernen, formelle und informelle Gruppen sowie neben rationalen auch subjektiv-emotionale Kriterien eine Rolle spielen. Die ablaufenden Lernprozesse können so betrachtet recht gut mit der Metapher einer „Interferenz von Wissenskulturen"[330] verstanden werden. Einfache Steuerungsansätze für die Verbesserung der Lernfähigkeit greifen deshalb zu kurz. Deshalb wird ein Postulat von Ulrich Beck interessant, Freiheit für die Technik walten zu lassen. Nach Beck schafft erst die Freiheit für die Technik die Voraussetzung für ihre Kritik und die Möglichkeit einer Selbststeuerung.[331] Diese Überlegung zur Selbststeuerung eines komplexen Systems ähnelt durchaus einigen Vorstellungen der Innovationsökonomie. Allerdings geht der Soziologe Beck mit seinen Gedankenspielen zu einer Entmachtung der Deutungsmonopole und einer Gewaltenteilung über die Innovationsökonomie hinaus, die primär eine Verbesserung der Innovationsfähigkeit anstrebt.

Der zunehmende Prozeß der arbeitsteiligen und zwischenbetrieblichen Kooperation begünstigt die Entstehung von *Netzwerken*[332] und technologischen Clustern, die sich auf der Ebene einzelner Unternehmen, zwischen den Branchen und weltweit zwischen den Volkswirtschaften bemerkbar machen. Sie führen zu einer ungleichförmig und nicht-linear verlaufenden Entwicklung. Im Zeitverlauf entstehen daraus unterschiedliche „Technologiepfade" oder „Innovationsparadigmen", die die jeweilig zur Auswahl stehenden Möglichkeiten bündeln und sich auf bestimmte Optionen festlegen.[333] Entwicklungsprozesse werden kanalisiert und für einen bestimmten Zeitraum nahezu irreversibel geprägt. Dieses neue Verständnis der Technologieentwicklung ist nach Paul David als „QWERTY-Ökonomie" charakterisierbar.[334] Die Buchstabenanordnung bildet einen Ausschnitt aus der Tastatur der amerikanischen Schreibmaschine. Sie gilt ergonomisch nicht als optimal, wird jedoch beibehalten, weil sie sich weltweit durchgesetzt hat. Die QWERTY-Ökonomie bringt daher zum Ausdruck, daß kein rationales Marktverhalten mit jederzeit möglichem Wandel vorausgesetzt werden kann, sondern Technologiepfade ein beachtliches Beharrungsvermögen aufweisen: das „Lock-in" Phänomen.[335]

Technologiepfade oder Innovationsparadigmen können für einen längeren Zeitraum Vorteile bieten. Im Zeitverlauf führen sie zu Verkrustungen, wenn nämlich eine bestimmte Technologie nicht weiter verbessert werden kann, sondern abgelöst werden muß. Diesen Prozeß hat Schumpeter als „schöpferische Zerstörung" bezeichnet: alte Technologien werden obsolet, indem bessere entstehen. Technologiepfade sind in ihrer Anfangsphase dynamisch und in späteren Phasen mit dem Risiko eines Marktmonopols verbunden, bessere Lösungen zu behindern und in eine Sackgasse zu führen, weil bestimmte Alternativen nicht weiter verfolgt werden.

Nach dem Gesagten wird deutlich, daß man die neue Wachstumstheorie als makroökonomisches Pendant zu weiten Teilen der Innovationsökonomie betrachten kann. Beide betonen die Bedeutung von Lernprozessen, Spillover-Effekten und technologisch-ökonomischen Paradigmen. Ihre Ansätze gehen über statische Gleichgewichts- und Allokationsfragen hinaus, weil sie den technischen Fortschritt als kumulativen Prozeß begreifen, in dem Wettbewerb und Innovationstätigkeit immer wieder neues Wissen hervorbringen. Anders als die neoklassischen Wachstumstheorien gehen sie von einer zunehmenden Grenzproduktivität des Wissens aus. Die Wachstumspolitik soll dies über die Finanzierung und Organisation von Bildungs- und Forschungseinrichtungen flankieren. Insgesamt lassen sich in neueren Erklärungsansätzen sechs Merkmale des technischen Fortschritts identifizieren, die die traditionelle neoklassische Sichtweise erweitern:

1) die endogene Betrachtung,
2) die Charakterisierung als öffentliches und als privates Gut,
3) die hohe Bedeutung von Lernprozessen,
4) die Annahme einer kumulativen Weiterentwicklung,
5) die Annahme positiver externer Effekte und Spillovers,
6) die Betrachtung von Technologiepfaden, die im zeitlichen Verlauf zu Engpässen und Phasenübergängen führen.

14.3 Technisch-ökonomische Paradigmen, Meta-Paradigmen und Phasenübergänge

In der Innovationsforschung entstehen Aussagen, die tendenziell über die traditionelle Neoklassik hinausweisen. Die Diskrepanz zwischen weiten Teilen der Innovationsforschung und neoklassischen Standardannahmen läßt sich in der Frage ausdrücken, „warum es jemals eine Motivation geben sollte, etwas Neues zu erfinden, solange sich jeder im Gleichgewicht in einem Optimum befindet.“[336] Neoklassische Ansätze gehen von der problematischen Annahme aus, daß Eigenschaften und Ertragsraten einer Neuerung in einem frühen Stadium der Entscheidungsfindung bereits bekannt sind, damit eine optimale Entscheidung getroffen werden kann. Was in der Realität ein oft mühsamer, mal inkrementaler und mal sprunghafter Prozeß mit ungewissem Ausgang ist, erscheint als vollständig abschätzbare einzelbetriebliche Analyse. Die evolutorische Ökonomie formuliert demgegenüber zwei grundlegende theoretische Neuerungen. Sie erklärt Innovationen nicht mehr durch gewinnmaximierende Ansätze auf der Grundlage von Gleichgewichtszuständen, sondern durch a) unterschiedliche unternehmerische Verhaltensweisen und b) ungleichgewichtige und dynamische Wettbewerbsprozesse.

Im Mittelpunkt evolutorischer Erklärungsansätze zum technischen Fortschritt stehen der Unternehmer als entscheidender Akteur, die Innovation als Entwicklungsprozeß und der Phasenübergang zwischen Paradigmen als neuer Entwicklungsschub. Zum Unternehmertypus werden verschiedene Betrachtungsweisen entwickelt. Schumpeter sieht in der Person des Unternehmers die zentrale Figur für wirtschaftliche Veränderungen. Er betrachtet überwiegend spektakuläre Erfindungen, die zu völlig neuartigen Marktkonstellationen führen. Seine Auffassung vom unternehmerischen Pioniergeist wird von der evolutionären Ökonomie relativiert,[337] nach der schrittweise und punktuelle Verbesserungen für Veränderungen ebenfalls maßgeblich sind.[338]

Die evolutionäre Ökonomie verbindet die Schumpetersche Unternehmenstheorie mit der behavioristischen Schule und rückt dadurch das Anpassungsverhalten am Markt und sukzessive Verbesserungen stärker in den Mittelpunkt. Unternehmen richten ihre Organisationsverhalten nach Regeln der Gewinnsteigerung, der Imitation, der Routine und des Überlebens aus. Dabei findet eine Weiterentwicklung der behavioristischen Theorie statt, indem Marktmechanismen und Wettbewerbsprozesse integriert werden. Der dynamische Wettbewerb bildet den Selektionsmechanismus und die Antriebskraft der wirtschaftlichen Evolution, der über Erfolg und Mißerfolg von Innovationen und Unternehmen entscheidet. Dieser Selektionsmechanismus weist einen interaktiven Charakter auf. Er räumt den Unternehmen unterschiedliche Expansionschancen ein und wird gleichzeitig von denjenigen Unternehmen selber beeinflußt, die offensiv und mit einer klugen Strategie agieren. Der Wettbewerb konstituiert einen Entwicklungsprozeß, in dem erfolgreiche Unternehmen wachsen, weniger erfolgreiche stagnieren und andere aus dem Markt ausscheiden. Im Ergebnis entsteht eine neue, nicht determinierte und vorübergehende Ordnung.

In der evolutorischen Ökonomie hat u.a. der Vergleich zwischen ökonomischen und wissenschaftlichen Veränderungen zu Forschungsarbeiten über das Entstehen sog. „*technologisch-ökonomischer Paradigmen*“ geführt.[339] Ähnlich wie sich die

Forschung entlang von Programmen, Schulen und Theorien bündelt, spezialisiert und weiterentwickelt, verlaufen die F&E-Prozesse in den Unternehmen. Paradigmen kennzeichnen also grundsätzliche Orientierungen und Richtungsentscheidungen zugunsten bestimmter Technologiepfade. Sie können im technisch-ökonomischen Bereich durch unterschiedliche Zielsetzungen definiert werden sowie durch technische Verfahren, Finanzierungsmodelle, politische Rahmenbedingungen etc. Einige Beispiele für die Auswahl zwischen solchen Paradigmen im umweltökonomischen Bereich sind:

- erneuerbare Energieträger oder Kernenergie,
- Effizienzauto (weniger als 3 l Verbrauch/100 km) oder Elektroantrieb,
- Wärmedämmung oder Materialeinsparung bei Gebäuden,
- synthetische Stoffe mit umweltverträglichen Eigenschaften oder erneuerbare Rohstoffe,
- in die Landschaft integrierte Flachbauten oder flächensparende Mehrgeschoßbauweise,
- regionale oder überregionale Kreislaufführung von Wasser, anderen Stoffen etc.
- rohstoffschonende Ernährung mittels Bio- und Gentechnologie oder ökologischer Landbau.

Wenn am Markt aus unterschiedlichen Paradigmen einige wenige ausgewählt werden, so wird dies als F&E-Trajektorie bezeichnet. Eine Trajektorie ist über eine Abfolge bestimmter Schritte entlang eines bestimmten Paradigmas definierbar. Diese Auswahl kanalisiert die Innovationsbemühungen und verstärkt sie durch die Kumulierung von Know-how. Dabei treten Spillover-Effekte auf. In gewisser Weise handelt es sich dabei um einen irreversiblen Prozeß, da jede Trajektorie mit einer eigenen Dynamik verbunden ist und nur unter hohen Kosten verlassen werden kann. Dies ändert sich erst, wenn die Innovationspotentiale erschöpft sind und neue Paradigmen entstehen. Es kommt zu einem Phasenübergang. Nach der evolutionären Ökonomie ist der Zeitpunkt des Phasenüberganges keineswegs beliebig. Dosi argumentiert:

> „I suggest (...) that environmental factors are going to succeed in radically changing the directions and procedures of technical progress only if and when they are able to foster the emergence of new paradigms.“[340]

Die These, daß ein Phasenübergang erst nach dem Entstehen eines neuen Paradigmas stattfindet, wird von der neoklassisch ausgerichteten Innovationsforschung nicht in dieser Form vertreten. Für eine derartige These spricht die Annahme einer lange Zeit wirksamen Routine und inkrementaler Verbesserungen, die erst durch die Überlegenheit eines neuen Paradigmas überwindbar sind. Andererseits fällt es schwer zu unterscheiden, inwieweit Impulse für Richtungsänderungen bereits von offensichtlichen Mängeln gegebener Technologien und veränderten Rahmenbedingungen ausgehen oder ob sich tatsächlich erst ein neues Paradigma etablieren muß. Hier ist Forschungsbedarf, bei dem die evolutionäre Ökonomie mit ihrer Anlehnung an die Evolution, ihrer Betonung von Ungleichgewichtszuständen und ihrem Interesse an Phasenübergängen zwischen unterschiedlichen Paradigmen einen guten Ausgangspunkt für weitergehende Betrachtungen bietet. Neben technisch-ökonomischen sind auch politisch-institutionelle und soziale Faktoren zu berücksichtigen.

Die evolutionäre Ökonomie stellt weitergehende Überlegungen zu außerordentlichen Technologiesprüngen und grundlegend neuen Paradigmen an. Viele Paradigmen entstehen im Zeitverlauf aus inkrementalen Verbesserungen und aus einer Auswahl von Technologieangeboten für eine definierbare Nutzung. Historisch lassen sich darüber hinaus unterschiedliche Abschnitte einer Langfristdynamik identifizieren, die auf Basisinnovationen und Phasenübergänge zurückgehen und die ökonomisch und kulturell eine ganze Epoche prägen.[341] So hat die Stahlproduktion Ende des 19. Jahrhunderts die Schwerindustrie ermöglicht, später die Erdölindustrie das Automobilzeitalter, und aktuell zeichnet sich das Informationszeitalter ab. Derartige Paradigmen werden als „*Meta-Paradigmen*“[342] analysiert. Ein Meta-Paradigma bildet einen Schlüsselfaktor der Entwicklung, der weniger als isolierter Faktor in Erscheinung tritt, sondern als Zentrum eines dynamisch wachsenden Systems technischer, sozialer und organisatorischer Innovationen. Es zeichnet sich u.a. durch nahezu universell verfüg- und anwendbare Technologien aus, die sich auf die Faktorpreise auswirken und Systemlösungen ermöglichen. Möglicherweise kann Ressourcenproduktivität zum Meta-Paradigma einer öko-sozialen Reformära werden.

Die evolutionäre Ökonomie bietet insgesamt den Vorteil, wichtige Ansätze der Innovationsforschung aufzugreifen und gleichzeitig einige theoretische Defizite der Neoklassik aufzuarbeiten und weiterzuentwickeln.[343] Ihre solide Mikrofundierung mit einem realitätsnahen Verständnis unternehmensinterner Veränderungsprozesse bildet eine wichtige Voraussetzung für ein besseres Verständnis des ökonomischen und technischen Wandels. Mit ihrer Analyse von Ungleichgewichtzuständen hat die evolutionäre Ökonomie ein Terrain betreten, zu dem die Neoklassik kaum einen geeigneten analytischen Zugang hat. Dabei ist gegenwärtig offen, ob dieses Forschungsgebiet zu einer Ablösung des Paradigmas „Gleichgewicht" führt, oder ob Gleichgewichtszustände als Teilelement einer Ökonomie begriffen werden, die sich überwiegend in Übergängen befindet.[344] Für ein analytisches Modell der Ressourcenproduktivität kann diese Frage durchaus vorläufig offen bleiben.

Die evolutionäre Ökonomie vernachlässigt allerdings bislang zwei Bereiche, die für einen künftigen Anstieg der Ressourcenproduktivität relevant sind: die Nachfrage und die Entwicklung von Szenarien. Sie betrachtet die Nachfrage als kaum analysierbaren Selektionsmechanismus und steht mit ihrer Betonung angebotsseitiger Innovationsimpulse durchaus in einer neoklassischen Denktradition.[345] Demgegenüber sollten Arbeiten zur Öko-Effizienz sich intensiv mit der *Nachfrage* auseinandersetzen. Dies betrifft zum einen das Nachfrageverhalten, das staatlicherseits über das Setzen von Umweltzielen und veränderte Rahmenbedingungen angestoßen wird. Nachfrage ist zum anderen Ausdruck des Kaufverhaltens privater Haushalte. In einigen Bereichen wird der Markt für Umweltgüter in starkem Maß von den Endverbrauchern getragen. Lebensmittel, Textilien, Baumaterialien (einschl. Lacke und Farben), Elektrogeräte, Wasch- und Hygieneartikel sind einige Bereiche, in denen sich Ökoprodukte vom Nischendasein zu einem relevanten Nachfragefaktor entwickelt haben. Auch in Märkten wie Automobil und Tourismus werden zunehmend neue, umweltorientierte Produktlinien und Dienstleistungsangebote von den Käufern nachgefragt. Veränderte Präferenzen beeinflussen neben der Konsumgüterproduktion und dem Dienstleistungsangebot die gesamte Lebenszykluskette von Gütern, weil sie über den Handel und die Produzenten auch an Vorlieferanten weitergegeben werden. Nahrungsmittelerzeugung, Produktion und Transportintensität werden u.a. aufgrund des Nachfrageverhaltens und sozio-kulturellen Veränderungen von den Unternehmen verändert. Ein verändertes Käuferverhalten soll an dieser Stelle noch nicht vertieft werden (Kapitel 17). Die Aussage lautet, daß die evolutionäre Ökonomie den Bereich der Nachfrage zu indifferent behandelt und somit der Ergänzung bedarf.

Gegenüber zukunftsorientierten Szenarioanalysen ist die evolutionäre Ökonomie sehr zurückhaltend.[346] Steuerungstheoretisch steht sie in einer liberalen

Denktradition, die gegen eine Vorhersagbarkeit aufgrund gewählter Parameter „evolutionäre" Argumente vorträgt. Eine solche Skepsis ist nachvollziehbar, jedoch wirtschaftspolitisch bedauerlich, denn die Analyse von Paradigmen und Phasenübergängen bilden reizvolle Ansatzpunkte für eine Analyse veränderter Trends. Die Abstinenz gegenüber der Entwicklung eigener Szenarien ist für die evolutionäre Ökonomie deshalb nicht zwingend, zumal ihre Skepsis gegenüber planenden Ansätzen von der sozialwissenschaftlichen Forschung weitgehend geteilt wird.[347] Die Forschung sollte somit versuchen, eine politiknahe Szenarioanalyse für unterschiedliche Paradigmen und Technologiepfade aufzubauen. Evolutionäre Szenarien können dort zur Anwendung gelangen, wo dynamische Veränderungen mit einem Paradigmenwechsel verbunden sind, also beispielsweise im Energie-, Verkehrs-, Ernährungs- und Stoffstrombereich.[348]

14.4 Fazit: Technischer Fortschritt fällt nicht vom Himmel

Die Forschung zur Genese des technischen Fortschritts zeigt mittlerweile zufriedenstellende Ergebnisse. Vor allem die Innovationsforschung und die neue Wachstumstheorie haben das Verständnis über die Technologieentwicklung weiter verbessert, so daß ein systematisches Innovationsmanagement zumindest in einigen Bereichen möglich ist. Die einhellige Betonung von Lernprozessen innerhalb und zwischen den Unternehmen verweist dabei auf die Einheit zwischen technologischen und sozio-kulturellen Faktoren; im Grunde sind der technische und der soziale Fortschritt untrennbar miteinander verknüpft.

Annahmen über die kumulative Weiterentwicklung der Technologieentwicklung aufgrund von unvollkommenen Märkten, Pioniergewinnen, Spillover-Effekten, Netzwerkexternalitäten und Paradigmen sind für die Möglichkeit einer Richtungsänderung von grundlegender Bedeutung. Sie verweisen einerseits auf das Beharrungsvermögen der Marktkräfte und andererseits auf die Chance, neue und umweltökonomisch erfolgreiche Technologiepfade für eine zukunftsfähige Langfristdynamik einzuschlagen. Solche Technologiepfade können grundsätzlich auf eine sinkende Ressourcenentnahme ausgerichtet sein, weil die genannten Faktoren quasi richtungsneutral sind. Für die langfristige Orientierung sind Meta-Paradigmen faszinierende Denkansätze. Beginnt möglicherweise ein Übergang vom Zeitalter der Arbeitsproduktivität und der Massenproduktion mit kostengünstigen Energiepreisen zum Zeitalter der Ressourcenproduktivität und der Qualitätsgüterproduktion mit kostengünstigen Informationspreisen?

Die Reflexion einschlägiger Erklärungsansätze mahnt allerdings zu einer Zurückhaltung vor Steuerungsoptimismus. Tatsächlich handelt es sich bei den Phänomenen der Entstehung und Verbreitung von Innovationen in Teilen immer noch um ein geheimnisvolles terra incognita. Eine gesamtwirtschaftliche Richtungsänderung des technischen Fortschritts kann aus diesem Grund nicht aus einfachen Erklärungsmustern oder Patentrezepten abgeleitet werden. Diese skeptische Einschätzung trifft allerdings auf realpolitisch angewandte Steuerungsansätze in vergleichsweise stärkerem Ausmaß zu. Instrumente wie die Technikfolgenabschätzung und die Umweltverträglichkeitsprüfung setzen in der Regel entweder zu früh an – dann können sie nicht zu belastbaren Aussagen gelangen, oder zu spät – dann sind wesentliche Entscheidungen bereits getroffen.[349] Sie sind ferner der Versuch einer ex-post Kontrolle und wirken sich kaum auf die Genese von Innovationen aus. Es ist deshalb eine Stärke ökonomischer Erklärungsansätze, die Rolle von Unternehmen, Wettbewerbsprozessen und politisch gestalteten Rahmenbedingungen gegenüber rein verfahrensorientierten und reglementierenden Ansätzen zu bestätigen.

15. Möglichkeiten einer Richtungsänderung des technischen Fortschritts

Mit den Ausführungen zum Stand der Forschung über die Genese des technischen Fortschritts soll den folgenden Möglichkeiten für eine Richtungsänderung die Schärfe denkbarer Gegeneinwände genommen werden. Es geht weder um eine Renaissance der Steuerungseuphorie aus den siebziger Jahren noch um ein Weiterführen des Laisser-Faire-Optimismus der achtziger Jahre, sondern um eine notwendige Gestaltung von Rahmenbedingungen, ohne die der Naturhaushalt nicht geschützt werden kann. Ressourcenproduktivität bietet dabei den Vorteil, nicht auf einzelstoffbezogene Detailreglementierungen abzuzielen, sondern quasi „Leitplanken" (Schmidt-Bleek) für eine dynamische Entwicklung zu setzen. Daß dies mit einer Richtungsänderung verbunden ist, erklärt sich aus der gegenwärtigen Höhe des Mengenumsatzes von Energie und Material, der in den westlichen Industrieländern deutlich zu hoch liegt. Bei diesem Veränderungsprozeß wirken technische, ökonomische, soziale und politische Aspekte aufeinander ein.

Möglichkeiten einer Richtungsänderung ergeben sich aus einer Veränderung relevanter Rahmenbedingungen der Technikentwicklung. Sie sind keine mechanischen, linear wirkende Hebel, sondern Impulse für stetige Veränderungen, über deren konkrete Ausgestaltung und dynamische Weiterentwicklung im zeitlichen Verlauf der Markt, die Politik und Kommunikationsprozesse entscheiden. Die folgenden Ausführungen verstehen sich daher als Schritte in die Richtung fundierterer Erkenntnisse.[350]

15.1 Ein Lohn für den Naturhaushalt

Ein Ansatzpunkt für eine Richtungsänderung des technischen Fortschritts liegt in der Veränderung der relativen Faktorpreise. Investitionen, Lernprozesse und Nachfrageverhalten richten sich wesentlich nach relativen Faktorpreisen und Erwartungen über ihre zukünftige Entwicklung. Wenn die relativen Preise für Energie und andere Ressourcen schrittweise ansteigen, so werden sich die Innovationen entlang der Wertschöpfungsketten in Richtung energieeffizienter und ressourcenproduktiver Technologien orientieren. Im Laufe der Zeit entsteht so ein anderer technischer Fortschritt. Die grundlegende Bedeutung der Faktorpreise für die Technologieentwicklung hat bereits Hicks erkannt. Seine Erkenntnisse sind von Arthur Rosenberg, Paul David u.a. verfeinert worden.[351] Hicks formuliert:

> „A change in the relative prices of the factors of production is itself a spur to invention, and to innovation of a particular kind – directed to economising the use of a factor which has become relatively expensive."[352]

Ein faktorpreisinduzierter Produktivitätsanstieg ist wirtschaftshistorisch vor allem an dem Zusammenhang zwischen Lohnsteigerungen und den Verbesserungen der Arbeitsproduktivität erkennbar. Nach der Grenzproduktivitätstheorie fördern Lohnsteigerungen, die sich an der Produktivitätsentwicklung orientieren, gleichgewichtige Wachstumsprozesse. Lohnsteigerungen sind Folge eines vorausgegangenen Produktivitätsanstiegs und bilden wiederum einen Anreiz für einen weiteren Produktivitätsanstieg, so daß ein sich selbst verstärkender Prozeß entsteht. Der enorme Anstieg der Arbeitsproduktivität seit Beginn der Industrialisierung kann als langfristiger Ausdruck dieses kumulativen Prozesses angesehen werden.[353]

Der Zusammenhang zwischen Faktorpreisen und Produktivität wird auch als „induced-bias-Hypothese" bezeichnet. Preissteigerungen drücken Knappheiten aus, auf die der Markt mit Faktorsubstitution und/oder Effizienzsteigerungen reagiert. Bei einem funktionierenden Wettbewerb entspricht die Reaktion etwa den Faktorpreisänderungen, so daß die Produktion in vollem Umfang aufrechterhalten oder sogar erhöht werden kann. Ein Anstieg der relativen Faktorpreise für Energieträger und andere Rohstoffe wird deshalb zu Steigerungen der Ressourcenproduktivität führen.

Preissteigerungen für Energieträger und andere Ressourcen können zu dem scheinbar paradoxen Ergebnis führen, daß als Folge von Produktivitätssteigerungen ein faktorvermehrender bias zugunsten des produktiveren Faktors einsetzt. Folge einer Effizienzsteigerung wäre dann der Mehreinsatz von Ressourcen anstelle ihrer Reduzierung – ein umweltökonomisch kontraproduktives Ergebnis. Es könnte zu der Schlußfolgerung verleiten, mittels Steigerungen der Arbeits- oder der Kapitalproduktivität den Ressourceneinsatz abzusenken.[354] Der faktorvermehrende bias ist allerdings bei näherer Betrachtung ein Sonderfall, der wesentlich auf gewählte theoretische Annahmen zurückzuführen ist und für die Praxis nur geringe Relevanz hat. Zum ersten ist keine einmalige Preiserhöhung durchzuführen, sondern eine kontinuierliche Erhöhung um wenige Prozentpunkte jährlich.[355] Die Ressourcenpreise verteuern sich im Zeitverlauf, so daß der über eine Minimalkostenkombination definierte optimale Produktionsprozeß diese Teuerung antizipieren und die Faktorproduktivität schrittweise erhöhen kann. Dieser Prozeß kann so gestaltet werden, daß eine Kapitalentwertung nahezu ausgeschlossen ist. Zum zweiten sind die produktionstheoretisch relevante Größe die Faktoranteile an den Stückkosten und nicht die relativen Preise. Nur wenn die Substitutionselastizität mit $\partial < 1$ relativ niedrig liegt, besteht ein faktorvermehrender bias zugunsten der Ressourcen. Zum dritten schließlich wird vorgeschlagen, die Faktorpreiserhöhung für Energie mit einer entsprechenden Senkung der Lohnnebenkosten zu kombinieren, so daß die Steuerreform gesamtwirtschaftlich aufkommensneutral stattfindet. Auf diese Weise wird ein zusätzlicher Anreiz gegeben, den Energieeinsatz durch Arbeit zu substituieren. Positive Beschäftigungseffekte sind modelltheoretisch nachweisbar, wenn auch nicht unumstritten.[356] Es handelt sich folglich nicht um einen faktorneutralen („Hicks-neutralen“) technischen Fortschritt, der sich gleichmäßig auf alle eingesetzten Faktoren bezieht. Tendenziell soll vielmehr die Substitutionselastizität zwischen Arbeit und Energie bzw. Ressourcen erhöht werden, so daß die Annahme einer Substitutionselastizität $\partial < 1$ einen Sonderfall darstellen dürfte. So ergibt sich die Schlußfolgerung, daß Faktorpreissteigerungen in der Summe entlang der Wertschöpfungsketten zu einer sinkenden Ressourcenentnahme führen.

Es gilt mittlerweile als bewiesen, daß die zweimaligen Energiepreissteigerungen 1973/74 und 1979/80 im Effekt eine relativ sinkende Faktornutzung bewirkt haben, weil sie Energieeffizienz und Diversifizierung förderten. Erstmalig in der Geschichte der Industrialisierung konnte das Wachstum der Produktion vom Energieverbrauch entkoppelt werden. Von 1973 bis Ende der achtziger Jahre stagnierte der Energieverbrauch in den wichtigsten westlichen Industrieländern. Es ist aufschlußreich, daß sich diese Entkoppelung in den achtziger Jahren vorübergehend fortsetzte, als die Energiepreise bereits wieder gesunken waren. Diese relative Trägheit könnte als Beleg für die entgegengesetzte Position betrachtet werden, daß nämlich Anstrengungen für steigende Energieeffizienz gleichsam autonom und unabhängig von Energiepreissteigerungen stattfinden. Neben den gegebenen theoretischen Gründen sprechen allerdings sowohl die deutlichen Effizienzverbesserungen der siebziger Jahre als auch der Anstieg des Energieverbrauches seit Ende der achtziger Jahre gegen eine derartige Autonomie von Effizienzsteigerungen. Vielmehr verweist das vorübergehende Aufrechterhalten von Effizienzbemühungen in Zeiten sinkender Preise auf vorhandene Innovationsparadigmen und die Schwierigkeit von Phasenübergängen. Als sich das Paradigma rationeller Energieverwendung in den siebziger Jahren etablierte, wurden verschiedene Innovationslinien darauf ausgerichtet, die sich nicht kurzfristig änderten. Erst als Mitte der achtziger Jahre erkennbar wurde, daß die sinkenden Energiepreise für einen mittleren Zeitraum andauern würden, ließen die Innovationsbemühungen nach, und der Energieverbrauch stieg wieder an. Diese Trendumkehr repräsentiert keinen Rückfall in die Zeit sorgloser Energieverschwendung, weil die Begrenztheit der Erdöllagerstätten und Umweltprobleme wie der Treibhauseffekt allgemein bekannt sind. Eher ist von einem *steckengebliebenen Paradigmenwechsel* auszugehen. So sind als Folge die zu niedrigen Energiepreise als Hemmnis für rationelle Energienutzung allgemein anerkannt.[357]

Als Begründung für eine Korrektur des Preismechanismus führt die Umweltökonomie meist das Prinzip der Internalisierung externer Kosten an.[358] Die vorliegende Arbeit weist in Abschnitt A auf Schwächen dieses Ansatzes hin, bei globalen Umweltveränderungen und angesichts komplexer Ursache-Wirkungs-Beziehungen die Höhe externer Kosten nicht zuverlässig bestimmen und ihren Verursachern zuordnen zu können. Das Prinzip der Internalisierung externer Kosten erweist sich deshalb als wenig geeignet, um eine langfristig ausgerichtete Korrektur des Preismechanismus zu begründen. Aus dem Gesagten läßt sich jedoch ein neuer Begründungszusammenhang für die Erhöhung der relativen Faktorpreise konstruieren: die Faktorentlohnung nach der Grenzproduktivitätstheorie. Produktive Faktoren sollen gemäß ihrem Wertschöpfungsbeitrag entgolten werden. Da der Einsatz von Ressourcen als umweltökonomischer Ausdruck des produktiven

Naturhaushalts angesehen werden kann (Kapitel 12), ist ihre Entgeltung ökonomisch und verteilungspolitisch geboten. Ein Anstieg der Ressourcenpreise ist auch ein *Lohn für den Naturhaushalt*, den dieser in Form schrittweise sinkender Umweltbelastungen erhält. Das Gehalt wird quasi in physischen Einheiten ausgezahlt. Die monetären Einnahmen aus einer Erhöhung der Faktorpreise können u.a. verwendet werden, um den finanziell stark belasteten Faktor Arbeit zu entlasten. Dies verstärkt die Richtungsänderung des technischen Fortschritts, weil Substitutionsprozesse zwischen Ressourcen und Arbeit angestoßen werden.

Der gegebene Begründungszusammenhang bietet gegenüber dem Internalisierungsansatz analytische Vorzüge. Die Schwierigkeit des Internalisierungsansatzes, möglichst zuverlässig die Höhe externer Kosten abschätzen zu müssen, entfällt. Für eine schrittweise Internalisierungsstrategie bietet die Grenzproduktivitätstheorie eine elegantere theoretische Basis als der Externkostenansatz, aus dem sich ein schrittweises Vorgehen selber nicht ableiten läßt; es wird aus nachvollziehbaren politischen Gründen gefordert. Letzten Endes vermeidet der Begründungszusammenhang nach der Grenzproduktivitätstheorie die defensive Argumentation des Externkostenansatzes, weil er auf die selbstverständliche Entlohnung eines produktiven Faktors verweist. Naturhaushalt und Ressourcen werden so als Quelle der Wertschöpfung anerkannt.

Die Höhe des schrittweisen Preisanstiegs richtet sich nach den durchschnittlichen Produktivitätsanstiegen. Wenn man den Zeitraum zwischen 1960 und 1990 in Deutschland als erste Annäherung betrachtet, kann ein durchschnittlicher jährlicher Preisanstieg bis zu 8 Prozent betragen. Wie nachstehend ausgeführt wird, entspricht diese Größenordnung ziemlich exakt dem Spektrum der Vorschläge in der wirtschaftspolitischen Diskussion. Vernünftigerweise sollte man den Preisanstieg nicht jährlich variieren, sondern langfristige Durchschnittswerte zugrunde legen. Die Funktion einer Tarifpartei kann treuhänderisch der Staat ausüben, der die ordnungspolitischen Rahmenbedingungen für einen schrittweisen Preis- und Produktivitätsanstieg setzt.

Für die konkrete Korrektur des Preismechanismus hat die Diskussion über ökonomische Instrumente ausreichende Anhaltspunkte und Vorschläge erarbeitet.[359] Im allgemeinen werden dabei zwei Instrumententypen unterschieden: *Steuern* bzw. *Abgaben* und *handelbare Lizenzen*. In der ökonomischen Theorie ist diese Unterscheidung mit den Ansätzen von Pigou und Coase verbunden. Der Wohlfahrtstheoretiker Pigou gilt als Vordenker einer Internalisierung externer Kosten, in der der Staat die optimale Höhe einer Steuer definiert, die zu der erwünschten Anpassung der Marktteilnehmer führt. Coase hat demgegenüber einen Ansatz begründet, der die Eigentumsrechte betont und auf unmittelbare Verhandlungen zwischen Verursachern und Betroffenen setzt. Für die hier geführte Argumentation über die Ressourcenproduktivität ist diese Unterscheidung weniger bedeutend als es in vielen modelltheoretischen Auseinandersetzungen den Anschein hat. Auch im liberaleren Coase-Modell müssen bei größeren Umweltproblemen staatlicherseits a) Ziele festgelegt, b) Bedingungen eines Regimes handelbarer Lizenzen festgelegt und c) die Implementation der vereinbarten Bedingungen im Zeitverlauf sichergestellt werden. Der Antagonismus der Schulen Interventionismus (Pigou) versus freie Marktwirtschaft (Coase) wird deshalb häufig überzeichnet. Beide Ansätze wären mit schrittweise steigenden Preisen für die Ressourcennutzung verbunden, wobei die Schwankungsbreite in einem marktgestützten Modell handelbarer Lizenzen höher ausfallen würde.

Im folgenden wird daher das Modell einer ökologischen Steuerreform in seinen Grundzügen beschrieben, ohne damit eine Aussage gegenüber der Wirksamkeit handelbarer Lizenzen zu verbinden. Dieses Verfahren folgt der wirtschaftspolitischen Einschätzung, daß in absehbarer Zeit in der Europäischen Union bzw. in Deutschland handelbare Lizenzen eher in genau definierten Einzelbereichen als für die hier vertretene Richtungsänderung des technischen Fortschritts eingesetzt werden. Das bedeutet, daß handelbare Lizenzen auf längere Sicht durchaus für eine Richtungsänderung einsetzbar sind. Denkbar ist ihr Einsatz im internationalen Bereich, wo eine begrenzte Anzahl von Vertragsparteien sich auf einen lizenzengestützten modus vivendi zur Reduktion der CO_2-Emissionen, des Energieeinsatzes oder anderer umweltbelastender Tatbestände einigen können.[360] Für die hier gewählte Perspektive reicht zunächst eine Betrachtung des Preismechanismus aus, die sich idealtypisch auf die ökologische Steuerreform bezieht.

Im Kern bestehen die wesentlichen Vorschläge der Europäischen Kommission, von Greenpeace / DIW und des Fördervereins ökologische Steuerreform (FÖS) aus einer quellennnahen Besteuerung der Primärenergieträger mit einem kontinuierlichen Anstieg der Steuersätze.[361] Über die Jahre hinweg soll in kleinen, wirtschafts- und sozialverträglichen Schritten Energie real um – so der FÖS-Vorschlag – fünf Prozent p.a.[362] verteuert werden. Aus steuersystematischen Gründen schlägt man eine mengenbasierte Steuer anstelle einer wertbasierten Steuer vor und differenziert verschiedene Ausgangsniveaus für die energieintensive und die übrige

Industrie, Verkehr, Kleinverbrauch und private Haushalte. Damit trägt man den am Energiegehalt gemessen unterschiedlichen gegenwärtigen Preisniveaus Rechnung. Die Mengenbasierung würde sonst zu negativen Inzidenzen anstelle einer gleichmäßigen Verteuerung führen, weil die energieintensive Grundstoffindustrie über- und der Verkehr unterproportional verteuert werden. Unterschiedliche Ausgangsniveaus tragen daher dem unterschiedlichen Status Quo der Energiepreise Rechnung und verringern wirtschafts- oder sozialpolitische Friktionen.

Ein wesentliches Merkmal der propagierten ökologischen Steuerreform liegt in ihrer Aufkommensneutralität, d.h. daß die Höhe der Abgaben- und Steuern gesamtwirtschaftlich nicht ansteigen soll. Wenn eine schrittweise ansteigende Steuer auf den Energieverbrauch eingeführt wird, müssen andere Abgaben oder Steuern in gleichem Umfang abgesenkt werden. Nach den Vorschlägen von FÖS und Greenpeace / DIW sollen die Abgaben auf den Faktor Arbeit gesenkt werden. Wenn über die Senkung der Lohnnebenkosten die betrieblichen Kosten für den Faktor Arbeit sinken, ist eine wichtige Voraussetzung für positive Beschäftigungseffekte geschaffen. Die finanzwissenschaftliche Zielsetzung ist keine Subventionierung, sondern eine Finanzierung sachfremder Leistungen der Sozialversicherungen durch die öffentliche Hand. So ist es beispielsweise wenig einsichtig, daß in Deutschland die aktive Arbeitsmarktpolitik über die Abgaben von den Sozialpartnern und nicht aus dem allgemeinen Staatshaushalt finanziert wird.

Eine ökologische Steuerreform, die bei den Primärenergieträgern ansetzt, könnte grundsätzlich schrittweise in eine allgemeine Ressourcensteuer überführt werden. Vor der Erstellung eines konkreten Besteuerungsvorschlages sind allerdings wesentliche steuertechnische Fragen über die genaue Bemessungsgrundlage u.a.m. genau zu erörtern.[363] Da die Preise für Ressourcen erheblich stärker differieren als die Preise für Energieträger und ein Durchschnittspreis demzufolge ökonomisch wenig sinnvoll ist, wird eine reine Mengenbasierung kaum durchführbar sein. Hier besteht Forschungsbedarf.

Die beschriebenen Vorschläge über eine ökologische Steuerreform sind mit der marginalen Produktivitätstheorie gut begründbar. Sie räumen ein, daß die exakte Höhe externer Kosten kaum bestimmbar ist und daß aufgrund ihrer vermuteten Höhe schrittweise Preisveränderungen, die den Endzustand noch nicht fixieren, gegenüber einer schockartig wirkenden einmaligen Preiserhöhung vorzuziehen sind. Eine Preisanstieg stellt im nachhinein eine gewisse Verteilungsgerechtigkeit zugunsten der Natur her und ist gleichzeitig mit Annahmen über erwartbare Produktivitätsveränderungen verbunden. Die Höhe der Preissteigerungen ist dabei keineswegs beliebig. Die ökonomische Theorie hebt mögliche Verzerrungen hervor, wenn ein Preisanstieg zu hoch liegt. Dieses Risiko fällt bei 5 Prozent p.a. geringer aus als bei 7 Prozent p.a. und ist oberhalb eines Preisanstiegs von 7 Prozent p.a. wahrscheinlich. Wenn man in Analogie zum Anstieg der Arbeitsproduktivität einen flexiblen Entwicklungsverlauf annimmt, können Raten bis zu durchschnittlich 6 Prozent p.a. für einen Zeitraum von etwa 20 Jahren möglich sein, die anschließend auf etwa 2 bis 3 Prozent p.a. abflachen. Preissteigerungen nach der marginalen Produktivitätstheorie können einem langfristigen und flexiblen Anstieg Rechnung tragen.[364]

15.2 Neue Paradigmen und Leitbilder

Die Veränderung der relativen Preise bildet eine notwendige Voraussetzung für einen Anstieg der Ressourcenproduktivität. Der Preismechanismus leitet auf wirksame Weise alle vorhandenen Informationen bis in entlegene Marktnischen weiter und bietet Einblicke in wahrscheinliche Entwicklungsprozesse. Die über Preise weitergeleiteten Informationen müssen allerdings gedeutet, verstanden und in Verhaltensänderungen umgesetzt werden. Ohne eine Dekodierung durch die Informationsempfänger ist die Wirksamkeit des Preismechanismus begrenzt. Dieser Prozeß ist relevant, weil man im Sinne der Innovationsökonomie und der evolutorischen Ökonomie von unvollkommenen Märkten, Informationsdefiziten und begrenzter ökonomischer Rationalität bei den Marktteilnehmern auszugehen hat. In Unternehmen beispielsweise werden strategische Ziele, Investitionsvorhaben und tägliche Routineabläufe einem Veränderungsprozeß ausgesetzt. Die entstehenden Hemmnisse sind nur teilweise preisabhängig. Ludwig M. Lachmann schreibt über die Kommunikationsfunktion von Preisen:

> „We may regard the price system as a vast network of communications through which knowledge is at once transmitted from each market to the remotest corners of the economy. (...) But (...) in a world of continous change (...) knowledge derived from price messages becomes problematical. (...) [Price]information therefore requires interpretation (the messages have to be 'decoded') in order to be transformed into knowledge, and all such knowledge is bound to be imperfect knowledge."[365]

Die Veränderung der relativen Preise ist somit notwendig, aber kaum hinreichend, wenn man eine Richtungsänderung des technischen Fortschritts anstrebt. Preissignale sind vor allem dort nicht hinreichend, wo grundlegende Pfad- und Verhaltensänderungen anstehen, über deren Entscheidung auch außerökonomische Orientierungen maßgeblich sind. Max Weber bemerkt in diesem Zusammenhang:

> „Interessen (materielle und immaterielle), nicht Ideen beherrschen unmittelbar das Handeln der Menschen, aber die Weltbilder, welche durch Ideen geschaffen wurden, haben sehr oft als Weichensteller die Bahnen bestimmt, in denen sich die Dynamik der Interessen fortbewegte."[366]

Für eine zukunftsfähige Innovationsdynamik ist es daher erforderlich, neue Ideen und Orientierungen zu kommunizieren. Solche neuen Orientierungen können sich als veränderte Paradigmen in technisch-ökonomisch geprägten Teilen der Gesellschaft manifestieren. Sie werden im folgenden in den Zusammenhang der Leitbilderforschung gestellt, die sich im Kontext der Steuerung technisch geprägter Systeme etabliert hat.[367] Anders als in der Paradigmenforschung steht hier nicht allein das technisch zu lösende Problem im Mittelpunkt, sondern sozio-kulturelle Aspekte und ein öffentlicher Kontext. Während also die Paradigmenforschung mikroökonomische Entscheidungen zugunsten bestimmter Technologiepfade untersucht, beschäftigt sich die Leitbilderforschung mit ihrem psychologischen, sozio-kulturellen und politischen Umfeld.[368] Die Ergebnisse der Innovationsforschung, das soziale Umfeld als wesentliche Determinante der Technologieentwicklung zu betrachten, begründet Arbeiten zur Integration von Paradigmen- und Leitbilderforschung.

Leitbilder entstehen aus der gemeinsamen Suche verschiedener Akteure nach qualitativen Zielvorstellungen, die realitätsnah bleiben und zugleich Elemente des Visionären, des Denkbaren, aber noch-nicht-Machbaren und der Stimulierung des „Möglichkeitssinns" (Robert Musil)[369] enthalten sollen. Sie können sowohl eine allgemeine, aber konkret noch nicht machbare Vision abbilden, als auch konkret machbare, aber noch nicht verallgemeinerungsfähige Schritte beschreiben. Stets enthalten sie Vorstellungen über eine erstrebenswerte Gestaltung der Gesellschaft oder eines ihrer Teilbereiche. Alle Leitbilder sind der Gefahr des Unverbindlichen ausgesetzt. Sie können im Erfolgsfall jedoch besser motivieren als quantitative Zielvorgaben und zu einer Eigendynamik führen, die über ursprünglich anvisierte Ziele hinausführt. Neue Leitbilder erleichtern Phasenübergänge und sind an der Entstehung neuer Paradigmen und Meta-Paradigmen maßgeblich beteiligt. Wolfgang Sachs schreibt:

> „Die Zahl motiviert kaum und beflügelt nicht, dafür braucht es Erzählungen, dafür braucht es das Wort, welches Vorstellungsbilder für das geistige Auge zeichnet."[370]

Der besondere Reiz für die Technikgestaltung liegt in ihrem konsensbildenden Potential für unterschiedliche Akteure. Potentielle Themen wie „Mobilität von Morgen" oder „Öko-Effizienz in Unternehmen" sind für die unmittelbar angesprochenen Akteure relevant. Bereits diese Gruppe umfaßt in der Regel heterogen zusammengesetzte Akteure aus Unternehmen, Planungs- und Genehmigungsbehörden und sachlich interessierten Verbänden. Diese Gruppe auf konsistente Zielbündel zu orientieren, ist in der Praxis bereits schwierig. Darüber hinaus können an der Formulierung von Leitbildern auch solche Akteure partizipieren, deren formaler Einfluß relativ gering ist, die jedoch in der realen Entscheidungsfindung zunehmende Bedeutung erlangen: Medien, sachverständige Bürger, Bürgerinitiativen und andere Nicht-Regierungsorganisationen. Eine leitbildorientierte Technikgestaltung bietet somit Chancen, die Präferenzbildung jenseits einer bloßen Akzeptanzerhöhung zu beeinflussen, künftige Märkte auszuloten, Entwicklung und Produktion einer Technologielinie stetig zu verbessern und sie mit späteren Nutzern abstimmen zu können. Dabei können neuartige Koalitionen entstehen, die den Ablösungsprozeß althergebrachter Produktionsverfahren beschleunigen.

Insgesamt kann man daraus ein Plädoyer für eine stärker bedarfs- und nachfrageorientierte Technikgestaltung ableiten,[371] das Argumente aus den Schwächen einer angebotsorientierten Technikentwicklung zieht, an Kunden und späteren Nutzern vorbeizuplanen. Ein Perspektivwechsel zu einer nachfrage- und bedarfsorientierten Technikentwicklung führt deshalb zu einer stärkeren Problemlösungsorientierung – welche Probleme sollen mit neuen Entwicklungen gelöst werden? – und zu partizipativen Elementen. Die Technologieentwicklung orientiert sich über eine leitbildorientierte Herangehensweise an realen Problembereichen wie Gesundheit, Ernährung, Energieversorgung, Mobilität und Naturschutz.

Man kann bei dem Prozeß der Technikgestaltung noch einen Schritt weiter gehen und nach dem „as if" Prinzip mögliche Formen eines Wertewandels antizipieren, der über die angenommene Konstanz der Präferenzen der Neoklassik und über Trendfortschreibungen der Sozialforschung hinausreicht. Dadurch kann ein Kernproblem der Szenarioanalyse und der Modellbildung mit einigen methodischen Vorbehalten zugunsten lösungsorientierter Ansätze überwunden werden. Über Leitbilderanalysen können andere Präferenzen angenommen werden, ohne in empirische Beweisnot zu geraten, können problemlösende Technologien gedanklich vorbereitet werden und damit gleichzeitig neue Präferenzen gefördert werden. Ein derartiges Vorgehen wird bei konventionellen Szenarien als „Back-Casting" (Rückschau) bezeichnet und ist sozio-kulturell vor allem in Bereichen stimulierend, in denen die Kluft zwischen Wissen und Handeln besonders ausgeprägt ist.[372]

Insgesamt betrachtet bildet eine leitbildorientierte Technikgestaltung vorläufig erst eine „mögliche Chance"[373] in der komplexen Diskussion über die Steuerung technisch und marktwirtschaftlich geprägter moderner Gesellschaften. Sie ist als Instrument oder als Verfahren im Vergleich zu preislichen Ansätzen noch unscharf. Ihre ökonomischen Grundlagen sind die erwähnten Forschungsarbeiten der Innovationsforschung und der evolutorischen Ökonomie über Paradigmen und Phasenübergänge.

Die folgenden Absätze bilden einen Versuch über ein Leitbild der Ressourcenproduktivität. Es sei hervorgehoben, daß a) Leitbilder für kultur- und techniknahe Handlungsebenen pluraler und konkreter formuliert werden können und b) nicht die Utopie einer völlig andersartigen Gesellschaft entworfen, sondern mögliche Orientierungen aufgezeigt werden sollen. Die Skizze beruht auf der Annahme, daß ein Übergang von der Arbeits- zur Ressourcenproduktivität zugleich eine kulturelle Transformation darstellt.[374]

15.3 Ein skizzenhaftes Leitbild der Ressourcenproduktivität

Vereinfachend ausgedrückt lag der technische Fortschritt seit Beginn der Industrialisierung in der steigenden Nutzbarmachung kostengünstiger Natur und in der Rationalisierung kostenwirksamer Arbeit. Die Leistungen des Naturhaushalts und produziertes Sachkapital haben menschliche Arbeit ersetzt. Über Jahrzehnte hinweg hat dieser Entwicklungsprozeß den Gesellschaften Wohlstand beschert, weil unangenehme Arbeiten zunehmend seltener verrichtet werden mußten und weil sich die Lebensqualität über steigende Einkommen und sinkende Arbeitszeiten erhöht hat. Mittlerweile ist die vermeintliche Wohlstandsentwicklung trügerisch geworden. Der Naturhaushalt wird übernutzt, und menschliche Arbeitsfähigkeit liegt brach.

Die hohe Arbeitslosigkeit und die Zerstörung der natürlichen Umwelt künden das Ende des Zeitalters der Arbeitsproduktivität mit Massengüterproduktion und niedrigen Energiepreisen an. Es wird vom Zeitalter der Ressourcenproduktivität mit Qualitätsgüterproduktion und niedrigen Informationspreisen abgelöst. Weil das alte Weltbild einer Gleichsetzung des technischen Fortschritts mit dem Anstieg der Arbeitsproduktivität bröckelt, führt ein Anstieg der Ressourcenproduktivität in eine öko-soziale Reformära. Rationalisierung heißt unter dieser Prämisse, mit dem wertvollen Faktor Natur sparsam umzugehen. Industrielle Arbeit bezieht sich zukünftig vornehmlich auf die Stoffumwandlung, die Instandsetzung von Gütern und die Wiedergewinnung von Stoffen. Anstatt immer neue Lagerstätten für natürliche Ressourcen zu erschließen, wird ein besserer Zugang zu menschlichen Kreativitätspotentialen gesucht. Man knüpft an das Produktivitätsverständnis der frühen Neuzeit und der Physiokraten an, wonach die Ökonomie natürliche und weitgehend naturverträgliche Stoffe umformt, und verbindet es mit modernen Innovationsaspekten.

Für die Unternehmen entsteht aufgrund allmählich steigender Preise für Energie und andere Rohstoffe ein Anreiz, vom kostengünstigen Massenausstoß zu der Produktion qualitativ hochwertiger Güter überzugehen. Solche Güter werden emissions- und abfallarm, haltbar, leicht und so klein wie möglich sein, nach einer Modulbauweise erstellt und mit einer Architektur der Austauschbarkeit ausgestattet. Ihre Haltbarkeit ermöglicht den Aufbau neuer Geschäftsfelder, die sich mit Wartung, Reparatur, dem Austausch einzelner Komponenten, Modernisierung und Instandsetzung beschäftigen. Dies fördert Kundennähe und Produkttreue. Erst so können langlebige Güter schrittweise weiter verbessert und an veränderte Kundenbedürfnisse angepaßt werden. Langlebigkeit ist durchaus mit Flexibilität, modischer Raffinesse und individuellem Geschmack verbindbar.

Die nahende Informationsgesellschaft würde eine Bodenhaftung erfahren. Manche Propheten wecken illusionäre Erwartungen einer leichtfüßigen Hochtechnologie-Wirtschaft, die gleichsam ohne die tragenden Netzwerke der Natur auskommt. Demgegenüber basiert das neue Produktivitätsverständnis auf der Notwendigkeit, den Naturhaushalt zu schützen und zu diesem Zweck industrielle Kernkompetenzen des Stoffmanagements nutzbringend einzusetzen. Es mag paradox anmuten, daß gerade solche Kompetenzen für einen ökologischen Kurswechsel erforderlich sind. Ein Anstieg der Ressourcenproduktivität findet jedoch im wesentlichen im industriellen Bereich statt; d.h. daß die ökonomische Bedeutung der Industrie nicht von der Informationswirtschaft oder öffentlichen Dienstleistungen verdrängt wird, wie es Jean Fourastié oder Daniel Bell angenommen haben.[375] Vielmehr durchdringen sich Informationstechnologien, industrielle Aktivitäten und eine Ausrichtung auf die Minimierung des Ressourceneinsatzes gegenseitig. Neben qualifizierten Arbeitsplätzen entstehen in Bereichen der Instandsetzung und für einige Dienstleistungen auch manuelle und verhältnismäßig einfache Tätigkeiten, d.h. zusätzliche Stellen für niedrig qualifizierte Arbeitnehmer. Die Industrie wird daher ihr Selbstverständnis als eine lernfähige Hochtechnologiewirtschaft ausbauen, die ihre Dynamik zur Absenkung der Ressourcenentnahme einsetzt, aufgrund steigender Energie- und sinkender Informationspreise mehr und mehr Qualitätsgüter produziert und dabei mit anderen Bereichen der Wirtschaft und den Konsumenten kooperiert. Die ressourcenproduktive Wirtschaft ist mithin nicht nachindustriell, sondern eine industriell geprägte Wirtschaft mit weniger Produktion.[276]

Ein neues Produktivitätsverständnis löst den „Stachel der Arbeit" (Ernst Bloch).[377] Arbeit in ihrem umfassenden Sinn, einschließlich nichterwerbsmäßig betriebener sozialer und öffentlicher Arbeit, ist und bleibt eine zentrale Kategorie menschlichen Lebens und der Entwicklung. Sie ist Ausdruck des anthropologisch verankerten Bestrebens, aktiv gestalten und handeln zu wollen. Während bislang die Verlockungen höherer Einkommen und eines steigenden Konsumniveaus mit dem fernen Traum einer arbeitsfreien Gesellschaft im Konflikt lagen, macht ein Anstieg der Ressourcenproduktivität einen dritten Weg zwischen beiden Extremen sichtbar. Denn die Arbeit wird vom Rationalisierungsdruck befreit, so daß die Arbeitsproduktivität ohne größere gesamtwirtschaftliche und individuelle Nachteile langsamer als bisher ansteigen kann. Den verbleibenden Anstieg können Arbeitnehmer überwiegend als Verkürzung ihrer Arbeitszeit in Anspruch nehmen. Die 30-Stunden-Woche als durchschnittliche Arbeitszeit wäre so vor dem Jahr 2010 erreichbar, die 25-Stunden-Woche kein Tabuthema.

Die neue Wertschöpfung richtet sich auf einen dauerhaft intakten Naturhaushalt und auf die sozialen Grundlagen der Gesellschaft und nicht ausschließlich auf das Wachstum des materiellen Kapitalstocks einer Volkswirtschaft. Im Zeitverlauf entsteht ein sozial gebundener und weitgehend umweltverträglicher Kapitalstock, der aus Kreativität, Leistungsfähigkeit, Kooperationsformen, institutionellen Gegebenheiten sowie den Werthaltungen von Menschen und der Gesellschaft besteht. Sein Wachstum drückt sich in einem steigenden Arbeitsvolumen vor allem für soziale und kreativitätsfördernde Bereiche aus. Individuell kürzere und flexiblere Arbeitszeiten führen unter dieser Perspektive zu einer steigenden Zahl der Erwerbspersonen. Dies kommt vor allem der Berufstätigkeit von Frauen zugute und erleichtert die Teilzeittätigkeit von Männern. Auch ältere Menschen können als erfahrene Experten auf speziellen Arbeitsplätzen mit einem geringen jährlichen Stundeneinsatz aktiv bleiben.

Die Produktion langlebiger Qualitätsgüter und eine Förderung der Lernfähigkeit verändern die betriebliche Arbeitswelt sowie die Kooperation zwischen den Unternehmen und der Außenwelt. Zweifelsohne wird dieser Vorgang mit einem Wertewandel einhergehen und kann durch diesen unterstützt werden. Langlebige Güter stehen in scharfem Kontrast zu einer Wegwerfgesellschaft; umgekehrt ist die Nachfrage nach Qualität ein relevanter Nachfragefaktor. Die Produktion langlebiger Qualitätsgüter wird allmählich zu einer Abkehr vom Prinzip der stetigen Beschleunigung führen, das zum Leidwesen der Philosophin Hannah Arendt für das Zeitalter der Arbeitsproduktivität charakteristisch ist.[378] Positiv betrachtet entstehen Anreize für Gediegenheit, Solidität, Entschleunigung und Gelassenheit. Ein anderes Zeitverständnis entsteht, in dem Zukunftsorientierung eher mit Zeitwohlstand, Erfahrung, Solidarität mit anderen Menschen und Frieden mit der Natur gleichgesetzt wird als mit Gütermaximierung, hektischer Betriebsamkeit, globaler Konkurrenz und Naturausbeutung. Langlebigkeit, Dienstleistungsorientierung und Lernfähigkeit sind deshalb über die Industrie hinaus kulturprägend und bilden einen Nährboden für positive Synergieeffekte zwischen industrieller Entwicklung, Kultur und Natur.

Schrittweise entsteht eine neuartige Innovationsspirale. Wo die Arbeitsproduktivität zu Wachstumsprozessen führt, die mittlerweile ökologische und soziale Grundlagen der Produktion gefährden, ist die Ressourcenproduktivität mit Lernprozessen verbunden und führt zu einem anderen Wohlstand. Die Innovationsdynamik konzentriert sich weniger auf das Wachstum der Produktionsmenge als auf die Reduktion der eingesetzten natürlichen Ressourcen. So entsteht eine marktwirtschaftliche Ordnung, in der über die Richtungsänderung des technischen Fortschritts Arbeitsplätze entstehen, die Innovationsdynamik neuen Schwung erhält und der Umweltschutz ein selbstverständliches Ziel aller Akteure ist. Ein ethisch motiviertes und praktisch umsetzbares neues Produktivitätsverständnis ist damit die Grundlage für eine andere, „reflexive" Modernisierung (Ulrich Beck)[379].

15.4 Wirtschafts- und Technologiepolitik als Richtungssteuerung

Eingangs war die These aufgestellt worden, daß sich trotz aller Zufälligkeiten bei der Entstehung von Innovationen Steuerungsmöglichkeiten aufzeigen lassen. Zwei Möglichkeiten, die Veränderung der relativen Faktorpreise und die Formulierung neuer Leitbilder, sind dargelegt worden. Das mag zu der Frage geführt haben, ob beide Ansatzpunkte umsetzbar und für eine Richtungsänderung hinreichend sind. Etwas weiter gefaßt werden damit Fragen der politischen Steuerbarkeit ökonomisch-technisch geprägter Systeme angesprochen, die in der vorliegenden Arbeit nicht angemessen vertieft werden können;[380] einige Bemerkungen zur Rolle der Wirtschafts- und Technologiepolitik mögen jedoch ratsam sein.

Gegenüber neoliberalen und interventionistischen Politikmodellen wird im folgenden mit einem um Kommunikationsaspekte erweiterten Ordoliberalismus argumentiert, der sich in wichtigen Grundüberlegungen auf Walter Eucken sowie Innovationsökonomie und neue Wachstumstheorie stützt. Eucken warnt eindringlich vor *Vorurteilen des Positivismus und des Punktualismus*, sich aus Werturteils- und Zielfindungsfragen zurückzuziehen und sich in Einzelaktionen zu verzetteln.[381] Diesen Gefahren stellt er seine Überzeugung zur bewußten Gestaltung wirtschaftspolitischer Rahmenbedingungen gegenüber. Demzufolge ist es Aufgabe der Politik, auf der Basis gesellschaftlicher Einstellungen einen verbindlichen Konsens über Grundwerte herzustellen und diese aktiv zu schützen. Dazu gehört der Schutz des Naturhaushalts. Der Politik fällt die Aufgabe zu, neue und langfristig ausgerichtete Umweltziele zu vereinbaren, die Unternehmen und Gesellschaft den Kurswechsel erleichtern. Ohne solche aktiven Zielveränderungen werden die Märkte kaum in die Richtung umweltentlastender und beschäftigungswirksamer Innovationen umschwenken. Folgende Aufgaben lassen sich unterscheiden:[382]

- Ordnungsaufgabe,
- Orientierungsaufgabe,
- Gestaltungsaufgabe,
- Moderationsaufgabe.

Die Ordnungsaufgabe

Die Ordnungsaufgabe setzt bei der grundlegenden Einsicht in die Bedeutung funktionierender Märkte und Wettbewerbsprozesse an.[383] Innovationen entstehen selten in staatlichen Administrationen oder in Parteien, sondern dezentral aufgrund mehr oder weniger zielgerichteten menschlichen Handelns in Unternehmen, in der Gesellschaft und in Forschungseinrichtungen. Märkte fungieren dabei als Koordinations- und Selektionsmechanismen, die über Erfolg oder Mißerfolg einzelner Innovationen entscheiden. Deshalb ist es wichtig, die Fähigkeit zum Hervorbringen vielfältiger Innovationen zu bewahren und auszubauen. Eine geplante Richtungsänderung des technischen Fortschritts sollte mit einer aktiven Wettbewerbspolitik verbunden sein. Kommunikationsprozesse über neue Leitbilder stärken den Wettbewerb, weil sie eine Auseinandersetzung mit dem Bestehenden fördern und die Zukunftsoffenheit verstärken. Eine aktive Ordnungspolitik stärkt die Elemente Langfristverantwortung und Kooperation, die im angelsächsischen Wettbewerbsmodell weniger stark zur Geltung kommen.

Um den Wettbewerb zu fördern und schöpferische Revolutionen zu ermöglichen, sind langfristige Zielsetzungen gegenüber kurzfristigen Einzelaktionen zu favorisieren. Langfristig angelegte Umweltziele wie z.B. eine Absenkung des Energie- und Materialverbrauchs sollten möglichst als *Staatsziele* verankert werden. Erst so wird ein systematisches Innovationsmanagement zugunsten der Öko-Effizienz auf der Mikroebene dauerhaft möglich. Staatsziele im Sinne einer Absenkung der Ressourcenentnahme um einen Faktor 10 bilden eine ordnungspolitische Gesamtentscheidung im Sinne Euckens, die „den Menschen das Leben nach ethischen Prinzipien ermöglicht".[384]

Die Orientierungsaufgabe

Parallel sollte ein politisch getragener Kommunikationsprozeß über neue Leitbilder der industriellen Entwicklung und über ein neues Produktivitätsverständnis beginnen. Wichtig sind langfristige Zeithorizonte („Vision 2020") und die Auseinandersetzung mit dem bisherigen Meta-Paradigma, dem Anstieg der Arbeitsproduktivität. Gemeinsam mit Forschung, gesellschaftlichen Gruppen und kreativen Querdenkern können *wirtschaftskulturelle Szenarien* entworfen werden, welche Konflikte zu erwarten und welche Neuorientierungen bei der allmählichen Abkehr vom bisherigen Fortschrittsmonopol der Arbeitsrationalisierung möglich sind. Hypothetisch ist ein Anstieg der Ressourcenproduktivität mit einer neuartigen

Innovationsdynamik verbunden, für die Elemente der Langlebigkeit, der Arbeits- und Dienstleistungsintensität, der Lernfähigkeit und der Kooperation charakteristisch sind. High Tech ginge mit Beschäftigungswirksamkeit einher, und anstelle eines materialintensiven würde ein sozial gebundener Kapitalstock wachsen. Andererseits sind Konflikte zu erwarten, wenn bisherige Verheißungen steigender Einkommen und Freizeit zukünftig nicht entsprechend realisiert werden können, weil die Arbeitsproduktivität langsamer als bisher ansteigt. Zu prüfen sind z.B. neue Beteiligungsformen der Arbeitnehmer, die ihrem Status als Teil des Sozialkapitals entsprechen und nicht zwingend mit steigenden Einkommen verbunden sind.

Die Orientierungsaufgabe besteht darin, einen öffentlichen Prozeß des Nach- und Vordenkens zu organisieren und ihn mit anderen, konkreten Vorhaben (s.u.) zu kombinieren. Politische Instanzen[385] haben sich in unterschiedlicher Weise an diese Aufgabe herangetastet, ohne bislang hinreichend klare Entwürfe oder einen strukturierten Konsultationsprozeß in die Wege zu leiten. Eine koordinierte Erarbeitung neuer, identitätsstiftender Leitbilder bietet deshalb die Chance, vereinzelte Ansätze über Lösungskonzepte für Langfristfragen zusammenzuführen und neue gesellschaftliche Allianzen entstehen zu lassen.

Die Gestaltungsaufgabe

Die Gestaltung der ökonomischen Rahmenbedingungen nimmt eine eminent wichtige Funktion für eine Richtungssteuerung ein. Eine schrittweise Anhebung der relativen Faktorpreise für Energie und andere Ressourcen bildet einen Anreiz für alle wirtschaftlichen Akteure, ihre Innovationsbemühungen stärker auf einen Anstieg der Ressourcenproduktivität auszurichten. Die Politik sieht sich dabei mit Schwierigkeiten konfrontiert, die Aufkommensneutralität glaubwürdig zu vertreten und eine langfristige Erwartungsstabilisierung gewährleisten zu können – bei letzterem würden neue Leitbilder berechtigte Fragen über die Konstanz des künftigen Entwicklungskurses klären. Parallel sollte ein schrittweiser Abbau umweltschädlicher Subventionen erfolgen.[386]

Die Wirtschaftspolitik kann ferner Phasenübergänge zugunsten umweltschonender Technologielinien einleiten und koordinieren. Dies ist mit der Förderung institutioneller, organisatorischer und kommunikativer Prozesse zur Wissensvermittlung und -diffusion verbunden[387] und führt zur *Förderung von Netzwerken und Transferinstitutionen*[388] sowie zu einer Förderung der Verbraucherberatung. Die

Förderung von Organisationen, die in besonderer Weise auf die Absenkung der Ressourcenentnahme abzielen, bildet deshalb eine Handlungsebene der Politik.

Eine weitere Aufgabe der Politik liegt in der Förderung der Entstehungsmechanismen von Innovationen im weitgehend außerwettbewerblichen Bereich der Forschung. Die Förderung von Wissenschaft und Forschung sollte sich zukünftig stärker an Erfordernissen der Problemlösungskompetenz orientieren und dabei Leitbilder einbeziehen.[389] Darüber hinaus ist im Sinne der neuen Wachstumstheorie eine umfassende und kontinuierliche Bildung zu fördern. Vor allem nichtkognitive Fähigkeiten wie Neugier, Kreativität, intrinsische Motivation, kommunikative Kompetenz, Teamfähigkeit, emotionale Intelligenz und lebenslange Lernfähigkeit gelten als langfristig entscheidende Faktoren der wirtschaftlichen Entwicklung. Die Politik muß an der Förderung solcher Eigenschaften interessiert sein, d.h. sie greift auch bestehende Überlegungen über eine Reform des schulischen und außerschulischen Bildungswesens auf.[390]

Die Moderationsaufgabe

Die Wirtschaftspolitik sollte für bestimmte Schlüsselprojekte eine Initiativ- und Moderationsaufgabe[391] übernehmen. Sie ist nicht mit der Anmaßung verbunden, Zukunftstechnologien grundsätzlich besser als der Markt vorhersagen zu können. Vielmehr fungiert die Politik als Katalysator und beschleunigt auf diese Weise einen Paradigmenwechsel und die Diffusion. Man darf bei der Befürchtung möglicher Allokationsverzerrungen nicht vernachlässigen, daß Märkte unnötig lange in althergebrachten Paradigmen verharren und die Politik Auswege und Neuorientierungen koordinieren kann.[392] *Technologieleitprojekte* würden die Kräfte der Privatwirtschaft bündeln, die Öffentlichkeit mobilisieren und über Verstärkungseffekte bereits auf dem Weg zu ihrer Ausreifung erfolgsträchtig sein. Sie können über einen ausgeschriebenen Wettbewerb ausgesucht werden und bieten sich aus umweltökonomischer Sicht vor allem in folgenden Bereichen an:

- Solarenergie, vor allem eine Weiterentwicklung der Photovoltaik,
- Energiespeichersysteme (z.B. Brennstoffzellen),
- neue Werkstoffe, die haltbar, wiederverwendbar und biologisch abbaubar sind,
- Nahverkehrssysteme und -logistik,
- Nutzung von Informationstechnologien zur Reduktion des Energie- und Materialeinsatzes,

- Entwicklung von Stoffstrommanagement-Systemen,
- eine umweltschonende Infrastruktur,
- Strukturwandel umweltintensiver Bereiche.

Die Ausarbeitung solcher Technologieleitprojekte geht mit der Kommunikation neuer Leitbilder einher. Diese würden die Nachfrageseite stärker berücksichtigen als es technikzentrierten Ansätzen möglich ist und die Einbettung des Projekts in eine allgemein gewünschte Richtung verdeutlichen. Ist ein Zusammenhang zwischen neuen Schlüsselprojekten und Leitbildern etabliert, kann u.a. über das meist reagierend-defensiv eingesetzte Instrument der Selbstverpflichtungen eine Eigendynamik von Pioniergruppen entstehen, die ihre Verbände aktiv beeinflussen.[393]

15.5 Fazit: Ein Kurswechsel kommt nicht von allein, aber er ist möglich

Ein Kurswechsel kommt nicht von den Marktkräften allein, aber er ist möglich. Die Wirtschafts- und Technologiepolitik muß vielmehr eine aktive Rolle wahrnehmen, ohne dabei in Selbstüberschätzung zu geraten. Sie hat zunehmend horizontale Funktionen der Zukunftsgestaltung und vertikale Funktionen der Koordination von Querschnittsaufgaben zu erfüllen. Ihr Aufgabenkatalog würde um die Erarbeitung neuer Leitbilder erweitert. Dabei kann die Politik erfolgreich sein, wenn sie die Moderation gesellschaftlicher Gruppen als Führungsaufgabe begreift. Auch das ausgesprochene Plädoyer für Märkte und Wettbewerb führt also keineswegs zu einem Rückzug der Politik. Im Gegenteil, erst eine politische Richtungsentscheidung zugunsten von Umwelt und Beschäftigung und eine im folgenden klug agierende Politik bewahrt die Selbststeuerungskräfte angesichts der mit einem Paradigmenwechsel verbundenen Konflikte vor einer Überforderung. Die Politik sollte daher im öffentlichen Interesse Aufgaben der Richtungssteuerung wahrnehmen. Wie diese Steuerungschance genutzt wird, wie sie angesichts gut organisierter Gegeninteressen wirksam bleibt und inwieweit sie ausreichend für die notwendige Umweltentlastung ist, ist freilich offen.

E. Modellskizze einer öko-sozialen Reformära

Der folgende Abschnitt bildet eine umweltökonomische Synthese der vorliegenden Arbeit. In Abschnitt B und C wurde dargestellt, daß sich Produktivität bislang einseitig auf den Faktor Arbeit bezieht und im Wachstum der industriellen Produktion widerspiegelt. Dieser Sachverhalt nährt die Illusion einer Abkoppelung der Ökonomie vom Naturhaushalt. Darüber hinaus zeigen sich im traditionellen Konzept methodologische Schwächen bei der Erfassung einer Dienstleistungsökonomie, die neben produzierten, materiellen Wohlstandsleistungen gleichermaßen prozeßförmige, immaterielle und nicht-marktförmige Leistungen umfaßt. Eine Ökonomie der Ressourcenproduktivität sollte deshalb auf begründeten Hypothesen beruhen, wie eine Dynamik zur Reduktion von Umweltbelastungen entstehen und aufrechterhalten werden kann, die gleichzeitig sozio-ökonomische Belange stärker integriert als es bislang der Fall ist.

Abschnitt D entwickelt Grundlagen und Umrisse für ein neues Produktivitätsverständnis. Er begründet, weshalb die Natur produktiv ist und daß Ressourcen als praxisrelevanter Ausdruck der Naturproduktivität in das ökonomische Faktorsystem zu integrieren sind. Dies ist mit der Zielsetzung einer sinkenden Ressourcenentnahme zu verbinden. Höhere Energie- und Ressourcenpreise und die erwartete Umweltentlastung gelten in Anlehnung an die Grenzproduktivitätstheorie als Lohn für den Naturhaushalt. Aus den Wachstumstheorien, der Innovationsökonomie und aus der verhältnismäßig neuen Theorierichtung der evolutionären Ökonomie lassen sich Hypothesen für eine zukunftsfähige Innovationsdynamik ableiten. Diese lauten in verkürzter Form:

- Für Entwicklungsprozesse sind Genese und Richtung des technischen Fortschritts von entscheidender Bedeutung.
- Pioniere können bleibende Gewinne und dauerhafte Wettbewerbsvorteile erzielen, weil Märkte und Marktteilnehmer unvollkommen sind.
- Die Lernfähigkeit einer Organisation, d.h. sozio-kulturelle Faktoren, beeinflussen die Innovationsdynamik in erheblichem Ausmaß: technischer und sozialer Fortschritt sind untrennbar miteinander verknüpft.
- Entwicklungsprozesse verlaufen nicht stetig und gleichgewichtsförmig, sondern überwiegend zwischen Gleichgewichtszuständen. Im Zeitverlauf entstehen Paradigmen und Meta-Paradigmen, die von Phasenübergängen eingeleitet werden.

- Der technische Fortschritt kann über eine Veränderung der relativen Faktorpreise und über die Kommunikation neuer Leitbilder, die sich wiederum auf Investitionen, Lernprozesse und das Nachfrageverhalten auswirken, beeinflußt werden.

Für die Forschung ist eine derartige Übertragung des Methodenpotentials neuer Theoriezweige auf umweltökonomische Fragestellungen verhältnismäßig neu.[394] Sie basiert auf der Überlegung, die Theorien und ihre Methoden eher als Fragenheuristik über Entwicklungsprozesse im allgemeinen und weniger als Analyse real stattfindender Wachstumsvorgänge zu interpretieren. Der folgende Abschnitt zielt darauf ab, dieses Methodenpotential und die abgeleiteten Hypothesen modellhaft auf das Forschungsgebiet der Ressourcenproduktivität anzuwenden.

Die folgende Skizze stellt dar, wie die gesamtwirtschaftliche Ressourcenproduktivität schrittweise deutlich und über einen längeren Zeitraum ansteigen könnte. Dabei wird zugrunde gelegt, daß die Menge der eingesetzten Ressourcen kontinuierlich zurückgeht; Abschnitt A begründet die Notwendigkeit einer Absenkung der Ressourcenentnahme um 80 bis 90 Prozent bis zum Jahr 2050. Eine solche Größenordnung ist nur zu erreichen, wenn die Ressourcenentnahme über mehrere Jahrzehnte im Durchschnitt 4 Prozent und mehr p.a. zurückgeht. Ein vergleichbarer Produktivitätsanstieg hat in der Mehrzahl der Industrieländer zwischen 1950 und 1973 stattgefunden. Die Modellskizze soll die These stützen, daß ein derartiger Anstieg der Ressourcenproduktivität grundsätzlich möglich ist. Entsprechende Innovationen und Paradigmenwechsel finden zum einen auf der Angebotsseite bei Produzenten und Dienstleistern statt (Kapitel 16). Zum anderen wird der Konsum einbezogen (Kapitel 17), der den Kurswechsel der Anbieter fördern und eigenständige Impulse erbringen kann. Deshalb wird von einem „produktiven" Konsum gesprochen. Folge der vielfältigen Innovationen wäre ein sich selbst tragender Prozeß, ein mögliches Modellbeispiel für eine zukunftsfähige Langfristdynamik.

Das Modell wird durch Wirkungsfaktoren strukturiert, die im Sinne Schumpeters als treibende Kräfte der angestrebten Produktivitätsentwicklung angesehen werden. Um ihre kumulativen Wirkungen zu verdeutlichen, bildet die Analyse ihrer Wechselwirkungen einen Schwerpunkt der Modelldarstellung. In die Wirkungsfaktoren und die Analyse ihrer Wechselwirkungen werden einige Beispiele und Einzeltrends integriert, die sich heute bereits auf der mikroökonomischen Ebene für eine Ressourceneinsparung orten lassen.[395] Die Wirkungsfaktoren sind

- neue Aufgabenfelder für den primären Sektor,
- eine lernfähige Infrastruktur,
- öko-effiziente Dienstleistungen,
- Lernfähigkeit, Erfahrung und Wissen

sowie

- materielles Maßhalten und Zeitwohlstand,
- die Nutznießung langlebiger Qualitätsgüter,
- kooperative Nutzungsformen sowie
- das Wachstum eines sozial gebundenen Kapitalstocks.

Jedes Modell setzt bestimmte Annahmen voraus. Das hier beschriebene Modell enthält relativ einfache Annahmen. Es geht von einer hochentwickelten Volkswirtschaft aus, wie sie beispielsweise die Bundesrepublik Deutschland darstellt. Diese Volkswirtschaft beeinflußt die Richtung des technischen Fortschritts, indem sie die relativen Preise für Energieträger und andere Ressourcen in der in Kapitel 15 dargestellten Weise aufkommensneutral erhöht. Schwerwiegende außenwirtschaftliche Friktionen finden, so die Annahme, durch diesen Prozeß nicht statt. Als Begründung mag an dieser Stelle ausreichend sein, daß a) außenwirtschaftliche Harmonisierungs- und Koordinationsprozesse stattfinden können und b) Instrumente einsetzbar sind, die einen gewissen Schutz ermöglichen. Die neue Wachstumstheorie begründet einen begrenzten Außenhandelsschutz.

Eine weitere Annahme betrifft den gesellschaftlichen Wertewandel. Die Modellüberlegungen gehen von einem Wertewandel aus, in dessen Verlauf umweltschonende Verhaltensweisen und Lebensstile schrittweise stärker als bisher praktiziert werden. Damit ist nicht die naive Annahme einer geläuterten Gesellschaft verbunden, sondern ein fortschreitender Wertewandel, der individuell unterschiedlich ausgeprägt ist. Der Wertewandel bezieht sich sowohl auf Konsummuster (Kapitel 17) als auch auf einen aktivierten Suchprozeß von Unternehmen zur Entlastung des Naturhaushalts. Das Modell soll darstellen, daß eine Weiterentwicklung umweltbewußter Handlungsmuster tragendes Element einer öko-sozialen Reformära ist.

Die skizzierten Annahmen können als günstige Bedingungen angesehen werden, die zum gegenwärtigen Zeitpunkt nicht vollständig der Realität entsprechen. Sie sind jedoch keine völlig wirklichkeitsfremde und unrealistische Konstruktion, weil entsprechende programmatische Aussagen, Beispiele und einzelne Trends in empirisch überprüfbarer Weise vorhanden sind und weil sie sich auf neuere Theoriezweige stützen können. Der Einwand des „Modell-Platonismus",[396] wie er von Hans Albert gegenüber der neoklassischen Denkrichtung erhoben worden ist, träfe insofern nicht zu. Wenn eine der getroffenen Annahmen lediglich in abgeschwächter Form realisiert wird, sind die Modellüberlegungen nicht obsolet, sondern in abgeschwächter Form weiterhin haltbar. Das Modell kann deshalb als relativ robust angesehen werden. Die Annahme günstiger Bedingungen dient vornehmlich dazu, Beziehungsstrukturen, Wirkungsfaktoren und Prozesse deutlicher herausarbeiten zu können. Die innovations- und sozioökonomischen Theorien bilden dabei einen verstärkenden Resonanzboden für vorhandene Beispiele und Einzeltrends.

Abb. 10: Modellskizze eines dauerhaften Anstiegs der Ressourcenproduktivität

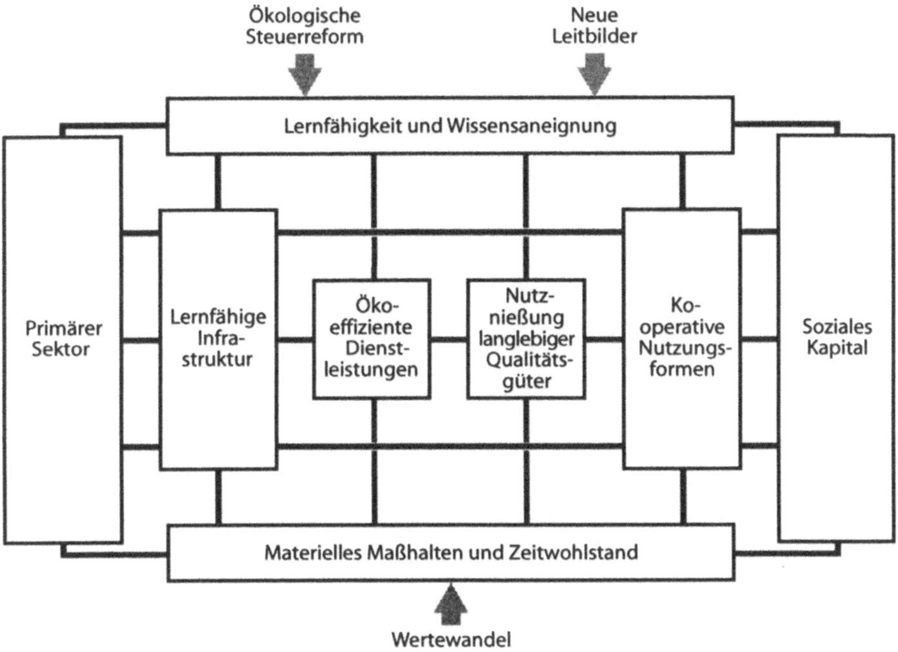

Quelle: eigene Darstellung

Das beschriebene Modell kann zum gegenwärtigen Zeitpunkt noch nicht in quantitativ-geschlossener Form aufbereitet werden. Zu diesem Zweck müßten grundlegende Schwächen der Wirtschaftsstatistik wie etwa die unzureichende Erfassung produktionsnaher Dienstleistungen behoben und die beschriebenen Verstärkungseffekte abgeschätzt werden. Eine quantitative Abschätzung hätte sich ferner mit vorhandenen Modellierungen auseinanderzusetzen, die jeweils unterschiedliche Schwächen aufweisen. Dies wurde im Text an einigen Stellen vermerkt. Diese Defizite aufzuarbeiten und zu beheben ist nicht Zielsetzung der vorliegenden Arbeit. Das Modell ist jedoch als Ausgangsbasis für computergestützte Szenarioanalysen verwendbar, denen bislang eine Begründung für dauerhafte Effizienzraten von mehr als 3 Prozent p. a. fehlt. Weitere Forschungsarbeiten können ferner disaggregierte Analysen unter Berücksichtigung spezifischer Hemmnisfaktoren auf der Mikro- und Mesoebene durchführen.

16. Eine neue industrielle Wertschöpfung

Die folgenden Überlegungen setzen bei den beobachteten enormen Steigerungen der Arbeitsproduktivität seit Beginn der Industrialisierung an. In Deutschland beispielsweise hat sich die Produktivität seit 1870 nahezu verzwanzigfacht (Kapitel 6). Das Prinzip der kumulativen Verursachung, das in neueren Theoriezweigen zum Ausdruck kommt, bildet einen geeigneten Ausgangspunkt zur Analyse solcher dynamischer Prozesse. Es geht über das neoklassische Standardmodell hinaus, weil es die Einbettung der Ökonomie in soziale und politische Strukturen hervorhebt und weil es zirkuläre Interdependenzen zwischen unterschiedlichen Faktoren und Strukturen als Ausgangsbasis für Entwicklungsprozesse betrachtet. Neuere Theoriezweige betonen vor allem den Einfluß organisationsbezogener Prozesse und des kulturellen Umfelds auf das Zustandekommen einer Innovation und analysieren ungleichgewichtsförmige Diffusionsprozesse, die mit der Ausbreitung einer neuen Technologie verbunden sind. Kapitel 17 wird darstellen, inwieweit Ansätze aus der Konsumforschung mit diesen Überlegungen kompatibel sind.

Eine kumulative Dynamik zur Absenkung der Ressourcenentnahme kann zustandekommen, wenn ähnliche Wechselwirkungen und prägende Paradigmen entstehen wie in verschiedenen Boomphasen der industriellen Entwicklung. Eisen und Stahl, Elektrotechnik, Erdöl und Mikroelektronik waren und sind Träger grundlegender Veränderungen gewesen. Heute geht es um die Frage, inwieweit Öko-Effizienz zum Träger einer neuen industriellen Wertschöpfung werden kann. Die Einführung einer ökologischen Steuerreform und die Kommunikation neuer Leitbilder sind grundsätzlich geeignete Rahmenbedingungen für eine kumulative Dynamik. Sie sind langfristig orientiert und verändern Faktorpreisrelationen und Präferenzen, ohne mit reglementierenden Detailinterventionen verbunden zu sein. Weil sie auf die Absenkung der Ressourcenentnahme ausgerichtet sind, erfassen sie Wertschöpfungsprozesse lebenszyklusweit und führen zu optimierten Systemlösungen. Politisch und sozial gesehen ist dieser Prozeß mit konsensfähigen Zielsetzungen eines Schutzes des Naturhaushalts und einer verbesserten Beschäftigungssituation verbunden, so daß positive Synergieeffekte zu vermuten sind. Im folgenden soll skizziert werden, wie eine neue industrielle Wertschöpfung aussehen könnte.

16.1 Neue Aufgaben für den primären Sektor

Nach der üblichen Einteilung der Volkswirtschaft besteht der primäre Sektor aus den Bereichen Rohstoffwirtschaft, Land-, Forst- und Fischereiwirtschaft. Diese Bereiche bilden die alt- und vorindustriellen Träger der wirtschaftlichen Entwicklung. Sie befinden sich in einer strukturellen Krise, die durch Preisverfall und niedrige oder sinkende Wachstumsraten charakterisiert ist. Unter den skizzierten Bedingungen ist eine weitere Schrumpfung des primären Sektors denkbar, weil der Rohstoffabbau reduziert wird. Diese Sichtweise ist jedoch kurzsichtig. Der primäre Sektor nähme danach lediglich die Funktion wahr, marktfähige Rohstoffe abzubauen und würde auf eine Zuliefererfunktion für die industrielle Produktion reduziert. Dem lassen sich Überlegungen entgegenhalten, die neue Aufgaben für den primären Sektor beinhalten und die längerfristig sogar auf seine Renaissance hinauslaufen könnten.

Basis neuer Aufgaben ist die besondere Funktion des primären Sektors. Er entnimmt der Natur die Stoffe, die für wirtschaftliche Aktivitäten und/ oder menschliche Bedürfnisse benötigt werden und bildet eine Schnittfläche zwischen natürlichen und ökonomischen Vorgängen. Seine Bedeutung mußte in den letzten Jahrzehnten schrumpfen, weil Verknappung des Ressourcenangebots immer wieder hinausgeschoben werden konnten und weil die Umweltpolitik im wesentlichen bei Schadstoffen und Abfällen, d.h. am Ende des wirtschaftlichen Wertschöpfungsprozesses, angesetzt hat. Um einen Anstieg der Ressourcenproduktivität erzielen zu können, werden Entnahme und Umformung von Stoffen jedoch zu einer entscheidenden Größe im Wirtschaftsgeschehen. Der primäre Sektor könnte sich daher zunehmend als Akteur eines Qualitätsmanagements begreifen, der eine *Koexistenz mit der Natur* entwickelt und Stoffkreisläufe aktiv gestaltet.

Koexistenz mit der Natur bedeutet in erster Annäherung, schrittweise weniger Stoffe zu entnehmen. Dabei gilt es, einschlägige Sustainability-Kriterien der

Regenerationsfähigkeit erneuerbarer Stoffe und von Ökosystemen zu beachten (Kapitel 2 bis 3). Der primäre Sektor nutzt nach dieser Sichtweise die ökologische Tragfähigkeit und wirtschaftet nachhaltig. Dadurch verbessert er seine Kenntnisse über die Funktionsweise natürlicher Systeme. In der Natur zeigen sich komplexe Systeme der Umwandlung und Vernetzung unterschiedlicher Stoffströme, die keine ökologischen Folgekosten entstehen lassen. Die Natur kann in einigen Bereichen zum Vorbild für neue Technologiepfade und die wirtschaftliche Entwicklung werden. Dabei sind folgende Handlungsebenen zu unterscheiden:

- Wirtschaften mit und in naturnahen Systemen,
- die Verwendung erneuerbarer Rohstoffe anstelle nicht-erneuerbarer,
- eine Orientierung an Prinzipien der Natur bei der Entwicklung neuer Stoffe, Produkte und Infrastrukturen.

In zweiter Annäherung sind die Wiederherstellung der Funktionsfähigkeit des Naturhaushalts und die *Gestaltung naturnaher Landschaften*[397] zukunftsträchtige Aufgaben. Unter den Leitbildern der industriellen Produktion wurden Landschaften lange typischen Unternehmensstrukturen nachempfunden. Begradigte Flüsse, gerade Straßenführungen, ordentliche Grünflächen sowie die monokulturelle Land- und Waldwirtschaft paßten zu einem tayloristisch geprägten Zeitalter der Vereinheitlichung, der Normung und der Massenproduktion. Unter den Vorzeichen einer steigenden Ressourcenproduktivität findet die Selbstorganisation der Natur stärkere Berücksichtigung. Landschaftsgestaltung orientiert sich an natürlichen Prinzipien des Gleichgewichts, der Stabilität und der Tragfähigkeit (Kapitel 3); sie schafft Voraussetzungen zur Selbsterhaltung und zur Entwicklungsfähigkeit von Ökosystemen. Als Flächen bieten sich beispielsweise Gebiete des auslaufenden Rohstoffabbaus an (z.B. Braunkohlentagebau). Derartig gestaltete Landschaften wären künftig nicht anmutig und lieblich, sondern vielfältig, widersprüchlich und sogar spannungsreich und schroff. Sie bilden eine Koexistenz mit Menschen und Unternehmen, denen die Nähe zur Natur wichtig ist und die die Natur als eine mögliche (wenn auch nicht die einzige) Inspirationsquelle für Innovationen ansehen. Naturnahe Landschaften entstehen deshalb auch in Verbindung mit Kunst und mit einer neuen Ästhetik: eine wild-schöne Landschaft fördert kreative Menschen.

Der primäre Sektor kann sich zur physischen Basis einer Ökonomie weiterentwickeln, die weitgehend auf erneuerbaren Stoffen beruht und die naturnah wirtschaftet. Der ökologische Landbau ist ein Beispiel für eine sehr weitgehende Einbettung des Wirtschaftens in natürliche Prozesse. Von ihm können auch Impulse für eine Stoffwirtschaft ausgehen, die ihre Erzeugung weitgehend an natürlichen Prozessen orientiert. Damit knüpft man an physiokratische Gedanken an. Neben einer an natürlichen Prozessen orientierten Stofferzeugung gelangen Verfahren zum Einsatz, die Werkstoffe synthetisch produzieren und mit einem Minimum an Umweltbelastungen verbunden sind. Ein Material, das vorteilhafte Eigenschaften von Kunststoffen aufweist und biologisch abbaubar ist, befindet sich kurz vor der Marktreife.[398]

Um den Stoffumsatz insgesamt zu reduzieren, ist eine Strategie der *Langlebigkeit* erfolgversprechend.[399] Bei der Güterherstellung werden lebenszkluswèite Betrachtungen angestellt, um eine möglichst lange Lebensdauer zu ermöglichen. Werkstoffe sind dabei eine kritische Größe.[400] Langlebigkeit kann auf unterschiedliche Weise erreicht werden. In einigen Bereichen ist eine kaskadenförmige Nutzung zielführend, in deren Verlauf ein Stoff schrittweise zerlegt wird. Holz beispielsweise kann zunächst als Massivholz im Bau- oder Möbelbereich Verwendung finden. Anschließend werden größere Einzelteile umgearbeitet und schließlich die Holzfasern zur Spanplatten- oder Papierherstellung eingesetzt. In anderen Bereichen wird Langlebigkeit eher über eine sortenreine Rückgewinnung realisiert, nach der die Stoffe eingeschmolzen und quasi wieder neu produziert werden können. Fast alle Metalle (z.B. Stahl, Aluminium, Kupfer) könnten auf diese Weise verwendet werden; die Ressourcenverbräuche lassen sich auf diese Weise teils um einen Faktor Hundert absenken.[401] Die Stahlbranche kann über Recycling, Leichtbauweise und veränderte Verfahren neue Anwendungsbereiche erschließen.

Langlebigkeit muß mit der Produktherstellung verbunden sein, d.h. Produkte müssen demontierbar, reparierbar, technisch anpassungsfähig und wiederverwendbar gestaltet werden, um künftigen Anforderungen gerecht zu werden und um einen verhältnismäßig einfachen Austausch ihrer Bestandteile zu ermöglichen. Die Kooperationsbeziehungen mit Entwicklern und industriellen Kunden sind daher zu intensivieren. Grenzen der Langlebigkeit werden erst erreicht, wenn eine Verlängerung der Lebensdauer einen übermäßig steigenden Energie- oder Materialeinsatz erfordert und wenn sich günstigere Alternativen abzeichnen.

Für den primären Sektor ist die Strategie der Langlebigkeit mit neuen Aufgabengebieten verbunden, da entsprechende Werkstoffe erst in geringer Zahl verfügbar sind. Es gilt, geeignete Stoffe zu entwickeln und herzustellen, deren Produktion und Nutzung mit einem Minimum an ökologischen Rucksäcken, Energieverbrauch und anderen Umweltbelastungen verbunden ist. Während der ersten Nutzungsphase sind Eigenschaften wie Haltbarkeit, Verformbarkeit, Bearbeitungsfähigkeit, Multifunktionalität, Leichtigkeit und Korrosionsbeständigkeit vorteilhaft. Danach müßten die Stoffe als Bestandteile anderer Produkte in neue Nutzungsphasen überführbar sein. Ist das Ende ihres Lebensweges erreicht, müßten die Stoffe ohne nennenswerte Umweltbelastungen deponiert oder verwertet werden können. Derartige Anforderungen sind für die Stoffproduktion, mithin für Entwickler, Ingenieure, Konstrukteure und Designer, weitgehend neu. Kenntnisse und Kompetenzen über den Naturhaushalt kommen dem primären Sektor während der gesamten Lebensphase zugute.

Zu beachten ist der in der Regel erhöhte Faktoreinsatz bei der Produktion langlebiger Güter.[402] Häufig müssen wertvollere oder mehr Materialien eingesetzt werden, die den Wertschöpfungsanteil des primären Sektors erhöhen. Gleichzeitig erhöht sich der Kapital- und Arbeitseinsatz. Damit verursachen langlebige Güter für den Produzenten höhere Kosten. Um sie abzuwälzen, müssen Kunden von der besseren Qualität überzeugt werden. Unter Wettbewerbsbedingungen sind daher neben Werkstoffkenntnissen auch *produktionsnahe Dienstleistungen* für Marketing, Finanzierung und Logistik sowie funktionierende Unternehmensnetzwerke erforderlich, um Nachteile zu vermeiden.

Die lebenzyklusweite Betrachtung führt für die stoffproduzierenden Unternehmen zu einer intensiveren Pflege ihrer Kundenbeziehungen, einer Verbesserung ihrer Vertriebssysteme und einer offensiven Marketingstrategie. Der Tätigkeitsbereich eines Unternehmens im primären Sektor erweitert sich schrittweise um produktionsnahe Dienstleistungen der Beratung, Finanzierung, Logistik und Re-Produktion. Ein Konzept für Chemikalien-Leasing befindet sich bei Dow Chemical Europe in der Erprobungsphase[403] und kann für weitere Stoffe durchaus Verbreitung finden. Unter der Annahme eines sinkenden Ressourceneinsatzes erhöht sich nämlich kontinuierlich der Anteil der Stoffe, die einer Kreislaufführung entnommen werden. Der primäre Sektor kann eigenständig oder über eine Kooperation mit anderen Unternehmen solche Stoffkreisläufe gestalten. Aus Sicht von Industrieunternehmen und Dienstleistern sind Kenntnisse und Erfahrungen über die Eigenschaften bestimmter Werkstoffe und umweltschonende Eingriffe in den Naturhaushalt Kernkompetenzen des primären Sektors. So entsteht ein Verbundsystem für Qualitätsmanagement, das lebenszyklusweit Verbesserungsmöglichkeiten erkennt und durchführt.

Aus Sicht der Innovationsökonomie ist eine derartige Entwicklung durchaus schlüssig. Unternehmen des primären Sektors kooperieren in Netzwerken mit anderen und können sich dadurch die bekannten Spillover-Effekte zunutze machen. Dabei ist es nicht wesentlich, ob die Stoffproduzenten eine lebenszyklusweite Verantwortung übernehmen, oder ob ein anderes Mitglied des Netzwerkes quasi rückwirkend eine derartige Funktion übernimmt. Je komplexer ein Gut hinsichtlich seiner Stoffzusammensetzung ist, desto höher wird die Verantwortlichkeit des Herstellers sein. Relevant ist, daß Netzwerke entstehen und über Kooperationen systemweite Verbesserungspotentiale erschlossen werden können. Das traditionelle Motiv, Kosten zu senken, wirkt sich dabei positiv auf die Absenkung der Ressourcenentnahme aus, weil über die kontinuierliche Erhöhung der relativen Faktorpreise für Ressourcen Anreize zur Rationalisierung und für die Herstellung neuartiger Stoffe gegeben werden. Gleichzeitig werden Innovationen angeregt, die sich entlang neuer Paradigmen von Langlebigkeit und Naturnähe bewegen können.

Die folgenden Kapitel werden zeigen, inwieweit die beschriebenen neuen Aufgabengebiete des primären Sektors eine hohe Affinität zu einer lernfähigen Infrastruktur, zu öko-effizienten Dienstleistungen, zu den Faktoren Wissen und Kommunikation sowie zu den beschriebenen Konsummustern aufweisen, so daß positive Wechselwirkungen zu erwarten sind.

16.2 Eine lernfähige Infrastruktur

Eine leistungsfähige Infrastruktur ruft positive externe Effekte hervor und steigert die Produktivität. Unter Infrastruktur wird dabei allgemein die „Gesamtheit der materiellen, institutionellen und personalen Anlagen, Einrichtungen und Begebenheiten, die den Wirtschaftseinheiten im Rahmen einer arbeitsteiligen Wirtschaft zur Verfügung stehen“[404] verstanden. Im Rahmen der Vollendung des Europäischen Binnenmarktes und der deutschen Einheit finden die Infrastrukturen für Energie, Verkehr und Kommunikation besondere Berücksichtigung.

Ein angestrebter Anstieg der Ressourcenproduktivität erfordert einen Wandel der Infrastruktur. Dies steht im Einklang mit der neueren ökonomischen Diskussion, die nicht von generellen, sondern von spezifischen Wohlstandseffekten durch bestimmte Infrastruktureinrichtungen ausgeht und deshalb für Differenzierungen plädiert.[405] Das vorliegende Modell löst sich von vergangenheitsbezogenen Vorstellungen über eine materiell großdimensionierte Infrastruktur, die sich in erster Linie an Mustern von Massenproduktion und Stoffdurchsatz orientiert. Vielmehr sind Überlegungen anzustellen, welcher Typus Infrastruktur mit einer sinkenden Nachfrage nach Energie und Material Schritt halten und Anreize für einen weitergehenden Anstieg der Ressourcenproduktivität geben könnte.

Die Frage nach der benötigten Qualität, vor allem nach *Nutzungs- und Ergebnisqualität*, bildet einen geeigneten Einstieg für Überlegungen zu einer zukunftsfähigen Infrastruktur. Während bislang eine bestimmte Angebotsstruktur gefördert wurde, werden nach dieser Perspektive künftig erwartete Nutzungsprozesse und angestrebte Entwicklungsziele (einschließlich Umweltziele) zu wichtigen Planungskriterien. Aus umweltökonomischer Sicht resultieren Schäden an der Umwelt bekanntlich nicht allein aus Landschaftseingriffen oder Rohstoffverbräuchen im Zusammenhang mit der Errichtung von Infrastruktur, sondern in hohem Maße aus ihrer jeweiligen Nutzung. Hier macht sich bemerkbar, daß das Infrastrukturangebot stets nur Mittel für unterschiedliche Zwecke ist. Straßen dienen der Mobilität und dem Handel, Kraftwerke der Strom- und Wärmeversorgung, Glasfaserkabel dem Informationsaustausch, Krankenhäuser der Gesundheitsversorgung usw. Fragen nach Nutzungs- und Ergebnisqualität führen daher nicht automatisch zu einer Angebotsausweitung, wenn Engpässe konstatiert oder vorausgesagt werden. Vielmehr wird überprüft, in welcher Weise stattfindende Nutzungsprozesse verbessert und wie die Realisierung der angestrebten Ziele mit sinkenden Umweltbelastungen zu verbinden ist. Ein umfassendes Qualitätsmanagement integriert daher Angebotsausweitung und Nachfragesteuerung, wägt unterschiedliche Technologieoptionen ab und verpflichtet Planer, Betreiber und Nutzer gleichermaßen zu kontinuierlichen Verbesserungen.

Qualitätsmanagement wird zunächst einmal nutzen, was da ist. Dies entspricht dem umweltökonomischen Leitbild einer „*Bestandsökonomie*" („Stock Economy").[406] Da Infrastrukturen auf höchst unterschiedliche Weise ausgelastet und genutzt werden können, ist eine intelligente Nachfragesteuerung gegenüber einer Errichtung weiterer Kapazitäten prioritär. Einige Nutzungsformen können zeitlich verlagert werden, z.B. durch Entzerrung des Berufsverkehrs oder Spitzenlastmanagement in der Stromwirtschaft. In anderen Fällen können vorhandene Infrastrukturen intensiver genutzt und dadurch besser ausgelastet werden. Erhebliche Potentiale zur Ressourceneinsparung sind bei dem Einsatz von Effizienztechnologien zu vermerken. Im Energiebereich senken effiziente Drehstrommotoren, Meß-, Steuer- und Regelungstechniken, Haushaltsgeräte, Heizungs- und Klimaanlagen usw. die spezifische Nachfrage nach Strom in signifikanter Weise ab. Schließlich ist auch die Möglichkeit zu erwähnen, Kunden andere Nutzungs- und Verhaltensweisen zu empfehlen. Wenn Kunden ihre Produkte pfleglich behandeln und sparsam nutzen, den öffentlichen Verkehr anstelle des motorisierten Individualverkehrs wählen und gesunde Lebensstile praktizieren, wird auch Infrastruktur geschont. Die Möglichkeiten einer Nachfragesteuerung sind potentiell hoch und können schrittweise verbessert werden.

In der Energiewirtschaft sind Vorstellungen über ein aktives Nachfragemanagement unter dem Stichwort „*Integrierte Ressourcenplanung*" (auch: „Least-Cost Planning" oder „Demand-Side Management") relativ weit verbreitet. Aus Sicht der Energieversorger liegen die Kosten für Einsparinvestitionen unter den langfristigen Grenzkosten für die Strombereitstellung. Vor der Planungsphase für neue Kraftwerke prüfen sie die vielfältigen Optionen, auf der Nachfrageseite Einsparinvestitionen zu fördern. Dieser Prozeß wird ordnungspolitisch von den jeweiligen Aufsichtsbehörden über die erschwerte Genehmigungspraxis für neue Kraftwerke und über die Preisaufsicht für Stromtarife unterstützt. In der Folge haben viele Energieversorger den Markt erkannt;[407] zusätzlich entstanden neue Energieanbieter, Zwischenhändler und Beratungsbüros. „Einsparkraftwerke"[408] werden errichtet. Die Märkte für Megawatts und „Negawatts" geraten in einen Verdrängungswettbewerb.

Für die Infrastrukturentwicklung ist daran abzulesen, daß eine allgemeine materielle Verschlankung eintreten kann. Die Prüfung der Handlungsoptionen über Qualitätsfragen führt zu einer besseren Nutzungs- und Ergebnisqualität, ohne das Angebot auszuweiten. Dadurch werden Investitionen optimiert und Kosten gesenkt. Eine materielle Verschlankung tritt ein, wenn veraltete Anlagen nicht durch neue ersetzt, sondern neuartige Lösungen mit niedrigerer Ressourcenintensität an ihre Stelle treten. Illustrativ ist das Beispiel der Computerentwicklung, in der vor einigen Jahrzehnten die Entwicklung großtechnischer Anlagen im Vordergrund stand, deren Leistungsfähigkeit mittlerweile von vernetzten Parallelrechnern mit einer verbesserten Software überholt worden ist. Ähnlich wie Kraftwerkskapazitäten durch Effizienztechnologien oder Einsparungen ersetzbar sind, kann die Errichtung anderer materieller Infrastrukturangebote schrittweise im Zuge eines allgemeinen Anstiegs der Ressourcenproduktivität stabilisiert und reduziert werden. Im Verkehrsbereich heißt das, vorhandene Bahnstrecken zu nutzen und Straßenaus- und Neubau zu vermeiden.

Die neue Infrastruktur benötigt nämlich eher bedarfsgerechte Dienstleistungen als ressourcenintensive Kapitalgüter. Anzeichen für einen entsprechenden realökonomischen Trend sind in dem zunehmenden Anteil produktionsnaher Dienstleistungen an den Vorleistungen zu sehen.[409] Kraftwerksleistungen und andere ressourcenintensive Infrastrukturen können durch individuell auf die Kunden zugeschnittene Dienstleistungen ersetzt werden, die mit weniger Energie- und Materialverbrauch verbunden sind. Diese Dienstleistungen sind technologieintensiver als Teile der vorhandenen Infrastruktur, da Effizienztechnologien zum Einsatz kommen und vernetzte Systemlösungen entstehen. Im Vergleich zur konventionellen Infrastruktur entstehen höhere Verstärkungs- und Spillover-Effekte, weil der gesamte Prozeß von Bereitstellung und Nutzung integriert betrachtet wird. Darüber hinaus sind derartige Dienstleistungen arbeitsintensiv, da Informations-, Kommunikations- und Beratungsleistungen erbracht werden müssen. Für die Kunden hat dies den Vorteil, jeweils eine optimale Mischung aus einer Nutzung der externen Infrastruktur und intern vorgenommenen Modernisierungen realisieren zu können. Im Zeitverlauf verlagert sich der Infrastrukturkern von materiellen Anlagen zu institutionellen und personellen Gegebenheiten. Diese sind nicht immateriell, würden jedoch wahrscheinlich eine quantitativ geringere materielle Grundlage als bisher benötigen.[410]

Eine solche Infrastruktur ist in mehrfacher Weise durch die Eigenschaft der „*Lernfähigkeit*“ charakterisierbar. Sie ist nicht energie- und material-, sondern technologieintensiv. Es gelangen Technologien zum Einsatz, die mit der jeweiligen Nachfrage Schritt halten, weil sie flexible Stoff- und Konstruktionseigenschaften aufweisen und/oder unmittelbar die Nachfrage beeinflussen. Die Eigenschaft der Lernfähigkeit drückt ferner einen besseren Dialog mit der Natur aus. Erneuerbare Rohstoffe, weitgehend naturverträgliche Werkstoffe, eine geringe Flächeninanspruchnahme und geringfügige Zersiedelungseffekte sind entsprechende Infrastrukturelemente. Eine innovationsorientierte Kooperation mit Unternehmen des primären Sektors ist deshalb erforderlich.

Lernfähigkeit bezieht sich schließlich auf die Eigenschaft, dienstleistungsorientiert und arbeitsintensiv zu sein. Menschliche Arbeit in Forschung & Entwicklung, Information, Beratung, Organisation etc., ihr Nutzungsverhalten und ihre Findigkeit, die vorhandene Infrastruktur zu nutzen und ihren materiellen Gehalt schrittweise zu reduzieren, sind wesentliche Merkmale einer zukunftsfähigen Infrastruktur.[411] Man kann deshalb von einer schrittweisen Erhöhung des Infrastrukturanteils für Wissen, Bildung und Kommunikation ausgehen und sich dabei auf die neue Wachstumstheorie stützen, die die Bedeutung von Wissen und Bildung hervorhebt (Kapitel 12 + 13). Grenzen der Verlagerbarkeit werden erreicht, wo physiologische Bedürfnisse und Produktionserfordernisse materielle Infrastruktur erfordern. Dabei ist zu beachten, daß diese scheinbaren Sachzwänge selber einem Strukturwandel unterliegen.

Man kann in Anlehnung an die Paradigmenforschung der Innovationsökonomie zusammenfassend folgende Unterscheidungen zwischen einer konventionellen und einer zukunftsfähigen Infrastruktur zu treffen: Wo sich die konventionelle Infrastrukturplanung auf das Angebot beschränkt, integriert die neue Planung Angebot und Nachfrage im Sinne eines umfassenden Qualitätsmanagements. Wo erstere zu zentralen Großeinheiten führt, gibt die neue dezentralen Netzwerken stärkeren Vorzug. Die konventionelle Infrastruktur ist verhältnismäßig ressourcenintensiv, statisch und bindet Kapital. Die zukunftsfähige Infrastruktur gibt Dienstleistungen den Vorzug, ist lernfähig und erneuert den Kapitalstock. „Klasse statt Masse“[412] ist ein verkürzender, aber prägnanter Ausdruck für die lernfähige Infrastruktur.

16.3 Von der Produktion zu öko-effizienten Dienstleistungen

Öko-effiziente Dienstleistungen[413] zielen darauf ab, einen vergleichbaren oder höheren Nutzen mit einem geringeren Ressourceneinsatz zu erzielen. Sie senken die Ressourcenentnahme der Produktions- und Distributionsprozesse ab, weil sie nicht komplementär zu ihnen verlaufen, sondern mit ihnen in ständiger Wechselwirkung stehen[414] und über Wettbewerbsprozesse materialintensive Produktionsprozesse und Produkte schrittweise von weitgehend immateriellen Dienstleistungen substituiert werden. Die angestrebte Richtungsänderung des technischen Fortschritts verstärkt diesen Prozeß. Energiedienstleistungen beispielsweise beschränken sich nicht auf die Bereitstellung von Energieträgern, Strom oder Fernwärme, sondern organisieren einen gewünschten Service für den Einsatz von Maschinen und Produktionsprozessen, für behagliche Raumwärme mit angenehmer Beleuchtung und für angemessene Kühlung. Dies drückt die Einsicht aus, daß der Kunde kein bestimmtes Kontingent Ressourcen wünscht, sondern über seine Nachfrage einen Nutzen erzielen sowie Bedürfnisse und Wünsche befriedigen möchte. So können Rationalisierungspotentiale auf mehreren Ebenen aufgespürt und sukzessive erschlossen werden. Der Dienstleistungsgedanke gilt also lebenszyklusweit.

Die Anbieter öko-effizienter Dienstleistungen minimieren die Produktion von Sachgütern und maximieren den *Verkauf von Nutzungswerten.* Konkret kann man sich ihre Leistung als eine mehrstufige Unternehmensstrategie vorstellen. In der ersten Stufe werden die Produkte unter Nutzung geeigneter Werkstoffe so konzipiert, daß sie langlebig, zerlegbar, reparierbar und modernisierbar sind. Gewerblich genutzte Waschmaschinen weisen beispielsweise eine achtfach höhere Lebenserwartung gegenüber herkömmlichen Geräten privater Haushalte auf.[415] In der nächsten Stufe vermarktet das Unternehmen nicht das Produkt, sondern den von ihnen gestifteten Nutzen und die einhergehende Dienstleistung. Das Unternehmen erzielt dadurch kontinuierliche Einnahmen; sein Gewinn erhöht sich, je länger oder intensiver die Sachgüter von den Kunden in Anspruch genommen werden. Wenn die Produkte schließlich zurückgenommen werden, beginnt ein neuer industrieller Prozeß der Instandsetzung von Stoffen und Produkten.

Öko-effiziente Dienstleister konzentrieren sich stärker auf die kundenspezifische Problemlösungsfähigkeit als auf technische Produkte und verhandeln mit den Kunden über den gewünschten Nutzen anstelle eines bloßen Produkterwerbs. Sie bieten komplexe ergebnisorientierte Leistungen wie beispielsweise die kontinuierliche Erstellung einer Wärmedienstleistung anstelle von Energieträgern oder einer Heizungsanlage an. Werden dann bestimmte Technologien wie „Superfenster“ marktreif,[416] die die Lichteinstrahlung weitgehend hereinlassen und die Wärmestrahlung zurückspiegeln, werden sie eingesetzt. Im Gebäudebereich werden derartige Konzepte als „Facility Management“ bezeichnet.[417] Typische Hemmnisse gegenüber neuen Technologien wie Informationsdefizite und Finanzierungsschwierigkeiten werden von Dienstleistern reduziert.

Wenn die Unternehmen eine Dienstleistung anstelle eines Produkts vermarkten, differenzieren sich Eigentums- und Verfügungsrechte stärker aus. Die neue Institutionenökonomie hat einige Differenzierungen zu Verfügungsrechten entwickelt;[418] sie unterscheidet z.B. zwischen Nutzungs-, Gewinnbeteiligungs-, Veräußerungs-, Veränderungs- und Exklusivitätsrechten. In der Praxis bietet das *Leasing* von Anlagen, Produkten oder Stoffen eine geeignete Rechtsform, um das

Eigeninteresse von Herstellern oder Betreibern an Langlebigkeit zu stimulieren und dahingehend auf den Herstellungs- und Nutzungsprozeß einzuwirken. Kunden erhalten den gewünschten Service, ohne sich selber um das Zustandekommen der Leistung, um Reparaturen oder Modernisierungen kümmern zu müssen. Der Anbieter kann sie durch die Tarifgestaltung und andere Mechanismen anhalten, die geleasten Objekte schonend zu behandeln. Bekannt sind Beispiele des Kopierer- und Drucker-Leasings, die zu langlebigen, wartungs- und reparaturfreundlichen Geräten geführt haben sowie die Anmietung von Transportkapazitäten in der gewerblichen Wirtschaft, die Leerfahrten reduziert.[419] Die Dienstleistung „Leasing" führt folglich schrittweise zur Professionalisierung industrieller Beziehungen und Modernisierung der Produktpalette, d.h. die Objekte entsprechen höchsten Qualitätsstandards und werden dem jeweils neuesten Stand der Technik angepaßt. Günstige Umwelteffekte entstehen vor allem, wenn die produzierten Stückzahlen abgesenkt werden. Da dieser Prozeß von der Gestaltung der Rahmenbedingungen, von Marktprozessen und Kundenpräferenzen abhängig ist, ist der Spielraum für eine Reduktion des Stoffumsatzes nicht automatisch hoch, sondern kann sukzessive erschlossen werden.

Ein steigendes Angebot langlebiger Qualitätsgüter und Systemlösungen führt zu einem wachsenden Bedarf nach Finanzberatungen und -dienstleistungen. Wenn der Kunde Eigentumsrechte erwerben will, steht er vor der Wahl, sich für ein langfristig kostengünstiges Qualitätsprodukt zu entscheiden oder für ein Produkt minderer Qualität zu einem kurzfristig günstigeren Kapitaleinsatz. Aus der Differenz zwischen höheren Investitionskosten gegenüber einer längeren Lebensdauer und sinkenden betrieblichen Ausgaben lassen sich Kredite für Qualitätsgüter finanzieren, die für die Beteiligten vorteilhaft sind. Der Kunde vermindert oder vermeidet Kapitaleinsatz, erwirbt das technische Know How und die Marktübersicht des Dienstleisters und verringert seinen personellen oder persönlichen Aufwand. Der Dienstleister erhält eine angemessene Vergütung, bindet den Kunden und kann bei absehbaren Phasenübergängen zwischen zwei ökonomisch-technologischen Paradigmen als Pionier tätig werden. Finanzdienstleister und Produzent eines Qualitätsgutes können, müssen aber nicht miteinander identisch sein.

Für die Unternehmen resultiert ein ökonomischer Anreiz für eine Strategie der Vermarktung langlebiger Qualitätsgüter und begleitender Dienstleistungen aus realpolitisch steigenden Deponie- und Entsorgungskosten sowie nach dem vorliegenden Modell aus schrittweise ansteigenden Faktorpreisen für Ressourcen. Interessanterweise verläuft der Trend zu kürzeren Produktzyklen ohnehin nicht mehr einheitlich. Teile der japanischen Industrie haben realisiert, daß eine Verlängerung der Produktzyklen Zeit für strategische Überlegungen und durchgreifende Innovationen gibt.[420] So können Forschungskapazitäten und Marktkräfte besser gebündelt werden. Steigende Faktorpreise für Energieträger und andere Ressourcen würden diese Tendenz verstärken und nach einer ersten Modernisierungswelle zu längeren Produktzyklen führen. Dabei ist das Vermarkten langlebiger Qualitätsgüter und begleitender Dienstleistungen mit Informations- und Wissensvorteilen sowie mit Skalenerträgen verbunden.

Die Kundenzufriedenheit bildet für alle Anbieter eine zentrale Erfolgskategorie. Kunden erwarten bereits bei Kauf oder Erwerb von Nutzungsrechten einfache und zuverlässige Informationen darüber, daß ein angebotenes Qualitätsprodukt seinen möglicherweise höheren Preis rechtfertigt. Eine Information über die durchschnittliche Lebenserwartung sowie über die mit Nutzung und Entsorgung verbundenen Kosten ist für den Verkauf eines Qualitätsgutes essentiell. Darüber hinaus vereinbart der Anbieter Serviceverträge über Wartung, Reparatur, Modernisierung, Neunutzung und Entsorgung, die den Kunden dauerhaft binden. Bei einer zufriedenstellenden Kundenbeziehung entsteht ein „lock-in Effekt", der ein Abwandern zu konkurrierenden Anbietern erschwert. Umgekehrt betrachtet regt ein Wandel auf der Nachfrageseite zugunsten von Qualitätsprodukten und Umweltbewußtsein die Hersteller an, entsprechende Angebote zu erstellen.

Nach der ersten Nutzungsphase setzt von neuem ein industrieller Prozeß ein, der das Sammeln, Sortieren, Reinigen, Aufbereiten und Instandsetzen des Produkts und seiner Komponenten betrifft. Dabei werden Werkstoffe rezykliert, die neu geformt und wieder dem Wirtschaftskreislauf zugeführt werden. Einzelne Komponenten werden geprüft und runderneuert, so daß sie auch in anderen Systemen eine Funktion erfüllen können. Auch für diesen Zweck ist die Qualität der eingesetzten Werkstoffe relevant.

Die Erhöhung des Dienstleistungsanteils, das Bemühen um Kundennähe und die regelmäßigen Instandsetzungsarbeiten führen zu *Netzwerken*, in denen Hersteller, Zulieferer und Kunden miteinander kooperieren. Das Innovationsgeschehen wird unternehmensübergreifend miteinander vernetzt. Punktuelle und lose Verbindungen sind dazu nicht ausreichend, weil Spillover-Effekte nur in einem kontinuierlichen Austausch entstehen, so daß Verbundsysteme und Allianzen entstehen. Hier werden auch Forschungseinrichtungen mit einbezogen. Informations-

und Kommunikationstechnologien sowie eine Infrastruktur des Lernens und der Kooperation fördern die Vernetzung. Teils dehnen Unternehmen ihre Aktivitäten über den Lebenszyklus einer Dienstleistung hinweg aus, teils entstehen neue Unternehmen, die sich auf das Erbringen einer spezialisierten Dienstleistung innerhalb eines oder mehrerer Netzwerke konzentrieren. Dies werden vor allem kleine und mittlere Unternehmen sein. Wenn die Grenzen zwischen den Unternehmen unschärfer werden, entstehen neue, quasi „virtuelle“ Unternehmen.

Ein großer Teil der neu entstehenden Dienstleistungsanbieter wird sich am Markt behaupten können. Die neuen Märkte sind kundennah, somit wenig verlagerungsanfällig und erfordern eine anspruchsvolle Qualifikation, da eine variable Kombination technischer, kundenspezifischer und kommunikativer Kompetenzen erforderlich ist. Es ist jedoch wahrscheinlich, daß nicht alle neu entstehenden Dienstleistungen betriebswirtschaftlich rentabel sind. Hohe Personalkosten, die schwierige Kalkulierbarkeit von Beratungsgesprächen sowie steigende Kosten für

Tab. 9: Typologie öko-effizienter Dienstleistungen am Beispiel Bauen, Gebäudedienstleistungen und Wohnen

	Produktion	**Nutzung**	**Rückführung & Instandsetzung**	**Entsorgung**
Produktion	Baustoffherstellung, -kreislauf, Verwendung des Bodenaushubs	Dienstleistungen für Wärme, Beleuchtung, Reinigung,	Möbelbörse, Baustoffkreislauf	Deponierung nicht verwertbarer Reststoffe
Finanzierung	Geräte-Leasing	Heizungsanlage, Haushaltsgeräte, Modernisierung, Ausbau	Heizungsanlage, Haushaltsgeräte, Werkzeuge, Elektronik	Haushaltsgeräte, Elektronik
Distribution	Baustofflogistik, Zulieferungen	Einkäufe, Berufsverkehr, Kinderbetreuung, Freizeitverkehr, MobilCard	Sammel- und Recycling-Center für Geräte, Möbel etc.	Abhol- und Sammelservice
Kommunikation	Informationsbörse zu Baustoffen, Softwareprogramme zur Stoffnutzung	Mitwohnbörse, Tauschringe für nachbarschaftliche Dienstleistungen, gemeinsame Nutzungsformen für Geräte, Werkzeug, Mobilität etc.	Information, Beratung & Marketing	Information, Beratung & Marketing

Quelle: Eigene Darstellung.

Büromieten sind erschwerende Rahmenbedingungen für öko-effiziente Dienstleistungen. Eine gewisse Entlastung kann aus sinkenden Lohnnebenkosten im Zusammenhang mit der ökologischen Steuerreform und aus modernen Büronutzungssystemen im Zusammenhang mit einer flächensparenden Bauinfrastruktur resultieren. Dennoch ist anzunehmen, daß ein Teil der neu entstehenden Dienstleistungen unter betriebswirtschaftlichen Kriterien wenig rentabel ist. Dabei wird es sich überwiegend um *soziale Dienstleistungen* handeln, deren Hauptadressaten private Haushalte darstellen und in denen die Erwerbszwecke gering sind: die Organisation von Tauschringen, Werkstätten für Do-it-yourself-Nutzer, häusliche Kontakt- und Krankenpflege, Kinderbetreuung usw. Weil sie gesellschaftlich wichtig sind, bietet sich in diesen Bereichen eine Förderung z.B. über Modelle einer öffentlich-privaten Partnerschaft an. Hier besteht Forschungsbedarf.

Insgesamt erfüllen öko-effiziente Dienstleistungen für einen Anstieg der Ressourcenproduktivität drei Funktionen. Sie erhöhen

- die allokative Effizienz des Produktions- und Distributionsprozesses,
- die kundenspezifische Zufriedenheit und Problemlösungsfähigkeit und
- senken die Ressourcenentnahme ab.

Aus dem gesagten läßt sich eine Typologie öko-effizienter Dienstleistungen entwickeln, indem man Lebenszyklusanalysen mit Elementen der Marketingtheorie[421] verbindet. Die Typologie (Tab. 9) beruht auf der Überlegung, daß öko-effiziente Dienstleistungen entlang der Lebensweg-Stationen eines Stoffes oder eines Produkts zum Einsatz kommen. Auf der operativen Ebene lassen sich nach der Marketingtheorie Strategien der Produktion, der Finanzierung, der Distribution und der Kommunikation unterscheiden. Die doppelte Nennung der Produktion bringt zum Ausdruck, daß zwischen produzierenden Unternehmen über den Verkauf anfallender Wärme, von Reststoffen und über eine gemeinsame Gebäudenutzung Möglichkeiten gegenseitiger Dienstleistungen vorhanden sind. Ihr Anteil erhöht sich unter den genannten Bedingungen hin zu Modellen eines regionalen Stoffstrommanagements. Komplexere Dienstleistungsbündel bis hin zu Systemlösungen für den gesamten Lebensweg und den gesamten Bereich der Kundenbeziehungen umfassen mehrere Felder der Typologie. Die Typologie erlaubt somit die Einordnung von Dienstleistungen unterschiedlicher Komplexität.

16.4 Lernfähigkeit, Erfahrung und Wissen

Nicht erst seit von der nahenden Informationsgesellschaft gesprochen wird, steigt die ökonomische Bedeutung der Faktoren Lernen, Wissen und Kommunikation an. Alle Produktivitätssteigerungen lassen sich letzten Endes darauf zurückführen, daß Erfindungen oder Verbesserungsmöglichkeiten laufender Aktivitäten entdeckt und in der Wirtschaft umgesetzt worden sind. Der Wettbewerb ist für die Unternehmen ein stetiger Anreiz, um die Lernfähigkeit ihrer Organisation (und der Arbeitnehmerschaft!) zu erhöhen. Um am Markt dauerhaft erfolgreich zu sein, müssen sie laufend ihre Produkte, Produktionsprozesse und Dienstleistungen verbessern und sich an stattfindende Entwicklungen anpassen. Die Wachstumstheorien sowie die innovationsökonomischen Ansätze unterstreichen nachdrücklich die Bedeutung lernfähiger Organisationen. Die neue Wachstumstheorie, die evolutionäre Ökonomie sowie die betrachteten innovationsökonomischen Ansätze gehen sogar in Verbindung mit der diagnostizierten Unvollkommenheit der Märkte von einer nicht-absinkenden Grenzproduktivität des Wissens aus (Kapitel 13 + 14). Sie unterscheidet Wissen von den natürlichen Alterungsprozessen („vintage") des Sachkapitals, dessen Grenzproduktivität sinkt. Lernfähige Organisationen produzieren Innovationen und machen sich anderswo getätigte Innovationen zu eigen. Dieser Vorgang wirkt sich für alle Faktoren produktivitätssteigernd aus.

Eine Ausrichtung auf den Schutz des Naturhaushalts verändert das Wissensverständnis. Grundlegende Annahmen der Unendlichkeit des Wissens und des menschlichen Erfindungsgeistes haben lange den Trugschluß genährt, Grenzen der Naturnutzung nahezu beliebig verschieben zu können. Demgegenüber basiert eine Ökonomie der Ressourcenproduktivität auf der Einsicht, die begrenzte Belastbarkeit des Naturhaushalts anzuerkennen und die Ressourcenentnahme deutlich abzusenken. Um diesem Ziel näherzukommen, sind Erfindungsgeist und Lernfähigkeit erforderlich. Ohne Lernprozesse wird somit kein Anstieg der Ressourcenproduktivität stattfinden. Ein Teil der notwendigen Lernprozesse wird durch die Veränderung der relativen Faktorpreise angestoßen. Die angestoßenen Lernprozesse lockern die Bindung an bestehende ressourcenintensive Paradigmen und führen zu Phasenübergängen in neue Innovationslinien. Die Kommunikation von Leitbildern kann diesen Prozeß aus politischer Sicht fördern und seine Richtung in einigen Bereichen beeinflussen. Dabei sind verschiedene Kriterien wie die lebenszyklusweite Betrachtung, die Erhöhung der Nutzungsintensität, die Langlebigkeit und die Dienstleistungsorientierung zu integrieren. Die angestoßenen Lernprozesse sind wissensintensiver als bei bisherigen Umwelttechnologien, weil sie bei den Ressourceninputs ansetzen, die gesamte Wertschöpfungskette erfassen und durch Netzwerke verbessert werden können. Naturwissenschaftlich-technische Kenntnisse, langfristig orientiertes und vernetztes Denken, Kooperationsfähigkeit sowie Aufgeschlossenheit gegenüber unkonventionellen Lösungen begünstigen entsprechende Lerneffekte.

Lernprozesse im Zusammenhang mit Steigerungen der Ressourcenproduktivität sind in weiten Teilen praktisch orientiert und erfordern ein hohes fachliches Können der Beteiligten.[422] Langlebige Qualitätsgüter müssen gewartet und repariert werden, sie werden nach ihrer ersten Nutzungsphase oder regelmäßig für einen längeren Zeitraum rundum instandgesetzt. Zu diesem Zweck werden sie demontiert, gereinigt, geprüft, aufgearbeitet und schließlich wieder zusammengesetzt. Selbst eine weitgehende Komponentennormierung, eine Modulbauweise und neue, „selbstheilende“ Werkstoffe dürften angesichts individueller Defekte nicht dazu führen, daß die Instandsetzungstätigkeiten automatisch erfolgen können. Für diese Tätigkeiten entstehen handwerkliche und industrielle Arbeitsbereiche, die manuelle Fähigkeiten, Sorgfalt und Kreativität erfordern. Je langlebiger einzelne Komponenten oder Produkte werden, desto höher wird betrieblich langjährige Erfahrung geschätzt. Die entstehenden Arbeitsplätze werden aus logistischen Gründen dezentral und kundennah sein, d.h. wenig verlagerungsanfällig. Beschäftigungspolitisch ist die Möglichkeit interessant, einzelne Arbeitsschritte mit geringerem Qualifikationsprofil in Kooperation mit sozialen Initiativen (Langzeitarbeitslose, Abhängige, Behinderte) zu erstellen. Durch die Verlängerung von Produktzyklen verringert sich der Zeitdruck einzelner Bearbeitungsschritte. So können Brücken zwischen Industrieunternehmen und Sozialeinrichtungen geschlagen werden.

Die Zusammenarbeit in unternehmensübergreifenden Netzwerken ist lernintensiv und stellt hohe Anforderungen an Flexibilität und Kommunikationsfähigkeit von Organisationen und Beschäftigten. Einerseits bleiben Spezialkenntnisse für viele Aufgaben relevant, andererseits müssen Spezialkenntnisse ständig aufgefrischt werden und sich im Austausch mit anderen bewähren. Die skizzierten Arbeiten im primären Sektor, in Infrastrukturen und öko-effizienten Dienstleistungen bestehen aus einer flexiblen Verknüpfung jeweils neu zu definierender Kenntnisse, um die gewünschte Leistung erzielen zu können. Gefragt sind „Symbol-

Analytiker",[423] die die Komplexität einer Anforderung auf bestimmte Symbole reduzieren und sich weitgehend selbständig ein Team aus ihrem Arbeitsumfeld zusammenstellen können. Um einen Anstieg der Ressourcenproduktivität zu erzielen, bleiben derartige Tätigkeiten der Stoffumwandlung verhaftet, so daß technische Grundkenntnisse eine unerläßliche Basisausstattung bilden. Charakteristisch für die Art des Wissens und der Lernprozesse werden daher sowohl Praxisorientierung und kommunikative Kompetenzen als auch Prinzipien der Komplexität und der Vernetztheit[424] sein.

Eine Dienstleistungsorientierung erfordert ferner soziale und sozialwissenschaftliche Kompetenzen. Beratungsleistungen setzen neben fachlicher Qualifikation Erfahrung im Umgang mit Menschen, Einfühlungsvermögen und interkulturelle Fähigkeiten voraus. Durch die Erhöhung der kundenspezifischen Problemlösungsfähigkeiten und die Orientierung an Bedarfsfeldern werden sich neuartige Lernmuster herausbilden, die in besonderer Weise nach einer Offenheit für aktuelle Schlüsselprobleme und Teamfähigkeit verlangen. Wahrscheinlich erleichtern derartige Anforderungen Quereinstiege und flexible Arbeitszeiten zwischen Beruf, Familie und anderen nichterwerbsmäßig betriebenen Arbeiten. Moderne Kommunikationstechnologien können die entsprechende Offenheit über Rufsysteme, Telearbeit u.ä. unterstützen.

Neue Informations- und Kommunikationsmedien sind vor diesem Hintergrund mehrfach interessant. Sie können zur Informationsübertragung, zur Einrichtung von Datenbanken und zur Steuerung von Prozessen eingesetzt werden und so Papier, andere Ressourcen und Transport einsparen.[425] Darüber hinaus können sie zunehmend für Wissensvermittlung und Kooperation eingesetzt werden. Anders als papiergestützte Wissensträger sprechen neue Medien mehrere Sinnesorgane an. Sie können durch Visualisierung, Geräusche und interaktive Mechanismen Komplexität reduzieren, Zusammenhänge verdeutlichen und damit auch bestehende Lernblockaden lockern. Nutzerfreundlichkeit und sinnliche Ausstrahlung entsprechender Vermittlungssysteme spielen deshalb eine wichtige Rolle. Lernen kann über derartige Medien einfacher, attraktiver und zeitlich flexibler werden, als es alleine mit personengebundenen Weiterbildungsmaßnahmen möglich ist. Für den Einsatz in der innerbetrieblichen Weiterbildung und in der Netzwerkkommunikation zwischen den Unternehmen ergeben sich deshalb vielfältige Anwendungsmöglichkeiten für neue Medien.

Die Anwendungsmöglichkeiten neuer Medien zur Förderung von Lernprozessen und der Wissensvermittlung können durch öffentlich-private Partnerschaften verstärkt werden. Weiterführende Schulen, Universitäten und andere Einrichtungen von Forschung und Bildung können ihre Infrastrukturen im Tausch gegen Praxisnähe und Umsetzungserfahrung zur Verfügung stellen. Für die Forschungslandschaft ist dieser Prozeß mit einer methodischen und inhaltlichen Hinwendung zu Problemlösungsansätzen verbunden,[426] der auch Existenzgründungen erleichtert. Darüber hinaus sollte es zur Aufgabe der Wirtschaftsförderung werden, unterschiedliche Einrichtungen der netzwerkorientierten Weiterbildung über neue Medien zu unterstützen. Gerade kleine und mittlere Unternehmen sind vielfach darauf angewiesen, Know how kostengünstig und zeitlich flexibel austauschen und auf ihre Einsatzmöglichkeiten hin untersuchen zu können. „Best-Practice“ Beispiele einer erfolgreichen Unternehmensführung zur Steigerung der Ressourcenproduktivität können über mediengestützte Informationssysteme relativ gut an Unternehmen herangetragen werden. Die öffentliche Aufgabe würde darin bestehen, solche Beispiele aufzuspüren, aufzubereiten und die entsprechenden Datenbanken zu pflegen. Derlei Einrichtungen ersetzen keine unmittelbare Beratungs- und Weiterbildungsmaßnahmen, stellen jedoch eine sinnvolle Ergänzung und Erweiterung dar.

Insgesamt ist die Gestaltung von Lernprozessen und professioneller Wissensvermittlung unter den Bedingungen einer ansteigenden Ressourcenproduktivität ein Wachstumsmarkt. Dieser Markt wird innerhalb und zwischen den Unternehmen expandieren, die in Qualifikation und Motivation ihrer Mitarbeiter investieren. Neue Unternehmen entstehen, die sich auf bestimmte Leistungen zu Forschung & Entwicklung, Beratung und Visualisierung spezialisieren. Insofern unterstützt der realwirtschaftliche Trend zum „lebenslangen Lernen“[427] einen Anstieg der Ressourcenproduktivität. Ihre spezifische Signatur liegt in der Ausrichtung auf den Schutz des Naturhaushalts, in einer Betonung praktisch-technischer Fertigkeiten für die Instandhaltung langlebiger Qualitätsgüter sowie in der Hinwendung zu sozialen Kompetenzen im Rahmen der angestrebten Dienstleistungsorientierung. Insgesamt ist unter den skizzierten Bedingungen eine stärkere Durchmischung fachlicher Fähigkeiten zu erwarten.

17. Produktive Konsumformen

Die obigen Ausführungen unterstreichen, daß eine kumulative Dynamik zur Reduktion der Ressourcenentnahme von Wirkungsfaktoren und ihren Wechselwirkungen abhängt. Der Staat kann die Langfristdynamik fördern, indem er die relativen Preise für Energieträger und andere Ressourcen schrittweise anhebt und indem er einen gesellschaftlichen Prozeß zur Entwicklung neuer Leitbilder organisiert. Wirkungsfaktoren für einen Anstieg der Ressourcenproduktivität sind das beschriebene neue Selbstverständnis des primären Sektors als naturnahe Gestaltung von Stoffkreisläufen und Landschaften, lernfähige Infrastrukturen, öko-effiziente Dienstleistungen sowie die Faktoren Lernen und Wissen. Sie wirken im Sinne Schumpeters dynamisch und führen über Wettbewerbsprozesse zu einem ressourcensparenden technischen Fortschritt. In Anlehnung an die Innovationsökonomie, die Wachstumstheorien und die evolutorische Ökonomie skizziert das vorliegende Modell diese Prozesse zunächst überwiegend auf der Angebotsseite.

Dabei stellt sich heraus, daß die angestrebte Richtungsänderung des technischen Fortschritts eng mit einem veränderten Nachfrageverhalten verbunden ist. Die Nachfrage konstituiert die Marktgröße und wirkt dabei als Selektionsmechanismus für den Erfolg der unterschiedlichen Innovationen. Mehr noch, angebotsseitige Effizienzsteigerungen wirken spezifisch und können durch eine steigende Nachfrage überkompensiert werden („rebound effects"), so daß sie keinen wirksamen Beitrag zur Entlastung des Naturhaushalts leisten. Wachstumseffekte können den Erfolg von Effizienzsteigerungen in einzelnen Bereichen schmälern, wenn sie nicht zu einer Substitution umweltbelastender Prozesse führen.

Um die Entwicklung des Nachfrageverhaltens besser verstehen zu können, sind vertiefende Überlegungen zum Konsum ratsam, der im allgemeinen als Endnachfrage angesehen wird. Zielsetzung ist die Beschreibung „produktiver" Konsumformen, die angebotene Veränderungsmöglichkeiten aufnehmen und ihrerseits Impulse für weitergehende Veränderungen geben. Nach dem vorliegenden Modell regen drei aufeinander einwirkende Trendannahmen neue Konsumformen an: die Veränderung der relativen Faktorpreise, die Erarbeitung neuer Leitbilder und ein allgemeiner Wertewandel, nach dem umweltschonende Verhaltensweisen und Lebensstile schrittweise stärker praktiziert werden. Die integrierte Betrachtungsweise knüpft an das Prinzip der kumulativen Verursachung an und analysiert den Konsum als Teil eines Systems zirkulärer Interdependenzen, als deren Folge eine langfristig wirksame Innovationsdynamik entsteht.

Konsum ist nach diesen Modellüberlegungen keine reine Endverbrauchskategorie mehr. Wenn die produzierten Güter Kriterien der Langlebigkeit, Dienstleistungsintensität und Naturnähe erfüllen, verlängert sich die Konsumphase und kann mehrere Nutzer einschließen. Anschließend werden die Güter eingesammelt, aufbereitet und dem Wirtschaftskreislauf so lange wieder zugeführt, bis eine weitere Instandsetzung nicht mehr zweckmäßig ist und eine Entsorgung erforderlich wird. Das Verhalten der Nutzer ist eine Erfolgsvariable auf diesem Weg. Die Konsumphase kann daher als eine lang andauernde, aber vorübergehende Station im Lebensweg von Gütern angesehen werden. Ihre Funktion ist nicht der *Ver*brauch, sondern der *Ge*brauch; insofern findet die Bezeichnung „Verbraucher/in" keine Verwendung.

Im vorliegenden Modell kooperieren Unternehmen und Konsumenten[428] eng miteinander, um für beide Seiten zufriedenstellende Lösungen zu finden. Unternehmen suchen die Kundennähe, um eine gewünschte Kombination aus materiellen Gütern und problemlösenden Dienstleistungen erfolgreich anbieten zu können, die anschließend Runderneuerung und Entsorgung nicht erschweren. Konsumenten wollen Bedürfnisse oder Wünsche befriedigen, für die oft individuelle oder neue Lösungen gesucht werden müssen. Ihr Verhalten ist entscheidend, um eine Ökonomie des qualitativen Mehr und materiellen Weniger zu ermöglichen. Nur wenn Konsumenten in materieller Hinsicht Maß und Stil pflegen, werden Effizienzgewinne nicht durch Wachstumseffekte aufgezehrt. Die nachstehenden Überlegungen zeigen entsprechende Konsummuster und erörtern, inwieweit sie mit den beschriebenen angebotsseitigen Veränderungen kompatibel sind.

17.1 Materielles Maßhalten und Zeitwohlstand

Ökonomen sind lange Zeit von dem Axiom ausgegangen, daß der Mensch mehr Güter gegenüber weniger vorzieht. Sie berufen sich auf anthropologische Vorstellungen von der Unersättlichkeit menschlicher Bedürfnisse.[429] Diese Vorstellungen werden nicht theoretisch oder empirisch begründet, sondern beanspruchen eine a priori Geltung. Demgegenüber zeigen reale Märkte Anzeichen eines Maßhaltens und offenbaren andere Verhaltensweisen. Erkennbar wird, daß nicht ausschließlich die Präferenz für ein materielles Mehr die Konsumenten prägt, sondern daß sie ein bestimmtes Maß als ausreichend erachten. Ein einfaches Beispiel sind Raumtemperaturen. Je nach individuellem Wohlbefinden liegen die gewünschten Raumtemperaturen zwischen 19° und 25°C und werden kaum über dieses Maß hinaus gesteigert. Auch an der Ernährung läßt sich ablesen, daß die zugeführte Kalorienzahl aus gesundheitlicher Sicht zu hoch liegen mag, aber dennoch vom Volumen begrenzt ist.[430] Ferner ist die Ausstattung privater Haushalte mit Geräten wie Waschmaschinen, Staubsauger, Möbel etc. in der Regel begrenzt, so daß auch hier eine Sättigung[431] eintritt. Solche Sättigungen folgen einer Einhaltung physikalischer und kultureller Begrenzungen.

Einfache Tatsachen eines Maßhaltens liegen nicht zwingend mit dem Axiom einer unterstellten Unersättlichkeit menschlicher Bedürfnisse im Konflikt. Sättigung kann sich auf partielle Märkte beziehen, so daß neue Bedürfnisse in anderen Märkten entstehen können. Umweltökonomisch problematische Wachstumsmärkte der letzten Jahre sind beispielsweise Freizeitindustrie und Tourismus. Auch die angeführten Beispiele des Maßhaltens sind wenig zufriedenstellend, wenn die Wohnfläche bei konstanter Raumtemperatur zunimmt, Ernährungsgewohnheiten zu mehr industriellen Zwischenschritten und Lebensmitteltransporten führen und wenn die Lebensdauer der Hausgeräte abnimmt. Doch trotz solcher Verlagerungseffekte ist die Wahrscheinlichkeit einer eintretenden Sättigung für den Konsum eines Gutes nicht von der Hand zu weisen. Bereits 1854 formuliert Heinrich von Gossen sein Gesetz, nach dem ein bestimmter Genuß durch Permanenz fortwährend abnimmt, bis zuletzt eine Sättigung eintritt.[432] Selbst exquisiteste Genüsse können ihren Reiz einbüßen, wenn man sie im Überfluß hat. Überfluß, so eine allgemeine (und keineswegs auf Millionäre beschränkte) Erfahrung, steigert nicht unbedingt die allgemeine Lebensqualität. Er kann zur Langeweile führen

Abb. 11: Eine Pyramide unterschiedlicher Bedürfnisse

Quelle: Eigene Darstellung in Anlehnung an Maslow, [1954], 1970[2]; Scherhorn, 1996.

(TV-Konsum) und erhöht den Entscheidungsdruck, aus einer Fülle von Konsumangeboten die geeigneten auszuwählen. Für die Konsumenten ergibt sich eine notwendige Suche nach dem rechten Maß, um die Vielfalt der Angebote zu dosieren und mit eigenen Bedürfnissen abzustimmen. Die Suche nach dem rechten Maß wird zur Lebenskunst.

Die Kunst des rechten Maßes liegt darin, unterschiedliche Bedürfnisse zu erkennen, gegeneinander abzuwägen, in Entscheidungssituationen Lösungswege zu finden und eigene Vorstellungen über die gewünschte Ausstattung mit Konsumgütern zu entwickeln. Eine Gesellschaft, die mit ihrem Warenabsatz Erlebniswerte, Inszenierungsmöglichkeiten und Identitäten verkauft, hält Konsumenten zur Selbstbeobachtung an. Sie können Enttäuschung oder Frustration als Folge schneller und häufiger Käufe vermeiden, wenn sie einen eigenen Konsumstil aufbauen und pflegen, der die äußere Warenwelt mit der inneren Erlebnisfähigkeit in Übereinstimmung bringt. Damit ist in theoretischer Hinsicht eine Konsumforschung angesprochen, für die das rational seinen Nutzen maximierende Individuum der traditionellen Neoklassik empirisch-analytisch unzureichend ist.[433] Neoklassisch geprägte Deutungsmuster der Konsumenten lassen sich wie folgt beschreiben:

> „Consumers are assumed to act so as to maximize their utility over their lifetime; they are intelligent, well-informed, forward-looking individuals with time-consistent behaviour; their utilities are usually assumed to be fixed and even when they are allowed to change individuals are assumed to fully foresee such change (...).“[434]

Dieses vereinfachte Menschenbild ist für Unternehmen bereits von den gezeigten innovationsökonomischen Ansätzen korrigiert worden (Kapitel 14). Neuere sozioökonomische Ansätze integrieren in ähnlicher Weise Erkenntnisse der empirischen Sozialforschung und der Psychologie; sie gehen von gemischten Motivationslagen und Interessen aus.[435] Der Mensch handelt nach Herbert Simon nur begrenzt rational;[436] neben rational-logischen kommen normativ-affektive Faktoren als Bestimmungsgründe des Handelns zur Geltung.[437] Neuere Forschungsansätze analysieren daher die hinter Präferenzen und der Kategorie des Nutzens liegenden Bedürfnisse und Wünsche im Hinblick auf ihre ökonomische Relevanz. Als grundlegend gilt die auf Maslow zurückgehende „Pyramide“ unterschiedlicher Bedürfnisse,[438] die Menschen auf unterschiedliche Weise zu verwirklichen trachten (Abb. 11).

Eine unterstellte Unersättlichkeit menschlicher Bedürfnisse bezieht sich demnach nicht zwingend auf materielle Güter, sondern kann auf andere Weise befriedigt werden, da Bedürfnisse in unterschiedlichem Maß materiell gebunden sind. Selbstverwirklichung, die Freude an Entdeckungen und die Erfahrung von Freundschaft sind materiell weniger gebunden als Ernährung, Wohnen und Bekleidung. Sie entziehen sich tendenziell dem Axiom der Unersättlichkeit, weil sie mit statistischen Methoden kaum erfaßbar sind.

Für die Erstellung von Szenarien wäre jedoch die Annahme zu schematisch, daß eine Gesellschaft mit zunehmendem Wohlstand physiologische Bedürfnisse mehrheitlich befriedigt und sich zunehmend sog. *postmateriellen Werthaltungen*[439] zuwendet. Die empirische Sozialforschung zeigt, daß der Trend von materiellen zu postmateriellen Orientierungen in den meisten westlichen Industrieländern zwar etwa 1970 begonnen hat, mittlerweile jedoch steckengeblieben ist. In Deutschland können rund 40 Prozent der Bevölkerung als aufgeschlossen gegenüber postmateriellen Orientierungen und Umweltbelangen angesehen werden, ohne daß dieser Gruppe ein einheitlicher Lebensstil zugeordnet werden kann.[440] Insgesamt dominieren gemischte Persönlichkeitstypen wie „aktive Realisten“ mit gleichermaßen ausgeprägten Pflicht- und Selbstentfaltungswerten sowie „hedonistische Materialisten“, die ihre Selbstverwirklichung über Güterkonsum *und* Lebensqualität anstreben.[441] Der stattfindende Wertewandel ist somit aus umweltökonomischer Sicht zwiespältig:

> „Einerseits hat der distanzierte Konsument die Bühne betreten, jene Person, die zurückhaltend und selektiv kauft, mehr nach Quantität als nach Qualität sucht und auch, über den eigenen Nutzen hinaus, die Natur und das Gemeinwesen im Auge hat. Andererseits tritt der erlebnissüchtige Konsument auf, der Waren und Serviceleistungen nach ihrem Genuß und Inszenierungswert verbraucht."[442]

Um materiell weniger gebundene Verhaltensweisen zu bewirken, müssen postmaterielle Orientierungen präzisiert und ergänzt werden. Gerhard Scherhorn ergänzt z.B. den Faktor *Zeit*;[443] Zeit für Freundschaft, Entdeckungen, Erlebnisse, Selbstverwirklichung und Spiritualität. Diese Bedürfnisse können jeweils bis zu einem gewissen Maß mit materiellen Gütern befriedigt werden. Entscheidend ist aber die Einsicht, Zeit aufwenden zu müssen, die nicht beliebig vorhanden ist und die nicht „produziert" werden kann. Zeit ist ein limitationaler Faktor und kann durch eine steigende Güterausstattung verdrängt werden, da Arbeits-, Einkaufs-, Nutzungs- und Wartungszeiten aufgewendet werden müssen. Nach dieser Einsicht entsteht ein Konflikt zwischen Zeit- und Güterwohlstand. Die Kunst des Maßhaltens besteht für Konsumenten nun darin, in diesem Konflikt Freiräume für die Zeit und gegen einen übermäßigen Güterkonsum zu organisieren. So kann, wie bereits Goethe erkannte, die Zeit gewissermaßen ruhen (Kapitel 8.1.), und man läßt sie güterungebunden verstreichen. Sich mit dem Vorhandenen zu begnügen und weniger zu konsumieren wird zu einem Ausdruck für ein anderes Wohlstandsverständnis, das Freiheit, Zeitgewinn und Gesundheit verspricht.

Das Bestreben nach Zeitwohlstand mit einem maßvoll-ausgewogenen Güterkonsum ist mit einer Persönlichkeitsentwicklung verbunden, die auf innere Aktivitäten und immaterielle Bedürfnisbefriedigung achtet. Sie ist autonomieorientiert, weil sie im eigenen Selbst die Fähigkeit sucht, um Bedürfnisse nach Freundschaft, Selbstverwirklichung, Erlebnissen etc. zu befriedigen. Diese intrinsische Motivation wirkt sich auch auf die Nutzung von Gütern aus. Solche Menschen suchen keine Kompensation für innere Leere durch die Zufuhr äußerer Stimuli. Sie können Dinge wertschätzen, weil sie ihren eigenen Wert kennen und sie behandeln sie pfleglich, weil Rücksichtnahme für sie eine Gewohnheit ist. Dabei entfalten die Dinge ihren vollen Wert erst in einem größeren Kontext, wenn sie zu kreativen Tätigkeiten anregen, mit anderen Menschen gemeinsam genossen werden oder eine eigene Geschichtlichkeit entwickeln. Menschen, die ihren Zeitwohlstand vermehren wollen, geht es daher nicht vordringlich um einen Verzicht auf materielle Güter oder um eine Einhaltung vereinbarter Umweltziele, sondern um einen Gewinn an positiver psychischer Energie und Lebensqualität. Sie sind im geisteswissenschaftlichen Sinn produktiv (Kapitel 8.1.).

Wie Werthaltungen entstehen und gefördert werden können, die sich an einer Steigerung des Zeitwohlstands orientieren, ist schwer einzuschätzen. Die skizzierten Annahmen und Wirkungsfaktoren können allerdings ohne jegliche Idealisierung als günstig für ihre Entstehung und Ausbreitung angesehen werden. Sie machen umweltbewußte Verhaltensweisen rational. Die Verlängerung der Stoff- und Produktlebenszyklen, die Förderung einer lernfähigen Infrastruktur, die Herstellung langlebiger Qualitätsprodukte und die Betonung von Lernprozessen bilden ein soziales Klima, in dem sich Innovationen mit einer Verlängerung der Zeittakte und einem maßvollen Nutzerverhalten verbinden. Der Kauf langlebiger Qualitätsprodukte ist für weitgehend rational agierende Konsumenten ebenso wie für umweltengagierte keine Angelegenheit des schnellen Konsums, sondern eine wohldurchdachte Entscheidung, bei der auch unterschiedliche Optionen auf begleitende Dienstleistungen miteinander verglichen werden wollen. Nach dem Erwerb eines Qualitätsproduktes kommt seine Wertschätzung durch ein Verhalten zum Ausdruck, das dem jeweiligen Gut Sorgfalt angedeihen läßt, seine Nutzung pfleglich gestaltet und die Würde seines Alterungsprozesses miterlebt. Qualitätsbewahrende Konsumenten führen einfache Reparaturen selbständig aus, nehmen geeignete Angebote für öko-effiziente Dienstleistungen wahr und realisieren neue Nutzungsformen, wenn das Produkt für die ursprüngliche Verwendung nicht mehr tauglich ist. Wertmuster des Zeitwohlstands und eine angebotsseitige Absenkung der Ressourcenentnahme lassen daher positive Synergieeffekte erkennen. Mittel- und längerfristig bilden Werthaltungen des materiellen Maßhaltens und des Zeitwohlstands einen Motor für weitere Steigerungen der Ressourcenproduktivität.

17.2 Die Nutznießung langlebiger Qualitätsgüter

Konsum ist bislang als Vorgang recht einfach beschreibbar, weil mit dem Erwerb eines Gutes Eigentumsrechte in die Hand des Käufers übergehen, der seinerseits zu einem späteren Zeitpunkt das Gut weiterveräußert oder sich seiner als Abfall entledigt. Die bekannte Kritik an Wegwerfprodukten bezieht sich auf das Ausmaß und die Geschwindigkeit dieses Prozesses. Viele Güter werden in geringer Zeit produziert und konsumiert. Sie belasten die Umwelt, ohne eine deutliche Nutzensteigerung hervorzurufen.

Mit fortschreitender Ressourcenproduktivität ändert sich die Konsumvorgänge grundlegend zugunsten der Nutznießung langlebiger Qualitätsgüter. Konsumenten würden ihre Kaufentscheidungen sorgfältig abwägen und sich zunehmend für umweltverträgliche Varianten entscheiden. Dabei handelt es sich häufig um Produkte, deren vergleichsweise höherer Anschaffungspreis sich in der Nutzungsperiode über eine längere Lebensdauer oder über niedrige Verbrauchskosten amortisiert. Der Stromverbrauch sparsamer Haushaltsgeräte liegt beispielsweise häufig um 50 Prozent und mehr unter dem Verbrauch durchschnittlicher Geräte,[444] so daß eine lebenszyklusweite Kalkulation zugunsten der Sparprodukte ausfällt. Die Einschätzung der Umweltverträglichkeit wird durch eine verbesserte Kundeninformation erleichtert.[445] Umweltschonende Konsummuster müssen mithin nicht überwiegend aus ethischen Motiven resultieren. Sie werden auch für nüchtern denkende Konsumenten rational, weil sich mit Preisen, Angeboten und einer verbesserten Information die Entscheidungsgrundlagen verändern. Bei gemischten Motivationslagen stimmen ethische und rational-ökonomische Motive zunehmend überein.

Produktive Konsummuster beinhalten, daß Konsumenten erworbene Produkte nach dem Kauf pfleglich und mit Überlegung benutzen. Dabei ist ihr Verhalten auf die dauerhafte Funktionsfähigkeit der Produkte ausgerichtet. Sie achten auf die äußere Erscheinung und die Produkteigenschaften, weil sie einen möglichst langen Nutzen erzielen und/oder einen hohen Wiederverkaufspreis erzielen wollen. Andere Verhaltensweisen tragen direkt zur Ressourcenschonung bei, wenn etwa weniger Auto gefahren wird, oder Strom und Wasser gespart werden, indem man Geräte geschickter und seltener nutzt. Interessanterweise spricht sich bereits Adam Smith für sehr ähnliche Konsummuster aus. Er kritisiert in scharfer Form einen oberflächlichen Konsum wertloser Produkte und hebt gleichzeitig die Bedeutung des Konsums langlebiger Qualitätsprodukte für die Wohlstandsentwicklung hervor.[446]

Über das steigende Qualitätsbewußtsein hinaus verändert sich der Konsum grundlegend, wenn er sich von dem käuflichen Erwerb eines Produkts löst.[447] Nur wenige Produkte werden ständig benötigt, die Mehrzahl soll jedoch griffbereit und funktionstüchtig sein. So werden bisher viele Produkte erworben, deren Nutzen für die Konsumenten oft begrenzt ist. Zukünftig tritt in steigendem Maße an die Stelle des erworbenen Eigentums eine *nutzbare Leistung*. Die Kunden erwerben kein Produkt, sondern einen gewünschten Service, der bedarfsabhängig verrechnet wird. Sie schätzen ihren Bedarf ab und stellen sich ein individuelles Servicepaket zusammen. Derartige Regelungen bieten für Kunden viele Vorteile. Sie erhalten die gewünschte Leistung, können bindende Kaufentscheidungen aufschieben oder unterlassen und müssen keine oder nur geringe einmalige Ausgaben tätigen. Gleichzeitig erhalten sie Zugriff auf eine größere Produktpalette und senken ihren Aufwand für Wartung, Reparaturen, Weiterveräußerung und Entsorgung deutlich ab.

Konsumenten befreien sich von der Last des Eigentums. Der Designer Michael Erlhoff vermutet sogar, daß „frei ist, wer kein Eigentum besitzt“.[448] Wenn man an Restaurantbesuche oder Urlaubsreisen denkt, sind solche Einstellungen in einigen Bereichen durchaus etabliert. Kaum jemand will an diesen Orten Eigentum erwerben; der Genuß stellt sich ausschließlich durch den erlebten Gebrauch ein. Bei Telefonanlagen und Autos erhöht sich die Zahl der Vermietungen kontinuierlich.[449] Nach Angaben einer Autovermietung liegt die Auslastung eines Mietwagens drei- bis viermal so hoch wie ein Privatauto. Wenn man in einem stark vereinfachten Gedankenexperiment den vollständigen Ersatz der Privatautos durch die Nutzung von Mietwagen annimmt, kann rein rechnerisch die Pkw-Flotte auf ein Drittel heutiger Zahlen abgesenkt werden.[450] Der Mietansatz ergibt so insgesamt hohe Potentiale für eine Absenkung der produzierten Stückzahlen. Nicht ständig genutzte Haushaltsgeräte, Oberbekleidungsstücke, Werkzeuge, Sport- und Hobbyausrüstungen, Medienartikel, Fahrzeuge, Möbel u.a.m. können ihren vorgesehenen Nutzen stiften, ohne notwendigerweise mit Eigentumserwerb verbunden zu sein.

Postmaterielle Werthaltungen erleichtern den Prozeß einer allmählichen und partiellen *Loslösung vom Eigentum*. Ihre Vorteile liegen in der geringeren materiellen Gebundenheit, die grundsätzlich einen Übergang auf wenige Qualitätsprodukte erleichtert. Auch wertkonservative Einstellungen drücken sich in der Nutzung von Qualitätsprodukten aus. Postmaterielle Konsumenten entwickeln einen ausgesprochen sicheren, weil durch innere Beteiligung unterstützten Geschmack. Sie können daher ihre Erwartungen relativ leicht mit unterschiedlichen Angeboten für begleitende Dienstleistungen abstimmen und dabei selbständig Serviceprofile entwickeln. Andererseits sind postmaterielle Werthaltungen nicht zwingend erforderlich, wenn bereits eine rationale Nutzenkalkulation die Vorteile einer Mietregelung offenlegt. Einige Verleihvarianten können sogar für materialistisch gesonnene Konsumenten attraktiv sein, denen der vorübergehende Statusgewinn einer Nutzung prestigeträchtiger Symbole (Luxuslimousine, Sportwagen, Solarfahrzeug (!), mondäne Garderobe, schicke Möbel etc.) wichtiger ist als das Eigentum an ihnen. Umweltökonomische Vorteile einer Loslösung vom Eigentum können daher von unterschiedlichen Lebensstilen und Persönlichkeitstypen erschlossen werden. Ihre gemeinsame Signatur liegt in der Einschätzung von Gütern über ihre Funktionen und Eigenschaften. Funktionen und Eigenschaften der Güter sind für die Nutzung entscheidender als Eigentumsfragen – diese u.a. von der neuen Nachfragetheorie[451] vertretene Einstellung kann für postmaterialistisch wie für gemischt-materialistisch orientierte Konsumenten gleichermaßen zur Richtschnur werden.

Wer die Nutznießung von Gütern über das Eigentum an ihnen stellt, steht funktionalen und anderen Verbesserungen aufgeschlossen gegenüber. Bislang hemmen Informationsdefizite, Wegwerfmentalität und Kostenrechnungen, die die Effizienzgewinne aufgrund zu hoch angesetzter Diskontraten nicht ausreichend realisieren, umweltökonomische Verbesserungen. Dies würde sich künftig verändern. Konsumenten bleiben auf der Höhe der Zeit, weil das geliehene Objekt mit dem technischen Fortschritt geht und möglicherweise sein Design oder sein funktionales Zusammenwirken im Produktumfeld verändert. Angenommen, ein Kunde vereinbart den Betrieb einer Heizungsanlage mit einer Betreibergesellschaft, so wird die Anlage vom Betreiber schrittweise modernisiert und schließlich gegen eine neue ausgetauscht. Ist eine Beleuchtungsleistung vereinbart, können andere Lampen und Beleuchtungskörper eingesetzt werden, wenn darüber Einvernehmen erzielt wird. Mehr als das Aussehen verändert sich, wenn neue Produktlinien auf den Markt gebracht werden, die multifunktional sind oder eine geringfügige Anpassung ihres Umfeldes erfordern.

Zwischen verleihenden Unternehmen und Kunden muß eine gute Kommunikation existieren, um die gewünschte Zufriedenheit und die vertragliche Bindung aufrechtzuerhalten. Dies wird nicht immer leicht sein. Ein Vorteil von Eigentumslösungen besteht zweifelsohne darin, nach dem Erwerb alle wesentlichen Verfügungsrechte selber ausüben zu können. Allerdings sind öko-effiziente Dienstleistungen nicht auf bestimmte Rechtsformen eingeschränkt. Ihr Erfolg bemißt sich an der Zufriedenheit des Kunden, die durch die Nutznießung einer gewünschten

Leistung erreicht wird. Deshalb ist es durchaus möglich, unterschiedliche Vertragsformen zu vereinbaren. Warum sollen nicht Veränderungen vom jeweiligen Nutzer durchgeführt werden, wenn das Produkt so konstruiert ist, daß es seine Funktionsfähigkeit beibehält? Auch eine temporäre Nutzung Dritter oder eine frühzeitige Weiterveräußerung sind rechtlich regelbar. Für beide Seiten besteht die Gratwanderung darin, daß jede Nutzung den Gütern Verschleißerscheinungen zufügt und daß der Gestaltungswille Gütern gelegentlich eine neue Form gibt, ohne sie zu beschädigen. Die Position des Konsumenten ist dann stark, wenn ein funktionierender Wettbewerb den Übergang zwischen verschiedenen Dienstleistern erleichtert. Die Stellung des Kunden und die Kommunikation zwischen den Beteiligten können auch durch Verbraucherorganisationen verbessert werden.

Durch eine genaue Bedürfnisanalyse können schrittweise *Systemlösungen* gefunden werden, die keinen spezifischen Produktnutzen, sondern eine bestimmte Leistung zu einem festgelegten Preis garantieren. Vielen Kunden ist verhältnismäßig gleichgültig, mit welchem Produkt oder mit welcher Produktkombination eine Leistung erbracht wird, solange sie mit ihr zufrieden sind. Sie haben keine Präferenz für bestimmte Produkte oder Marken, so daß ein Systemanbieter die jeweils günstigste Kombination zur Verfügung stellen und im Zeitverlauf verbessern kann. In diesem Sinne funktionieren Vereinbarungen über die Wärme einer Wohnung oder eines Hauses, die über die Heizungsanlage hinaus Dämmstoffe, Fenster und Steuerungssysteme umfassen. Andere Vereinbarungen können die Mobilität erleichtern, indem ein Systemanbieter über den Verkauf einer MobilCard eine geschätzte Kilometerleistung mit unterschiedlichen Verkehrsmitteln zu kundengünstigen Bedingungen garantiert. Der Vorteil für die Kunden liegt kurzfristig darin, die gewünschte Leistung zu erhalten. Aus umweltökonomischer Sicht wird der Anbieterwettbewerb stimuliert, indem die Schnittflächen zwischen verschiedenen Märkten besser miteinander verknüpft werden. Auch dies ist im Interesse der Konsumenten, die ihrerseits verstärkt Systemlösungen nachfragen.

Man könnte nun einwenden, daß Konsumenten durch Mietlösungen quasi entmündigt werden. Wichtige Entscheidungen für Produktverbesserungen, das Neudesign, die Veränderung von Systemkomponenten und schließlich die Entwicklung von Systemlösungen treffen die Unternehmen selbst und führen sie bei und mit den Kunden aus. Der Einwand übersieht, daß die Kunden tatsächlich Partner des Unternehmens sind. Sie stellen sich ein bedarfsgerechtes Servicepaket zusammen, unterbreiten Vorschläge für Verbesserungen, entscheiden über Veränderungen mit und beraten das Unternehmen über zukünftige Entwicklungslinien. Dennoch ist das Argument nicht von der Hand zu weisen, daß die Bindung der Konsumenten an „ihr" Produkt nachlassen kann und dies ihre Sorgfalt und Wertschätzung so beeinträchtigt, daß die Nutzungsdauer nicht das mögliche Ausmaß erreicht. Es kann zu einem Zielkonflikt zwischen der Bindung an ein Qualitätsprodukt und der jeweiligen Verbesserung durch die Unternehmen kommen. Dieser Zielkonflikt ist allerdings nicht grundsätzlicher Art. Als Nutzer haben die Kunden Interesse an einer geringen Störanfälligkeit, so daß zumindest ein Anreiz zu einer sachgerechten Nutzungsweise existiert. Eine schonende Nutzung kann durch Prämien o.ä. angeregt werden. Darüber hinaus ist anzunehmen, daß auch unter den skizzierten Bedingungen in Zukunft vor allem für Produkte mit geringen Veränderungsmöglichkeiten Eigentumsrechte überwiegen werden. Ein alter Tisch, eine Lederjacke, Kunstgegenstände etc. eignen sich für Verleihangebote, sind aber ebensogut Ausdruck für die Individualität und den guten Geschmack ihrer jeweiligen Besitzer. Letzten Ende entkräftet sich der denkbare Einwand einer Entmündigung durch Vorteile der Nutzer. Sie gewinnen Unabhängigkeit und können ihren Tätigkeitsdrang auf selbstgewählte Bereiche lenken. Es entstehen Freiräume für häusliche Eigenproduktion und nicht erwerbsmäßig betriebene öffentliche Arbeiten. Der Zeitwohlstand steigt. Die Nutznießung langlebiger Qualitätsgüter anstelle ihres Besitzes bietet so insgesamt für Konsumenten, Wirtschaft und Gesellschaft mehr Vorals Nachteile.

17.3 Kooperative Handlungen

Die Nutznießung langlebiger Qualitätsgüter anstelle ihres käuflichen Erwerbs beruht auf der Erkenntnis, sie nicht ständig zu benötigen. Aus dieser Erkenntnis heraus kann man den Gebrauch von Gütern auch teilen und sie gemeinsam nutzen. Kooperative Handlungen umfassen, sie miteinander, nacheinander oder intensiver zu nutzen.[452] Miteinander genutzt werden beispielsweise öffentliche Verkehrsmittel, nacheinander langlebige Güter wie antike Möbel oder Gebäude und intensiver die professionell betriebenen Waschmaschinen eines Waschsalons.[453] In diesen Fällen verzichten die Kunden auf das Bewußtsein, alleinige Nutznießer zu sein, weil die gewünschte Leistung zuverlässig, sicher, preisgünstig und auf hohem technischen Niveau erbracht wird. Sie tragen zu Skalenerträgen bei, die aus aufwendigen Serviceleistungen für eine steigende Kundenzahl resultieren. Gleichzeitig wird die Umwelt geschont, weil weniger Güter produziert und weil die produzierten Güter höchsten Standards genügen.

Für kooperative Handlungen kommen potentiell solche Güter in Frage, die nicht unmittelbar verbraucht werden (also keine Lebensmittel, Hygieneartikel usw.) oder der Privatsphäre zugerechnet werden können. Bewegliche Gebrauchsgüter wie Fahrzeuge, Haushaltsgeräte, Werkzeuge, Freizeit-, Sport- und Hobbyartikel, Kleidungsstücke, Medien etc. können grundsätzlich von mehreren genutzt werden. Auch nicht bewegliche Güter wie z.B. Wohnungen können temporär mehr Personen als üblich beherbergen, wenn längere Abwesenheitszeiten zum Anlaß für eine Weitervermietung genommen werden. Ein selten beachtetes Beispiel sind die florierenden Leih- und Tauschmärkte für Baby- und Kinderartikel. Die Artikel sind in der Erstanschaffung relativ kostspielig, werden meist nur für eine kurze Zeit benötigt und nehmen nach ihrer Benutzung knappen Raum in Anspruch. Deshalb wird getauscht, verliehen und weiterverkauft, informelle Tauschringe etablieren sich, und es finden Existenzgründungen für Second-Hand-Artikel statt. Ein anderes Beispiel ist das Teilen von Autos, „Car-Sharing" oder „Statt-Auto" genannt. Es bietet eine Alternative für diejenigen, denen ein Auto zuviel und kein Auto zuwenig ist. Gegen eine monatliche Gebühr fährt man ein Auto aus einem größeren Wagenpark und zahlt zusätzlich für die zurückgelegten Kilometer. Die Verleihorganisationen vernetzen sich untereinander, so daß auch in anderen Städten Autos mitbenutzbar sind.[454] Selbst vermeintlich individuelle Statussymbole können auf diese Weise allmählich entprivatisiert werden.

Ein problematischer Faktor für die Ausbreitung kooperativer Handlungen ist die Notwendigkeit einer gewissen *Planung*. Die Nutzungswilligen müssen abschätzen, welches Gut bzw. welchen Service sie zu einer bestimmten Zeit zur Verfügung haben möchten. Bei Einrichtungen wie Verleihbüros, Waschsalons, Büchereien etc. sind sie an Öffnungszeiten gebunden. Ihnen entstehen Transaktionskosten, die sich mit der Anzahl der gemeinsam benutzten Gegenstände erhöhen.. Wenn die Grenzkosten der Transaktionen die Nutzengewinne aus gemeinsam genutzten Dienstleistungen überschreiten, werden derlei Aktivitäten nach rationalen Kriterien unattraktiv. Gemeinschaftlich orientierte Konsumenten sind somit gehalten, ihre Konsumaktivitäten zu planen, zu bündeln, mit ihren täglichen Wegen zu verknüpfen und aktiv zu kommunizieren. Für haushaltsbezogene Dienstleistungen entsteht Mehrarbeit, die möglicherweise zu Lasten von Frauen geht.[455] Diesen Mühen stehen vergleichsweise sinkende Nutzungskosten gegenüber. Planung kann durch neue Medien für Kommunikation und Administration erheblich erleichtert werden, wenn sich einfache Vernetzungs- und Rufsysteme, Gebührenzähler und Planungsvorrichtungen etablieren. Möglicherweise werden sogar einige vermeintliche Mühen zum Gewinn. Vor allem bei Einpersonenhaushalten läßt sich eine ausgeprägte Neigung zu Kommunikation und externen Kontakten beobachten. Dies trifft auch auf ältere Bürger zu. Sie würden von nachbarschaftlich und professionell organisierten Dienstleistungen profitieren. Bei Mehrpersonenhaushalten ist häufig der nichterwerbstätige Teil (in der Regel Frauen) an sozialen Kontakten interessiert. Der notwendige Aufwand enthält für diese Personen auch einen „Transaktionsnutzen".[456] Die Vorbereitung von gemeinschaftlichen Aktivitäten kann deshalb Bestandteil des erwarteten Nutzens sein; sie ist Erlebnis, Kontaktpflege und sozialer Raum zugleich.

Kooperative Handlungen stehen auf den ersten Blick im Widerspruch zum ökonomischen Menschenbild der rationalen Egozentriker, das im wesentlichen auf Mancur Olson zurückgeht.[457] Nach Olson entschließen sich Menschen selten zu kooperativen Handlungen und ziehen ein Schwarzfahrer-Verhalten („free-rider") vor. Seine These wird allerdings zunehmend in Frage gestellt. Sie unterschätzt die Kommunikationsprozesse, die vor einer Entscheidung über eine Beteiligung stehen und die während der späteren Nutzung eine gewisse Gruppenidentität entstehen lassen. Kommunikationsprozesse vermeiden für die Beteiligten die Situation des „Gefangenendilemmas", nach dem die individuell rationale Entscheidung gegen eine Kooperation zu einem suboptimalen Ergebnis für die Gemeinschaft führt. Empirisch und experimentell nachweisbar ist vielmehr, daß soziale Motive bei den meisten Menschen in unterschiedlicher Ausprägung neben egozentrischen existieren.[458] Außerdem lassen sich spieltheoretisch Möglichkeiten einer egoistischen Kooperation nachweisen.[459] Insgesamt kommen deshalb kooperative Handlungsformen häufiger zustande als die neoklassische Konsumtheorie es annehmen läßt.

Zu fragen ist nach *Bedingungen*, unter denen Menschen sich an kooperativen Handlungsformen beteiligen. Die grundsätzliche Bereitschaft alleine genügt in der Regel nicht. Folgende Erfolgsfaktoren lassen sich nennen:[460]

- Reziprozität, d.h. die Motivation durch die Beispiele anderer;
- Kommunikation, d.h. vorherige und laufende Absprachen mit anderen über Ziele und Verfahren;
- Gruppenidentität, d.h. ein entstehendes Wir-Gefühl;
- Organisation, d.h. das Funktionieren der nachgefragten Leistung.

Ein weiterer Erfolgsfaktor resultiert aus einem Persönlichkeitsprofil, das in den Unternehmenstheorien als „Schumpeter Unternehmer" bekannt ist und das man im Zusammenhang mit Konsumenten als „Lebensstilpionier" bezeichnen kann. Solche Menschen sehen sich als Vorreiter eines neuen gesellschaftlichen Trends, als „Teil einer größeren Geschichte".[461] Deshalb bilden sie ebenso wie primär sozial motivierte Personen Keimzellen, fungieren als Knotenpunkte von Netzwerken und beteiligen weitere Personen, die sich erst einmal abwartend verhalten. Vergleichbar mit Unternehmen, die an der Spitze eines Paradigmenwechsels stehen wollen und dabei kurzfristige Rentabilitätserwägungen zugunsten einer langfristigen Gewinnsicherung zurückstellen, sind solche Konsumenten durch das Gefühl motiviert, als erste einen notwendigen Wechsel zu vollziehen. Sie empfinden Veränderungen und Organisationsaufwand nicht als Belastung oder Verzicht, sondern als Chance, um sinnvolle Tätigkeiten mit eigenem Nutzen und moralischen Aspekten zu kombinieren. Deshalb ergreifen sie die Initiative zu Tauschringen, setzen geeignete Prozesse in Gang und wirken auf Dritte ein, unterstützend tätig zu sein. Sie sind die sozialen Manager zukunftsfähiger Konsummuster.

Für die Organisation von Tauschaktivitäten und kooperativer Handlungsformen existieren mehrere Möglichkeiten. Die einfachste Möglichkeit ist privat, in der Nachbarschaft, im Freundes- oder Familienkreis. Als Regelungsmechanismus dienen soziale Normen. Eine etwas komplexere Ebene wird beschritten, wenn die Beteiligten sich als Verein, Netzwerk, Kooperative, Genossenschaft oder dergleichen organisieren, so daß ein überschaubarer Interessentenkreis den erforderlichen Aufwand zu den geringstmöglichen Kosten tätigt. Die vereinbarten Regelungen sind verbindlich und bieten den Beteiligten eine gewisse Sicherheit. Wenn größere Dimensionen geplant sind oder erreicht werden, bietet sich eine Professionalisierung an, die mit Teilzeitkräften, einem privatwirtschaftlichen oder öffentlichen Partner erfolgen kann. Ein *professionelles Management* gewährleistet die gewünschte Zuverlässigkeit, die Steuerung unregelmäßiger Nutzungen, die regelmäßige Wartung und Modernisierung sowie die optimale Größe des Kundenkreises und verbessert sie stetig. Das Management tätigt Investitionen nach Gesichtspunkten der Minimalkostenplanung und reduziert so das typische Vintage-Problem, die Alterung des Güterbestands. Nicht zuletzt kann man mit anderen Netzwerken kooperieren, günstige Versicherungsbedingungen abschließen und dadurch Vorteile für die Kunden erzielen. Die Kunden erhalten bestmögliche Leistungen zu geringstmöglichen Kosten.[462]

Ein professionelles Management, das hochwertige Leih- und Tauschgüter zur Verfügung stellt, entkräftet einen möglichen Einwand gegenüber privaten Dienstleistungen und organisierter Eigenarbeit. Würden solche Leistungen ausschließlich oder vorwiegend mit eigenen Geräten ausgeübt, ist die Umweltentlastung vermutlich gering. Denn die produzierte Stückzahl bleibt hoch, die Qualität der Geräte ist kaum optimal, und die Nutzungsweise ist wahrscheinlich verbesserungsfähig. Ein professionelles Management stellt demgegenüber hochwertige und dem jeweiligen Stand der Technik entsprechende Geräte sowie Beratungsleistungen zur Verfügung. Häufig fallen punktuell Arbeiten an, für die Spezialisten oder erfahrene Experten im Kurzeinsatz vermittelt werden können.

Kooperative Handlungsformen werden durch Angebote und Anreizmechanismen gefördert. Wesentlich sind höhere Preise für Energie und andere Ressourcen, die bei Wirtschaft und Konsumenten gleichermaßen als Anreiz wirken. Die Infrastruktur würde Einrichtungen beinhalten, die beraten, leihen und Tauschringe unterstützen. Dabei kann es sich um Einrichtungen in Form von Bürgerbüros handeln, die öffentlich unterstützt werden oder als privat-öffentliche Partnerschaft mit verschiedenen Herstellern organisiert sind. Ebensogut ist vorstellbar, daß Kaufhäuser Teile dieser Funktion erfüllen. Kaufhäuser bieten nach der vorliegenden Perspektive in steigendem Ausmaß langlebige Qualitätsprodukte an, so daß ihre Kundenanbindung über begleitende Dienstleistungen erheblich verbessert wird. Sie verkaufen neue und instandgesetzte gebrauchte Güter unter einem Dach, bieten Beratung und Mietoptionen an und initiieren und betreuen Tauschringe mit Kunden. Darüber hinaus fördern steuerliche und versicherungsrechtliche Anreize kooperative Handlungsformen. Öko-effiziente Dienstleistungen, Infrastrukturangebote und kooperative Handlungsformen ergänzen sich somit.

17.4 Das soziale Kapital

Mittelfristig gesehen entsteht aus der Zunahme kooperativer Handlungsformen eine marktwirtschaftliche Ordnung, die neben der formellen Ökonomie zunehmend informelle Elemente enthält und aktiv unterstützt. Der informelle Sektor zeichnet sich dadurch aus, daß eine Produktion in bescheidener Menge möglich ist, die Arbeitsabläufe wenig formalisiert sind, die Einbindung in das räumliche und soziale Umfeld höher ist als die Einbindung in Märkte und daß er eher arbeits- als kapitalintensiv ist.[463] Er kann als „Marktwirtschaft von unten“[464] bezeichnet werden, weil er kein abgekoppelter Kostgänger der marktwirtschaftlichen Ordnung oder ein Gegenentwurf zu ihr ist, sondern Teil einer Gesellschaftsordnung, der auf Zuliefererfunktionen der formellen Ökonomie angewiesen ist, sie zugleich ergänzt und ihre soziale Leistungsfähigkeit verbessert. Formelle und informelle Ökonomie stehen in einem kooperativen Wettbewerbsverhältnis zueinander.

Über Formen eines ressourcenschonenden Konsums und die beschriebenen angebotsseitigen Innovationen wächst ein eher sozial als materiell gebundener Kapitalstock. Er besteht aus der Summe des Wissens, der Einstellungen, Fähigkeiten, Handlungsmuster, sozialen Kooperationsformen und institutionellen Begebenheiten einer Gesellschaft. Die Umwelt wird entlastet, weil weniger Güter produziert und die Qualitätsgüter während ihrer Nutzungsphasen sorgfältig behandelt werden. Durch ihr Verhalten fördern die Konsumenten eine aktive Innovationsstrategie der Anbieter und des Handels. Sie wirken produktiv, weil sie einen Anstieg der Ressourcenproduktivität auf der Herstellerseite unterstützen und gleichermaßen selbständig hervorbringen. Kooperationsformen der Konsumenten ergänzen die Netzwerkaktivitäten der Unternehmen.

Das Sozialkapital[465] entsteht in Wirtschaft und Gesellschaft. Eine Industrie, die langlebige Qualitätsgüter produziert und weite Teile ihrer Wertschöpfung mit begleitenden öko-effizienten Dienstleistungen erzielt, ist auf qualifizierte Arbeitnehmer, eine erstklassige Forschungslandschaft, kulturell vermittelte Offenheit und Vertrauen sowie auf die Fähigkeit zu kooperativen Lösungen angewiesen. Sie wird durch einen Konsum unterstützt, der hohe Präferenzen für Zeitwohlstand mit einer Nutznießung geliehener Güter verbindet. Eine lernfähige Infrastruktur übt Anreize für eine sinkende Ressourcenentnahme, eine Partnerschaft mit den Kunden und für die Errichtung von Leih- und Tauschzentralen aus. Gleichzeitig wächst durch partizipative Arbeitsformen, die Kundenanbindung und durch Kontakte der Konsumenten untereinander eine Ökonomie der Nähe, und Eigenschaften wie Gemeinsinn, Engagement, Kommunikationsfähigkeit und Solidarität werden gefördert. Das Sozialkapital beruht deshalb vorwiegend auf immateriellen, soziokulturellen Faktoren. Nutzung und Vermehrung dieser sozialen Ressourcen werden auch für Unternehmen zu einer Voraussetzung für einen dauerhaften Anstieg der Ressourcenproduktivität und für wirtschaftlichen Erfolg.[466]

In welchem Ausmaß und auf welche Weise das Sozialkapital wächst, wird sich vor allem in der Arbeitswelt zeigen. Die absorptive Kapazität und die Netzwerkaktivitäten eines Unternehmens sind auf eine qualifizierte, lernfähige und motivierte Arbeitnehmerschaft angewiesen. Investitionen in das „Humankapital" zahlen sich innerhalb und außerhalb der Unternehmen aus. Umgekehrt gilt, daß Arbeitnehmer, die ihre Motivation, Neugier und Selbstverwirklichung über einen produktiven Konsum verbessern, für die Unternehmenskultur zunehmend wichtig sind. Investitionen in einen sozialen Kapitalstock verlangen daher neue Formen einer öffentlich-privaten Partnerschaft für Aus- und Weiterbildung sowie für die Anerkennung und Finanzierung von Auszeiten im Berufsleben. Hier besteht ebenso Forschungsbedarf wie hinsichtlich der Frage, welche Arbeitszeitmodelle für Arbeitnehmer, Unternehmen und das soziale Kapital gleichermaßen förderlich sind. Es ist denkbar, daß Formen der Flexibilisierung mit einer durchschnittlichen Verkürzung und Umverteilung der Arbeit so kombiniert werden können, daß die einzelwirtschaftliche und die soziale Produktivität gleichermaßen ansteigen. Das würde bedeuten, daß die Zahl der Erwerbspersonen ansteigt, durchschnittlich jedoch weniger gearbeitet wird und die Flexibilität über Arbeitszeitkonten u.ä. zunimmmt.

Der Konsum, bislang im Zuge von Steigerungen der Arbeitsproduktivität von schneller werdenden Produktionsprozessen und Einkommensverbesserungen geprägt, könnte sich bei langsameren Zeittakten zu einer bewußten Gestaltung qualitativer Bedürfnisse hinwenden. Arbeitnehmer votieren für Zeitwohlstand, indem ihre erzielten Produktivitätszuwächse stärker in Arbeitszeitverkürzungen umsetzen als in Einkommenssteigerungen. Konkret bedeutet das für sie einen geringeren Einkommenszuwachs oder möglicherweise sogar Einkommenseinbußen. Das ist sicherlich keine unmittelbar attraktive Option. Sie gewinnt Anhänger, wenn dadurch Arbeitsplätze gesichert und die Lebensqualität erhöht werden. Man kann mutmaßen, daß mit mehr verfügbarer Zeit soziale Kontakte in der Nachbarschaft, mit Freunden und in der Familie intensiver gepflegt werden. Neue Tätigkeiten können begonnen werden. In nachbarschaftliche Dienstleistungen oder die Mitgestaltung gemeinschaftlicher Handlungsformen können beruflich erworbenes Know how eingebracht werden.

Der öffentliche Raum würde schrittweise an Attraktivität zurückgewinnen. Die beschriebenen Wirtschafts- und Konsummuster erleichtern nichterwerbsmäßig betriebene Arbeiten für soziale und öffentliche Belange. Es entstehen Kontakte, die zur Nachbarschaftshilfe ermuntern. Dabei ist sowohl die Einstellung ausschlaggebend, sich als Teil eines Gemeinwesens zu sehen als auch die Erfahrung, über Leih- und Tauschzusammenhänge die eigenen Lebensumstände zu verbessern. Andere werden sich für die Gestaltung ihrer Lebens- und Arbeitswelten in der Politik engagieren. Solche Möglichkeiten eines verstärkten öffentlichen Engagements werden hier nicht weiter vertieft. Die Aussage ist, daß eine ansteigende Ressourcenproduktivität die Bürgerinnen und Bürger zum öffentlichen Engagement anregt und umgekehrt, so daß der soziale und politische Zusammenhalt einer Gesellschaft verstärkt, die Produktivität öffentlicher Dienstleistungen (Kapitel 9.4.) gefördert und eine Bürgergesellschaft als dritter Weg zwischen primär sozialstaatlichen und individualistischen Ansätzen entstehen kann.

F. Ergebnisse und Schlußfolgerungen

18. Ergebnisse und Schlußfolgerungen

18.1 Eine neue Forschungsagenda

Die umweltökonomische Theorie beruht bisher im wesentlichen auf zwei Fundamenten, der Theorie externer Effekte und der Ressourcenökonomie. Diese Fundamente sind nicht hinreichend, um auf neuartige Fragestellungen im Zusammenhang mit globalen Umweltveränderungen Antworten zu finden. Sie weisen Defizite bei der Integration von Stoffströmen und dem Umweltziel einer deutlichen Absenkung der Ressourcenentnahme auf: Stoffströme fallen gewissermaßen in eine Lücke zwischen beiden Fundamenten, weil nach der existierenden Arbeitsteilung die physischen Outputs des Wirtschaftens und die Tragfähigkeit der natürlichen Systeme über die Theorie externer Effekte und die physischen Inputs über die Ressourcenökonomie erfaßt werden. Das theoretische Verbindungsglied zwischen den Ressourceninputs und den Outputs von Emissionen, Abwasser und Abfällen fehlt bislang. Die Integration von Stoffströmen in das Gedankengebäude der Umweltökonomie fällt vor diesem Hintergrund schwer.

Ein weiteres Defizit wird von der Umweltökonomie zunehmend anerkannt: Die Theorie externer Effekte führt zu Fragen nach Internalisierungsstrategien, die sich aus der Theorie selber nur unzureichend ableiten lassen. Die auf Pigou oder Coase basierenden Ansätze setzen externe Effekte voraus, deren Schadenspotential begrenzt ist. Vorliegende Forschungsarbeiten über die potentielle Höhe externer Effekte zeigen jedoch, daß die Auswirkungen neuartiger Umweltveränderungen oft schwer abschätzbar sind und daß man auch von irreversiblen Schäden bzw. Kosten in unbekannter Höhe auszugehen hat. Internalisierungsstrategien können sich demzufolge kaum auf die verhältnismäßig punktuellen und statischen Ansätze einer Pigou-Steuer oder Coase-Verhandlung stützen. Sie müssen von einer dynamischen Sichtweise ausgehen, die einen theoretischen Zugang zu Fragen eines umweltentlastenden Strukturwandels und zu einem Anstieg der Ressourcenproduktivität ermöglicht. Ähnliche Erfordernisse entstehen im Zuge der laufenden Forschungsarbeiten an einer Umweltökonomischen Gesamtrechnung und an computergestützten Szenarioanalysen.

Die in dieser Arbeit begonnene Annäherung der Umweltökonomie an die umfangreiche Produktivitätsdebatte ist vor diesem Hintergrund auch theoretisch interessant. Produktivität gilt als Motor der wirtschaftlichen Entwicklung. Sie drückt aus, inwieweit Innovationen in der Wirtschaft umgesetzt werden und ist als Forschungsgebiet Gegenstand der Wachstumstheorien, der Innovationsökonomie sowie einiger neuerer Theoriezweige. Die Arbeit weist nach, daß und weshalb das herkömmliche Produktivitätsverständnis einseitig den Faktor Arbeit betont. Dennoch ist es die zentrale These der vorliegenden Arbeit, daß man aus den Theorien einiges lernen kann, um eine dynamische Sichtweise auf einen Anstieg der Ressourcenproduktivität zu gewinnen. Dabei werden sie zunächst als Fragenheuristik darüber interpretiert, welche Mechanismen und Wirkungsfaktoren zu Produktivitätssteigerungen führen und nicht als Analyse real stattfindender Wachstumsvorgänge. Aus diesem methodologischen Vorgehen lassen sich Ansatzpunkte für eine zukunftsfähige Langfristdynamik ableiten.

Eine wichtige Erkenntnis aus den Wachstumstheorien ist die Übereinstimmung über die Entkoppelbarkeit der wirtschaftlichen Leistung von den eingesetzten Faktormengen. Daraus wird gefolgert, daß mit sinkendem Ressourceneinsatz durchaus gleichbleibende oder steigende wirtschaftliche Leistungen erzielbar sind. Die neue Wachstumstheorie fügt als dynamischen Faktor die steigende Grenzproduktivität des Wissens hinzu, die zu Skalenerträgen und bleibenden Gewinnen für Pionierunternehmen und lernfähige Organisationen führt. Sie stützt sich dabei auf innovationsökonomische Arbeiten, die die Entstehung des technischen Fortschritts auf der mikroökonomischen Ebene mit Lernprozessen, kumulativen Verbesserungen und Spillover-Effekten begründen. Lern- und Wissensprozesse sind um so intensiver, je besser eine Kooperation der Unternehmen entlang der Wertschöpfungskette funktioniert. Der umweltökonomische Ansatz, bei der Ressourcenentnahme anzusetzen und den Ressourceneinsatz lebenszyklusweit zu reduzieren, ist demnach innovationsintensiv. Anders ausgedrückt: ein Anstieg der Ressourcenproduktivität ist wesentlich enger mit Innovationen verzahnt als die bisherigen umweltpolitischen Handlungsansätze, die Technologien lediglich für spezifische Probleme einsetzen. Dieser Vergleich bezieht sich gleichermaßen auf additive und integrierte Umwelttechnologien.

Neuere analysierte Theorierichtungen fordern die neoklassische Ökonomie in einigen Grundannahmen heraus, weil sie langfristige Entwicklungsprozesse auf die Unvollkommenheit von Märkten zurückführen. Dynamisch wachsende Märkte tendieren aus sich selbst heraus selten rasch zu Gleichgewichtszuständen, weil Marktakteure nicht vollkommen informiert und rational handeln und sich Innovationen demzufolge ungleichgewichtsförmig ausbreiten. Es entstehen Technologiepfade oder technisch-ökonomische Paradigmen, die unterschiedliche Anwendungsbereiche für einen bestimmten Zeitraum prägen. Neue Paradigmen entstehen, wenn die Überzeugungskraft alter Paradigmen verblaßt und wenn aus Netzwerken neu strukturiertes Wissen entsteht, das die Problemlösungsfähigkeit unterschiedlicher Anwender erhöht. Langfristdynamik wächst aus Innovationen, unvollkommenen Märkten und außerökonomischen Faktoren.

Für einen kontinuierlichen Anstieg der Ressourcenproduktivität sind diese Aussagen in hohem Maße relevant. Lernprozesse, unvollkommene Märkte und Paradigmen sind abstrakt betrachtet als Wirkungsfaktoren für einen Produktivitätsanstieg quasi richtungsneutral, so daß althergebrachte Technologiepfade verharren, aber neue zugunsten der Ressourceneinsparung grundsätzlich möglich sind. Unter geeigneten Bedingungen können neue Paradigmen der Umweltschonung und der Beschäftigungsvermehrung entstehen, die einzelne Innovationen bündeln und kumulativ verstärken. Die vorgestellten Forschungsansätze und das skizzierte Modell lassen erkennen, daß daraus eine Innovationsdynamik entstehen kann, die über punktuelle Korrekturen hinausreicht. Sie würde vom Zeitalter der Arbeitsproduktivität mit Massengüterproduktion und niedrigen Energiepreisen zum Zeitalter der Ressourcenproduktivität mit Qualitätsgüterproduktion und niedrigen Informationspreisen führen. Der technische Fortschritt kann also seine Richtung ändern.

Für eine Richtungsänderung des technischen Fortschritts ergeben sich aus der neueren ökonomischen Theoriediskussion mehrere Anknüpfungspunkte. Neben der Formulierung neuer Paradigmen, die in der vorliegenden Arbeit im Kontext von Leitbildern analysiert werden, wird eine Gestaltung der relativen Faktorpreise hervorgehoben. Hier zeigt die Suchrichtung, aus der Produktivitätsdebatte Antworten zu entwickeln, mehrere Vorteile gegenüber dem herkömmlichen Ansatz, ökologisch „wahre" Preise mit der Internalisierung externer Kosten zu begründen.

Die Produktivitätsdebatte gibt eindeutigen Aufschluß über die signifikante Korrelation zwischen Faktorpreisen und Innovationsbemühungen. Steigende Faktorpreise begünstigen Innovationen und führen in der Folge zu einer Rationalisierung des wertvollen Faktors. Darüber hinaus lassen sich aus Zeitreihen und theoretischen Erkenntnissen Schlüsse über die Höhe des erwartbaren Produktivitätsanstiegs ableiten. Für Unternehmen sind Kostensteigerungen innovationsökonomisch optimal, die sich an der Höhe der beobachteten oder der erwarteten Produktivitätssteigerung orientieren. Zwischen 2 Prozent und 10 Prozent p.a. liegt wirtschaftshistorisch etwa die Spanne, die in unterschiedlichen Wachstumsphasen in den Industrieländern realisiert wurden. Dabei repräsentieren 10 Prozent einen vorübergehenden Spitzenwert, den nur wenige Länder (z.B. Japan) erreichen konnten. Für eine Gestaltung der Energie- und Ressourcenpreise wird daraus abgeleitet, daß schrittweise Preiserhöhungen einmaligen im Sinne einer Pigou-Steuer vorzuziehen sind und daß innovationsfördernde und ökonomieverträgliche Preissteigerungsraten zwischen 2 und 7 Prozent liegen können. Entsprechende Vorschläge liegen in der wirtschaftspolitischen Diskussion vor, konnten aber bislang theoretisch nicht schlüssig abgeleitet werden. Die vorliegende Arbeit stellt einen Schritt in dieser Richtung dar.

Die Begründung für eine schrittweise Anhebung der relativen Faktorpreise für Energie und andere natürliche Ressourcen basiert ferner auf der Einsicht, daß der Naturhaushalt produktiv ist. Weil die Natur physische Werte produziert und in nennenswertem Ausmaß an der monetären Wertschöpfung beteiligt ist, läßt sich im Sinne der marginalen Produktivitätstheorie eine Erhöhung der Energie- und anderer Ressourcenpreise auch als Entlohnung eines produktiven Faktors begründen. Auch diese Überlegung geht über die Theorie externer Effekte und die Ressourcenökonomie hinaus. Die Arbeit begründet dabei eine ökonomische Differenzierung zwischen Naturhaushalt und Ressourcen. Ressourcen erfüllen eine Doppelfunktion, Umweltbelastungsindikator und Produktionsfaktor zugleich zu sein. Es wird also kein Produktionsfaktor „Naturkapital" in eine Produktionsfunktion übertragen, sondern ein Faktor „Ressourcen". Diese Unterscheidung ist ökonomisch relevant, weil sie u.a. für die Eigenschaft der Substitutionselastizität Folgen hat. Bei Annahme einer hohen Substitutionselastizität wird nicht die Natur ersetzt und damit geschädigt, sondern Kapital oder Arbeit ersetzen natürliche Ressourcen; die Natur wird geschont. Die Annahme einer hohen Substitutionselastizität zwischen Kapital, Arbeit und Ressourcen ist demnach ein wichtiges Strategieelement bei der

Suche nach umweltverträglichen Wirtschaftsformen. Wenn Arbeit in nennenswertem Ausmaß Ressourcen substituiert, entstehen zusätzliche Beschäftigungseffekte. Ein derartiger Zusammenhang zwischen der Produktivität des Naturhaushalts, dem sinkenden Ressourceneinsatz und positiven Beschäftigungseffekten wird in der umweltökonomischen Diskussion bislang nicht hinreichend deutlich.

Die vorliegende Arbeit zieht Parallelen zwischen neueren Innovations- und Unternehmenstheorien und der sozio-ökonomisch geprägten Konsumforschung. Parallelen liegen in der Erkenntnis, daß das neoklassisch geprägte Menschenbild der rational-individualistischen Nutzenmaximierer als Marktteilnehmer mit vollkommener Voraussicht und mit unendlichen Bedürfnissen in dieser Einseitigkeit weder für Unternehmen noch für Konsumenten aufrechterhalten werden kann. Daraus folgt nicht, daß der geläuterte Konsument, der aus intrinsischer Motivation, Verantwortungsethik oder aus Pioniergeist handelt, eine höhere empirische Relevanz hat. Vielmehr sind gemischte Persönlichkeitstypen und Motivationslagen empirisch nachweisbar, deren Vorhandensein und Interaktion untereinander einen stetigen Wandel der Präferenzen fördern. Steigende Ressourcenpreise, veränderte Paradigmen und ein Wertewandel wirken aufeinander ein und begünstigen umweltschonende Konsummuster, die ein materielles Maßhalten beachten, die eher auf Qualität und Nutznießung als auf Quantität und Eigentum ausgerichtet sind und die kooperative Handlungsformen betonen. Derartige Konsummuster harmonisieren mit den beschriebenen angebotsseitigen Innovationen und verstärken deshalb die kumulative Dynamik zur Absenkung der Resourcenentnahme.

Die gewonnenen Erkenntnissen bestätigen aus theoretischer Sicht die Hypothese, daß Innovationen, die primär auf die Absenkung der Ressourcenentnahme und weniger auf das Wachstum der Produktion abzielen, möglich und sinnvoll sind. Gemeinsam mit neuartigen Konsummustern stoßen sie eine kumulativ wirkende und dauerhafte Innovationsdynamik an, die im Zeitverlauf zu der angestrebten deutlichen Erhöhung der Ressourcenproduktivität führt. Produktivität bezieht sich demnach nicht mehr einseitig auf das Wachstum der Produktionsmenge, sondern auf einen Wohlstand mit minimalem Ressourcenverbrauch. Es wäre kühn zu behaupten, daß damit die Postulate von „Faktor Vier" oder „Faktor Zehn" uneingeschränkt realisierbar sind. Die vorliegende Arbeit zeigt jedoch analytische Ansatzpunkte für eine zukunftsfähige Langfristdynamik und bringt sie mit empirisch überprüfbaren Einzeltrends in Verbindung. Das im letzten Abschnitt dargelegte Modell arbeitet als Synthese einige positive Synergieeffekte zwischen entstehenden Wirkungsfaktoren heraus, die für modellgestützte Szenarioanalysen hilfreich sein mögen. Insgesamt zeichnet sich eine Forschungsagenda ab, in der sich die Umweltökonomie stärker mit laufenden Forschungsarbeiten zum globalen Wandel und Fragen der Steuerbarkeit ökonomisch-technisch geprägter Systeme verschränkt. Die Ökonomie kann dabei eine dialogorientierte Funktion für eine verstärkte Zusammenarbeit mit Natur-, Geistes- und Verhaltenswissenschaften einnehmen.

18.2 Wirtschaftspolitisches Resümee zu Innovationen, Umwelt und Beschäftigung

Seit Mitte der neunziger Jahre befindet sich die Umweltpolitik in allen Industrieländern in der Defensive. Die anhaltende wirtschaftliche Rezession, die steigende Bedeutung industrieller Standortfaktoren und die prekäre Situation der öffentlichen Haushalte führen zu einem wachsenden gesellschaftlichen Konfliktpotential. Umweltpolitik wird dabei häufig als Kosten- und selten als Nutzenfaktor wahrgenommen. Weil ihre Lobby verhältnismäßig schwach ist und weil viele Umweltveränderungen eher mittelbar und langfristig bedrohlich sein, hat Umweltpolitik keine hohe Priorität mehr. Notwendige Innovationen und Beschäftigungsperspektiven werden kaum im Zusammenhang mit umweltpolitischen Erfordernissen betrachtet. Es mehren sich sogar die Anzeichen für eine steigende Desintegration: Bei der Genehmigung von Großprojekten sind Umweltbelange kaum aussschlaggebend, wenn mehrere tausend Arbeitsplätze erhalten oder geschaffen werden können. Sogenannte Zukunftstechnologien mögen aus umweltwissenschaftlicher Sicht keinen Beitrag zum Schutz des Naturhaushalts leisten, unausgereift oder sogar bedenklich sein; sie gelten als förderungswürdig, wenn sie einschlägige materielle Standortfaktoren verbessern.

Vor diesem Hintergrund greift die vorliegende Arbeit zwei traditionelle wirtschaftspolitische Zielsetzungen auf, die Stimulierung von Innovationen und eine angemessene Beschäftigungssituation. Zweifelsohne sind beide auch umweltökonomisch von überragendem Interesse. Es ist eines der Defizite in den Diskussionen über ein Sustainable Development, solche Aspekte bislang nicht hinreichend zu integrieren. Umgekehrt ist jedoch der beobachtbare Ansatz, über weitgehend konventionelle Wachstumsprozesse Mittel für den Umweltschutz bereitstellen zu können, der Problemlage längst nicht mehr angemessen. Er droht, die Märkte für Umwelttechnologien und Öko-Effizienz anderen zu überlassen. Gleichzeitig wird der Handlungsdruck wegen der umweltpolitischen Atempause erhöht. Diese Einschätzung verstärkt sich bei einer internationalen Sichtweise, da die Mehrzahl der Länder Mustern einer nachholenden Entwicklung nach Vorbildern der westlichen Industrieländer folgt. Gefragt sind daher neue und langfristig orientierte Ansätze, die eine unmittelbare Entlastung der Umwelt mit zukunftsträchtigen Innovationen und wirksamen Beschäftigungseffekten verbinden. Einen solchen Ansatz zu erarbeiten und theoretisch zu begründen, war Anliegen der vorliegenden Arbeit.

Als Ergebnis läßt sich festhalten, daß ein Anstieg der Ressourcenproduktivität in zentraler Weise Innovationen mit umweltpolitischen Erfordernissen verknüpft. Er erfaßt die gesamte Wertschöpfungskette, weil er bei den eingesetzten Energieträgern und Materialmengen ansetzt und er ruft Querschnittstechnologien hervor, die in nahezu alle ökonomischen Bereiche diffundieren. Er fördert Systemlösungen, in denen mehrere Anbieter miteinander kooperieren, um die Problemlösungsfähigkeit ihrer Kunden zu erhöhen. Die Zielsetzung einer Reduktion der Ressourcenentnahme führt zu einer Verstärkung produktbegleitender öko-effizienter Dienstleistungen. Industrielle Kernkompetenzen der Stoffumwandlung und des Stoffmanagements werden gezielt zur Produktion von Qualitätsgütern eingesetzt. Das Innovationspotential der Ressourcenproduktivität ist somit ungleich höher als das der bisherigen Umwelttechnologien – einschließlich sogenannter integrierter Ansätze, die im Regelfall spezifische Lösungen für spezifische Probleme herbeiführen.

Ein Anstieg der Ressourcenproduktivität entlastet die Umwelt, wenn die Ressourcenentnahme in absoluten Werten gemessen zurückgeht. Er reduziert diejenigen Umweltprobleme unmittelbar, die aus Abfallmengen, dem Verbrauch fossiler Energieträger und größeren Landschaftseingriffen resultieren. Bei anderen Umweltproblemen sind mittelbare Verbesserungen zu erwarten. In welchem Ausmaß und mit welcher Dynamik Ressourcenentnahme und Umweltbelastungen zurückgehen werden, ist der Prognosefähigkeit bis auf weiteres noch nicht zugänglich. Daher sollte die Politik Optionen auf Eingriffsmöglichkeiten offen halten, die die Anreize für eine Absenkung der Ressourcenentnahme gegebenenfalls verstärken und die bestimmte problematische Entwicklungen korrigieren. Diese Eingriffe sind von der Entwicklung der Umweltqualität abhängig. Weil der Indikator Ressourcenentnahme unspezifisch ist, kann er die Entstehung spezifischer Probleme nicht ausschließen. Die Umweltpolitik sollte deshalb Kompetenzen der Umweltbeobachtung und einer Feinsteuerung bis hin zu Verboten in Einzelfällen aufrechterhalten. Die Wirtschaftspolitik sollte demgegenüber eine Richtungssteuerung betreiben, die sich auf die Gestaltung eines ökologischen Ordnungsrahmens und auf Kommunikationsprozesse konzentriert. Kompetenzkonflikte zwischen Umwelt- und Wirtschaftspolitik sind dort zu erwarten, wo mengenrelevante Problemstoffe (z.B. Chlor, Stickstoffe) oder größere Investitionsvorhaben mit strategischer ökonomischer Bedeutung zu unerwünschten Umweltbelastungen führen. Eine Anstieg der Ressourcenproduktivität wird somit zwar viele Umweltprobleme einer Lösung näherbringen, aber keineswegs konfliktfrei verlaufen. Als politische Lobby für die Natur bleibt eine eigenständige Umweltpolitik auch bei einer allgemeinen Umorientierung des technischen Fortschritts erforderlich.

Darüber hinaus sprechen einige Argumente für die These, daß ein Anstieg der Ressourcenproduktivität zu positiven Beschäftigungseffekten führt. Es entstehen umweltentlastende Wachstumsmärkte in Bereichen wie Heizungs- und Klimatechnologien, Dämmaterialien, Verkehrsmanagement- und -logistiksystemen, neuen Werkstoffen, effizienten Umwandlungssystemen, dezentralen Energiegewinnungsanlagen, Speichersystemen, energiesparenden Motoren und in den Bereichen erneuerbarer Rohstoffe und Energieträger. Von diesen Entwicklungen würden auch die Investitionsgüterindustrie sowie die Exportwirtschaft profitieren. Zudem ergeben sich neue und fachlich hochqualifizierte Arbeitsfelder im industriellen Bereich für Demontage, Instandsetzung, Neudesign, Lebensweg-Controlling von Stoffen und Produkten, Minimal-Logistik etc. und im gesamten Handwerks-, Beratungs- und Dienstleistungsbereich. All dies wird statistisch bisher nicht als Beschäftigungswirkung der Umweltpolitik betrachtet.

Wahrscheinlich würde sich unter den angenommenen Bedingungen im Laufe der Zeit ein höheres Beschäftigungsniveau als gegenwärtig herausbilden und langfristig stabilisieren. Eine aufkommensneutrale ökologische Steuerreform verlagert Rationalisierungsinvestitionen vom Faktor Arbeit hin zu Energie und anderen Ressourcen. Substitutionseffekte zwischen Arbeit und Energie bzw. Material verstärken eine Richtungsänderung des technischen Fortschritts. Insgesamt verringert ein Anstieg der Ressourcenproduktivität den ökonomischen Druck zur Steigerung der Arbeitsproduktivität. Dieser Effekt wird um so ausgeprägter sein, je stärker die investierenden Unternehmen von der dauerhaften Sicherheit des Kurswechsels überzeugt sind.

Die entstehenden Stellen würden sich relativ gleichmäßig auf alle Qualifikationsstufen verteilen, weil neben hochtechnologieintensiven vor allem bei der Instandsetzung langlebiger Qualitätsgüter und in Dienstleistungsbereichen auch manuelle und verhältnismäßig einfache Tätigkeiten gefragt sind; das heißt, es entstehen zusätzliche Stellen für niedrig qualifizierte Arbeitnehmer. Der Rückgang des Arbeitsvolumens in Europa könnte demzufolge angehalten und möglicherweise sogar umgekehrt werden. Dieser Prozeß kann mit individuell kürzeren und flexibleren Arbeitszeiten einhergehen, so daß die Zahl der Erwerbspersonen ansteigt und das soziale Kapital einer Zivilgesellschaft wächst. Man muß allerdings einschränkend hinzufügen, daß diese Aussagen sich nicht auf die konjunkturell bedingte Arbeitslosigkeit beziehen. Sie umfassen ferner einen längeren Zeithorizont und beruhen auf der Annahme einer außenwirtschaftlichen Koordination. Insofern besteht trotz einer grundsätzlich positiven Einschätzung weiterer Forschungsbedarf.

Insgesamt resultieren aus einem Anstieg der Ressourcenproduktivität somit etliche positive Synergieeffekte für Innovationen, Umweltschutz und Beschäftigung. Diese Argumentation erlaubt es, die ausstehende „Gretchenfrage" nach dem Konflikt zwischen Wachstum und Umwelt politisch zu entschärfen. Innovationen und Beschäftigung sind nämlich im Unterschied zur traditionellen Auffassung nicht ausschließlich an steigende Wachstumsraten gebunden. Positive Beschäftigungseffekte können auch durch eine Substitution der Leistungen von Energie und Ressourcen durch Arbeit sowie durch eine allgemein beschäftigungsfördernde und ressourcensparende Wirkung des technischen Fortschritts entstehen. Der Konflikt zwischen Wachstum und Umwelt wird folglich entschärft, weil

- mikroökonomisch umweltentlastende Wachstumseffekte entstehen, die an die Stelle umweltintensiver Prozesse treten,
- makroökonomisch Innovationen und Beschäftigung teilweise vom Wachstum entkoppelt werden können,
- ein Anstieg der Ressourcenproduktivität Werthaltungen des materiellen Maßhaltens fördert und
- weil langfristig ein eher sozial als materiell gebundener Kapitalstock entsteht.

Freilich ist eine Richtungsänderung des technischen Fortschritts erforderlich, bei dem die Wirtschaftspolitik eine aktive Rolle wahrnehmen kann und sollte. Sie kann einen Kurswechsel einleiten und dauerhaft gestalten, der Innovationen mit positiven Beschäftigungseffekten und mit einer Entlastung der Umwelt verbindet. Eine aktive Rolle der Wirtschaftspolitik wird theoretisch von weiten Teilen der Innovationsökonomie und von der neuen Wachstumstheorie legitimiert.

Die ökonomischen Anreizinstrumente für einen Anstieg der Ressourcenproduktivität sind in der wirtschaftspolitischen Literatur wohlbekannt. Hinzu hätten Überlegungen zu treten, wie neue Leitbilder der Technologieentwicklung in Kommunikationsprozessen mit Unternehmen, Gewerkschaften und anderen gesellschaftlichen Gruppen etabliert werden können. Solche Prozesse haben in Unternehmen, Kommunen, bei Bundes- und Landesregierungen sowie in Parteien und Verbänden bereits begonnen. Die Wirtschaftspolitik sieht sich bei der Wahrnehmung einer aktiven Orientierungs- und Moderationsrolle allerdings mit realen Hemmnissen konfrontiert. Wie die äußerst mühsamen Entscheidungsprozesse zum Subventionsabbau, zur Einführung einer ökologischen Steuerreform und anderer Reformvorhaben verdeutlichen, ist der Prozeß der politischen Willensbildung relativ verkrustet, und neue Ansätze drohen am Widerstand einiger alteingesessener Interessen- und Verbändegruppen zu scheitern. Mögliche Verlierer zeigen sich zum gegenwärtigen Zeitpunkt besser und wirkungsvoller organisiert als potentielle Gewinner. Dieses Hemmnis zu reduzieren, d.h. neue Allianzen zusammenzuführen und die ersten Schritte eines Übergangs so zu dosieren, daß positive Wirkungen erzielt und negative Effekte zeitlich gestreckt werden können, ist eine zentrale Aufgabe einer dialogorientierten Wirtschaftspolitik.

Die Wirtschaftspolitik ist darüber hinaus gefordert, langfristige Zielsetzungen der Wohlstandsentwicklung zu thematisieren und in Willensbildungsprozessen tragfähige gemeinsame Perspektiven zu identifizieren. Wenn die Industriegesellschaften einen Anstieg der Ressourcenproduktivität zulassen, tritt die Bedeutung der Stofferzeugung zurück und die Wertschöpfung erfolgt zunehmend über die Langlebigkeit der Stoffumwandlung und über damit verbundene öko-effiziente Dienstleistungen. Dieser Wandel ist ein Übergang vom Zeitalter der Arbeitsproduktivität mit Massengüterproduktion und niedrigen Energiepreisen zum Zeitalter der Ressourcenproduktivität mit Qualitätsgüterproduktion und niedrigen Informationspreisen. Produktiv wäre zukünftig, was die beiden originären Quellen der Wertschöpfung vermehrt, die Leistungen des Naturhaushalts und die menschliche Kreativität und Kooperationsfähigkeit. Letzten Endes entstehen neue Wohlstandsmodelle, in denen die materielle Bedeutung von Gütern gegenüber der Entwicklung eines sozial und ökologisch gebundenen Kapitalstocks zurücktritt.

Ob der Wirtschaftspolitik diese oder eine ähnliche langfristige Perspektive der Wohlstandsentwicklung opportun erscheint, ist unsicher. Sie sollte jedoch angesichts von Arbeitslosigkeit und Umweltzerstörung nicht die trügerische Illusion nähren, mit einer laisser-faire Einstellung und marginalen umweltökonomischen Korrekturen ein relativ hohes Wohlstandsniveau bewahren zu können. Auch das Vertrauen auf eine weitgehende Selbststeuerung der Marktkräfte nach einer Korrektur der Rahmenbedingungen erweist sich angesichts realer Marktunvollkommenheiten und Hemmnisse als wenig begründet. Gefragt ist vielmehr eine aktive Ordnungspolitik, die kurzfristige Erfolge mit Fragen einer zukunftsfähigen Langfristdynamik und Kommunikationsprozessen über neue Wohlstandsmodelle verbindet.

Anmerkungen

Die in [] enthaltenen Jahreszahlen geben das Originaljahr des Erscheinens einiger Titel an.

1 Geprägt wurde das Leitbild Sustainable Development im wesentlichen von der Weltkommission für Umwelt und Entwicklung, nach ihrer Vorsitzenden oft auch Brundtland-Kommission genannt; vgl.: Hauff, 1987. Zur Vorgeschichte vgl.: Harborth, 1991. Vgl. ferner aus der reichhaltigen Literatur: Busch-Lüty, 1994; Enquete-Kommission „Mensch und Umwelt", 1994; die Beiträge in: Gerken, 1996, Nutzinger, 1995; Pearce / Markandya / Barbier, 1989; Pearce / Warford, 1993; Sachverständigenrat für Umweltfragen (im folgenden: SRU), 1994. Ich habe mich u. a. in: Bleischwitz, 1996, mit dem Leitbild auseinandergesetzt.

2 Im deutschen Sprachraum existiert keine einheitliche Übersetzung von Sustainable Development. Verwendet werden u. a. die Begriffe „dauerhafte" (Hauff, 1987), „nachhaltige" (Bundesministerium für Umwelt, Naturschutz und Reaktorsicherheit, 1992; Busch-Lüty, 1994) oder „dauerhaft-umweltverträgliche" Entwicklung (Sachverständigenrat für Umweltfragen, 1994). Die Übersetzung „zukunftsfähige" Entwicklung wurde geprägt von: Simonis, 1991, und u. a. verwendet in: BUND / Misereor, 1996.

3 Ich verwende den Begriff „Umweltökonomie" in der vorliegenden Arbeit als Sammelbegriff. Ein eigener Zweig nennt sich „Ecological Economics" (in Deutschland: Ökologische Ökonomie); darauf gehe ich vor allem in Kap. 2 ein.

4 Diese Einteilung geht zurück auf: SRU, 1988, Tz. 5.

5 Er wird u. a. in Art. 2 EGV als Ziel der Europäischen Union genannt.

6 Vgl. z.B.: DIW / RWI, 1993, S. 74 f.

7 Eucken, [1952], 1990[6], passim (z.B. S. 199).

8 Für eine stärkere Einbeziehung der Sozial- und Geisteswissenschaften in die Umweltforschung plädieren ebenfalls: SRU, 1996, Tz. 70. S. 30; WBGU, 1996, u. a. S. 77, S. 88, S. 155 f.; Wissenschaftsrat, 1994, S. 104 f.; vgl auch einen methodischen Ansatz in: Hödl et al., 1991.

9 Vgl. z.B.: Cansier, 1993, S. 58 ff.; Daly, 1990; Pearce / Markandya / Barbier, 1989, S. 37 f.; Seifert, 1995, S. 327.

10 In der angegebenen Literatur zitiert als „non-declining capital stock" oder „maintaining the capital stock intact". Vgl. z.B.: Beckerman, 1994 (mit einigen abfälligen Bemerkungen über die Sustainability-Debatte); Pezzey, 1989; Solow, 1986; Toman / Pezzey / Krautkraemer, 1995; Krelle, 1985, S. 235 ff., vertritt das genannte Verständnis ohne Bezug zu der zu diesem Zeitpunkt noch wenig etablierten Sustainability-Diskussion.

11 In Kap. 12 analysiere ich Erklärungsansätze zur Genese des technischen Fortschritts.

12 Beckerman, 1994, S. 202.

13 Barnett / Morse, 1963, S. 244.

14 Dasgupta / Heal, 1979, S. 205. Ähnlich argumentieren: Herfindahl / Kneese, 1974; Pezzey, 1989; Solow, 1974; Stiglitz, 1979.

15 Hicks, 1948, S. 172.

16 Ähnlich argumentieren: Beckerman, 1994; Solow, 1986, S. 141; SRU, 1994, Tz. 5, S. 46.

17 Vgl. den ökonomischen Grundlagentext von: Clark, 1976, sowie: Dasgupta / Heal, 1979; Pearce / Turner, 1990, S. 244.

18 Sie besagt, daß nicht-erneuerbare Ressourcen in dem Maße abgebaut werden sollen, daß ihr Preisanstieg gleich dem Zinssatz ist. Das bedeutet, daß bei drohender Erschöpfung einer nicht-erneuerbaren Ressource ihr Preis ansteigt, so daß entweder deutliche Produktivitätssteigerungen oder eine Substitution durch ein funktionales Äquivalent wirtschaftlich werden; vgl.: Hotelling, 1931, sowie die Neubetrachtung: Devarajan / Fisher, 1981.

19 Hartwick, 1977, ähnlich: El Serafy, 1989.

20 Solow, 1986.

21 Die Forderung nach einem Schutz des Naturhaushalts („constant natural capital") unabhängig vom Wert des Kapitalstocks wird seit 1989 von der Londoner Schule um David Pearce sowie von Herman Daly vertreten; vgl.: Pearce / Markandya / Barbier, 1989, S. 37 ff.; Daly / Cobb, 1989, S. 72ff. Sie ist eine der Gründungsprämissen der „International Society for Ecological Economics" und hat in Deutschland u. a. in die Arbeiten des Sachverständigenrats für Umweltfragen und der Enquete-Kommission „Schutz des Menschen und der Umwelt" Eingang gefunden; vgl.: SRU, 1994, S. 79; Enquete-Kommission „Mensch und Umwelt" , 1994, S. 42 ff. Vgl. auch: Jannson et. al., 1994; sowie: El Serafy, 1993; kritische Bemerkungen von: Hinterberger et. al., 1995; Renn / Kastenholz, 1996.

22 Vgl. den einführenden Aufsatz von: Costanza, 1989; im deutschen Sprachraum: die Beiträge in: Beckenbach / Diefenbacher, 1994; Klemmer, 1995; sowie die angegebene Literatur etwa von Daly oder Pearce.

23 Vgl. z.B. Beiträge in: Brander / Roloff, 1990; die Kritik von: Bruns, 1995; Söllner, 1993, sowie die differenzierten Einwände von: Gawel, 1996, der abschließend für einen Methodenpluralismus und eine „ökologisch-neoklassische Synthese" plädiert.

24 Vgl. z.B.: Siebert, 1995[4], S. 9 ff. Dort lautet das zweite Kapitel kennzeichnend: „Using the Environment – An Allocation Problem".

25 Novelle des BNatSchG, Stand 12.2.1996, § 8 Abs. 1.

26 Vgl. hierzu auch die Kapitaldefinition von Irving Fisher: „1) A stock of instruments existing at any instant of time, and 2) a stream of services through time, flowing from this stock of wealth. The stock of wealth is called capital, and its stream of services is called income", in: Fisher, [1906], 1965, S. 324; sowie den entsprechenden Hinweis von: Hinterberger et al., 1995, S. 8 f.; vgl. auch die Bemerkungen in Kap. 7.2. der vorliegenden Arbeit.

27 Pearce / Markandya / Barbier, 1989, S. 37 f., nennen Non-Substitutability, Uncertainty, Irreversibility und Equity. Ich habe die Argumante zur Irreversibilität unter die begrenzten Substitutionsmöglichkeiten subsumiert.

28 Es gibt freilich Aussagen einiger Ökonomen, die weniger eine fachwissenschaftliche als eine politische Auseinandersetzung mit anderen Positionen darstellen. So warnt z.B. Krelle, 1985, S. 238, vor „Weltuntergangspropheten, Nullwachstumspropagandisten und ‚grünen' Industrie- und Marktwirtschaftsgegnern". Nordhaus, 1990, spricht von einem möglichen Verlust biologischer Vielfalt, der bei näherer Betrachtung ein Gewinn sei, und nennt Krankheitserreger und tropische Viren. Auch: Beckerman, 1994, formuliert recht deftig.

29 SRU, 1994, Tz. 109 ff., S. 74 f.

30 Unter Sozialwisssenschaften ist hier das breite Spektrum aller Geistes- und Gesellschaftswissenschaften (einschl. Ökonomie und Recht) subsumiert; vgl. auch die Gutachten zur Umweltforschung in Deutschland: Wissenschaftsrat , 1994; WBGU, 1996.

31 Der Begriff „Equity" ist kaum übersetzbar. „Gerechtigkeit" ist präziser als „Gleichheit", die nicht gemeint ist. Eine andere Übersetzung ist „Billigkeit" im Sinne einer Angemessenheit; dieser Begriff würde in der Ökonomie jedoch zu Fehlschlüssen führen. Vgl. inhaltlich auch: Banuri et al., 1996.

32 Vgl.: Gehring, 1994; Kaiser et al., 1991; Loske, 1996b.

33 Vgl. die Rio-Erklärung über Umwelt und Entwicklung von 1992. die Rahmenkonvention über Klimänderungen (FCCC) oder die Schlußerklärung der VN-Sondergeneralversammlung v. 27. 6. 1997.

34 Dies ist eine verkürzte Wiedergabe der Diskussion. Die These, daß der Süden zu den Verlierern gehören wird, hat vor allem Meyer-Abich vertreten; vgl: Meyer-Abich, 1994. Vgl. ferner: BUND / Misereor, 1996, S. 124 ff., mit einer Abschätzung der Umweltauswirkungen aus Deutschland auf Entwicklungsländer. Schwer einzuordnen ist die Gruppe der ehemals sozialistischen Staaten Mittel- und Osteuropas.

35 Implizit erkennt die Rahmenkonvention über Klimaänderungen die besondere Schutzwürdigkeit der Erdatmosphäre und des Naturhaushalts an. Ziel des Übereinkommens ist laut Art. 2 die Stabilisierung der Treibhausgaskonzentrationen in der Atmosphäre auf einem Niveau, das eine gefährliche Störung des Klimasystems verhindert. Dieses Niveau soll innerhalb eines Zeitraumes erreicht werden, in dem die Ökosysteme sich auf natürliche Weise den Klimaänderungen anpassen können.

36 Pearce, 1988, S. 603, hatte daraus einmal die Schlußfolgerung gezogen, Naturkapital in Entwicklungsländern als komplementär, in Industrieländern hingegen als substituierbar anzusehen. Angesicht der zunehmenden Globalisierung der Umweltpolitik hat er diesen Gedanken in späteren Veröffentlichungen nicht mehr erwähnt.

37 So etwa: BUND / Misereor, 1996; Enquete-Kommission „Vorsorge zum Schutz der Erdatmosphäre", 1990; Grubb, 1989; Kaiser et. al., 1991. Auch der Autor hat diesen Ansatz mehrfach vetreten; vgl. z.B.: Bleischwitz / Schütz, 1993^2.

38 Interessant ist z.B. die entsprechende Aussage von: Arrow et al., 1995, in dem er und andere namhafte Ökonomen (Costanza, Dasgupta, Folke, Mäler, Perrings) gegen die Annahme einer automatischen Entkoppelung der Umweltbelastungen bei ansteigendem Wohlstand und für einen Schutz des Naturhaushalts argumentieren.

39 Konkrete Umweltziele in bestimmten Zeiträumen nennen: BUND / Misereor, 1996; Friends of the Earth Europe, 1995; Friends of the Earth Netherlands, 1993; Weterings / Opschoor, 1992.

40 Daly, 1992a.

41 So argumentiert auch: SRU, 1994, Tz. 96f., S. 71.

42 Ebd., Tz. 99 ff., S. 71 ff.

43 Vgl.: Sieferle, 1982.

44 Vgl.: Bode / Hohnhorst, 1994; Hennig, 1991.

45 So z.B.: SRU, 1994, Tz. 91, S. 70. Die Problematik des naturalistischen Fehlschlusses geht wesentlich auf Überlegungen des Philosophen David Hume zum Sein-Sollen-Problem zurück.

46 Höffe, 1981, S. 16.

47 Diese Regeln werden in einer Vielzahl der neueren Publikationen zum Thema genannt; vgl. z.B.: Enquete-Kommission „Mensch und Umwelt", 1994, S. 42 ff.; Meadows et. al., 1992, S. 209. Sie wurden erstmalig meines Wissens von: Barbier, 1989, S. 188, erwähnt und sind vor allem durch die Publikationen: Daly, 1990; Pearce / Turner, 1990, S. 45 f., weit verbreitet.

48 OECD, 1993.

49 Ecocapacity steht für „Ecogical Carrying Capacity" und bedeutet die Tragfähigkeit der Ökosphäre zur Aufrechterhaltung ihrer ökologischen Funktionen; vgl.: Weterings / Opschoor, 1992.

50 Vgl. vor allem das Jahresgutachten: WBGU, 1996.

51 Neben: Schmidt-Bleek, 1994, argumentieren ähnlich: BUND / Misereor, 1996; Daly / Cobb, 1989; Ekins, 1992; Jänicke, 1993; Meadows et. al., 1992; Minsch, 1994; Simonis / Ayres, 1993; Tibbs, 1992; Weizsäcker / Lovins / Lovins, 1995, oder als Vorläufer: Kneese et. al., 1970. Kritisch äußern sich u. a.: Klemmer et. al., 1996, oder (aus meiner Sicht sachbezogener): Gawel, 1996, S. 69 ff.; Hauff, 1997.

52 Schmidt-Bleek, 1994. Hier ist semantisch anzumerken, daß das Konzept nicht ökologisch im Sinne spezifischer Wirkungsmechanismen ist, sondern eine praxisnahe Vereinfachung darstellt.

53 So auch: BUND / Misereor, 1996, S. 46 ff.

54 So rechnet auch das Statistische Bundesamt in seinen Umweltökonomischen Gesamtrechnungen; vgl.: Stat. Bundesamt, 1996.

55 So: BUND / Misereor, 1996, ähnlich auch: Fritsch / Schmidheiny / Seifritz, 1994, S. 40 ff., im Unterschied zu: Schmidt-Bleek, 1994.

56 Vgl.: BUND / Misereor, 1996; Enquete-Kommission „Mensch und Umwelt", 1994, S. 718; Schmidt-Bleek, 1994; Weizsäcker /Lovins / Lovins, 1995.

57 Daly selber ist von der Entropie-Diskussion stark beeinflußt; vgl.: Daly / Cobb, 1989, S. 194 ff. Er war u. a. post-graduate Student bei Nicolas Georgescu-Roegen, der die erste umfassende Darstellung über das Entropie-Gesetz und die Ökonomie verfaßt hat; vgl.: Georgescu-Roegen, 1971.

58 Sie wird als CARA (Computer Aided Resource Analysis) bezeichnet.

59 Vgl.: Schmidt-Bleek et. al., 1995.

60 Vgl.: Adriaanse et. al., 1997; Bringezu, 1995; BUND / Misereor, 1996, S. 94 ff.; Kuhn / Radermacher / Stahmer, 1994; Stat. Bundesamt, 1996. Das europäische Netzwerk ConAccount koordiniert wichtige Teile dieser Aktivitäten.

61 Entwickelt von: Baumol / Oates, 1971. Vgl. auch die Darstellung in: SRU, 1996, Tz. 710 ff., S. 377 ff.

62 Vgl.: Cansier, 1993, S. 65 ff.

63 Vgl.: Pearce / Turner, 1990, S. 61; Siebert, 1995[4], S. 45 ff. Kritisch äußern sich z.B.: Maier-Rigaud, 1988, S. 64 ff., der die enormen Unsicherheiten und die falschen Preissignale als Argumente anführt, sowie: Nutzinger, 1993.

64 Diese Kontroverse wird allgemein unter den Stichworten „Pigou-Steuer" versus „Verhandlungslösungen" nach Coase diskutiert. Coase kritisiert an Pigou, daß er die „Reziprozität" externer Kosten vernachlässigen würde, d.h. die ökonomischen Vorteile einer Externalisierung und die Kosten, die die Internalisierung bei den Verursachern von Schäden hervorruft. Er kritisiert ferner die Staatsorientierung der Wohlfahrtstheoretiker und schlägt als Alternative die direkte Verhandlung zwischen den betroffenen Parteien ohne staatliche Beteiligung vor. Aus diesem Grund wird er auch als Vordenker für das Instrument der handelbaren Lizenzen betrachtet. Vgl.: Coase, 1960; zum Coase-Theorem auch: Endres, 1994, S. 33ff.

65 Vgl. den aktuellen wissenschaftlichen Sachstand in: Enquete-Kommission „Schutz der Erdatmosphäre", 1995; sowie die IPCC-Berichte: Bruce / Lee / Haites, 1996; Hougthon et. al., 1996; Watson et. al., 1996.

66 Ein Beispiel: Die Investition von 1 DM zur Schadensvermeidung in 200 Jahren würde sich bei einer angenommenen Diskontrate von 5% für einen Schaden von 17.293 DM rechnen und bei einer angenommenen Diskontrate von 10% für einen Schaden von 189,9 Mill. DM. Die üblicherweise verwendeten Diskontraten liegen zwischen 5% und 10%. Vgl.: Cline, 1992, S. 235 ff. Mit ausführlicher Methodendiskusion: Lind, 1986; Kritisch: Daly / Cobb, 1989, S. 158 f.; Hampicke, 1992. Ethisch und methodisch umstritten ist die Diskontierung von Menschenleben; dies lehnt z.B.: Hohmeyer, 1989[2]; ders. / Gärtner, 1992, grundsätzlich ab.

67 So: Nutzinger, 1993, S. 48 f.

68 Vgl. im folgenden vor allem: BUND / Misereor, 1996, S. 56 ff.

69 WBGU, 1996.

70 Unter „Critical Levels" versteht man Luftschadstoffkonzentrationen, bei deren Unterschreitung keine direkten Schäden an Rezeptoren zu erwarten sind. Unter „Critical Loads" versteht man Einträge, bei deren Unterschreitung keine direkten Schäden zu erwarten sind. Die Begriffe sind im Zusammenhang mit der Genfer Luftreinhaltekonvention entwickelt worden. Vgl.: SRU, 1994, Tz. 183ff., S. 102f.

71 Eine 70- bis 80%ige Reduktion der energiebedingten CO_2-Emissionen fordert: Enquete-Kommission „(Vorsorge zum) Schutz der Erdatmosphäre", 1990, 1995, S. 175. Die Kommission hat in der Legislaturperiode 1990 bis 1994 ihren Namen gekürzt.

72 So: Enquete-Kommission „Mensch und Umwelt", 1994, S. 241, S. 297. Der SRU-Bericht legt diese Ziele nahe, ohne sie explizit zu nennen: SRU, 1994, Tz. 213 ff., S. 117 ff. Nach dem niederländischen Umweltplan NEPP soll der Säureeintrag um 70% verringert werden.

73 SRU, 1994, Tz. 750 ff., S. 273 f.; Enquete-Kommission, 1994, S. 298.

74 BUND / Misereor, 1996, S. 65. Diese Forderung ist sehr weitreichend und gilt auch aus ökologischer Sicht nicht als zwingend erforderlich. Ich leite daraus die genannten modifizierten Umweltziele in einem mittleren Zeitraum ab.

75 So auch: Statistisches Bundesamt, 1996.

76 So auch: Schmidt-Bleek, 1994; BUND / Misereor, 1996, S. 70.

77 Auf Initiative von Friedrich Schmidt-Bleek; vgl. die jährliche Carnoules-Declaration, 1994 ff.

78 Österreichische Bundesregierung, 1995, S. 171. Die österreichische Klagenfurt-Messe soll 1998 zum Thema „Faktor Vier" stattfinden.

79 Vgl.: BCSD, 1993, S. 21. Der World Business Council for Sustainable Development (WBCSD) ging im Januar 1995 aus einer Vereinigung des Business Council for Sustainable Development (BCSD) mit dem World Industry Council for the Environment (WICE) hervor. Vgl. ferner: WBCSD, 1996; Desimone / Popoff, 1997; United Nations General Assembly, 1997. In der OECD zeigt u.a.: OECD, 1997b, die Aufgeschlossenheit.

80 Vgl.: SRU, 1994, Tz. 245, S. 125 f. Er empfiehlt die Erfassung der Bodenbedeckung und -nutzung, die Entwicklung eines Bewertungsverfahrens und eine naturräumliche Spezifizierung.

81 BUND / Misereor, 1996, S. 77.

82 Von „Ressourcenproduktivität" sprechen u.a.: BUND / Misereor, 1996; Hinterberger, 1994; Schmidt-Bleek, 1993, 1994; WBGU, 1993, S. 156; Weizsäcker / Lovins / Lovins, 1995. Der (World) Business Council for Sustainable Development spricht von „Eco-Efficiency" (Ökoeffizienz); vgl.: Schmidtheiny, 1992; BCSD, 1993, 1994. Fussler, 1996, spricht von „Eco-Innovation". Die Definitionen unterscheiden sich nur marginal; Eco-Efficiency und Eco-Innovation sind etwas breiter auf die Gesamtheit der Umweltbelastungen ausgerichtet. Daly/ Cobb, 1989, S. 116, sprechen von der Produktivitätsmaximierung des knappen Faktors Natur. Für eine andere Produktivität mit Blick auf Länder des Südens sprechen: Holtz / Karsten, 1996. Das umweltentlastende Potential neuer Technologiepfade hat frühzeitig u. a.: Karsten, 1972, betont.

83 Gesucht wurde unter Stichworten wie „Ressourcenproduktivität", „Energieeffizienz" und – weniger zielführend – „Ressourcenentnahme", „Materialbilanzen", „Stoffströme" in: Baumol / Oates, 1988[2], Endres, 1994; Siebert, 1995[4]; Wicke, 1991[3]; Weimann, 1995[3]. Ansätze einer Diskussion enthalten die Lehrbücher: Cansier, 1993; Pearce / Turner, 1990, sowie die im Text genannte Literatur. Hinterberger et. al., 1996, skizzieren Elemente eines Forschungsprogramms für eine Ökonomie der Stoffströme.

84 Krugman, 1994, S. 4. Ähnlich auch: Mankiw, 1998, S. 11.

85 Englander / Gurney, 1994b, S. 112.

86 Link, 1987, S. 1.

87 Vgl.: Clauß, 1984, S. 279 ff.; Reuss, 1960, S. 5, definiert Produktivität als die „Fähigkeit zu produzieren".

88 In dem letzten mir bekannten Ansatz versucht: Fricke, 1961, eine Erweiterung der Produktivitätsanalyse zu einer eigenständigen Theorie, die gleichermaßen die von ihm so bezeichneten technischen, marktwirtschaftlichen und hauswirtschaftlichen Produktivitäten umfassen soll. Sein Ansatz wurde in der Folgezeit nicht weiter aufgegriffen. Bürgenmeier, 1994, S. 185ff., verwendet den Ausdruck „Produktivitätskonzept".

89 So auch: McCloskey, 1991, S. 61, 67, in seinem Essay über „Storytelling in Economics".

90 In diese Zeit fiel auch die Gründung der „European Productivity Agency" als halbautonome Einrichtung im Rahmen des OECD-Vorläufers OEEC. Sie bestand von 1953 bis 1961 und diente als operativer Arm der OEEC zur Produktivitätssteigerung in Europa; vgl.: Boel, 1997. Vgl. auch den relativierenden Aufsatz von Tinbergen aus dieser Zeit: Tinbergen, 1952. Tinbergen argumentiert, neben Produktivität seien Einkommensverteilung, Beschäftigungssituation, Investitionsquote und Außenhandelsgleichgewicht entscheidend für die Wohlstandsentwicklung.

91 So z.B. Mankiw, 1998, S. 11, S. 518 ff.

92 Englander / Gurney, 1994a; Reuss, 1960, S. 133 ff.; Schmidt / Gundlach, 1988, S. 35 ff.

93 Die unterschiedliche Begrifflichkeit erklärt sich nach: Reuss, 1960, S. 133 ff., aus zwei unterschiedlichen methodischen Ansätzen, die parallel zueinander Ende der fünfziger Jahre entstanden sind. Eine Methode, die vor allem von Charles Kendrick eingeführt wurde, arbeitet mit Realkostenindizes und verwendet die Begriffe „globale" bzw. „totale Faktorproduktivität". Eine andere Methode, die im wesentlichen auf Robert Solow zurückgeht, basiert auf einer homogenen Produktionsfunktion vom Cobb-Douglas-Typ und verwendet den Begriff „technischer Fortschritt". Erhebliche Unterschiede zwischen beiden Methoden ergeben sich aber nicht, so daß die Begriffe technischer Fortschritt und Multifaktorproduktivität nahezu deckungsgleich sind und entsprechend verwendet werden. Vgl.: Kendrick, 1961; Solow, 1957. Riese, 1959, wies nach, daß dem Realkostenansatz von Kendrick implizit eine Cobb-Douglas-Produktionsfunktion zugrunde liegt, die Solow ebenfalls verwendet. Vgl. ferner: Hof, 1987, S.109 ff.; Schmidt / Gundlach, 1988, S. 35 ff.

94 Erwähnt werden sollte in diesem Zusammenhang das gewerkschaftliche Konzept der „expansiven Lohnpolitik", das durch eine über den Produktivitätsfortschritt hinausgehende Steigerung von Löhnen und Gehältern eine Umverteilung zugunsten der Arbeitnehmer vorsieht und durch eine Stärkung der Nachfrage von positiven wirtschaftlichen Effekten ausgeht. Im Unterschied dazu betonen neuere Konzepte der OECD und der Europäischen Kommission die Bedeutung von Investitionen für Wachstum und Beschäftigung und empfehlen, die Produktivitätszuwächse stärker für Investitionen als für Lohnsteigerungen zu verwenden. Vgl. z.B. die OECD Beschäftigungsstudie: OECD 1994, und das Weißbuch der Europäischen Kommission: dies., 1994.

95 Eigene Berechnungen auf der Basis von: Sachverständigenrat zur Begutachtung der gesamtwirtschaftlichen Entwicklung, 1995.

96 Dies geht zurück auf: Gutenberg, 1951.

97 Im „New Palgrave" z.B. findet sich keine Eintragung zum Stichwort „Produktivität", sondern zu „Productivity – Measurement Problems"; vgl.: Griliches, 1987, sowie: Englander / Gurney, 1994b, S. 123; Dogramaci, 1981; Link, 1987, S. 8 ff. Für die deutsche Produktivitätsmessung war die Tagung der Deutschen Statistischen Gesellschaft 1971 maßgeblich. Die Beiträge sind dokumentiert in: Krengel, 1972.

98 Der Sachverständigenrat zur Begutachtung der gesamtwirtschaftlichen Entwicklung konzentriert sich auf einen Ein-Faktor-Ansatz zur Ermittlung der Kapitalproduktivität und leitet daraus weitere Größen ab; vgl.: ders., 1995, Tz. 50 ff., S. 56 ff. Die Deutsche Bundesbank, 1981, verwendet eine CES-Produktionsfunktion. Das auf EU-Ebene eingesetzte HERMES-Modell basiert auf einer Cobb-Douglas-Produktionsfunktion; vgl.: Heil / Hödl, 1991.

99 Englander / Gurney, 1994a+b. Sie üben dort auch Kritik an der neuen Wachstumstheorie: ebd., 1994b, S. 126. Dort werde die Bildung überbewertet.

100 So z.B. die selbstkritische Einschätzung von: Bombach, 1990, Tz. 29. Ferner ähnlich: Bollmann, 1990, S. 33 ff.; Oppenländer, 1989, S. 169; Schmidt / Gundlach, 1988, S.126; Victor, 1991, S. 199. Kritische Anmerkungen zum Zusammenhang zwischen der gewählten Produktionsfunktion und der Ermittlung des technischen Fortschritts enthält auch: Reuss, 1960, S. 146.

101 Dies ergibt ein Vergleich von: Cline, 1992, S. 139 ff. Ein Modell, das DICE-Modell von Nordhaus, geht sogar von der Annahme langfristig sinkender Energieeffizienzsteigerungen aus; vgl. die Darstellung in: Hennicke / Becker, 1995.

102 Eine Dokumenation ausgewählter Aufsätze enthält: Dürr, 1978. Vgl. auch: Gahlen, 1991; Rose, 1987[5], und die nachstehende Literatur.

103 So auch die Einschätzung von: Tichy, 1991, S. 95.

104 Vgl.: Cobb / Douglas, 1928; Solow, 1957.

105 Ein Einwand gegen eine aggregierte Produktionsfunktion ist Gegenstand der sog. Cambridge-Kontroverse in der Kapitaltheorie, die im wesentlichen auf Joan Robinson zurückgeht. Ihr Argument lautet, daß der Kapitalstock einer Volkswirtschaft nicht ohne eine vorherige Kenntnis der Zinsrate gemessen werden kann. Deshalb kann keine makroökonomische Produktionsfunktion konstruiert werden, die die Zinsrate als Ergebnis der Kapitalproduktivität ermittelt. Da der Wert des Kapitals vom Zins abhängig ist, würde sich ein Zirkelschluß ergeben, wenn der Zins aus dem Grenzprodukt des Kapitals erklärt wird. Der Alternativvorschlag von Robinson lautet, den Wert des Kapitals anhand der auf die Gegenwart aufgezinsten Arbeitszeit zu ermitteln, die zur Produktion der Kapitalgüter erforderlich ist. Diese Kontroverse dauert an. Die korrekte Erfassung des Kapitalstocks ist deshalb Gegenstand der Forschung. Für umweltökonomische Fragestellungen halte ich ähnlich wie: Victor, 1991, S. 205, im Unterschied zu: Seyfried, 1986, der seinen Vorschlag zur umweltökonomischen Produktivitätsmessung auf Robinson aufbaut, diese Kontroverse nicht für übermäßig relevant. Sie dient hier der Aussage, daß der Grundbaustein der Produktivitätsermittlung, die Cobb-Douglas-Produktionsfunktion, in der ökonomischen Theorie kontrovers beurteilt wird. Vgl. zur Cambrige-Kontroverse: Robinson, 1953/54, einen Überblick in: Harcourt, 1969, eine Erwiderung von: Krelle, 1985, S. 786 ff., sowie: Blaug, 1985[4], S. 465 ff.

106 So die Kritik u. a. von: Afriat, 1971; Gold, 1981; Link, 1987.

107 So ein plakativer Einwand, den: Krelle, 1985, S. 254 ff., nennt und diskutiert, ihm in seiner Argumentation jedoch nicht folgt.

108 Nelson / Winter, 1982, S. 195 f.

109 So etwa: Englander / Gurney, 1994a+b; Krelle, 1985, S. 254 ff.

110 So: Englander / Gurney, 1994a+b; Jorgenson, 1995a, S. 12; Krelle, 1985, S.254 ff.; Nadiri, 1972, S. 146.

111 Blaug, 1985[4], S. 466. Ähnlich die Einschätzung, es handele sich um eine „measure of our ignorance“, die Link, 1987, S. 7, auf Abramowitz zurückführt.

112 Experimentiert wird auch mit anderen Produktionsfunktionen (CES, VES), ohne zu grundlegend anderen Ergebnissen zu gelangen.

113 Auch bei dem Errichten der Europäischen Wirtschafts- und Währungsunion ging man von zunehmenden Skalenerträgen aus, die sich im Cecchini-Bericht als einmaliger Wachstumseffekt mit anschließenden Raten auf höherem Niveau und in einigen neueren Publikationen sogar als permanenter Zuschlag im Sinne der dynamischen Effizienz niederschlagen. Vgl.: Baldwin, 1989.

114 Technischer Fortschritt ist neutral im Sinne von Hicks, wenn sich bei gegebener Kapitalintensität die Grenzproduktivitäten der Arbeit und des Kapitals in der gleichen Rate erhöhen, so daß das Grenzproduktivitätsverhältnis und damit das Faktorpreisverhältnis konstant bleibt. Arbeitssparender technischer Fortschritt im Sinne von Hicks liegt vor, wenn sich das Verhältnis von Grenzproduktivität der Arbeit und des Kapitals bei gegebener Kapitalintensität vermindert. Von einem Harrod-neutralen technischen Fortschritt spricht man, wenn nicht die Kapitalintensität, sondern der Kapitalkoeffizient konstant bleibt und sich die Grenzproduktivität der Arbeit erhöht. Vgl.: Rose, 1987[5], S. 147 ff.; Hödl / Liefenfeld / Reinartz, 1986, stellen verschiedene Möglichkeiten eines nicht-neutralen technischen Fortschritts dar.

115 So vor allem: Weizsäcker, 1993, 1994, Weizsäcker / Lovins / Lovins, 1995.

116 Jorgenson, 1995a, S. 16, 1995b, S. 80.

117 So auch: Seyfried, 1986, S. 33.

118 Vgl. allgemein: Kuznets, 1971; Maddison, 1991, 1995. Speziell zu den USA: Kendrick, 1973. Einen Vergleich der Produktivitätsraten der USA, Japans, Deutschlands u. a. nach dem Zweiten Weltkrieg bieten: Englander / Gurney, 1994; Jorgenson, 1995b.

119 Weizsäcker / Lovins / Lovins, 1995. Der Zeitraum wird dort nicht genau umrissen.

120 Schmidt-Bleek, 1994; BUND / Misereor, 1996.

121 Glyn et. al., 1990; Maddison, 1991, S. 168 ff.; Marglin, 1990; der Historiker: Hobsbawm, 1994, S. 283 ff. Zum Terminus ist zu bemerken, daß die Wachstumstheorien unter „golden age" einen kaum erreichbaren Idealpfad des Wachstumsgleichgewichts verstehen, in dem sich das Potentialwachstum von Arbeit, Kapital und Nachfrage in Deckung befinden und sich mit der gleichen konstanten Wachstumsrate entwickeln. In die ökonomische Theorie fand der Terminus wohl über Henri de Saint Simon 1814 Eingang. Er schrieb: „Die Fantasie der Dichter hat das goldene Zeitalter in die Kindheit des Menschengeschlechtes gelegt, in die frühe Zeit der Unwissenheit und Rohheit. Dorthin sollte vielmehr das eiserne Zeitalter verwiesen werden. Das goldene Zeitalter des Menschengeschlechtes liegt nicht hinter uns, sondern vor uns: Es liegt in der Vervollkommnung der gesellschaftlichen Ordnung. Unsere Väter haben es nicht erblickt, unsere Kinder werden eines Tages dorthin gelangen; an uns ist es, ihnen den Weg zu bahnen." Zit. nach: Binswanger, 1985, S. 160.

122 Vgl.: Bombach, 1990; Englander / Gurney, 1994a+b; Gehrke / Rühl, 1988; Hof, 1987, 1990; Husmann, 1990; Jorgenson, 1995a+b; Klauder, 1990; Kühlewind, 1990; Rahmeyer, 1993; Schmidt / Gundlach, 1988; .

123 So die Aussagen der OECD-Forscher: Englander / Gurney, 1994a, S. 66; sowie: Krugman, 1994, S. 58; Rechsteiner, 1993, mit einem empirischen internationalen Vergleich zwischen der Höhe der Energiepreise und anderen ökonomischen Indikatoren.

124 Die Volks- und Arbeitsstättenzählung 1987 korrigierte die Beschäftigtenzahlen in Deutschland um ca. 1,1 Mill. nach oben. Inwieweit in anderen Industrieländern ein ähnlicher Faktor zum Tragen kam, ist mir nicht bekannt.

125 Sachverständigenrat zur Begutachtung der gesamtwirtschaftlichen Entwicklung, 1995, Tz. 119, S. 100. Die Angaben beziehen sich auf das BIP in Deutschland in Preisen von 1991 je Erwerbstätigenstunde.

126 So z.B. die Aussage von: Hammer / Champy, 1994.

127 Kapstein, 1996, S. 28, spricht von von einem „puzzle"; Lawrence, 1996, S. 152, vom „slowdown mystery". Vgl. für die deutschsprachige Diskussion mit ähnlichen Aussagen: Bombach, 1990; Gehrke / Rühl, 1988; Schmidt / Gundlach, 1988; Wegner, 1980.

128 Krugman, 1994, S. 56 ff. In ähnlicher Weise hat bereits Walter Eucken auf die Interdependenz zwischen der Wirtschaftsordnung mit anderen Lebensordnungen hingewiesen; vgl.: Eucken, [1952], 1990^6, passim, z.B. S. 14.

129 Myrdal, 1959, untersucht die Situation der Entwicklungsländer, für die er kumulativ wirkende Faktoren anführt. Ich halte seinen Ansatz für aktuell, weil er sich mit einer nichtlinearen Langfristdynamik beschäftigt (vgl. Kap. 12-17 der vorliegenden Arbeit); vgl. in diesem Zusammenhang auch: Ricoy, 1987; die methodischen Ausführungen von: Kapp, [1961], 1983, S. 192 ff.; sowie den ökonomischen Grundlagentext: Young, 1928.

130 Neben Adam Smith, Joseph A. Schumpeter, Walter Eucken, Alfred Müller-Armack vertreten in der neueren Ökonomie u. a.: McCloskey, 1985, 1991; Mirowski, 1988; Lavoie, 1991, Schefold, 1994, die These einer fruchtbaren Synthese zwischen Geschichts- und Wirtschaftswissenschaft. Hierzu ist zu bemerken, daß dabei der strukturanalytisch ausgerichtete Teil der Geschichtsforschung (z.B.: Hans-Ulrich Wehler, 1996^3; oder die französische Schule „Les Annales" um Fernand Braudel, 1985) Vorzüge aufweist. Auch: Solow, 1991, spricht (mittlerweile) von der unterschätzten Relevanz der Geschichte. In der ökonomischen Theorie hat sich der Institutionalismus wohl am stärksten mit der Geschichte auseinandergesetzt; vgl. dazu allgemein: Reuter, 1994. In der Umweltökonomie ist die Auseinandersetzung mit der Geschichte selten; eine Ausnahme bilden: Furger, 1994; Luhmann, 1996; Sieferle, 1982.

131 Vgl.: Kaulbach, S.1417 f.
132 Vgl.: Baxa, 1926, S. 7 f.
133 Betrachtet werden im folgenden: Quesnay, [1757], 1921; Turgot, [1766], 1924[3] sowie ferner die nachstehend aufgeführte Literatur. Vgl. zu ihrer Rezeption: Hinrichs, 1971, S. 475 ff.; Schumpeter, 1954, S. 41 ff. Immler, 1985, 1989, beschäftigt sich intensiv mit der umweltökonomischen Relevanz der Physiokraten.
134 Ähnlich charakterisiert es: Immler, 1985, S. 310. Der Arzt Quesnay orientierte sich bei seinen Arbeiten am menschlichen Blutkreislauf.
135 So fast wortgleich der „Dritte allgemeine Grundsatz" von: Quesnay, [1757], 1921, S. 55, S. 64.
136 Turgot, § 5 u. 7 seiner Betrachtungen, [1766], 1924[3], S. 41-43.
137 So die zutreffende Einschätzung von: Immler, 1985, S. 318.
138 Betz, 1935, S. 32 ff.
139 So mit einer Fülle von Material: Fourastié / Schneider, 1989, S. 85 ff.
140 Vgl.: Smith, [1776], 1990[5], S. 560: „(...) Spekulationen einer handvoll gelehrter und origineller Denker in Frankreich. Es würde sich ganz sicher nicht lohnen, des langen und breiten die Fehler eines Wirtschaftssystems zu untersuchen, das nirgends auf der Welt irgendeinen Schaden angerichtet hat und vermutlich auch niemals einen anrichten wird." Vgl. ferner: Baxa, 1926, S. 27 ff.; Immler, 1985, S. 296, der von einer „schallenden Ohrfeige" spricht.
141 Smith, [1776], 1990[5], S. 272.
142 Ebd., S. 273.
143 Teils geht er von der Erhöhung des Tauschwerts, teils von der Erhöhung des Bestands aus. Blaug unterscheidet deshalb in seiner Smith-Rezeption eine „value version" von einer „storage version", vgl.: ders., 1985[4], S. 55.
144 Kalmbach, 1991; Jeck, 1991.
145 Smith, [1776], 1990[5], S. 233. Landgüter, Minen und eine Fischereiflotte sind nach Smith Teil des Kapitalbestandes, deren Verbrauch ersetzt werden muß; so auch: Jeck, 1991, S. 190.
146 Vgl.: Bordollo, 1909, S. 16 ff.; Immler, 1985, S.125 ff.
147 Smith spricht von „spontaneous" oder „natural production". Für die Arbeiten im primären Sektor wählt er Begriffe wie „collecting", „raising", „cultivating", „procuring", „furnishing", „reaping", aber nie „producing". Vgl. auch: Smith, [1776], 19905, S. 186 ff. Der Aussage von: Immler, 1985, S. 133, physische Natur habe bei Smith nicht einmal in der Sphäre des Gebrauchswertes Platz, kann ich in diesem Zusammenhang nicht folgen.
148 Smith, [1776], 1990[5], S. 298 f. Er setzt die Arbeit der Natur in Anführungsstriche. Smith nennt hier die Produktion von Arbeitstieren und Arbeitern in einem Satz. Vgl. auch: ebd., S. 184 ff.
149 Ebd., S. 210 ff., S. 311 ff.
150 Ebd., S. 571.
151 Nicht aber von Meeresfischen, da die Meere in der Regel frei zugänglich sind.
152 Dieser Ansicht hat Ricardo später widersprochen. Nach ihm ist die Rente kein Bestandteil der Preise. In der Rententheorie von Smith findet sich somit ein Relikt der physiokratischen Preisgesetze.
153 So auch: Immler, 1985, S. 145 ff.
154 So: Altvater, 1995, S. 17; vgl. zum folgenden auch: Hentschel, 1984, S. 17 ff. sowie die folgende Literatur.
155 So die Analyse von: Arendt, [1958], 1987[5], S. 81. Die Produktivitätsanalysen von: Robinson, 1953/ 54; Seyfried, 1986, die den Faktor Kapital über die zu seiner Produktion erforderlichen Arbeitsstunden erfassen, sind eher ricardianisch als marxistisch geprägt.
156 So das Gothaer Programm der Sozialistischen Arbeiterpartei Deutschlands; zit. nach: Miller/ Potthoff, 1983[5], S. 310. Das Gothaer Programm ist nicht durchgängig marxistisch, weil es u. a. die Einrichtung staatlich geförderter Produktivgenossenschaften fordert. Marx selber hat es in seiner „Kritik am Gothaer Programm" scharf kritisiert und dort u. a. die Arbeit als Äußerung der Naturkraft bezeichnet.

157 Marx / Engels, [1867], 1962, S. 192.
158 Marx / Engels, [1845 / 46], 1962, S. 21. Arendt, [1958], 1987^5, S. 80, schreibt Marx die blasphemische Formulierung zu, nicht Gott, sondern die Arbeit habe den Menschen geschaffen. Sie thematisiert auch die Alternative zwischen „produktiver Knechtschaft und unproduktiver Freiheit" im Werk von Marx, wenn im Verlauf einer Revolution die Befreiung von der Arbeit realisiert werden könne; vgl.: ebd., S. 95.
159 Darauf verweist: Arendt, [1958], 1987^5, S. 96.
160 Marx / Engels, [1859], 1964, S. 9.
161 Vgl. die ausführliche Analyse der Natur in der Marxschen Wertlehre in: Immler, 1985, S. 251 ff., sowie: Dietz / v.d. Straaten, 1990.
162 Adam Müller charakterisiert den Staat als die „innige Verbindung der gesamten physischen und geistigen Bedürfnisse, des gesamten physischen und geistigen Reichtums des gesamten inneren und äußeren Lebens einer Nation zu einem großen energischen, unendlich bewegten und lebendigen Ganzen"; in: ders., [o.J.], 1977, S. 105. Bezeichnend ist auch der Vorwurf, Smith betreibe „bodenlosen Kosmopolitismus", in: Bordollo, 1909, S. 11, der sich mit dieser Aussage auf List beruft.
163 Vgl. auch: Baxa, 1926, S. 48 ff; Reuss, 1960, S. 25 f.
164 Vgl.: Spann, [1918], 1967^4; Baxa, 1926, S. 134 ff.
165 Spann, [1918], 1967^4, S. 37 f. Er kritisiert auch die Physiokraten, die die „geistige Urerzeugung" übersehen hätten; ebd., S. 116, 250.
166 Spann hat ein entsprechendes Werk zur Naturphilosophie verfaßt; vgl.: ders., [1937], 1963^2.
167 Ebd., S. 256.
168 Andere sind in ihrem Urteil über die historische Schule deutlich kritischer. Hentschel, 1984, S. 9, spricht von „gleichsam metaphysischen Kategorien"; Fricke, 1961, S. 94, von „mystischer Konzeption"; Reuss, 1960, S. 21 von „Kuriositätswert"; nach: Ott / Winkel, 1985, S. 124, erfüllt sie keinerlei theoretische Ansprüche. Ausführliche und durchweg sympathisierende Darstellungen finden sich in: Baxa, 1926; Wunderlich, 1926. Reuter, 1994, S. 65 ff., legt dar, daß die historische Schule vor dem Entstehen der Neoklassik für einige Jahre weltweit als führend angesehen wurde und daß sie den frühen Institutionalismus geprägt hat.
169 Schumpeter, 1954, S. 413 Fn., beurteilt dies wie folgt: „all they do after rejecting them is to reformulate them in a clumsy and inadequate way".
170 Vorarbeiten dazu stammten von Graf Soden 1808, der den Begriff der produktiven Kräfte aus der Naturphilosophie in die Ökonomie übertrug; so: Baxa, 1926, S. 41 f.
171 List, [1842], 1930, S. 173. Vgl. zur modernen Würdigung von List: Häuser / Lachmann / Scherf, 1989.
172 List, [1842], 1930, S. 181.
173 List geht vor allem im 18. Kapitel seines Hauptwerkes auf den Naturfonds (die „natürlichen Produktivkräfte") ein; wesentliche Erkenntnisse lassen sich daraus nicht ziehen. Vgl.: ders., [1842], 1930, S. 239 ff.
174 Mill, [1844], 1976.
175 Bekanntlich war List einer der Förderer des Eisenbahnwesens in Deutschland.
176 Vgl. Kap. 12 u. 13 der vorliegenden Arbeit. Bezeichnenderweise berufen sich: Nelson / Winter, 1982, S. 44, auf Mill, den sie im Unterschied zu anderen als dynamisch, und nicht als statisch interpretieren. Neumark, 1964, S. 16, sieht List als Wegbereiter eines dynamischen Wohlstandsbegriffs.
177 Vgl.: Blaug, 1985^4, S. 294 ff. Den Begriff Paradigmenwechsel nennt er in Anlehnung an: Kuhn, 1967, in: ebd., S. 305.
178 Erstmalig entwickelt wurde das Grenznutzenprinzip von Herman Heinrich Gossen 1854; vgl.: Fricke, 1961, S. 101; Ott / Winkel, 1985, S. 235 ff.

179 Böhm-Bawerk, [1888], 1961^{4}, S. 41; Er beginnt seine Ausführungen über das Kapital mit Überlegungen zum Verhältnis zwischen Mensch und Natur. Dort führt er aus, daß der Mensch Teil der Natur ist und keine nicht dagewesenen Stoffe schafft, sondern unvergängliche Materie in vorteilhaftere Gestalten ummodelt; vgl.: ebd., S. 7. Gleichzeitig bedauert er die mangelnde Kompetenz der Ökonomie und weist auf die sachlich zuständigen Naturwissenschaften hin.

180 Marshall, [1898], 1961^{9}, S. 78.

181 Ebd., S.137 ff. Es wäre eine Überinterpretation, dies heute als Argument für eine ökologische Steuerreform zu deuten. Meine Darstellung von Marshall ist äußerst knapp. Er erwähnt erstmalig das Entstehen „externer Kosten" und erkennt neben der Produktionsfunktion auch Servicefunktionen der Natur wie etwa Schönheit und Ästhetik an. Nach: Daly / Cobb, 1989, S. 109 f., hat Marshall ähnlich wie die Physiokraten und Mill (und List, R.B.) die Natur als wertschöpfend angesehen. Die dargelegte Einschätzung über ihn ist daher als eine vorsichtige Annäherung an eine umfassendere umweltökonomische Bewertung zu verstehen. Vgl. zur Sichtweise Marshalls zur Natur ferner die (spärlichen) Ausführungen von: Barbier, 1989, S. 16 ff.; Clark / Juma, 1988, S. 203 ff.

182 Marshall, [1890], 1961^{9}, S. 56 (Fußnote).

183 In der heftigen Auseinandersetzung fiel nicht nur der genannte Ausspruch Webers. Sombart sprach von einem „Zustand ganz auffallender Unreife", Weber sekundierte mit der Aussage, das „Hineinmengen eines Seinsollens in wissenschaftliche Fragen ist eine Sache des Teufels", und schließlich verglich Sombart Werturteile in der Wissenschaft mit der Diskussion, „ob Blondinen oder Brünette hübscher sind"; vgl.: Verein für Socialpolitik, 1910, S. 359 ff.

184 Gewisse Ausnahmen bilden Baxa, 1926; Wunderlich, 1926. Vgl. zur Einschätzung: Fricke, 1961, S. 107 f.; Reuss, 1960, S. 27 f.; Seyfried, 1986, S. 11.

185 Diese quasi religiöse Formulierung findet sich (in Anführungsstrichen) z.B. bei: Krelle, 1985, S. 199.

186 In den frühen fünfziger Jahren existierten z.B. Arbeiten der: US Materials Policy Commission, 1952, die sich im wesentlichen mit einer denkbaren Rohstoffknappheit befaßt; Roy, 1955, der einen Energie und Material einschließenden Index konstruiert; US Joint Economic Committee, 1957. Angaben nach: Reuss; 1960.

187 Eine Ausnahme bildet: Kalmbach, 1991.

188 Blaug, 1985^{4}, S. 54, spricht vom „probably most maligned concept in the history of economic doctrines".

189 Schumpeter, 1954, S. 628, spricht von einem „dusty museum piece".

190 Den Übergang skizziert: Neumark, 1964. Vgl. auch die einleitenden Bemerkungen in: Beckerman, 1968.

191 Der Naturphilosoph Schelling erfährt mittlerweile eine Renaissance. Vgl.: Heusser-Keßler, 1986; Immler, 1989, S. 202 ff.

192 Vgl.: König, 1989. Kürzlich hat: Meyer-Abich, 1997, eine Neubewertung von Kant aus naturphilosophischer Sicht vorgelegt.

193 Vgl. zur Produktivität als Verhaltensleitbild: Burkhard, 1974.

194 Es sei daran erinnert, daß der Begriff „Entwicklung" seinen Ursprung in den Geisteswissenschaften, genauer gesagt in der Pädagogik des frühen 19. Jahrhunderts hat.

195 Weber, [1904/5], 1988^{9}, S. 44 f. Vgl. auch die Ausführungen von: Bierter, 1995, S.16 f., dessen Darstellung der vorindustriellen Lebensumstände und -auffassungen nach meiner Auffassung etwas zu romantisierend gerät; gut hingegen Beschreibungen von: Braudel, 1986; Wehler, 1996^{3}.

196 Vgl. zum Verhältnis Goethes zur Ökonomie: Binswanger, 1985; Mahl, 1982.

197 Goethe, 1965, S. 612, in: Dichtung und Wahrheit, 4. Teil, 16. Buch.

198 So auch: Hentschel, 1984, S. 9; Schumpeter, 1954, S. 412 f.; Baxa, 1926, S. 35 ff., führt Johann Gottlieb Fichte in seiner Aufzählung der Produktivitätstheoretiker.

199 Vgl.: Wunderlich, 1926, vor allem S. 317 ff. Wunderlich sieht sich selbst in der Tradition von Max Weber. Sie will die Hausfrauenarbeit, dieses „traurige Kapitel von der Lähmung produktiver Kraft“ (ebd., S. 279), rationalisieren und spricht sich für Zentralküchen, Zentralheizung (Fernwärme!) und Waschanstalten aus. Dem Taylorismus wirft sie vor, nichts vom Menschen zu verstehen, und Ruhezeiten, Gesundheit, Gestaltung des Arbeitsplatzes etc. zu vernachlässigen. In einer späteren Veröffentlichung warnt sie frühzeitig vor den Folgen der Naturzerstörung; vgl.: dies., 1956.

200 Arendt [1958], 1987[5], S. 119. Arendt drückt auch ihre Sorge aus, daß das unmittelbar zwischenmenschliche Handeln und Fragen nach dem Warum durch die Arbeitsgesellschaft verdrängt werde. Sinnstiftende Tätigkeiten würden zunehmend unbekannt werden, und es werde sich der Typus des „Animal Laborans“ durchsetzen.

201 Fromm, 1980[7], S. 91 f.

202 So auch: Scherhorn, 1994b; vgl auch Kap. 17 der vorliegenden Arbeit.

203 Gorz, 1983b, S. 95.

204 Vgl.: Bick, 1989; Haberl, 1997; Odum, 1980.

205 Autotrophe Organismen gewinnen ihre Energie aus vorhandenen organischen Stoffen und aus anderen Energieformen wie z.B. der Sonnenstrahlung. Sie sind auf das Pflanzenreich beschränkt und stehen in Wechselwirkung mit heterotrophen Organismen (z.B. Mensch und Tier), die sich ausschließlich von organischen Stoffen und Körperbestandteilen anderer Lebewesen ernähren.

206 Vgl. z.B. die Studien von: Hohmeyer, 1989[2]; Leipert, 1989. Ausführlicher, wenn auch weniger prägnant: Prognos, 1992. Vgl. auch die nachstehenden Ausführungen zum Genuine Progress Indicator (Kap. 11.1).

207 Vgl.: Kapp, |1958], 1988, S.10 f.: „Es muß die Möglichkeit geben, sie zu vermeiden, sie müssen Folge der wirtschaftlichen Produktion sein und auf dritte Personen und die Allgemeinheit abgewälzt werden können.“

208 Arendt, [1958], 1987[4]; Dahrendorf, 1983. Aktuell u. a. auch: Rifkin, 1995.

209 Weitere Ursachen der Arbeitslosigkeit können in der Konjunktursituation, in den Angebotsbedingungen (z.B. Arbeitskosten), in sektoralen Strukturkrisen oder in sinkender internationaler Wettbewerbsfähigkeit liegen. Nach dem Weißbuch der Europäischen Kommission über Wachstum, Wettbewerbsfähigkeit, Beschäftigung kann der größte Teil der Arbeitslosigkeit in der Union auf technologiebedingte Ursachen zurückgeführt werden; vgl.: Europäische Kommission, 1994, S. 11. Vgl. ferner: OECD, 1996b.

210 Im deutschen Stabilitätsgesetz von 1967 wird die Formulierung eines „hohen Beschäftigungsstandes“ verwendet.

211 Einige Ökonomen weisen zu Recht darauf hin, daß die Richtung des technischen Fortschritts nicht ausschließlich auf den Faktor Arbeit, sondern allgemein auf die Kostenminimierung ausgerichtet ist. Vgl. mit Aussagen zum arbeitssparenden Charakter der Technologieentwicklung z.B.: David, 1975; Hicks, 1932, S. 124 f.; Nelson / Winter, 1982, S. 217; Rosenberg, 1982, S. 14 ff. Ich gehe im folgenden Kapitel über Preise (15.1.) etwas näher darauf ein. Vgl auch: Hödl / Lierenfeld / Reinartz, 1986, mit einer Analyse verschiedener nicht-neutraler Fortschritte.

212 Zahlenangaben nach: Nowack, 1994, S. 61 f. Der Sammelband: Merk, 1994, enthält weiteres empirisches Material der deutschen Arbeitsmarktforschung.

213 Klauder / Schnur / Zika, 1996. Dieser Bericht entwirft ein Szenario, wie die Arbeitslosigkeit in Deutschland bis zum Jahr 2000 halbiert werden könnte.

214 Sachverständigenrat zur Begutachtung der gesamtwirtschaftlichen Entwicklung, 1995, Tz. 270, S. 179.

215 Vgl.: Verdoorn, 1949, sowie die Diskussion in: Klauder, 1990; Schnur, 1990; Seiter, 1993.

216 Klauder, 1990, S. 86 ff.

217 Hofer, 1990; Klauder, 1990, S. 91 f. Kritik an den Annahmen enthalten u. a.: Hof, 1990; Husmann, 1990. Eine Aktualisierung der IAB-Studie ohne nennenswerte Änderungen der Aussagen enthält: Fuchs / Hoffmann, 1993.

218 Einen umfassenden Versuch, die Beschäftigungswirkungen moderner Technologien abzuschätzen, bildet die 1989 vorgestellte sog. META-II-Studie, die vom BMFT finanziert und von einem größeren Forschungsverbund unter der Koordination des Wissenschaftszentrums Berlin (E. Matzner) durchgeführt wurde. Die META-II-Studie gelangt zu der vorsichtig formulierten Aussage, daß Innovationen und die Markteinführung neuer Technologien den Anstieg der Arbeitslosigkeit verzögern, dieses Phänomen für eine günstige Beschäftigungsentwicklung jedoch nicht hinreichend ist. In der Gesamtbetrachtung ergibt sich über einen längeren Zeitraum ein leichter negativer Nettoeffekt, der insbesondere gering qualifizierte Arbeit benachteiligt. Damit unterstützt die Meta-II-Studie die aus beschäftigungspolitischer Sicht skeptischen Prognosen, die in den nächsten Jahren zwar Produktivitätssteigerungen und Wachstumschancen für wahrscheinlich erachten, nicht jedoch Entlastungen am Arbeitsmarkt. Vgl. die Beiträge in: Schettkat / Wagner, 1989, sowie den Beiratsbericht: Oppenländer, 1991.

219 So z.B. die Aussage von: Hammer / Champy, 1994.

220 So auch: Sachverständigenrat zur Begutachtung der gesamtwirtschaftlichen Entwicklung, 1995, Tz. 119 ff., S. 99 ff.

221 Vgl.: EU-Kommission, 1994; Huckemann / Suntum, 1994; McKinsey Global Institute, 1994; OECD, 1994a+b; sowie einen Überblick in: Suntum, 1995.

222 Vgl.: Haß, 1995, S. 7.

223 Gehrke / Rühl ermitteln nach einer kritischen Auseinandersetzung mit unterschiedlichen angewendeten Meßverfahren, daß für Deutschland nur rund ein Zehntel der gesamtwirtschaftlichen Produktivitätsabschwächung seit 1973/74 auf die Tertiarisierung zurückgeführt werden kann. Vgl.: Gehrke / Rühl, 1988, S. 106.

224 Produktionsnahe Dienstleistungen werden wirtschaftsstatistisch nicht dem tertiären Sektor zugeordnet. Über Definitionen und Erfassungsschwierigkeiten informiert: Haß, 1995.

225 McKinsey Global Institute, 1992; Naschold / Pröhl, 1994.

226 Ansatzpunkte zu ihrer betrieblichen Verbesserung können aus der jeweiligen Organisation, der Kostenträgerzurechnung, der externen Beschaffung (contracting out) und im weitesten Sinne über eine kundenorientierte Qualitätsproduktion gewonnen werden. Vgl. auch: Bandemer, 1996.

227 Kulturelle Dimensionen der Produktivitätsentwicklung lautete der Titel eines Seminars der Friedrich-Ebert-Stiftung im Herbst 1996; vgl. die Dokumentation in: Denisow / Fricke / Stieler-Lorenz, 1996.

228 Arendt, [1958], 1987^5, S. 121 f. Ähnlich argumentieren: Bierter, 1995; S. 19; mit Blick auf Länder des Südens: Holtz / Karsten, 1996.

229 Max Weber, [1904/5], 1988^9, arbeitet die Bedeutung der protestantischen Ethik für die Entwicklung marktwirtschaftlicher Gesellschaften heraus. Die Soziologie hat eine Vielzahl sog. Modernisierungstheorien entwickelt; vgl. den Überblick in der Dokumentation des Deutschen Soziologentages in: Zapf, 1991.

230 Die These einer einseitigen Prägung von Gesellschaft und Kultur durch die Ökonomie wird besonders dezidiert von marxistisch geprägten Autoren und von Kritikern des Industrialisierungsprozesses vertreten. Vgl. z.B.: Altvater / Mahnkopf, 1996; Furger, 1994, S. 89 f.; Negt, 1995; die Beiträge in: Sachs, 1993; Shiva, 1989, vor allem S.18 ff. (mit Bezug zu Entwicklungsländern und Frauen); Ullrich, 1993. Andererseits ist neben Max Weber die Untersuchung von: Hirschman, 1977, bekannt, der den Kapitalismus als eine Geschichte der Zivilisierung destruktiver menschlicher Triebe rekonstruiert. Ähnlich (wenn auch aus meiner Sicht zu undifferenziert) argumentiert: Friedman, [1962], 1976. International wird die These „The Clash of Civilizations" von: Huntington, 1993, diskutiert, künftige Auseinandersetzungen und Kriege seien weniger ökonomisch-politisch motiviert als vielmehr kulturell. Kap. 17 der vorliegenden Arbeit greift einige dieser Ansätze auf.

231 Vgl.: Coleman, 1988; Klump, 1996.

232 Vgl. z.B. entsprechende Ansätze bei: Norsworthy / Harper / Kunze, 1989; Weidenbaum, 1980. Einige Veröffentlichungen aus Kreisen der Industrie folgen diesem Ansatz.

233 Wicke, 1991[3], S. 519, nennt als Beispiel den Einbau von Abwasserbehandlungsanlagen.

234 Denison, 1978, 1979. Denison ist ein Pionier der Produktivitätsanalyse, der in den letzten Jahren zunehmend kritisiert wird; vgl. die Kritik von: Bombach, 1990, S. 23, 25; Jorgenson, 1995a, S. 99 ff. (mit Zvi Griliches); Oppenländer, 1989, S. 169.

235 Vgl.: Link, 1987, S. 41.

236 So auch: Ströbele, 1984, S. 17.

237 So z.B.: Jorgenson, 1995a, S. 13 ff., 1995b, S. 80.

238 Vgl. die Vorstellung von: Christensen / Jorgenson / Lau, 1973.

239 Vgl. die flexibel-funktionale Verallgemeinerung einer Leontief-Funktion, in: Diewert, 1974.

240 „Productive" and „Abatement" Capital; vgl.: Barbera / McDonnell, 1990.

241 In den Studien der Enquete-Kommission „Schutz der Erdatmosphäre" ist dies ansatzweise behandelt worden. Eine Studie (DIW / ISI) kommt zu dem Ergebnis möglicher Produktivitätssteigerungen aufgrund von Multiplikatoreffekten, Energiesysteminvestitionen und günstigen makroökonomischen Rahmenbedingungen. Eine andere Studie (EWI) gelangt zu einer skeptischeren Einschätzung. Sie geht dabei von einer verhältnismäßig niedrigen Substitutionselastizität zwischen Kapital und Energie aus und schätzt die preisinduzierten Verhaltensanpassungen sehr zurückhaltend ein. Beide Ergebnisse hängen von dem gewählten Modellrahmen ab. Sie zeigen die Notwendigkeit theoretischer und empirischer Auseinandersetzungen auf diesem Gebiet. Vgl.: Enquete-Kommission „Schutz der Erdatmosphäre", 1995, S. 914, 952.

242 Repetto et. al., 1996, S. 5.

243 Barbera / McDonnell, 1990; Cansier, 1993, S. 347 ff.; DIW, 1993, S. 23 ff.; Hennicke / Becker, 1995, S. 17; Wicke, 1991[3], z.B. S. 519 ff.

244 Repetto et. al., 1996, S. 18.

245 DIW, 1993, S. 23, nennt die Komplexität der Produktivitätseffekte als wesentliche Ursache für die geringe Zahl fundierter Untersuchungen.

246 Einige neuere, z.T. modellgestützte Untersuchungen, die positive ökonomische Auswirkungen des Umweltschutzes vermuten, ohne die Produktivitätseffekte zu vertiefen, sind z.B.: Bach / Kohlhaas, 1995; Data Resources International, 1994; DIW / RWI, 1993; Endres et al., 1991; European Commission, 1992; Krause et al., 1993.

247 Vgl. die Variationen des DICE-Modells von Nordhaus in: Hennicke / Becker, 1995, S. 31 ff.

248 Er wurde bis 1994 als „Index of Sustainable Economic Welfare (ISEW)" bezeichnet: Vgl. zu GPI / ISEW die Vorstellung im Annex von: Daly / Cobb, 1989, sowie Weiterentwicklungen und die Länderstudien in: Cobb / Cobb, 1994; Diefenbacher, 1995, mit einer Fallstudie für Deutschland; und allgemein: Dieren, 1995.

249 UN Department of Economic and Social Development, 1993.; Stat. Bundesamt, 1996.

250 Vgl.: Dieren, 1995, S. 248 ff.

251 Vgl.: Dieren, 1995, S. 290.

252 So eine mündliche Anregung von Detlev Karsten.

253 Dabei handelt es sich um Personen, die absehbar auf dem Arbeitsmarkt in Erscheinung treten werden (Schüler, Studierende, einige Langzeitkranke) oder die unter anderen Umständen arbeiten würden (Personen im Vorruhestand, Hausfrauen und -männer).

254 Z.B.: BUND/Misereor, 1996; Enquete-Kommission „Mensch und Umwelt", 1994, S. 49 (Mehrheitsmeinung der Kommission bei einem Sondervotum von P. Klemmer).

255 So auch: Kraemer, 1995.

256 Ich gehe im folgenden von einer allgemeinen Wertdefinition aus, wie sie z.B.: Böhm-Bawerk, [1888], 1961[4], S. 158 ff., einführt. Danach bemißt sich der Wert eines Gutes nach der Größe des Wohlfahrtsgewinns, der von seiner Verfügbarkeit abhängt bzw. nach der Größe des Verlusts, der von seiner Nichtverfügbarkeit ausgehen kann; vgl.: ebd., S. 229.

257 Immler, 1989, S. 21.

258 Immler, 1989, S. 226 ff.; Ähnlich, wenn auch im Hinblick auf Wertproduktion weniger dezidiert, argumentieren: Daly / Cobb, 1989.

259 Immler, 1989, S. 240.

260 Grundlegende Arbeiten zur Ökonomie des Lernens von: Arrow, 1962, und: Deutsch, 1978, werden u.a. von der neuen Wachstumsthorie aufgegriffen, auf die ich in Kap. 13 + 14 eingehe.

261 Unter dem Stichwort „industrielle Ökologie" werden Möglichkeiten entwickelt, wie die Natur und die industrielle Produktion miteinander harmonieren können, ohne die Lebensfähigkeit des jeweils anderen Systems zu gefährden; vgl.: Tibbs, 1992. Ein weiteres Entwicklungsfeld ist die „Bionik", in der sich die Technik an natürlichen Prozessen orientiert.

262 Costanza, et al., 1997.

263 Für die deutschsprachige Betriebswirtschaft hat bereits frühzeitig: Gutenberg, 1951, diese Faktorkategorien unterschieden. Lange Zeit galten Ressourcen als Bestandsfaktoren. Ihre zunehmende Einordnung als Verbrauchsfaktoren in Produktionsmodellen soll der Knappheit der Rohstoffe Rechnung tragen.

264 Klein, 1978; auch: Boulding, 1981, S. 27 f. Weissmahr, 1992, unterscheidet Wissen, Energie und Zeit.

265 Jorgenson, 1995a+b, verwendet Energie und Material als eigenständige Produktionsfaktoren in einer ökonometrischen Analyse der US-Produktivitätsentwicklung 1947 bis 1985 für den Zeitraum ab 1973. Für internationale Vergleiche verwendet er sektoral disaggregierte Zwei-Input Modelle.

266 Es gibt in der Umweltökonomie einige Ansätze, den Faktor Boden zu erweitern und die Umwelt in das Faktorsystem der Volkswirtschaftslehre zu integrieren; vgl. z.B.: Steven, 1994; oder auf betriebswirtschaftlicher Ebene: Dyckhoff, 1992.

267 BUND / Misereor, 1996; Fritsch / Schmidheiny / Seifritz, 1994; Stat. Bundesamt, 1996.

268 Gemessen als Summe der inländischen Rohstoffentnahme einschließlich Energieträger und ökologischen Rucksäcken plus Importe für Deutschland 1994. Diese Größe wird auch als „Total Material Requirement" bezeichnet. Vgl.: Adriaanse et. al., 1997, S. 38 f.

269 Für 1994 nennt der Sachverständigenrat ein Volumen von 38,8 Mrd. Stunden in der Gesamtwirtschaft (d.h. ohne Staatsbedienstete), in: Sachverständigenrat zur Begutachtung der gesamtwirtschaftlichen Entwicklung, 1995, S. 300 f.

270 Eine solche Vereinbarung betrifft z.B. die Größe des „apparenten Verbrauchs", der sich aus der Summe der Rohstoffförderung im Inland plus der Summe der Importe abzüglich der Summe der Exporte ergibt. In Europa existiert seit 1996 das wissenschaftliche Netzwerk „ConAccount", das sich mit diesen methodisch-statistischen Fragen beschäftigt. Desweiteren wird mit dem in diesen Angelegenheiten aktiven US-amerikanischen World Resources Institute und anderen Einrichtungen kooperiert; vgl.: Adriaanse et al., 1997. Vgl. auch die Ergebnisse eines entsprechenden Workshops in: Bringezu, 1995.

271 Vgl. z.B. Lancaster, 1987[3], S. 107 ff., der auf Begriffsverwirrungen hinweist; Linde, 1988, S. 100 ff. Meine Interpretation folgt der gängigen Produktivitätsermittlung, die sich auf physische Faktoreinsatzmengen und monetär bewertete wirtschaftliche Leistungen bezieht.

272 Lehmann / Reetz, 1995.

273 Ströbele, 1984, S. 140 ff.

274 Hennicke / Seifried, 1996; Krause et al., 1993; Weizsäcker / Lovins, Lovins, 1995.

275 Bekannt sind Ansätze aus den USA, Japan, Österreich und den Niederlanden; vgl.: Jänicke, 1995, S. 16 f.; Adriaanse et al., 1997.

276 Bund / Misereor, 1996, S. 94 ff.

277 Im Original „Total Material Requirement"; sie werden definiert als „the sum of the total material input and the hidden or indirect material flows, including deliberate alterations. It is the total material requirement for a national economy, including all domestic and imported natural resources." Angaben nach: Adriaanse et al., 1997, S. 38 f., Definition ebd., S. 8.

278 Vgl. z.B.: Hof, 1987.

279 Eine Dokumenation ausgewählter Aufsätze enthält: Dürr, 1978. Vgl. auch: Gahlen, 1991; Rose, 1987[5], und die nachstehende Literatur.

280 Lachmann, 1975, S. 62.

281 Ähnliche Suchrichtungen lassen sich bei: Daly, 1992b, S. 77 ff., mit Überlegungen zur Effizienz finden sowie in Publikationen aus dem Umfeld des World Business Council for Sustainable Development über betriebliche Möglichkeiten zur Steigerung der Öko-Effizienz; vgl. z.B.: Desimone / Popoff, 1997; Fritsch / Schmidheiny / Seyfritz, 1994; Fussler, 1996.

282 Vgl.: Solow, 1956. Auch: Krelle, 1985, S.77 ff., der Solow als den Begründer der neoklassischen Wachstumstheorien charakterisiert.

283 Vor allem für die USA sind allerdings Einwanderungen relevant. In Europa nimmt seit der Öffnung der Grenzen die Relevanz von Einwanderungen zu; vgl.: Hof, 1993.

284 Vgl. dazu neben der folgenden Tabelle die international vergleichenden Aufsätze: Delong / Summers, 1992; Levine / Renelt, 1992; Mankiw / Romer / Weil, 1992 (Romer ist nicht mit dem namensgleichen Vertreter der neuen Wachstumstheorie identisch).

285 Für den Energiebereich: Peter / Cames / Seifried, 1996; allgemein: Stahel / Reday-Mulrey, 1981; Bierter / Stahel / Schmidt-Bleek, 1996, S. 69.

286 Z.B.: Bach / Kohlhaas, 1995; Data Resources International, 1994; European Commission, 1992. Es ist noch nicht klar, welche Auswirkungen ein arbeitsintensiverer technischer Fortschritt auf die Einkommensentwicklung hat. Zu vermuten ist ein niedrigerer Anstieg als bisher. Daraus können Verteilungs- und Nachfrageprobleme resultieren, auf die die Modelle und die vorliegende Arbeit noch nicht eingehen.

287 Weizsäcker / Lovins/ Lovins, 1995, S. 76 ff.

288 Grundlegende Beiträge sind: Barro, 1991; Lucas, 1988; Romer, 1986. Überblicke und eine Diskussion der verschiedenen Ansätze enthalten: Cantner, 1995; Gahlen, 1991 (mit einem Referat von Solow); Haas, 1995; Mackscheid, 1993; Ramser, 1993.

289 Die Entwicklungstheorien beschäftigen sich intensiv mit der Divergenz. Für die vorliegende Arbeit mögen die getroffenen Aussagen genügen.

290 So z.B.: Helpman, 1991, S. 41; Ramser, 1993. Auch Solow, 1991, erkennt einige Verdienste seiner Nachfolger an. Er weist allerdings darauf hin, daß man das neoklassische Modell um den Faktor Humankapital erweitern kann und Aspekte wie steigende Skalenerträge und unvollkommene Märkte integriert werden könnten. Dies erfolgt z.B. bei: Levine / Renelt, 1992; Mankiw / Romer / Weil, 1992 (Romer ist nicht mit dem namensgleichen Vertreter der neuen Wachstumstheorie identisch).

291 So etwa auch die Einschätzungen von: Nelson / Winter, 1982, S. 197; Seitz, 1989, S. 51; Witt, 1995, S. 173.

292 Z.B.: Görres / Ehringhaus / v. Weizsäcker, 1994, S. 71 ff.

293 Für öko-effiziente Unternehmen verweisen darauf: Schmidheiny, 1992; Business Council for Sustainable Development (BCSD), 1994; Fussler, 1996.

294 Die Auswirkungen eines Strukturwandels der hier diskutierten Art in den westlichen Industrieländern auf andere Volkswirtschaften ist bislang kaum erforscht. Einige Ansatzpunkte enthalten: BUND / Misereor, 1996, S. 386 ff. sowie Massarath, 1993.

295 Darauf verweisen auch: Hödl, 1975, S. 57; Fritsch / Schmidheiny / Seifritz, 1994, S. 174 ff.

296 Grundlegende Literatur: Boulding, 1981; die Beiträge in: Dosi et al., 1988; Nelson / Winter, 1982; Witt, 1987, 1992, 1995. Vgl. ferner die nachstehend aufgeführte Literatur.

297 Witt, 1987, S. 9.

298 Vgl. z.B.: Enquete-Kommission „Schutz der Erdatmosphäre", 1995, S. 554 ff., 672 ff.

299 In einem neueren Ansatz wird der Versuch unternommen, Gleichgewichtsvorstellungen als einen Spezialfall in die evolutorische Ökonomie zu integrieren; vgl.: Erdmann, 1993. Mehrheitlich folgt die evolutorische Ökonomie dem im Text skizzierten Ansatz.

300 Nelson / Winter, 1982, S. 197, 205.

301 Genau nachvollziehen kann man das Modell aus der Veröffentlichung: Nelson / Winter, 1982, leider nicht; die exogen vorgegebenen Variablen werden nicht hinreichend transparent.

302 Ebd., S. 218 ff.

303 Rahmeyer, 1993.

304 So auch in seiner Einleitung: Dürr, 1978, S. 8.

305 So auch die Kritik an der Wachstumsbuchhaltung, in: Oppenländer, 1989, S. 169, der vom Scheitern dieses Ansatzes spricht; Bombach, 1990, Tz. 29 ff.; Jorgenson, 1995a, S. 99 ff. (mit Zvi Griliches). Vgl. auch Kap. 6.2. und 10.2. der vorliegenden Arbeit.

306 Walter, 1988^2, S. 569.

307 Krelle, 1985, S. 240.

308 Vgl.: Bollmann, 1990, S. 16 ff.; Erdmann, 1993, S. 65 ff.; Solow, 1957; Weizsäcker, 1966, sowie die nachstehend aufgeführte Literatur.

309 Eine häufig verwendete Redeweise; z.B. in: Krelle, 1985, S. 199 (ebenfalls in Anführungsstrichen).

310 Diesen Ansatz hat im wesentlichen Kaldor (ein Neokeynesianer) entwickelt: Kaldor, 1957, ders. / Mirrlees, 1962. Kaldor selbst kritisiert Solow und entwickelt eine eigene Fortschrittsfunktion als Alternative zu einer neoklassischen Produktionsfunktion. Einige Autoren heben aber hervor, daß der Ansatz von Kaldor sich nur marginal von neoklassischen Ansätzen unterscheidet; vgl.: Bollmann, 1990, S. 29; Krelle, 1985, S. 216.

311 Vgl.: Weizsäcker, 1966, S. 35 ff.

312 Arrow, 1962.

313 Krelle, 1985, S. 214.

314 Z.B.: Oppenländer, 1989, S.167; Seyfried, 1986, S. 98 ff.

315 Schmookler, 1966. Eine ausführliche Diskussion ähnlicher Ansätze führen: Rosenberg und Mowery, in: Rosenberg, 1982, S. 193 ff.

316 Vgl.: Bollmann, 1990, S. 43 ff.; Cantner, 1995, S. 28 ff.; Nelson / Winter, 1982, S. 275 ff.

317 Ich verwende in der vorliegenden Arbeit die Bezeichnung „Unternehmer"; gemeint sind jeweils Unternehmerinnen oder Unternehmer.

318 Oppenheimer, 1989, S. 169 ff.

319 Stiglitz, 1987, S. 132.

320 Vgl das gleichnamige Buch: Frank / Cook, 1995.

321 Vgl.: Erdmann, 1993, S. 74 ff.

322 Romer, 1986.

323 Schumpeter, 1926, S.138.

324 Kirzner, 1978, S. 175 ff.

325 Witt, 1987, S. 75.

326 Heuss, 1965.

327 Stokey, 1988.

328 Rosenberg, 1982, S. 120 ff., am Beispiel der Flugzeugindustrie.

329 Cohen / Levinthal, 1989. Audretsch, 1995, S. 12 f., nennt einige Beispiele für die Lern-(un)fähigkeit von Unternehmen. Danach wies z.B. Kodak den Vorschlag eines Beraters zurück, Kopiergeräte zu produzieren. Daraufhin gründete der Berater die Firma Xerox. Xerox wiederum wies (wie andere Firmen auch) später den Vorschlag zurück, Personal Computer herzustellen. Der entsprechende Berater gründete daraufhin die Firma Apple Computer. Neben solchen Erfolgsgeschichten existieren gegenteilige Erfahrungen, nach denen verkrustete Marktstrukturen und mangelndes Risikokapital Innovationen behindern.

330 So: Dierkes / Hoffmann / Marz, 1992, S.29 ff.

331 Beck, 1993, S. 180 ff. Er schreibt u. a.: „Im Vergleich zur Kunst gesprochen, befindet sich die Technik noch im Stadium vor der Selbstentdeckung und Selbstrevolutionierung der Kunst im 20. Jahrhundert. Sie ist befangen in einem naiven Nützlichkeitsrealismus, Wirtschaftlichkeitsrealismus. Ähnlich wie die Künstler in früheren Jahrhunderten abmalten, Heilige, Herrscher und Natur portraitieren durften, dient die Technik staatlichen und wirtschaftlichen ‚Notwendigkeiten'. Um jenen ‚naiven Technikrealismus' aufzubrechen, wäre ein „Kubismus der Ingenieure" notwendig, ein Blauer Reiter der Techniker, ein Klee, ein Kandinsky, die die Reinheit der Technik in einer schöpferischen Revolution vor aller Augen entstehen lassen." (Ebd., S. 186, Hervorhebungen im Original, R.B.)

332 Vgl. zu Netzwerkexternalitäten: David, 1989; Katz / Shapiro, 1986.
333 Vgl. u. a.: Hanusch / Cantner, 1993.
334 David, 1985.
335 Arthur, 1989.
336 Witt, 1995, S. 166.
337 Vgl. die entsprechende Schumpeter-Rezeption in: Bollmann, 1990, S. 43 ff.; Cantner, 1995; Nelson / Winter, 1982, S. 275 ff.; Rahmeyer, 1993; Witt, 1995, S. 156 ff.
338 Detlev Karsten wies mich auf den Begriff der „Erfindungshöhe" im Patentrecht hin, der inkrementale Verbesserungen nicht anerkennt.
339 Vor allem: Dosi, 1988, 1993. In der Wissenschaftstheorie hat: Kuhn, [1962], 1967, den Begriff des Paradigmas eingeführt. Den Paradigmenwechsel nennt er eine „wissenschaftliche Revolution".
340 Dosi, 1988, S. 234. Mit „environmental factors" bezeichnet Dosi die soziale Umwelt.
341 Diese Arbeiten konzentrierten sich ursprünglich auf Kondratievs „lange Wellen" und lösten sich von dem Nachweis bestimmter Zyklen in der makroökonomischen Dynamik; vgl. zu langen Wellen: Nefiodow, 1991; die Beiträge in: Vasko, 1985.
342 Freeman / Perez, 1988. Nelson / Winter, 1982, sprechen von „generalized natural trajectories".
343 Vgl. die Überlegungen zur Übertragbarkeit evolutorischer Ansätze in die Umweltökonomie in: Foucheux / Pearce / Proops, 1996, S. 106ff; insbesondere Benhaim / Schembri, ebd.; Lahaye / Llerena, ebd., sowie: Pasche, 1995.
344 So vor allem: Erdmann, 1993.
345 Dies bemängelt auch: Bollman, 1990, S. 66.
346 Rahmeyer, 1993, S. 265, führt aus: „Die Erklärung der Vergangenheit steht gegenüber der Vorhersage der Zukunft im Vordergrund."
347 Vgl. etwa: Scharpf, 1989; die Beiträge in: Grimmer, 1992 (vor allem die Beiträge von Simonis und Martinsen in diesem Buch).
348 Ähnlich argumentiert (für den Energie- und Verkehrsbereich): Gawel, 1996, S. 59.
349 So für die TA: Dierkes / Hoffmann / Marz, 1992, S. 8.
350 Jüngst hat: Radke, 1996, auf Forschungslücken im Zusammenhang mit der Technologieentwicklung und einem Sustainable Development hingewiesen.
351 David, 1975; Nelson / Winter, 1982, S. 217; Rosenberg, 1982, S. 14 ff. Historisch: Hobsbawm, 1995, S. 336. Hanusch / Cantner, 1993, S. 18, verweisen auf umfangreiche Forschungsarbeiten in den 60er Jahren.
352 Hicks, 1932, S. 124 f.
353 Vgl. zur aktuellen Diskussion im deutschen Einigungsprozess: Sachverständigenrat zur Begutachtung der gesamtwirtschaftlichen Entwicklung, 1991; Erber / Pischner, 1993, S. 155; Hagemann, 1993, und zum Zusammenhang zwischen Produktivität und Beschäftigung in Ostdeutschland: Seiter, 1993. Der Zusammenhang zwischen Lohnerhöhungen und der Produktivität ist unter dem Stichwort „Lohndruckargumentation" auch in der Entwicklungstheorie bekannt. Der Regierungschef von Singapur Lee Kwan Yen ließ die Löhne jährlich um 10% erhöhen, um einen positiven Produktivitätseffekt bewirken zu können. Nach: Bombach, 1990, Tz. 39.
354 Diese Ansicht vertritt: Steven, 1993, S. 182. Vgl auch die Diskussion in: Erdmann, 1993, S. 91 ff.
355 Siehe etwa die Vorschläge: Bach / Kohlhaas, 1995 (= Greenpeace / DIW) und vom Förderverein Ökologische Steuerreform: Görres et al., 1994.
356 Die im Ergebnis positiven Beschäftigungseffekte nach: Bach / Kohlhaas, 1995, sind u. a. vom RWI intern kritisiert worden. Der aktuelle Stand der Diskussion ist auf dem Internet: http://www.wuppertal-forum.de/wuppertal-bulletin einsehbar.
357 Vgl. z.B.: Enquete-Kommission, 1995, S. 540 ff.

358 Vgl. z.B.: Baumol / Oates, 1988^{2}; Endres, 1994; Pearce / Turner, 1990, S. 61 ff.; Weimann, 1991^{2}. Kritisch setzen sich z.B.: Bruns, 1995, S. 48 ff.; Hinterberger / Luks / Stewen, 1996; Maier-Rigaud, 1988, mit dem Internalisierungsansatz auseinander.

359 Vgl.: Baumol / Oates, 1988^{2}; Cansier, 1993; S. 155 ff.; Endres, 1994; Nutzinger / Zahrnt, 1989; Pearce / Turner, 1990; Siebert, 1995^{4}; Weimann, 1991^{2}, S. 103 ff.; Wicke, 1991^{3}, S. 303 ff.

360 So vor allem: Grubb, 1989; Maier-Rigaud, 1994. Auch der Autor hat sich verschiedentlich für den Einsatz handelbarer Lizenzen im internationalen Bereich ausgesprochen; z.B. als Mitautor von: Kaiser et al., 1991.

361 Vgl.: Bach / Kohlhaas, 1995; Görres et al., 1994 (= FÖS-Memorandum).

362 Greenpeace spricht sich für 7% p.a. aus; vgl.: Bach / Kohlhaas, 1995.

363 Eine erste Erörterung führt: Stewen, 1996.

364 Auf einen möglichen Konflikt zwischen Umwelt- und Wirtschaftspolitik gehe ich hier nicht näher ein. Wenn der Anstieg der Ressourcenproduktivität geringer als erwartet ausfällt, würde die Umweltpolitik für eine stärkere Erhöhung der Faktorpreise plädieren, um die Anreizwirkung zu erhöhen. Die Wirtschaftspolitik würde demgegenüber auf mögliche Verzerrungseffekte hinweisen. Dieser Konflikt ist allerdings nicht auf die theoretische Begründung über die Grenzproduktivitätstheorie zurückzuführen, sondern würde nach dem Externkostenansatz in gleicher Weise entstehen. Es handelt sich um einen Konflikt zwischen Wirtschafts- und Umweltpolitik.

365 Lachmann, [1956], 1978, S. 21 f.

366 Weber, [1904/5], 1988^{9}, S. 252.

367 Vgl. allgemein: Dierkes / Hoffmann / Marz, 1992; zur Stadtentwicklung: Schäfers / Köhler, 1989; zur Chemiepolitik: Held, 1991; zu einem zukunftsfähigen Deutschland: Bund / Misereor, 1996. „Geistige Orientierung" lautet ein Programmtitel der Bertelsmann-Stiftung; vgl. z.B.: Dettling, 1995, der ebenfalls von Leitbildern spricht. In den USA lassen sich aus dem Konzept der „active society" von Amitai Etzioni ähnliche Überlegungen ableiten; vgl.: Etzioni, 1968.

368 Auf diesen Punkt verweist auch: Meyer-Abich, 1997, S.199.

369 In seinem Roman „Der Mann ohne Eigenschaften", vgl.: Musil, [1930-34], 1986^{4}, S. 16 ff.

370 In: BUND / Misereor, 1996, S. 151. Der Autor wird dort nicht namentlich genannt.

371 Vgl. etwa die Ansätze des Deutschen Delphi-Berichts, in: Grupp, 1993, z.B. S. 220, 238; sowie: Zocke, 1994; oder für die Gewerkschaften: Riester, 1994. Das Wissenschaftszentrum Nordrhein-Westfalen führte im Januar 1995 eine Konferenz zum „Technologiebedarf im 21. Jahrhundert" durch. Der Business Council for Sustainable Development nennt dies „A Focus on Needs"; vgl. BCSD, 1994, S. 15 f.

372 Der: WBGU, 1996, S. 154, weist auf die notwendige Integration des Wertewandels im Zusammenhang mit intergenerativer Gerechtigkeit und auf das kreative Potential partizipativer Prozesse hin.

373 Diese vorsichtige Formulierung ist von: Dierkes / Hoffmann / Marz, 1992, S. 153.

374 Von einer kulturellen Transformation bei dem Wechsel eine Meta-Paradigmas sprechen auch: Freeman / Perez, 1988, S.62. Sie thematisieren den Übergang zwischen den Meta-Paradigmen „kostengünstige Energie" zu „kostengünstige Informationen".

375 Bell, [1973], 1989, und: Fourastié, 1954, skizzieren eine nachindustrielle Dienstleistungswirtschaft. Für die Entwicklungstheorie hat Rostow einen ähnlichen Ansatz in seiner „Stadientheorie" verwendet.

376 Ähnlich beschreiben es für die „Service-Ökonomie": Giarini / Stahel, 1989; und für die „Neue Weltwirtschaft": Reich, 1993.

377 Bloch, [1930, 1959], 1980^{3}, S. 99 ff. beginnt seinen gleichnamigen Aphorismus mit den Worten „Daß es so leicht ist, nichts mehr tun zu wollen. Daß es uns so schwer fällt, wirklich nichts zu tun."

378 Vgl. die obigen Fußnoten zu: Arendt, [1958], 1987^{5}, z.B. S. 121 f.

379 Beck, 1993.

380 Ich folge eher Ausführungen von: Scharpf, 1989, als steuerungspessimistischen Ansätzen (z.B. von Niklas Luhmann, 1990). Vgl. im umweltökonomischen Bereich ähnlich: Hinterberger / Luks / Stewen, 1996; Maier-Rigaud, 1988; Minsch, 1994, sowie die im folgenden genannte Literatur.

381 Eucken, [1952], 1990[6], S. 340 ff.

382 Vgl.: Heins, 1997, der außerdem noch die Sicherungsaufgabe nennt, die ich für das vorliegende Papier nicht für relevant halte.

383 Vgl. die Beiträge in: Gerken, 1996.

384 Eucken, [1952], 1990[6], S. 199.

385 Zu nennen sind neben Parteien, Ministerien und dem Dt. Bundestag die Arbeitsgemeinschaft für Umweltfragen AGU, der Wissenschaftliche Beirat für globale Umweltveränderungen WBGU, der Sachverständigenrat für Umweltfragen SRU, die Enquete-Kommissionen sowie das Nationale Komitee für nachhaltige Entwicklung u.a.m.

386 De Moor / Calamai, 1997.

387 So etwa: Oppenländer, 1989; und die Beiträge in: Meyer-Kramer, 1993.

388 Vgl. z.B.: die Beiträge in: Meyer-Kramer, 1993; Hanusch / Cantner, 1993; Harhoff / König, 1993; Messner, 1997; stärker politikwissenschaftlich die Beiträge in: Grimmer, 1992; oder das aktuelle IV. Rahmenforschungsprogramm der EU.

389 WBGU, 1996, S. 152 f.

390 Vg.l etwa die Vorschläge der: Bildungskommission NRW, 1995.

391 Zilleßen, 1997.

392 Dosi, 1993; S. 95, spricht von der Koordination des Auswahlprozesses durch die Politik; ähnlich: Lahaye / Llerena, 1996. Weida, 1997, analysiert Möglichkeiten einer ökologisch orientierten Strukturpolitik.

393 Zu denken ist an Unternehmensnetzwerke wie das von Mitsubishi initiierte „Future 500", das u.a. einen Öko-Effizienzsprung um einen Faktor Vier anstrebt sowie an den World Business Council for Sustainable Development (WBCSD) und an e^5, europäische Unternehmen für den Klimaschutz.

394 Vage Hinweise finden sich bei: Fritsch / Schmidheiny / Seifritz, 1994, S. 70 ff., die von „Hypercycles" sprechen; vgl auch: Benhaim / Schembri, 1996; Lahaye / Llerena, 1996. In allgemeiner Weise betonen u. a.: Gawel, 1996, und: Hinterberger / Luks / Stewen, 1996, das Methodenpotential der Neoklassik.

395 Desimone / Popoff, 1997; Deutsch, 1994; Schmidt-Bleek / Tischner, 1995; WBCSD, 1996; Weizsäcker / Lovins / Lovins, 1995.

396 Albert, 1967.

397 Grossmann, 1995.

398 Weizsäcker / Lovins / Lovins, 1995, S. 137. Grupp, 1993, unterstreicht im deutschen Delphi-Bericht zum Technologiebedarf die Bedeutung neuer und umweltverträglicher Werkstoffe. DeSimone / Popoff, 1997, S. 254 ff., führen das Fallbeispiel der Andersen Corporation / USA an, die Fensterrahmen aus einem neuartigen Material produzieren, das positive Eigenschaften von Holz und Vinyl vereint und eine günstige Umweltbilanz aufweist.

399 Bierter / Stahel / Schmidt-Bleek, 1996, S. 13 ff.; BUND / Misereor, 1996, S. 201 ff.; allgemein: Deutsch, 1994.

400 Deutsch, 1994, S. 125, der auf den Designer Günter Horntrich verweist.

401 Am Beispiel der Produktion von Leitungsmasten: Merten / Liedtke / Schmidt-Bleek, 1995; sowie: Weizsäcker / Lovins / Lovins, 1995, S. 111 ff.

402 Bänsch, 1994; Haake, 1996.

403 Weizsäcker / Lovins / Lovins, 1995, S. 133 ff.

404 So die Definition von: Frey, 1988[2], S. 201, im Rückgriff auf: Jochimsen, 1966.

405 So: Krugman, 1994, S. 128, sowie Englander / Gurney, 1994, S. 56, 89, im Unterschied zu: Aschauer, 1989; Munell, 1993, die Infrastrukturinvestitionen grundsätzlich für produktivitätssteigernd halten. Interessant auch das Konzept: Roloff, 1995.

406 So etwa: Daly / Cobb, 1989; Stellungnahme von K.M. Meyer-Abich in: Enquete-Kommission „Schutz der Erdatmosphäre", 1995, S. 196 ff.

407 Desimone / Popoff, 1997, S. 279, berichten, daß der kanadische Energieversorger Ontario Hydro 1995 680 GWh Elektizitätsproduktion durch Effizienzsteigerungen einsparen konnte; der Nettogewinn für das Unternehmen betrug 37 Mill. $.

408 Hennicke / Seifried, 1996.

409 Haß, 1995, S. 29, der auch auf die wirtschaftsstatistischen Schwierigkeiten einer adäquaten Erfassung verweist.

410 Für diese These sprechen bislang eher Plausibilitätserwägungen und Erfahrungen aus dem Energiebereich als umfassende Forschungsergebnisse; zu der Ressourcenintensität unterschiedlicher Infrastrukturen einschließlich typischer Nutzungsmuster besteht Forschungsbedarf.

411 Für die rationelle Energieverwendung unterstreichen dies z.B.: Seifried / Stark, 1994, S. 93.

412 Loske, 1996a.

413 Der Begriff wurde m.W. von: Hinterberger et al., 1994 geprägt. Vgl. ferner: Bierter / Stahel/ Schmidt-Bleek, 1996; Empacher / Schultz / Weller, 1994; Hockerts, 1995.

414 Dies ist ein Unterschied zur einschlägigen Definition von: Gruhler, 1993, nach der produktionsnahe Dienstleistungen sachgut- und fertigungskomplementär verlaufen.

415 Deutsch, 1994, S. 151.

416 Vgl.: Weizsäcker / Lovins / Lovins, 1995, S. 49 ff.

417 Hockerts, 1995, S. 42 f., berichtet von einer Vereinbarung zwischen Rank Xerox und der Henkel KGaA über Papier- und Dokumentbetreuung, die den Papierverbrauch um 10% und die damit verbundenen Kosten (einschließl. Personal) um 20% absenkte.

418 Silver, 1989, S. 17 f.; Williamson, 1990, unterscheidet zwischen den Rechten der Benutzung, der Ertragsaneignung und der Form- bzw. Substanzveränderung. Die Literatur über Verfügungsrechte betont, daß das Eigentum von Bedeutung ist; die obenstehende Argumentation überträgt die an Eigentum anknüpfenden Verfügungsrechte auf Nutzungsverträge im allgemeinen. Vgl. allgemein zur Institutionenökonomie: Reuter, 1994.

419 Hockerts, 1995, S. 35 f.

420 Deutsch, 1994, S. 88 ff., nennt Fotoapparate von Minolta, Autos von Toyota, Kopierer von Konica, Notebooks von NEC und Videorekorder von Panasonic. In Deutschland verfolgen der Bürostuhlhersteller Grammer AG und der bergische Küchenhersteller Kambium (Deutscher Umweltpreis 1996) eine ähnliche Strategie.

421 Hier folge ich: Seifried / Stark, 1994, S. 17, die dies für Energiedienstleistungen entwickeln. Andere Typologien nennt: Hockerts, 1995, S. 15, mit den Dimensionen Immaterialität, Individualisierung und Interaktionsgrad sowie in einer Übersicht über unterschiedliche Konzepte: ebd., S. 27.

422 Bierter / Stahel / Schmidt-Bleek, 1996, S. 62; Deutsch, 1994, S. 101 ff.

423 Reich, 1993, S. 189 ff.

424 In Kap. 2 wurde das Prinzip der Vernetztheit („Retinität") bereits in einem umweltethischen Zusammenhang erwähnt.

425 Weizsäcker / Lovins / Lovins, 1995, S. 145 ff. Hier ist kritisch anzumerken, daß sich vergangene Vorstellungen vom „papierlosen Büro" bislang nicht realisieren ließen. Ich ziehe daraus den vorläufigen Schluß, daß die elektronischen Medien nicht ohne flankierende Maßnahmen zur Ressourceneinsparung beitragen. Erst unter den in der vorliegenden Arbeit skizzierten Bedingungen können sie umweltökonomisch zielführend werden.

426 Vgl. dazu die Vorstellungen: WBGU, 1996, S. 152 ff., der die Ebenen Problemaufbereitung, Leitbilder, Akteure und Träger, Instrumente, Implementierung und Entscheidungsprozesse unterscheidet.

427 Vgl. zum Begriff z.B. den Bericht der: Bildungskommission NRW, 1995, S. 56 ff.

428 Ich verwende die Bezeichnungen „Konsument" bzw. „Konsumenten". Gemeint sind jeweils Konsumentinnen und Konsumenten.

429 Vgl. z.B. für die moderne Mikroökonomie: Lancaster, 1987^3, S. 243 f.: „Mehr ist immer besser als weniger (...) Güter sind Dinge, von denen ein Konsument immer möglichst viel haben möchte. Das heißt, er bevorzugt eine Kombination, die mehr von beiden Gütern oder aber mehr von einem und nicht weniger von dem anderen Gut enthält."

430 Aus der Mikroökonomie ist das Engel´sche Gesetz bekannt, nach dem die Ernährungsausgaben privater Haushalte mit steigenden Einkommen relativ abnehmen.

431 Vgl. allgemein zur Sättigung in der ökonomischen Theorie: Möller, 1984.

432 Vgl. zu Darstellung und Diskussion der Gossenschen Gesetze z.B.: Ott / Winkel, 1985, S. 235 ff.

433 Auch: Jorgenson / Wilcoxen, 1990, S. 16 ff., die wichtige Beiträge zur Disaggregierung ökonometrischer Modelle leisten, gehen (noch) von einem repräsentativen Konsumenten aus, der seine intertemporale Nutzenfunktion maximiert. Ferner ist anzumerken, daß die Wachstumstheorien für die Auseinandersetzung mit unterschiedlichen Konsummustern schlecht gerüstet sind, weil sie auf eine Wirtschaft mit einem hypothetischen Universalgut abstellen und die erforderliche Disaggregierung des Outputs für einen Strukturwandel bislang (mit Ausnahme evolutorischer Ansätze) kaum oder nicht leisten.

434 Hadjimatheou, 1994, S. 77.

435 Arbeiten hierzu gehen u. a. auf Veblen, [1899], 1965, zurück. Vgl. auch die Arbeiten von: Galbraith, 1977^3; Sen, 1979, mit seiner Kritik an den „rational fool"; Scherhorn, 1994 a, b, c. Akerlof, 1991, weist nach, daß es ökonomisch gesehen rational sein kann, nicht vollständig rational zu agieren. Vgl. ferner die folgende Literatur.

436 Simon, 1957.

437 So: Etzioni, 1988, u. a. S. 93 ff., der zwischen logisch-empirischen (L/E) und normativ-affektiven (N/A) Faktoren differenziert.

438 Maslow, [1954], 1970^2.

439 Die These einer Ausbreitung postmaterieller Werthaltungen in den westlichen Industrieländern geht vor allem auf: Inglehart, 1977, zurück.

440 So: Reusswig, 1994, und unter Nennung weiterer (unveröffentlichter) Untersuchungen: Gillwald, 1995, S. 18.

441 Klages, 1993, 1995. Aus meiner Sicht ist es eine Schwäche einiger empirischer Ansätze, Verhaltensweisen und Werthaltungen nicht explizit auch im Berufsleben zu untersuchen. So entsteht der vermeintliche Widerspruch im Typus „aktiver Realist", sowohl beruflichem Ehrgeiz und Pflichterfüllung als auch Selbstentfaltungswerten nachzugehen.

442 BUND / Misereor, 1996, S. 209.

443 Scherhorn, 1994b. Hinzuweisen ist auch auf die Arbeiten von Gary Becker, z.B. Becker, 1982, S. 97 ff.

444 Enquete-Kommission, 1995, S. 260 ff., S. 279.

445 Möglichkeiten nennen: O´Connor, 1996; Weskamp, 1996.

446 Adam Smith schreibt: „So kann jemand sein Einkommen für Dinge verwenden, die sofort verzehrt werden, also bereits am nächsten Tag keinerlei Nutzen mehr stiften; er kann damit aber auch dauerhafte Gegenstände kaufen (...). Ein wohlhabender Mann kann, zum Beispiel, sein Einkommen für eine üppige und luxuriöse Tafel, zum Unterhalt einer großen Schar von Dienstboten und einer Menge Hunde und Pferde ausgeben, er mag sich aber auch mit einem einfachen Tisch und wenigen Hausgehilfen bescheiden und statt dessen sein Einkommen weitgehend dazu nutzen, um sein Haus oder seinen Landsitz zu verschönern, nützliche oder schmucke Bauwerke oder Möbel zu erstehen oder Bücher, Plastiken oder Gemälde zu sammeln. Selbstverständlich kann er auch nichtigere Dinge, wie Juwelen oder Flitter oder Tand mancher Art, kaufen, ja selbst, völlig unsinnig, eine große Garderobe schönster Kleider anschaffen (...). Würden nun zwei vermögende Männer ihr Einkommen jeweils auf die geschilderte Weise ausgeben, so würde der an Macht und Ansehen ständig gewinnen, der hauptsächlich langlebigere Dinge erwirbt, da sich sein Besitz mit jeder Ausgabe von Tag zu Tag vergrößert, während der andere nach einer gewissen Zeit, im Vergleich

zu ihm, genauso dastünde wie zu Beginn. Zudem wäre der erste am Ende auch noch der reichere. Denn er besäße Dinge dieser oder jener Art, deren Einstandswert zwar etwas geringer sein dürfte, die aber dennoch einen Wert hätten. Von den Ausgaben des anderen würde hingegen nicht die geringste Spur zurückbleiben, und zehn oder zwanzig Jahre Verschwendung würden so vollständig im Nichts aufgehen, als ob es sie niemals gegeben hätte." Zit. nach: Smith, [1776], München 1990[5], S. 286 f.

447 Hennicke, 1996, S. 35 ff.; Hockerts, 1995, S. 4 ff.; Schmidt-Bleek / Tischner, 1995, S. 68 ff.; Seifried / Stark, 1994, S. 17 ff.

448 Erlhoff, 1995, S. 20.

449 Allerdings führt die Liberalisierung der Telekommunikationsmärkte zu umweltökonomisch kontraproduktiven Effkten, weil die durchschnittliche Lebensdauer von eigentumsrechtlich erworbenen Telefongeräten durch angebotene Billigprodukte sinkt. Umweltökonomisch interessant ist hingegen die Möglichkeit, anstelle eines individuellen Anrufbeantworters einen zentralen Service für die Speicherung von Anrufen in Anspruch zu nehmen. Auch werden zunehmend Multifunktionsgeräte angeboten, die beispielsweise gleichzeitig als Drucker, Kopierer, Faxgerät und Scanner nutzbar sind.

450 Deutsch, 1994, S. 54.

451 Lancaster, 1987[3], S. 267 ff.

452 So: Internationales Forum für Gestaltung, 1993 (Einleitungstext).

453 Ein Pilotprojekt mit Wäschepflegezentren in Mietwohnungen in Berlin, die gewerbliche Maschinen einsetzten, ergab pro Kilogramm Wäsche eine Reduktion des Materialverbrauchs um den Faktor 20 und eine Reduktion des laufenden Energieverbrauchs um 50% (durch einen zentralen Warmwasseranschluß). Vgl.: Hennicke, 1996, S. 37.

454 Petersen, 1993; Weizsäcker / Lovins / Lovins, 1995, S. 163 ff.

455 Empacher, 1994, S. 46.

456 Kaas, 1992.

457 Olson, [1965], 1985[2], der sich auf öffentliche Güter bezieht. Er differenziert zwischen kleinen Gruppengrößen, in denen eine Kooperation gut zustande kommen kann, und großen, in denen dies selten vorkommt.

458 Beispiele nennen: Etzioni, 1988, u. a. S. 57 ff.; Udehn, 1993.

459 Schüßler, 1991, S. 102 ff., der sich damit von Aussagen distanziert, gemeinschaftliches Handeln erfordere normative Restriktionen. Die Auseinandersetzung mit z.B. Etzioni, 1988, führe ich hier nicht. Mir geht es um die Aussage, daß gemeinschaftliche Handlungen möglich sind und nicht so selten, wie die Theorie annehmen läßt.

460 Scherhorn, 1996, S. 20; Udehn, 1993, S. 254 f. Ähnlich auch die Ausführungen von: Daly / Cobb, 1989, S. 198 ff.

461 BUND / Misereor, 1996, S. 217.

462 Möglichkeiten nennen: Offe / Heinze, 1990.

463 Bierter, 1995, S. 72 ff., spricht von „autonomen Produktionsweisen" und einer „pluralen Ökonomie". Vgl. zu einer pluralen Ökonomie auch die Beiträge in: OECD, 1996a. Diese Konzeption unterscheidet sich von Ansätzen einer „Dualwirtschaft", wie sie z.B. von: Gorz, 1983a+b; Huber, 1984, vertreten wird, durch ihre Kooperation und Durchmischung zwischen dem formellen und dem informellen Sektor.

464 De Soto, 1992, der sein Buch für eine lateinamerikanische Ökonomie verfaßt hat. Ich halte seinen Ansatz für übertragbar.

465 Coleman, 1988; Putnam, 1993, S. 163 ff., 1995.

466 So ohne umweltökonomischen Bezug: Dettling, 1995, u. a. S. 165, der auch von „sozialer Produktivität" spricht.

Literaturverzeichnis

Die in [] enthaltenen Jahreszahlen geben das Originaljahr des Erscheinens einiger Titel an.

Adriaanse, A. et.al., Resource Flows: The Material Basis of Industrial Economies, World Resources Institute et. al., Washington D.C. 1997.

Afriat, S. N., Efficiency Estimations of Production Functions, in: International Economic Review, 13/1972, S. 568-598.

Ahrendt, H., Vita Activa oder Vom tätigen Leben, [1958], München 1987[5].

Akerlof, G. A., Procrastination and Obedience, in: American Economic Review, Papers and Proceedings, Vol. 81, 2/1991, S. 1-19.

Albert, H., Modell-Platonismus: Der neoklassische Stil des ökonomischen Denkens in kritischer Betrachtung, in: ders., Marktsoziologie und Entscheidungslogik. Ökonomische Probleme in soziologischer Perspektive, Neuwied/ Berlin 1967, S. 331-367.

Altvater, E., Die Arbeitsgesellschaft vor den Herausforderungen von Geld und Natur, in: Aus Politik und Zeitgeschichte – Beilage zur Wochenzeitschrift „Das Parlament", B 15/95 v. 7.4.1995, S. 16-24.

Altvater, E. / Mahnkopf, B., Grenzen der Globalisierung. Ökonomie, Ökologie und Politik in der Weltgesellschaft, Münster 1996.

Arrow, K. J., The Economic Implications of Learning by Doing, in: Review of Economic Studies, 29/1962, S. 155-173.

Arrow, K. J. et.al., Economic Growth, Carrying Capacity, and the Environment, in: Ecological Economics, 15/1995, S. 91-95.

Arthur, B. W., Competing Technologies, Increasing Returns, and Lock-in by Historical Events, in: The Economic Journal, Vol. 99, 1/1989, S. 116-131.

Aschauer, D., Is Public Expenditure Productive?, in: Journal of Monetary Economics, 23/1989, S. 177-200.

Audretsch, D. B., The Innovation, Unemployment and Competitiviness Challenge in Germany, Wissenschaftszentrum Berlin FS IV 95-6, Berlin 1995.

Ayres, R. / Simonis, U. E. (Hg.), Industrial Metabolism, Tokio u.a. 1994.

Bach, S. / Kohlhaas, M., Wirtschaftliche Auswirkungen einer ökologischen Steuerreform, DIW-Gutachten im Auftrag von Greenpeace, München 1995.

Bänsch, A., Die Planung der Lebensdauer von Konsumgütern im Hinblick auf ökonomische und ökologische Ziele, in: GfK Jahrbuch der Absatz- und Verbrauchsforschung, Jg. 40., Nr. 3/1994, S. 233-255.

Baldwin, R., The Growth Effects of 1992, in: Economic Policy – A European Forum, 9/1989, S. 247-281.

Bandemer, S. v., Qualitätsmanagement im Dienstleistungssektor, in: Institut Arbeit und Technik (Hg.), Jahrbuch 1995, Gelsenkirchen 1996, S. 78-90.

Banuri, T. et. al., Equity and Social Considerations, in: Bruce, J. / Lee, H. / Haites, E. (Hg.), Climate Change 1995: The Economic and Social Dimensions of Climate Change. Contribution of WG III to the Second Assessment Report of the Intergovernmental Panel of Climate Change (IPCC), Cambridge 1996, S. 83-124.

Barbera, A. J. / McDonnell, V. D., The Impact of Environmental Regulations on Industry Productivity: Direct and Indirect Effects, in: Journal of Environmental Economics and Management, 18/1990, S. 50-65.

Barbier, E. B., Economics, Natural-Resource Scarcity and Development. Conventional and Alternative Views, London 1989.

Barnett, H. / Morse, C., Scarcity and Economic Growth: The Economics of Natural Resource Availability, Baltimore 1963.

Barro, R. J., Economic Growth in a Cross Section of Countries, in: Quarterly Journal of Economics, 106/1991, S. 407-443.

Baumol, W. J. / Oates, W. E., The Use of Standards and Prices for Protection of the Environment, in: Swedish Journal of Economics, Vol. 73, 1971, S. 42-54.

Baumol, W. J. / Oates, W. E., The Theory of Environmental Policy, Cambridge u.a. 1988[2].

Baxa, J., Geschichte der Produktivitätstheorie, Jena 1926.

BCSD = Business Council for Sustainable Development, Getting Eco-Efficient, Workshop Report v. November 1993, Genf 1993.

BCSD, Internalizing Environmental Costs to Promote Eco-Efficiency., von: De Andraca, R. / McCready, K. F., Genf 1994.

Beck, U., Die Erfindung des Politischen. Zu einer Theorie reflexiver Modernisierung, Frankfurt a. M. 1993.

Beckenbach, F. / Diefenbacher, H. (Hg.), Zwischen Entropie und Selbstorganisation. Perspektiven einer ökologischen Ökonomie, Marburg 1994.

Becker, G., Der ökonomische Ansatz zur Erklärung menschlichen Verhaltens, Tübingen 1982.

Beckerman, W., An Introduction to National Income Analysis, London 1968.

Beckerman, W., Sustainable Development – Is it a Useful Concept?, in: Environmental Values, 3/1994, S. 201-209.

Bell, D., Die nachindustrielle Gesellschaft, [1973], Frankfurt a. M. / New York 1989.

Benhaim, J. / Schembri, P., Technical Change: An Essential Variable in a Choice of a Sustainable Development Trajectory, in: Faucheux, S. / Pearce, D. / Proops, J. (Hg.), Models of Sustainable Development. New Horizons in Environmental Economics, Cheltenham / Brookfield 1996, S. 123-150.

Betz, M., Francois Quesnay´s Produktivitätstheorie, Ludwigsburg 1935.

Bick, H. , Ökologie. Grundlagen, terrestrische und aquatische Ökosysteme, angewandte Aspekte, Stuttgart 1989.

Bierter, W., Wege zum ökologischen Wohlstand, Basel u.a. 1995.

Bierter, W. / Stahel, W. / Schmidt-Bleek, F., Öko-intelligente Produkte, Dienstleistungen und Arbeit, Wuppertal Institut und Institut de la Durée, Wuppertal / Genf / Giebenbach 1996.

Bildungskommission NRW, Zukunft der Bildung – Schule der Zukunft, Denkschrift der Kommission „Zukunft der Bildung – Schule der Zukunft" beim Ministerpräsidenten des Landes Nordrhein-Westfalen, Neuwied u.a. 1995.

Binswanger, H. C., Geld und Magie. Deutung und Kritik der modernen Wirtschaft anhand von Goethes „Faust", Stuttgart 1985.

Blaug, M., Economic Theory in Retrospect, Cambridge 1985[4].

Bleischwitz, R., Zukunftsfähige Entwicklung. Umweltraum und Ökoproduktivität als zwei Orientierungspunkte an der Schwelle zwischen Theorie und Praxis, in: Bechmann, G. (Hg.), Praxisprobleme der Technikfolgenforschung. Konzepte, Methoden, Optionen, Frankfurt a. M. 1996, S. 153-186.

Bleischwitz, R. / Schütz, H., Unser trügerischer Wohlstand. Ein Beitrag zu einer deutschen Ökobilanz, Wuppertal Institut Texte Nr. 1, Wuppertal 1993[2].

Bloch, E., Spuren, [1930, 1959], Frankfurt a. M. 1980[3].

BMFT = Bundesministerium für Forschung und Technologie, 10 Jahre Waldschadensforschung, Bonn 1993.

Bode, W. / Hohnhorst, M. v., Waldwende. Vom Försterwald zum Naturwald, München 1994.

Boel, B., The European Productivity Agency, 1953 bis 1961, in: Griffiths, R. T. (Hg.), Explorations in the OEEC History, Paris 1997, S. 113-119.

Böhm-Bawerk, E. v., Kapital und Kapitalzins, Zweite Abteilung: Positive Theorie des Kapitales, 1. Band, Buch I-IV, [1888], Stuttgart 1961[4].

Bollmann, P., Technischer Fortschritt und wirtschaftlicher Wandel. Eine Gegenüberstellung neoklassischer und evolutorischer Innovationsforschung, Heidelberg 1990.

Bombach, G., Wohlstandsmessung und Wohlstandsvermehrung: Produktivitätsdebatte einst und heute, Universität Basel WWZ Sonderdruck Nr. 4/1990.

Bodrollo, O., Der Begriff „Produktiv" bei Adam Smith und bei Friedrich List, Borna-Leipzig 1909.

Boulding, K.E., Evolutionary Economics, Beverly Hills 1981.

Braudel, F., Der Alltag. Sozialgeschichte des 15.-18. Jahrhunderts Bd. 1, München 1985.

Bringezu, S. (Hg.), Neue Ansätze der Umweltstatistik. Ein Wuppertaler Werkstattgespräch, Basel u.a. 1995.

Bruce, J. / Lee, H. / Haites, E. (Hg.), Climate Change 1995: The Economic and Social Dimensions of Climate Change. Contribution of WG III to the Second Assessment Report of the Intergovernmental Panel of Climate Change (IPCC), Cambridge 1996.

Bruns, H., Neoklassische Umweltökonomie auf Irrwegen. Eine exemplarische Untersuchung der neoklassischen Methode und ihrer geistesgeschichtlichen Hintergründe, Marburg 1995.

Bürgenmeier, B., Sozioökonomie. Für eine ethische Erweiterung der wirtschaftspolitischen Diskussion, Marburg 1994.

BUND / Misereor (Hg.) Zukunftsfähiges Deutschland. Ein Beitrag zu einer global nachhaltigen Entwicklung, Basel u.a. 1996.

Bundesministerium für Umwelt, Naturschutz und Reaktorsicherheit, Bericht der Bundesregierung über die Konferenz der Vereinten Nationen für Umwelt und Entwicklung in Rio de Janeiro, Bonn 1992.

Burkhard, J., Das Verhaltensleitbild „Produktivität" und seine historisch-anthropologische Voraussetzung, in: Saeculum, H 25/1974, S. 277-289.

Busch-Lüty, C., Sustainability – Elemente einer am Leitbild der Nachhaltigkeit orientierten ökologischen Ökonomie, in: Biervert, Bernd / Held, Martin (Hg.), Das Naturverständnis der Ökonomik, Frankfurt a. M. 1994, S. 206-223.

Campbell, R. H. / Skinner A. S. / Todd, W. B., Introduction zu Bd. II der „Glasgow Edition of the Works and Correspondence of Adam Smith“, Oxford 1976.

Cansier, D., Umweltökonomie, Stuttgart / Jena 1993.

Cantner, Uwe, Die Quellen des Wachstums. Die neue Wachstumstheorie aus Schumpeterianischer Sicht, in: Hanusch, H. / Gick, W. (Hg.), Ansätze für ein neues Denken in der Wirtschaftspolitik, München 1995, S. 27-45.

Carnoules-Declaration of the Factor-10 Club, hg. von: Schmidt-Bleek, F., Carnoules 1994, 1995, 1996, 1997.

Christensen, L. R. / Jorgenson, D. W. / Lau, L. J., Transcendental Logarithmic Production Frontiers, in: The Review of Economics and Statistics, 55/1973, S. 28-45.

Clark, C., Mathematical Bioeconomics, Wiley NY 1976.

Clark, N. / Juma, C., Evolutionary Theories in Economic Thought, in: Dosi, G. et al. (Hg.) Technical Change and Economic Theory, London / New York 1988, S. 197-218.

Clauß, F. J., Über die Konjunkturabhängigkeit der statistischen Produktivität, in: Ifo-Studien 1984, S. 273-305.

Cline, W. R., The Economics of Global Warming, Washington D.C. 1992.

Coase, R., The Problem of Social Cost, in: Journal of Law and Economics, 3/1960, S. 1-44.

Cobb, C. W. / Cobb, J. B. (Hg.), The Green National Product, Lanham u.a. 1994.

Cobb, J. B. / Douglas P. H., A Theory of Production, in: American Economic Review, Vol. 18, 1928, S. 139-165.

Coleman, J., Social Capital in the Creation of Human Capital, in: American Journal of Sociology, Supplement 1988, S. 95-120.

Costanza, R., What is Ecological Economics?, in: Ecological Economics, 1/1989, S. 1-8.

Costanza, R. et al.: The value of the world's ecosystem services and natural capital, in: Nature, Vol. 387, 15.5.1997. S. 253-260.

Dahrendorf, R., Wenn der Arbeitsgesellschaft die Arbeit ausgeht, in: Matthes, J. (Hg.) Krise der Arbeitsgesellschaft? Verhandlungen des 21. Deutschen Soziologentages in Bamberg 1982, Frankfurt a. M. / New York 1983, S. 25-37.

Daly, H., Towards Some Operational Principles of Sustainable Development, in: Ecological Economics, 2/1990; S. 1-6.

Daly, H., Allocation, Distribution and Scale: Towards an Economics that is Efficient, Just and Sustainable, in: Ecological Economics, 6/1992a, S. 185-193.

Daly, H., Steady State Economics, 2nd Edition, Washington D.C. 1992b.

Daly, H. / Cobb, J. B., For the Common Good. Redirecting the Economy Toward Community, the Environment and a Sustainable Future, Boston 1989.

Dasgupta, P. / Heal, D., Economic Theory and Exhaustible Resources, London 1979.

Data Resources International et al., Potential Benefits of the Integration of Environmental and Economic Policies. An Incentive-Based Approach to Policy Integration, Report for the European Commission, Brüssel 1994.

David, P., Technical Choice, Innovation and Economic Growth, Cambridge MA 1975.

David, P, Clio and the Economics of QWERTY, in: American Economic Review, Vol. 75, 2/1985, S. 332-337.

David, P., A Paradigm for Historical Economics: Path Dependence and Predictability in Dynamic Systems with Local Network Externalities, Stanford University 1989.

Delong, B. J. / Summers, L., Equipment Investment and Economic Growth: How Strong is the Nexus, Brooking Papers on Economic Activity 1992.

De Moor, A. / Calamai, P., Subsidizing Unsustainable Development. Underminig the Earth with Public Funds, San José / The Hague 1997.

Denison, E. F., Effects of Selected Changes in the Institutional and Human Environment upon Output per Unit of Input, in: U.S. Department of Commerce, Bureau of Economic Analysis (Hg.), Survey of Current Business, Bd. 57/1978, S. 21-44.

Denison, E. F., Explanations of Declining Productivity Growth, Washington D.C. 1979.

Denisow, K. / Fricke, W. / Stieler-Lorenz, B. (Hg.), Partizipation und Produktivität. Zu einigen kulturellen Aspekten der Ökonomie, Friedrich-Ebert-Stiftung Forum Zukunft der Arbeit 5, Bonn 1996.

Desimone, L. / Popoff, F., Eco-Efficiency, Cambridge MA 1997 (im Druck, MIT-Press).

De Soto, H., Marktwirtschaft von unten: Die unsichtbare Revolution in Entwicklungsländern, Zürich 1992.

Dettling, W., Politik und Lebenswelt. Vom Wohlfahrtsstaat zur Wohlfahrtsgesellschaft, Gütersloh 1995.

Deutsch, C., Abschied vom Wegwerfprinzip. Die Wende zur Langlebigkeit in der industriellen Produktion, Stuttgart 1994

Deutsch, K. W., Das Wachstum des Wissens und die Lernfähigkeit des Menschen, Wissenschaftszentrum Berlin IIVG-Paper PV 78 / 2, Berlin 1978.

Deutsche Bundesbank, Neuberechnung des Produktionspotentials für die Bundesrepublik Deutschland, Monatsberichte 10/1981, S. 32-38.

Devarajan, S. / Fisher, A., Hotelling´s „Economics of Exhaustible Resources": Fifty Years Later, in: Journal of Economic Literature, Vol. 19, März 1981, S. 65-73.

Diefenbacher, H., Der „Index of Sustainable Economic Welfare". Eine Fallstudie für die Bundesrepublik Deutschland, Forschungsstätte der Evangelischen Studiengemeinschaften (FEST), Reihe B 24, Heidelberg 1995.

Dieren, W. v. (Hg.), Mit der Natur rechnen. Der neue Club-of-Rome-Bericht. Vom Bruttosozialprodukt zum Ökosozialprodukt, Basel u.a. 1995.

Dierkes, M. / Hoffmann, U. / Marz, L., Leitbild und Technik. Zur Entstehung und Steuerung technischer Innovationen, Berlin 1992.

Dietz, F. / Straaten, J. v. d., Economic Analysis of Environmental Problems: A Crititque of Marxist Approaches, in: Brander, S. / Roloff, O. (Hg.), Beiträge zur Theorie der Umweltökonomie, Regensburg 1990, S. 147-171.

Diewert, W. E., An Application of the Shepard Duality Theorem: A Generalized Leontief Production Function, in: Journal of Political Economy, Vol. 78, 1971, S. 481-507.

DIW (Deutsches Institut für Wirtschaftsforschung), Beschäftigungswirkungen des Umweltschutzes – Stand und Perspektiven, Synthesebericht, von: Blazejczak, J. et al., UBA-Bericht 5/93, Berlin 1993.

DIW / RWI (Rheinisch-Westfälisches Institut für Wirtschaftsforschung), Umweltschutz und Industriestandort. Der Einfluß umweltbezogener Standortfaktoren auf Investitionsentscheidungen, von: Blazejczak, J. et al., UBA Bericht 1/93, Berlin 1993.

Dogramaci, F. (Hg.), Productivity Analysis. A Range of Perspectives, Boston 1981.

Dosi, G., The Nature of the Innovative Process, in: ders. et al. (Hg.) Technical Change and Economic Theory, London / New York 1988, S. 221-238.

Dosi, G., Evolutionäre Ansätze zu Innovationen, Marktprozessen und Institutionen sowie einige Konsequenzen für die Technologiepolitik, in: Meyer-Kramer, F. (Hg.), Innovationsökonomie und Technologiepolitik. Forschungsansätze und politische Konsequenzen, Heidelberg 1993, S. 68-99.

Dürr, E. (Hg.), Wachstumstheorie, Darmstadt 1978.

Dykhoff, H., Betriebliche Produktion. Theoretische Grundlagen einer umweltorientierten Produktionswirtschaft, Berlin u.a. 1992.

Ekins, P., Sustainability First, in: ders. / Max-Neef, M. (Hg.), Real-Life Economics. Understanding Wealth Creation, London / New York 1992, S. 412-422.

El Serafy, S., The Proper Calculation of Income from Depletable Natural Resources, in: Ahmed Y.J. et. al. (Hg.), Environmental Accounting for Sustainable Development, World Bank, Washington D.C. 1989, S. 10-18.

Empacher, C. / Schultz, I. / Weller, I., Öko-Dienstleistungen. Begriff und Bedeutung, Institut für sozial-ökologische Forschung, Materialien Soziale Ökologie 5, Frankfurt a. M. 1994.

Endres, A., Umweltökonomie. Eine Einführung, Darmstadt 1994.

Endres, A. et al., Der Nutzen des Umweltschutzes. Synthese der Ergebnisse des Forschungsschwerpunktes „Kosten der Umweltverschmutzung – Nutzen des Umweltschutzes", UBA-Berichte 12/91, Berlin 1991.

Englander, S. / Gurney, A., Determinants of Medium-Term OECD Productivity Performance, in: OECD Economic Studies, 22/1994a, S. 49-110.

Englander, S. / Gurney, A., Medium-Term Trends of OECD Productivity Growth, in: OECD Economic Studies, 22/1994b, S. 111-130.

Enquete-Kommission „Mensch und Umwelt" des Deutschen Bundestages, Die Industriegesellschaft gestalten, Bonn 1994.

Enquete-Kommission „Schutz der Erdatmosphäre" des Deutschen Bundestages, Schutz der grünen Erde. Klimaschutz durch umweltgerechte Landwirtschaft und Schutz der Wälder, Bonn 1994.

Enquete-Kommission „Schutz der Erdatmosphäre" des Deutschen Bundestages, Mehr Zukunft für die Erde. Nachhaltige Energiepolitik für dauerhaften Klimaschutz, Bonn 1995.

Enquete-Kommission „Vorsorge zum Schutz der Erdatmosphäre" des Deutschen Bundestages, Schutz der Erde. Eine Bestandsaufnahme mit Vorschlägen zu einer neuen Energiepolitik, Bonn 1990.

Erber, G. / Pischner, R., Wir brauchen einen Sozialpakt – Welchen Sinn haben Modellrechnungen zur Anpassung der Arbeitsproduktivitäten in Ost- und Westdeutschland?, in: Hagemann, H. (Hg.), Produktivitätswachstum, Verteilungskonflikte und Beschäftigungsniveau, Probleme der Einheit Bd. 11, Marburg 1993, S. 145-178.

Erdmann, G., Elemente einer evolutorischen Innovationstheorie, Tübingen 1993.

Erlhoff, M., Nutzen statt Besitzen, Göttingen 1995.

Etzioni, A., The Active Society. A Theory of Societal and Political Processes, London u.a. 1968.

Etzioni, A., The Moral Dimension. Toward a New Economics, New York u.a. 1988.

Eucken, W., Grundzüge der Wirtschaftspolitik, [1952], Tübingen 1990[6].

Europäische Kommission, Weißbuch über Wachstum, Wettbewerbsfähigkeit, Beschäftigung, Brüssel 1994.

European Commission / Directorat-General for Economic and Financial Affairs, The Climate Challenge. Economic Aspects of the Community's Strategy for Limiting CO_2-Emissions, European Economy Nr. 51, Brüssel 1992.

Faucheux, S. / Pearce, D. / Proops, J. (Hg.), Models of Sustainable Development. New Horizons in Environmental Economics, Cheltenham / Brookfield 1996.

Fisher, I., The Nature of Capital and Income, [1906], New York 1965.

Fourastié, J., Die große Hoffnung des XX. Jahrhunderts, Köln 1954.

Fourastié, J. / Schneider, J., Warum die Preise sinken. Produktivität und Kaufkraft seit dem Mittelalter, Frankfurt a. M. 1989.

Frank, R.H. / Cook, P.J., The Winner-Take-All Society, New York u.a. 1995.

Freemann, C. / Perez, C., Structural Crises of Adjustment: Business Cycles and Investment Behaviour, in: Dosi, G. et. al. (Hg.) Technical Change and Economic Theory, London / New York 1988, S. 38-66.

Frey, R. L., Stichwort „Infrastruktur“, in: Handwörterbuch der Wirtschaftswissenschaft (HdWW), hg. von: Albers, W. et al., Bd. 4, Stuttgart u.a. 1988[2], S. 200-215.

Fricke, R., Grundlagen der Produktivitätstheorie, Würzburg 1961.

Friedman, M., Kapitalismus und Freiheit, [1962], München 1976.

Friends of the Earth Europe (Hg.), Towards Sustainable Europe, Brüssel 1995.

Friends of the Earth Netherlands (Milieudefensie) (Hg.), Action Plan Sustainable Netherlands, Amsterdam 1993.

Fritsch, B. / Schmidheiny, S. / Seifritz, W., Towards an Ecologically Sustainable Growth Society. Physical Foundations, Economic Transitions and Political Constraints, Berlin u.a. 1994.

Fromm, E., Haben oder Sein. Die seelischen Grundlagen einer neuen Gesellschaft, München 1980[7].

Fuchs, J. / Hoffmann, E. , Der Arbeitsmarkt in Deutschland bis 2010 – quo vadis?, in: Fricke, W. (Hg.), Jahrbuch Arbeit und Technik 1993, Bonn 1993, S. 3-17.

Furger, F. , Ökologische Krise und Marktmechanismen. Umweltökonomie in evolutionärer Perspektive, Opladen 1994.

Fussler, C., Driving Eco-Innovation, London 1996.

Galbraith, K. J., The Affluent Society, [1958], London 1977[3].

Gahlen, B. et.al. (Hg.), Wachstumstheorie und Wachstumspolitik. Ein neuer Anlauf, Tübingen 1991.

Gawel, E., Neoklassische Umweltökonomie in der Krise? Kritik und Gegenkritik, in: Köhn, J. / Welfens, M. J. (Hg.), Neue Ansätze in der Umweltökonomie, Basel u.a. 1996, S. 45-87.

Gehring, T., Dynamic International Regimes. Institutions for International Environmental Governance, Frankfurt a. M. u.a. 1994.

Gehrke, C. / Rühl, C., Verlangsamung des Produktivitätswachstums? Erklärungsansätze und empirische Befunde für die Bundesrepublik Deutschland, Bremen 1988.

Georgescu-Roegen, N., The Entropie Law and the Economic Process, Cambridge MA 1971.

Gerken, L. (Hg.), Ordnungspolitische Grundfragen einer Politik der Nachhaltigkeit, Baden-Baden 1996.

Giarini, O. / Stahel, W. R., The Limits to Certainty. Facing Risks in the New Service Economy, Dordrecht u.a. 1989.

Gillwald, K. , Ökologisierung von Lebensstilen. Argumente, Beispiele, Einflußgrößen, Wissenschaftszentrum Berlin FS III 95-408, Berlin 1995.

Glyn, A. et al., The Rise and Fall of the Golden Age, in: Marglin, S. A. / Schor, J. B. (Hg.), The Golden Age of Capitalism. Reinterpreting the Postwar Experince, Oxford 1990, S. 38-125.

Görres, A. / Ehringhaus, H. / Weizsäcker, E. U. v., Der Weg zur ökologischen Steuerreform. Weniger Umweltbelastung und mehr Beschäftigung. Das Memorandum des Fördervereins ökologische Steuerreform, München 1994.

Goethe, J. W. v., Dichtung und Wahrheit, Bd. 5 der Insel – Gesamtausgabe, Frankfurt a. M. 1965.

Gold, B., Improving Industrial Productivity and Technological Capabilities: Needs, Problems and Suggested Policies, in: Dogramaci, A. (Hg.), Productivity Analysis: A Range of Perspectives, Boston 1981, S. 86-132.

Gorz, A., Abschied vom Proletariat. Jenseits des Sozialismus, Reinbek 1983a.

Gorz, A., Wege ins Paradies. Thesen zur Krise, Automation und Zukunft der Arbeit, Berlin 1983b.

Griliches, Z., Stichwort „ Productivity: Measurement Problems“, in: The New Palgrave, hg. von: Earwell, J. / Milgate, M. / Newman, P., London 1987, Vol. III., S. 1010-1013.

Grimmer, K. et al. (Hg.), Politische Techniksteuerung, Opladen 1992.

Grossmann, W. D., Überlegungen zu einer alternativen Wachstumsstrategie. Dargelegt am Beispiel der Region Leipzig, in: Mitteilungen des Forschungsinstituts der Bundesanstalt für Arbeit (MittAB), 1/1995, S. 129-138.

Grubb, M., The Greenhouse Effect – Negotiating Targets, Royal Institute of International Affairs, London 1989.

Gruhler, W., Gesamtwirtschaftliche Bedeutung und einzelwirtschaftlicher Stellenwert industrieller Dienstleistungen, in: Simon, H. (Hg.), Industrielle Dienstleistungen, Stuttgart 1993, S. 23-40.

Grupp, H. (Hg.), Technologie am Beginn des 21. Jahrhunderts, Heidelberg 1993.

Gutenberg, E., Grundlagen der Betriebswirtschaftslehre, Bd. I: die Produktion, Berlin 1951.

Haake, J., Langlebige Produkte für eine zukunftsfähige Entwicklung. Eine ökonomische Analyse, Wuppertal Institut Papers Nr. 62/1996.

Haas, B., Die wirtschaftspolitische Umsetzung der neuen Wachstumstheorie, in: Hanusch, H. / Gick, W. (Hg.), Ansätze für ein neues Denken in der Wirtschaftspolitik, München 1995, S. 71-93.

Haberl, H., Human Appropiation of Net Primary Production as An Environmental Indicator: Implications for Sustainable Development, in: Ambio, Vol. 26, 3/1997, S. 143-146.

Hadjimatheou, G., Stichwort „Consumer Behaviour“, in: Hodgson, G. et al. (Hg.), The Elgar Companion to Institutional and Evolutionary Economics, 2 Bde., Aldershot u.a. 1994, S. 75-80.

Häuser, K. / Lachmann, W. / Scherf, H., Friedrich List – eine moderne Würdigung, Düsseldorf 1989.

Hagemann, H., Makroökonomische Konsequenzen der deutschen Einigung, in: ders. (Hg.), Produktivitätswachstum, Verteilungskonflikte und Beschäftigungsniveau, Probleme der Einheit Bd. 11, Marburg 1993, S. 11-34.

Hampicke, U., Neoklassik und Zeitpräferenz – der Diskontierungsnebel, in: Beckenbach, F. (Hg.), Die ökologische Herausforderung für die ökonomische Theorie, Marburg 1992, S. 127-149.

Hammer, M. / Champy, J., Business Reengineering. Die Radikalkur für das Unternehmen, Frankfurt / New York 1994.

Hanusch, H. / Cantner, U., Neuere Ansätze in der Innovationstheorie und der Theorie des technischen Wandels – Konsequenzen für eine Industrie- und Technologiepolitik, in: Meyer-Krahmer, F. (Hg.), Innovationsökonomie und Technologiepolitik. Forschungsansätze und politische Konsequenzen, Heidelberg 1993, S. 11-46.

Harborth, H.-J., Dauerhafte Entwicklung statt globaler Selbstzerstörung, Berlin 1991.

Harcourt, G. C., Some Cambridge Controversies in the Theory of Capital, in: Journal of Economic Literature, 7/1969, S. 369-405.

Harhoff, D. / König, H., Neuere Ansätze der Industrieökonomik – Konsequenzen für eine Industrie- und Technologiepolitik, in: Meyer-Kramer, F. (Hg.), Innovationsökonomie und Technologiepolitik. Forschungsansätze und politische Konsequenzen, Heidelberg 1993, S. 47-67.

Hartwick, J. M., Intergenerational Equity and the Investing Rents from Exhaustibles Ressources, in: American Economic Review, Vol. 67, 5/1977, S. 972-974.

Hauff, M. v., „Faktor 4" – Über den weiteren Fortschritt der Umwelttechnik, in: Altner, G. et al. (Hg.), Jahrbuch Ökologie 1998, München 1997, S. 254-264.

Hauff, V. (Hg.), Unsere gemeinsame Zukunft. Der Bericht der Weltkommission für Umwelt und Entwicklung, Greven 1987.

Haß, H.-J., Industrienahe Dienstleistungen. Ökonomische Bedeutung und politische Herausforderung, Beiträge zur Wirtschafts- und Sozialpolitik des Instituts der Deutschen Wirtschaft Nr. 223, Köln 1995.

Held, M. (Hg.), Leitbilder der Chemiepolitik. Stoffökologische Perspektiven der Industriegesellschaft, Frankfurt a. M. / New York 1991.

Heil, J. /Hödl, E., Das HERMES-Modell der EG. Kurzbeschreibung, Arbeitspapiere des Fb Wirtschaftswissenschaften der BUGH Wuppertal Nr. 154 / 1991.

Helpman, E., Endogenous Macroeconomic Growth Theory, in: NBER Working Paper Nr. 3869, Washington D.C. 1991.

Hennicke, P., Wohlstand durch Vermeiden. Über die Notwendigkeit und die Chancen einer „zukunftsfähigen Entwicklung" in Deutschland, in: Deutsche Angestellten Gewerkschaft DAG (Hg.), Der Betriebsrat, H 3/1996, S. 9-51.

Hennicke, P. / Becker, Ralf, Ist Anpassen billiger als vermeiden? Anmerkungen zur Aussagefähigkeit globaler Kosten-Nutzen-Analysen von Klimaänderungen, in: Hennicke, P. (Hg.), Klimaschutz: Die Bedeutung von Kosten-Nutzen-Analysen, Basel u.a. 1995, S. 13-45.

Hennicke, P. / Seifried, D., Das Einsparkraftwerk – Eingesparte Energie neu nutzen, Berlin u.a. 1996.

Hennig, R., Nachhaltswirtschaft, Quickborn 1991.

Hentschel, V., Stichworte „Produktion, Produktivität", in: Brunner, O. u.a. (Hg.), Geschichtliche Grundbegriffe, Bd. 5, Stuttgart 1984, S. 1-26.

Herfindahl, O. / Kneese, A.V., Natural Theory of Natural Resources, Columbus OH 1974.

Hesse, H. / Linde, R., Gesamtwirtschaftliche Produktionstheorie I und II, Würzburg / Wien 1976.

Heuss, E., Allgemeine Markttheorie, Tübingen 1965.

Heusser-Keßler, M.-L., Die Produktivität der Natur. Schellings Naturphilosophie und das neue Paradigma der Selbstorganisation in den Naturwissenschaften, Berlin 1986.

Hicks, J. R., Theory of Wages, London 1932.

Hicks, J. R., Value and Capital, Oxford 1948.

Hinterberger, F. et al., Increasing Resource Productivity through Eco-Efficient Services, Wuppertal Institut Papers Nr. 13/1994.

Hinterberger, F. / Luks, F. / Stewens, M., Ökologische Wirtschaftspolitik, Basel u.a. 1996.

Hinterberger, F. et al., Ökonomie der Stoffströme: Ein neues Forschungsprogramm, in: Zeitschrift für angewandte Umweltforschung, 3/1996, S. 344-356.

Hinterberger, F. et al., What is Natural Capital? Wuppertal Paper Nr. 29, Wuppertal 1995.

Hinrichs, E., Produit Net, Propriétaire, Cultivateur. Aspekte des sozialen Wandels bei den Physiokraten und Turgot, in: Festschrift für Hermann Heimpel zum 70. Geburtstag, hg. von den Mitarbeitern des Max-Planck-Instituts für Geschichte, Bd. I, Göttingen 1971, S. 473-510.

Hirschman, A. O., The Passions and the Interests. Political Arguments for Capitalism before its Triumph, Princeton NJ 1977.

Hobsbawm, E., Das Zeitalter der Extreme. Weltgeschichte des 20. Jahrhunderts, München / Wien 1995.

Hockerts, K., Konzeptualisierung ökologischer Dienstleistungen. Dienstleistungskonzepte als Element einer wirtschaftsökologisch effizienten Bedürfnisbefriedigung, Institut für Wirtschaft und Ökologie (IWÖ) Diskussionspapier Nr. 29, Hochschule St. Gallen 1995.

Hödl, E., Wirtschaftswachstum und Umweltpolitik. Umweltpolitik als Begrenzung oder Voraussetzung für wirtschaftliches Wachstum, Göttingen 1975.

Hödl, E. et al., Umweltökonomie und Umweltpolitik. Ein Überblick aus sozialökonomischer Sicht, Arbeitspapiere des Fb Wirtschaftswissenschaften der BUGH Wuppertal Nr. 150/1991.

Hödl, E. / Lierenfeld, H. / Reinartz, J., Nicht-neutrale technische Fortschritte und Profitratenentwicklung in Wachstumsmodellen, Arbeitspapiere des Fb Wirtschaftswissenschaften der BUGH Wuppertal Nr. 99/1986.

Höffe, O., Sittlich-politische Diskurse, Frankfurt a. M. 1981.

Hof, B., Arbeitsmarkt bei verringertem Produktivitätswachstum. Empirische Analyse und wirtschaftspolitische Folgerungen, Köln 1987.

Hof, B., Von der neuen Basis überrascht. Anmerkungen zur Prognos-Projektion „Arbeitslandschaft bis 2010 nach Umfang und Tätigkeitsprofilen, in: Mitteilungen aus der Arbeitsmarkt und Berufsforschung, H. 1/1990, S. 122-131.

Hof, B., Europa im Zeichen der Migration. Szenarien zur Bevölkerungs- und Arbeitsmarktentwicklung in der Europäischen Gemeinschaft bis 2020, Köln 1993.

Hofer, P., Szenarien der wirtschaftlichen Entwicklung. Basisüberlegungen zur Studie „Arbeitslandschaft bis 2010 nach Umfang und Tätigkeiten", in: Mitteilungen aus der Arbeitsmarkt und Berufsforschung, 1/1990, S. 1-21.

Hohmeyer, O., Soziale Kosten des Energieverbrauches. Externe Effekte des Elektrizitätsverbrauches in der Bundesrepublik Deutschland, Berlin u.a. 1989^2.

Hohmeyer, O. / Gärtner, M., The Costs of Climate Change. A Rough Order of Magnitude, Fraunhofer Institut ISI, Karlsruhe 1992.

Holtz, U. / Karsten, D., Die Dritte Welt braucht Wachstum – aber welches? Für eine Weltwirtschaft nichtaggressiver Koexistenz, in: Frankfurter Algemeine Zeitung v. 26. 9. 1996, S. 13-14.

Hotelling, H., The Economics of Exhaustible Resources, in: Journal of Political Economy, Vol. 39, 2 / 1931, S. 137-175.

Houghton, J. T. et al. (Hg.), Climate Change 1995: The Science of Climate Change. Contribution of WG I to the Second Assessment Report of the Intergovernmental Panel of Climate Change, Cambridge 1996.

Huber, J., Die Zwei Gesichter der Arbeit. Ungenutzte Möglichkeiten der Dualwirtschaft, Frankfurt a. M. 1984.

Huckemann, S. / Suntum, U. v., Beschäftigung im internationalen Vergleich: Länder-Ranking 1980 bis 1993, Studie im Auftrag der Bertelsmann-Stiftung, Gütersloh 1994.

Huntington, S. P., The Clash of Civilizations, in: Foreign Affairs, Vol. 72, 3/1993, S. 22-49.

Husmann, J., Arbeitslandschaft bis 2010. Eine Beurteilung aus Sicht der Arbeitgeber, in: Mitteilungen aus der Arbeitsmarkt und Berufsforschung, 1/1990, S. 132- 136.

Immler, H., Natur in der ökonomischen Theorie, Teil 1 + 2, Opladen 1985.

Immler, H., Vom Wert der Natur. Zur ökologischen Reform von Wirtschaft und Gesellschaft, Opladen 1989.

Inglehart, R., The Silent Revolution. Changing Values and Political Styles among Western Publics, Princeton NJ 1977.

Internationales Forum für Gestaltung (Hg.), Gemeinsam nutzen statt einzeln verbrauchen. Eine neue Beziehung zu den Dingen, Ulm 1993.

Jänicke, M., Ökologisch tragfähige Entwicklung: Kriterien und Steuerungsansätze ökologischer Ressourcenpolitik, FFU-Report 93-7, Berlin 1993.

Jänicke, M., Tragfähige Entwicklung: Anforderungen an die Umweltberichterstattung aus der Sicht der Politikanalyse, in: Bringezu, Stefan (Hg.), Neue Ansätze der Umweltstatistik. Ein Wuppertaler Werkstattgespräch, Basel u.a. 1995, S. 9-25.

Jannson et al. (Hg.), Investing in Natural Capital, Washington D.C. 1994.

Jeck, A., Über Mensch und Natur sowie einige Bewegungsgesetze des Kapital(ismus), in: Ökonomie und Gesellschaft, Jahrbuch 9: Adam Smiths Beitrag zur Gesellschaftswissenschaft, Frankfurt a. M. 1991, S.168-223.

Jochimsen, R., Theorie der Infrastruktur. Grundlagen der marktwirtschaftlichen Entwicklung, Tübingen 1966.

Jorgenson, D., Productivity. Bd. 1: Postwar U.S. Economic Growth, Cambridge MA. 1995a; Bd. 2: International Comparisons of Economic Growth, Cambridge MA. 1995b.

Jorgenson, D. / Wilcoxen, P., Global Change, Energy Prices and U.S. Economic Growth, Harvard Institute of Economic Research Discussion Paper Nr. 1511, Cambridge M.A. 1990.

Kaas, P. G., Marketing und Neue Institutionenlehre, Arbeitspapiere Nr. 1 des Forschungsprojekts Marketing und ökonomische Theorie, J. W. v. Goethe Universität Frankfurt a. M. 1992.

Kaiser, K. et. al., Internationale Klimapolitik. Eine Zwischenbilanz und ein Vorschlag über eine Klimarahmenkonvention, Arbeitspapiere des Forschungsinstituts der Deutschen Gesellschaft für Auswärtige Politik DGAP Nr. 65, Bonn 1991.

Kaldor, N., A Model of Economic Growth, in: Economic Journal, 67/1957, S. 591-624.

Kaldor, N. / Mirrlees, J. A., A New Model of Economic Growth, in: Review of Economic Studies, 29/1962, S. 174-192.

Kalmbach, P., Unzeitgemäße Betrachtungen: Adam Smith und die Unterscheidung zwischen produktiver und unproduktiver Arbeit, in: Ökonomie und Gesellschaft, Jahrbuch 9: Adam Smiths Beitrag zur Gesellschaftswissenschaft, Frankfurt a. M. 1991, S. 138-167.

Kapp, K. W., Erneuerung der Sozialwissenschaften. Ein Versuch zur Integration und Humanisierung, [1961], Frankfurt a. M. 1983.

Kapp, K. W., Soziale Kosten der Marktwirtschaft, [1958], Frankfurt a. M. 1988.

Karsten, D., The Limits to Growth – Malthus Revived, in: Intereconomics, 11/1972, S. 343-345.

Katz, M. / Shapiro, C., Technology Adoption in the Presence of Network - Externalities, in: Journal of Political Economy, Vol. 94, 4/1986, S. 822-841.

Kaulbach, F., Stichworte „Produktion, Produktivität", in: Historisches Wörterbuch der Philosophie, hg. von: Ritter, J. / Gründer, K., Bd. 7, Basel 1989, S. 1418-1426.

Kendrick, C. W., Productivity Trends in the United States, Princeton 1961.

Kendrick, C. W., Postwar Productivity Trends in the USA 1948 – 1969, New York 1973.

Kirzner, I. M., Wettbewerb und Unternehmertum, Tübingen 1978.

Klages, H., Traditionsbruch als Herausforderung. Perspektiven der Wertewandelsgesellschaft, Frankfurt a. M. / New York 1993.

Klages, H., Die Realität des Wertewandels. Ein Plädoyer für den faktenorientierten Blick, in: Klein, A. (Hg.), Wertediskussion im vereinten Deutschland, Köln 1995, S. 81-86.

Klauder, W., Zur Entwicklung von Produktivität und Beschäftigungsschwelle, in: Mitteilungen aus der Arbeitsmarkt- und Berufsforschung, 1/1990, S. 86-99.

Klauder, W. / Schnur, P. / Zika, G., Wege zu mehr Beschäftigung. Simulationsrechnungen bis zum Jahr 2005 am Beispiel Westdeutschland (Sysifo), IAB Werkstattbericht Nr. 5/1996, Nürnberg 1996.

Klein, L. R., The Supply Side, in: American Economic Review, Vol. 68, 1978, S. 1-7.

Klemmer, P., Ecological Economics – Ökonomieverträglichkeit einer Stoffpolitik, in: IÖW / VÖW Informationsdienst 5-6/1995, S. 7-9.

Klemmer, P. et al., Mehr Nachhaltigkeit durch Marktwirtschaft: Ein ordnungspolitischer Ansatz, in: Gerken, L. (Hg.), Ordnungspolitische Grundfragen einer Politik der Nachhaltigkeit, Baden-Baden 1996, S. 289-340.

Kneese, A. V. et al., Economics and Environment. A Material Balance Approch, Baltimore u.a. 1970.

König, R., Stichworte „Produktion, Produktivität", in: Historisches Wörterbuch der Philosophie, hg. von: Ritter, J. / Gründer, K., Bd. 7, Basl 1989, S. 1418-1438.

Kraemer, R., Was heißt Ressourcenproduktivität? in: Altner, G. et al., (Hg.), Jahrbuch Ökologie 1995, München 1994, S. 29-34.

Krause, F. et al., Energy Policy in the Greenhouse. Cutting Carbon Emissions: Burden or Benefit? The Economics of Energy-Tax and Non-Price Policies, El Cerrito CA 1993.

Krelle, W., Theorie des wirtschaftlichen Wachstums (unter Mitarbeit von D. Coenen), Berlin u.a. 1985.

Krengel, R. (Hg.) Neuere Methoden der Produktivitätsmessung, Göttingen 1972.

Klump, R. (Hg.), Wirtschaftskultur, Wirtschaftsstil und Wirtschaftsordnung. Methoden und Ergebnisse der Wirtschaftskulturforschung, Marburg 1996.

Krugman, P., Peddling Prosperity. Economic Sense and Nonsense in the Age of Diminished Expectations, New York / London 1994.

Krugman, P., Is Capitalism Too Productive?, in: Foreign Affairs, Vol. 76 No. 5, S. 79-94.

Kuhn, M. / Radermacher, W. / Stahmer, C., Umweltökonomische Trends 1960 bis 1990, in: Wirtschaft und Statistik, 8/1994, S. 658-677.

Kuhn, T. S., Die Struktur wissenschaftlicher Revolutionen, Frankfurt a. M. 1967.

Kühlewind, G., Zu einigen strittigen Punkten der neuen IAB/Prognos-Projektion, in: Mitteilungen aus der Arbeitsmarkt und Berufsforschung, 1/1990, S. 141- 151.

Kurz, H. D. (Hg.), Adam Smith (1723 bis 1790). Ein Werk und seine Wirkungsgeschichte, Marburg 1990.

Kuznets, S., Economic Growth of Nations, Cambridge MA 1971.

Lachmann, L. M., Makroökonomischer Formalismus und die Marktwirtschaft. Ein Essay über die Folgen der Vernachlässigung der Wirkungen menschlichen Handelns für die Erkenntnis volkswirtschaftlicher Zusammenhänge, Tübingen 1975.

Lachmann, L. M., Capital and its Structure, [1956], Kansas City 1978.

Lahaye, N. / Llerena, D., Technology and Sustainability: An Organisational and Institutional Change, in: Faucheux, S. / Pearce, D. / Proops, J. (Hg.), Models of Sustainable Development. New Horizons in Environmental Economics, Cheltenham / Brookfield 1996, S. 205-228.

Lancaster, K., Moderne Mikroökonomie, Frankfurt a. M. / New York 1987[3].

Lavoie, D. (Hg.), Economics and Hermeneutics, London / New York 1991.

Lawrence, R. Z., The Slow Growth Mystery. Can We Cure the Cancer?, Review Essay, in: Foreign Affairs, 1-2/1996, S. 146-152.

Lehmann, H. / Reetz, T., Zukunftsenergien. Strategien einer neuen Energiepolitik, Berlin u.a. 1995.

Leipert, C., Die heimlichen Kosten des Fortschritts. Wie Umweltzerstörung das Wirtschaftswachstum fördert, Frankfurt a. M. 1989.

Levine, R. / Renelt, D., A Sensitivity Analysis of Cross-County Growth Regressions, in: American Economic Review, Vol. 82, 4/1992, S. 942-963.

Lind, R. (Hg.), Discounting for Time and Risk in Energy Policy, 2 Bde., Baltimore 1986.

Linde, R., Einführung in die Mikroökonomie, Stuttgart u.a. 1988.

Linde, R., Stichwort „ Produktion II: Produktionsfunktionen“, in: Handwörterbuch der Wirtschaftswissenschaft (HdWW) hg. v.: Albers, W. et al., Bd. 6, Stuttgart u.a. 1988[2], S. 276-295.

Link, A. N., Technological Change and Productivity Growth, Chur u.a. 1987.

List, F., Das nationale System der politischen Ökonomie, [1842], Werke Bd. VI, Berlin 1930.

Loske, R., Klasse statt Masse. Eine zukunftsfähige Wirtschaft braucht eine bessere Infrastruktur, in: GAIA – Ecological Perspectives in Science, Humanities and Economics, 5/1996a, S. 71-85.

Loske, R., Klimapolitik. Im Spannungsfeld von Kurzzeitinteressen und Langzeiterfordernissen, Marburg 1996b.

Lucas, R. E., On the Mechanics of Economic Development, in: Journal of Monetary Economics, Vol. 22, Juli 1988, S. 3-42.

Luhmann, J., Rachel Carson und Sherwood F. Rowland: zu den biographischen Wurzeln der Entdeckung von Umweltproblemen, in: Altner, G. et al. (Hg.), Jahrbuch Ökologie 1997, München 1996, S. 217-253.

Luhmann, N., Ökologische Kommunikation: Kann die moderne Gesellschaft sich auf ökologische Gefährdungen einstellen?, Opladen 1990.

Mackscheid, K., Alte und neue Wachstumspolitik in: Aus Politik und Zeitgeschichte – Beilage zur Wochenzeitschrift „Das Parlament“, B 18/1993 vom 30.4.1993, S. 3-12.

Maddison, A., Dynamic Forces in Capitalist Development, Oxford / New York 1991.

Maddison, A., Monitoring the World Economy 1820 – 1992, Paris 1995.

Mahl, B., Goethes ökonomisches Wissen, Frankfurt / Bern 1982.

Maier-Rigaud, G., Umweltpolitik in der offenen Gesellschaft, Opladen 1988.

Maier-Rigaud, G., Umweltpolitik mit Mengen und Märkten, Marburg 1994.

Majer, H., Technischer Fortschritt und Qualitätsveränderung: Die Identitätshypothese, in: Seitz, T. (Hg.), Wirtschaftliche Dynmik und technischer Wandel, Stuttgart / New York 1989, S. 1-17.

Mankiw, G. N., Principles of Economics, Fort Worth u.a. 1998.

Mankiw, G. N. / Romer, D. / Weil, D. N., A Contribution to the Empirics of Economic Growth, in: Quarterly Journal of Economics, Mai 1992, S. 407-437.

Marglin, S. A., Lessons of the Golden Age. An Overview, in: ders. / Schor, J. B. (Hg.), The Golden Age of Capitalism. Reinterpreting the Postwar Experince, Oxford 1990, S. 1-38.

Marshall, A., Principles of Economics, [1890], London 1961[9].

Marx, Karl / Engels, Friedrich, Das Kapital. Kritik der politischen Ökonomie, Bd. 1, Marx / Engels Werke (MEW) Bd. 23, [1867], Berlin 1962.

Marx, Karl / Engels, Friedrich, Die deutsche Ideologie, MEW Bd. 3, [1845/46], Berlin 1962.

Marx, Karl / Engels, Friedrich, Zur Kritik der Politischen Oekonomie, MEW Bd. 13, [1859], Berlin 1964.

Maslow, A. H., Motivation and Personality, [1954], New York u.a. 1970[2].

McCloskey, D. N., The Rethoric of Economics, Madison 1985.

McCloskey, D. N., Storytelling in Economics, in: Lavoie, D. (Hg.), Economics and Hermeneutics, London / New York 1991, S. 61-75.

McKinsey Global Institute, Service Sector Productivity, Washington D.C. 1992.

McKinsey Global Institute, Employment Performance, Washington D.C. 1994.

Meadows, D. et al., Die neuen Grenzen des Wachstums. Die Lage der Menschheit, Bedrohung und Zukunftschancen, Stuttgart 1992.

Merten, T. / Liedtke, C. / Schmidt-Bleek, F., Materialintensitätsanalysen von Grund-, Werk- und Baustoffen (1), Die Werkstoffe Beton und Stahl. Materialintensitäten von Freileitungsmasten, Wuppertal Institut Papers Nr. 27/1995.

Meyer-Abich, K.-M., Im gemeinsamen Boot? Gewinner und Verlierer beim Klimawandel, in: Sachs, W. (Hg.), Der Planet als Patient. Über die Widersprüche globaler Umweltpolitik, Berlin u.a. 1994, S. 184-210.

Meyer-Abich, K.-M., Praktische Naturphilosophie. Erinnerung an einen vergessenen Traum, München 1997.

Meyer-Kramer, F. (Hg.), Innovationsökonomie und Technologiepolitik. Forschungsansätze und politische Konsequenzen, Heidelberg 1993.

Merk, H. G. (Hg.), Wirtschaftsstruktur und Arbeitsplätze im Wandel der Zeit, Wiesbaden 1994.

Messner, D., Die Bedeutung von Staat, Markt und Netzwerksteuerung für systemische Wettbewerbsfähigkeit, INEF-Report 15/1996, Universität Duisburg 1996.

Mill, J. S., Über die Worte produktiv und unproduktiv, in: ders., Einige ungelöste Probleme der Politischen Ökonomie, hg. von: Nutzinger, H., [1844], Frankfurt/ New York 1976, S. 96-114 (mit einer Einleitung von H. Nutzinger).

Miller, S. / Potthoff, H., Kleine Geschichte der SPD. Darstellung und Dokumentation 1848 bis 1983, Bonn 1983^{5}.

Minsch, J., Ökologische Grobsteuerung – Konzeptionelle Grundlagen und Konkretisierungsschritte, Universität St. Gallen 1994.

Mirowski, P., Against Mechanisms. Protecting Economics from Science, Totowa 1988.

Möller, H., „Wirtschaftliche Sättigung“ im Lichte der ökonomischen Theorie, in: Ifo-Studien, 30. Jg., 3/1984, S. 171-192.

Müller, A., Die Elemente der Staatskunst, in: Weber-Fas, R. (Hg.), Der Staat. Dokumente des Staatsdenkens von der Antike bis zur Gegenwart, Bd. 2, Pfullingen 1977, S. 87- 111.

Munnell, A., An Assessment of Trends and Economic Impacts of Infrastructure Investment, in: OECD (Hg.), Infrastructure Policies for the 1990s, Paris 1993, S. 21-54.

Musil, R., Der Mann ohne Eigenschaften, [1930-34], Reinbek 1986^{4}.

Myrdal, G., Ökonomische Theorie und unterentwickelte Regionen, Stuttgart 1959.

Nadiri, I., International Studies of Factor Inputs and Total Factor Productivity: A Brief Survey, in: Review of Income and Wealth, 18/1972, S. 129-154.

Naschold, F. / Pröhl, M. (Hg.), Produktivität öffentlicher Dienstleistungen. Dokumentation eines wissenschaftlichen Diskurses zum Produktivitätsbegriff, Gütersloh 1994.

Nefiodow, L. A., Der Fünfte Kondratieff, Frankfurt 1991.

Negt, O., Die Krise der Arbeitsgesellschaft. Machtpolitischer Kampfplatz zweier „Ökonomien", in: Aus Politik und Zeitgeschichte – Beilage zur Wochenzeitschrift „Das Parlament", B 15/1995 v. 7.4.1995, S. 3-9.

Nelson, R. R. / Winter, S. G, An Evolutionary Theory of Economic Change, Cambridge / London 1982.

Neumark, F., Wandlungen in den Auffassungen vom Volkswohlstand, Frankfurt a. M. 1964.

Nordhaus, W., Greenhouse Economics: Count Before You Leap, in: The Economist v. 7.7.1990, S. 19-22.

Nordhaus, W. / Tobin, J., Is Growth obsolete?, in: Moss, M., (Hg.), The Measurement of Economic and Social Performance, New York 1973, S. 509-531.

Norsworthy, J. R. / Harper, M.J. / Kunze, K., The Slowdown in Productivity Growth: Analysis of Some Contributing Factors, in: The Brookings Institution (Hg.), The Brookings Papers on Economic Activity, 2/1979, S. 387-421.

Nowack, M., Der Strukturwandel und seine Begleiterscheinungen – Rückblick auf die Entwicklung ausgewählter Wirtschaftsbereiche im früheren Bundesgebiet, in: Merk, H. G. (Hg.), Wirtschaftsstruktur und Arbeitsplätze im Wandel der Zeit, Wiesbaden 1994, S. 36-65.

Nutzinger, H. G., Langzeitverantwortung im Umweltstaat aus ökonomischer Sicht: Zur Konzeption des nachhaltigen Wirtschaftens, in: Gethmann, C. F. / Kloepfer, M. / Nutzinger, H. G. (Hg.), Langzeitverantwortung im Umweltstaat, Bonn 1993, S. 42-78.

Nutzinger, H. G. (Hg.), Nachhaltige Wirtschaftsweise und Energieversorgung, Marburg 1995.

Nutzinger, H. G. / Zahrnt, Angelika (Hg.), Öko-Steuern, Karlsruhe 1989.

O´Connor, Michael, Consumer Organisations and Sustainable Consumption, in: Stiftung Verbraucherinstitut (Hg.), Nachhaltiger Konsum. Welchen Beitrag kann die umweltbezogene Verbraucherarbeit leisten? Dokumentation eines Workshops, Berlin 1996, S. 17-25.

Odum, E., Ökologie: Grundbegriffe, Verknüpfungen, Perspektiven. Brücke zwischen Natur- und Sozialwissenschaften, München 1980.

Österreichische Bundesregierung, Nationaler Umweltplan, Wien 1995.

OECD = Organization for Economic Cooperation and Development (Hg.), OECD Core Set of Indicators for Environmental Performance Reviews, Paris 1993.

OECD, The OECD Jobs Study, Part I: Labour Markets Trends and Underlying Forces of Change; Part II: The Adjustment Potential of the Labour Market, Paris 1994.

OECD, Reconciling Economy and Society. Towards a Plural Economy, Paris 1996a.

OECD, Technology, Productivity and Job Creation, Vol. 2: Analytical Report, Paris 1996b.

OECD, Statistics Directorate, Main Economic Indicators, Paris 1997a.

OECD, Pollution Prevention and Control Group, Eco-Efficiency. Breaking the Link Between Economioc Growth and Environmental Damage? Entwurf v. 7.10.1997, Paris 1997b.

Offe, C. / Heinze, R. G., Organisierte Eigenarbeit, Frankfurt a. M. 1990.

Olson, M., Die Logik des kollektiven Handelns – Kollektivgüter und die Theorie der Gruppen, [1965], Tübingen 1985^2.

Oppenländer, K. H., Technischer Fortschritt: Entstehung, Wirkung, Akzeptanz, in: Seitz, T. (Hg.), Wirtschaftliche Dynmik und technischer Wandel, Stuttgart / New York 1989, S. 163-179.

Oppenländer, K. H. (Hg.), Beschäftigungsfolgen moderner Technologien, Berlin / New York 1991.

Ott, A. E. / Winkel, H., Geschichte der theoretischen Volkswirtschaftslehre, Göttingen 1985.

Pasche, M., Evolutorische Ökonomik und Ecological Economics, in: IÖW / VÖW Informationsdienst, Nr. 5-6/1995, S. 12-14.

Pearce, D., Economics, Equity and Sustainable Development, in: Futures, Vol. 20, 6/1988, S. 598-605.

Pearce, D. / Markandya, A. / Barbier, E. B., Blueprint for a Green Economy, London 1989.

Pearce, D. / Turner, K., Economics of Natural Resources and the Environment, New York u.a. 1990.

Pearce, D. / Warford, J., World without End: Economics, Environment and Sustainable Development, New York 1993.

Peter, B. / Cames, M. / Seifried, D., Nachhaltige Energiewirtschaft – Einstieg in die Arbeitswelt von morgen, Freiburg u.a. 1996.

Petersen, M., Ökonomische Analyse des Car-Sharing, TU Berlin 1993.

Pezzey, J., Economic Analysis of Sustainable Growth and Sustainable Development, World Bank, Environmental Department WP 15 / 1989, Washington D.C. 1989.

Pfaff, M., Von betriebs- und volkswirtschaftlichen hin zu sozialen und gesamtgesellschaftlichen Produktivitätsbegriffen: das Beispiel des deutschen Krankenhauses, in: Naschold, F. / Pröhl, M. (Hg.), Produktivität öffentlicher Dienstleistungen, Gütersloh 1994, S. 13-49.

Prognos AG (Hg.), Identifizierung externer Kosten der Energieversorgung, 9 Bde., Basel 1992.

Putnam, R. D., Making Democracy Work. Civic Traditions in Modern Italy, Princeton 1993.

Putnam, R. D., Bowling Alone: America´s Declining Social Capital, in: The Journal of Democracy, 6/1995, S. 65-78.

Quesnay, F., Allgemeine Grundsätze der wirtschaftlichen Regierung eines ackerbautreibenden Reiches, [1758], Jena 1921.

Radke, V., Ökonomische Aspekte nachhaltiger Technologie. Zur Bedeutung unterschiedlicher Ausprägungen des technischen Fortschritts für das Konzept des Sustainable Development, in: Zeitschrift für Umweltrecht und -politik, 1/1996, S. 109-128.

Rahmeyer, F., Technischer Wandel und sektorales Produktivitätswachstum. Ein evolutionsökonomischer Erklärungsansatz, in: Jahrbuch für Nationalökonomie und Statistik, Bd. (Vol.) 211/3-4, Stuttgart 1993, S. 259-285.

Ramser, H. J., Grundlagen der „neuen“ Wachstumstheorie, in: Wirtschaft und Statistik (WiSt), 3/1993, S. 117-123.

Rechsteiner, R., Sind hohe Energiepreise volkswirtschaftlich ungesund?, in: GAIA, Ecological Perspectives in Science, Humanities and Economics, Vol. 2, 6/1993, S. 310-326.

Reich, R., Die neue Weltwirtschaft: Das Ende der nationalen Ökonomie, Frankfurt a. M. 1993.

Renn, O. / Kastenholz, H. G., Ein regionales Modell nachhaltiger Entwicklung, in: GAIA. Ecological Perspectives in Science, Humanities, and Economics, 2/1996, S. 86-102.

Repetto, R., Environmental Productivity and Why it is so Important, in: Challenge, H. 9-10/1990, S. 33-38.

Repetto, R. et al., Has Environmental Protection Really Reduced Productivity Growth? We Need Unbiased Measures, World Resources Institute, Washington D.C. 1996.

Reuss, G. E., Produktivitätsanalyse, Basel / Tübingen 1960.

Reusswig, F., Lebensstile und Ökologie, in: Dangschat, J. / Blasius, J. (Hg.), Lebensstile in den Städten. Konzepte und Methoden, Opladen 1994, S. 91-103.

Reuter, N., Der Institutionalismus. Geschichte und Theorie der evolutionären Ökonomie, Marburg 1994.

Ricoy, C., J. Stichwort „Cumulative Causation", in: The New Palgrave. A Dictionary of Economics, hg. von: Earwell, J. / Milgate, M. / Newman, P., Bd. 1, London 1988², S. 730-736.

Riester, W., Die Zukunft der Arbeit – Die neue Rolle der Gewerkschaften, in: Langkau, J. et al. (Hg.) SPD und Gewerkschaften, Bd. 2: Ein notwendiges Bündnis, Bonn 1994, S. 111-121.

Rifkin, J., Das Ende der Arbeit und ihre Zukunft, Frankfurt a. M. 1995.

Robinson, J., The Production Function and the Theory of Capital, in: Review of Economic Studies, 21 1953/54, S. 81-106.

Roloff, O., Positive Theorie staatlicher Ausgaben in die produktionsbezogene Infrastruktur, in: FISK-Diskussionsbeiträge, BUGH-Wuppertal 1995.

Romer, P. M., Increasing Returns and Long-Run Growth, in: Journal of Political Economy, Vol. 94, 5/1986, S. 1002-1037.

Romer, P. M., Endogenous Technical Change, in: Journal of Political Economy, Vol. 98, 5/1990, S. 71-102.

Rose, K., Grundlagen der Wachstumstheorie, Göttingen 1987⁵.

Rosenberg, N., Inside the Black Box. Technology and Economics, Cambridge u.a. 1982.

Roy, R., Contributions à la Recherche d'une Definition de la Productivité, in: Bulletin de l'Inst. Intern. de Stat., Bd. 34, Rom 1955.

Sachs, W. (Hg.), Wie im Westen so auf Erden. Ein polemisches Handbuch zur Entwicklungspolitik, Reinbek b. Hamburg 1993.

Sachverständigenrat zur Begutachtung der gesamtwirtschaftlichen Entwicklung, Jahresgutachten 1991/92, Bonn 1991.

Sachverständigenrat zur Begutachtung der gesamtwirtschaftlichen Entwicklung, Jahresgutachten 1995/96, Bonn 1995.

Schäfers, B. / Köhler, G., Leitbilder der Stadtentwicklung. Wandel und jetzige Beurteilung, Pfaffenweiler 1989.

Scharpf, F. W., Politische Steuerung und Politische Institutionen, in: Politische Vierteljahresschrift (PVS), 30. Jg., 1/1989, S. 10-21.

Schefold, B., Wirtschaftsstile. Studien zum Verhältnis von Ökonomie und Kultur, Frankfurt a.M. Bd. 1 1994, Bd. 2 1995.

Scherhorn, G., Die Unersättlichkeit der Bedürfnisse und der kalte Stern der Knappheit, in: Biervert, B. / Held, M. (Hg.), Das Naturverständnis der Ökonomik, Frankfurt / NewYork 1994a, S. 224-240.

Scherhorn, G., Güterwohlstand versus Zeitwohlstand. Über die Unvereinbarkeit des materiellen und des immateriellen Produktivitätsbegriffs, unveröffentlichtes Manuskript, Universität Hohenheim 1994b.

Scherhorn, G., Konsumentenverhalten und Wertewandel, in: Henze, M. / Kaiser, G. (Hg.), Öko-Dialog. Umweltmanager und Umweltschützer im Gespräch, Düsseldorf 1994c, S. 196-221.

Scherhorn, G., Der Weg aus der Wohlstandsfalle führt durch sie hindurch, Vortragsmanuskript v. 27.2.1996.

Schettkat, R. / Wagner, M. (Hg.), Technologischer Wandel und Beschäftigung. Fakten – Analysen – Trends, Berlin / New York 1989.

Schmidheiny, S. (Hg.), Kurswechsel. Globale unternehmerische Perspektiven für Umwelt und Entwicklung, München 1992.

Schmidt, K.-D. / Gundlach, E., Investitionen, Produktivität und Beschäftigung. Eine empirische Analyse für die Bundesrepublik Deutschland, Kieler Studien Nr. 218, Tübingen 1988.

Schmidt-Bleek, F., Revolution in Resource Productivity – a New Research Agenda, in: Fresenius Environmental Bulletin, Vol. 2, 8/1993, S. 485-490.

Schmidt-Bleek, F., Wieviel Umwelt braucht der Mensch? MIPS – Das Maß für ökologisches Wirtschaften, Basel u.a. 1994.

Schmidt-Bleek, F. / Tischner, Ursula, Produktentwicklung. Nutzen gestalten – Natur schonen, Schriftenreihe des Wirtschaftsförderungsinstituts der Wirtschaftskammer Österreich Nr. 270, Wien 1995.

Schmidt-Bleek, F. et al., MAIA-Handbuch. Einführung zur Materialintensitätsanalyse nach dem MIPS-Konzept, Wuppertal Institut 1995.

Schmookler, J., Invention and Economic Growth, Cambridge MA 1966.

Schnur, P., Investitionstätigkeit und Produktivitätsentwicklung. Empirische Analyse auf der Basis eines erweiterten Verdoorn-Ansatzes, in: Mitteilungen aus der Arbeitsmarkt und Berufsforschung, 1/1990, S. 106-110.

Schüßler, R., Unterminiert der Markt seine normative Basis?, in: Biervert, B. / Held, M. (Hg.), Das Menschenbild in der ökonomischen Theorie. Zur Natur des Menschen, Frankfurt a. M. / New York 1991, S. 94-110.

Schumpeter, J A., Theorie der wirtschaftlichen Entwicklung. Eine Untersuchung über Unternehmergewinn, Kapital, Kredit, Zins und deren Konjunkturzyklus, München 1926.

Schumpeter, J A., History of Economic Analysis, Oxford 1954.

Seifert, E. K., Sustainable Development – Dauerhaftes Wirtschaften. Für einen umweltverträglichen Wohlstand der Nationen, in: ders. / Priddat, B. P., Neuorientierungen in der ökonomischen Theorie. Zur moralischen, institutionellen und evolutorischen Dimension des Wirtschaftens, Marburg 1995, S. 319-348.

Seifried, D. / Stark, N., Energiedienstleistungen. Strategien und Marketingansätze für eine ökologische Energieversorgung, Freiburg 1994.

Seitz, T. (Hg.), Wirtschaftliche Dynamik und technischer Wandel, Stuttgart / New York 1989.

Sen, A., Rational Fools. A Crititque of the Behavioural Foundations of Economic Theory, in: Hahn, F. / Hollis, M. (Hg.), Philosophy and Economic Theory, Oxford 1979, S. 87-109.

Seyfried, M., Produktivitätswachstum und Umweltschutz, Frankfurt a. M. 1986.

Shiva, V., Das Geschlecht des Lebens. Frauen, Ökologie und Dritte Welt, Berlin 1989.

Siebert, H., Economics of the Environment. Theory and Policy, Berlin u.a. 1995[4].

Sieferle, R. P., Der unterirdische Wald. Energiekrise und industrielle Revolution, München 1982.

Silver, M., Foundations of Economic Justice, New York 1989.

Simon, H., Models of Man. Rational and Social – Mathematical Essays on Rational Human Behaviour in a Societal Setting, New York u.a. 1957.

Simonis, U. E., Globale Umweltprobleme und zukunftsfähige Entwicklung, in: Aus Politik und Zeitgeschichte – Beilage zur Wochenzeitschrift „Das Parlament", B 10/1991, S. 3-12.

Simonis, U. E. / Ayres, Robert (Hg.), Industrial Metabolism, Berlin 1993.

Smith, Adam, Der Wohlstand der Nationen, [1776], München 1990[5].

Söllner, F., Neoklassik und Umweltökonomie, in: Zeitschrift für Umweltpolitik und Umweltrecht, 4/1993, S. 431-460.

Solow, R., A Contribution to the Theory of Economic Growth, in: Quarterly Journal of Economics, Vol. 70, 1956, S. 65-94.

Solow, R., Technical Change and the Aggregate Production Function, in: Review of Economics and Statistics, Vol. 39, 1957, S. 312-320.

Solow, R., The Economics of Resources and the Resources of Economics, in: American Economic Review, Vol. 64, Mai 1974, S. 1-14.

Solow, R., On the Intergenerational Allocation of Natural Resources, in: Scandinavian Journal of Economics, Vol. 88, 1/1986, S. 141-149.

Solow, R., New Directions in Growth Theory, in: Gahlen, B. et al. (Hg.), Wachstumstheorie und Wachstumspolitik. Ein neuer Anlauf, Tübingen 1991, S. 3-17.

Spann, O., Naturphilosophie, Bd. 15 der Gesamtausgabe, [1937], Graz 1963[2].

Spann, O., Fundament der Volkswirtschaftslehre, Bd. 3 der Gesamtausgabe, [1918, 1929[4]], Graz 1967[5].

SRU = Sachverständigenrat für Umweltfragen, Umweltgutachten 1987, Stuttgart 1988.

SRU, Für eine dauerhaft-umweltverträgliche Entwicklung, Umweltgutachten 1994, Bundestagsdrucksache 12/6995, Bonn 1994.

SRU, Zur Umsetzung einer dauerhaft-umweltgerechten Entwicklung, (Manuskript) Bonn 1996.

Stahel, W. / Reday-Mulvey, G., Jobs for Tomorrow. The Potential for Substituting Manpower for Energy, New York 1981.

Statistisches Bundesamt (Hg.), Umweltökonomische Trends. Schaubilder und Tabellen mit Erläuterungen zur Pressekonferenz am 13.6.1996, Wiesbaden 1996.

Steven, M., Produktion und Umweltschutz. Ansatzpunkte für die Integration von Umweltschutzmaßnahmen in die Produktionstheorie, Wiesbaden 1994.

Stewen, M., Eine Materialinputsteuer zur Reduzierung anthropogener Stoffströme? – Erste Überlegungen, in: Köhn, J. / Welfens, M. J., (Hg.), Neue Ansätze in der Umweltökonomie, Basel u.a. 1996, S. 173-202.

Stiglitz, J. E., A Neoclassical Analysis of the Economics of Natural Resources, in: Smith, V. K. (Hg.), Scarcity and Growth Reconsidered, Baltimore / London 1979, S. 36-66.

Stiglitz, J. E., Learning to Learn, Localized Learning and Technological Progress, in: Dasgupta, P. / Stoneman, P. (Hg.), Economic Policy and Technological Performance, Oxford 1987, S. 125-153.

Stokey, N. L., Learning by Doing and the Introduction of New Goods, in: Journal of Political Economy, Vol 96, 1988, S. 701-717.

Ströbele, W., Wirtschaftswachstum bei begrenzten Energieressourcen, Berlin 1984.

Suntum, U. v., Hohe Arbeitslosigkeit in den Industrieländern. Was sagen die Ökonomen?, in: Aus Politik und Zeitgeschichte – Beilage zur Wochenzeitschrift „Das Parlament", B 15/95 v. 7.4.1995, S. 10-15.

Tibbs, H. B. C., Industrial Ecology: An Environmental Agenda for Industry, in: Whole Earth Review, Winter 1992, S. 4-19.

Tichy, G., Wachstumstheorie und moderne Makroökonomie: (k)ein neuer Anlauf, in: Gahlen, B. et al. (Hg.), Wachstumstheorie und Wachstumspolitik. Ein neuer Anlauf, Tübingen 1991, S. 91-109.

Tinbergen, J., The Influence of Productivity on Economic Welfare, in: Economic Journal, Vol. 62, 3/1952, S. 68-86.

Toman, M. A. / Pezzey, J. / Krautkraemer, J., Neoclassical Economic Growth Theory and „Sustainability", in: Bromley, D. W. (Hg.), Handbook of Environmental Economics, Cambridge MA / Oxford 1995, S. 139-165.

Turgot, A. R. J., Betrachtungen über die Bildung und Verteilung des Reichtums, [1766], Jena 1924[3].

Ullrich, O., Lebenserhaltende Tätigkeiten jenseits der Lohnarbeit, in: Fricke, W. (Hg.), Jahrbuch Arbeit und Technik 1993, Bonn 1993, S. 84-98.

Udehn, L., Twenty-five Years with The Logic of Collective Action, in: Acta Sociologica, 36/1993, S. 239-261.

UN Department of Economic and Social Development, Statistical Division, Handbook of National Accounting, Integrated Environmental and Economic Accounting, New York 1993.

UNEP et al. = United Nations Environment Programme et al., Global Environment Outlook, New York / Oxford 1997.

US Materials Policy Commission, Resources for Freedom (Paley-Report), 5 Bde., Washington D.C. 1952.

US Joint Economic Committee, GNP per Unit of Raw Material; Manufactoring Output per Unit of Raw Material, in: Productivity, Prices and Incomes, Materials prepared by the Committee Staff, Washington D.C. 1957, S. 22-24, S. 92.

Vasko, T. (Hg.), The Longe-Wave Debate, Berlin u.a. 1985.

Veblen, T., The Theory of the Leisure Class: An Economic Study o Institutions, [1899], New York 1965.

Verdoorn, P. J., On an Empirical Law Governing the Productivity of Labour, in: Econometrica, Vol. 19, 1951, S. 209-210.

Verein für Socialpolitik, Verhandlungen des Vereins für Socialpolitik in Wien 1909, Leipzig 1910.

Victor, P. A., Indicators of Sustainable Development: Some Lessons from Capital Theory, in: Ecological Economics, 4/1991, S. 191-213.

Walter, H., Stichwort „Technischer Fortschritt I: in der Volkswirtschaft", in: Handwörterbuch der Wirtschaftswissenschaft (HdWW), hg. von: Albers, W. et al., Bd. 7, Stuttgart u.a. 1988^2, S. 569-583.

Watson, R. T. et al. (Hg.), Impacts, Adaptions and Mitigation of Climate Change 1995: Scientific – Technical Analysis. Contribution of WG II to the Second Assessment Report of the Intergovernmental Panel of Climate Change (IPCC), Cambridge 1996.

WBCSD = World Business Council for Sustainable Development, Sustainable Production and Consumption. A Business Perspective, Genf 1996.

WBGU = Wissenschaftlicher Beirat Globale Umweltveränderungen, Welt im Wandel: Grundstruktur globaler Mensch-Umwelt-Beziehungen, Bonn 1993.

WBGU, Die Gefährdung der Böden, Bonn 1994.

WBGU, Welt im Wandel: Herausforderung für die deutsche Wissenschaft, Bonn 1996.

Weber, M., Gesammelte Aufsätze zur Religionssoziologie I: Die protestantische Ethik und der Geist des Kapitalismus, [1904/5], Tübingen 1988^9.

Weida, A., Sektorale Strukturpolitik und Umweltschutz. Theoretische Fundierung einer ökologischen Strukturpolitik, dargestellt am Beispiel der Europäischen Union, Frankfurt a. M. 1997.

Wegner, M., Produktivitätsfortschritt in den 80ern, Bedrohung oder Notwendigkeit für die EG?, in: Wirtschaftsdienst, 2/1980, S. 86-92.

Wehler, Hans-Ulrich, Deutsche Gesellschaftsgeschichte, Bd. 1: Vom Feudalismus des alten Reiches bis zur defensiven Modernisierung der Reformära, 1700 bis 1815, München 1996^3.

Weidenbaum, M., The Changing Nature of Government Regulation on Business, in: Journal of Post-Keynesian Economics, 2/1980, S. 345-357.

Weimann, J., Umweltökonomik. Eine theorieorientierte Einführung, Berlin u.a. 1995^3.

Weissmahr, J. A., The Factors of Production of Evolutionary Economics, in: Witt, U. (Hg.), Explaining Process and Change, Ann Arbor 1992, S. 67-79.

Weizsäcker, C. C. v., Zur ökonomischen Theorie des technischen Fortschritts, Göttingen 1966.

Weizsäcker, E. U. v., Arbeitsproduktivität versus Energieproduktivität: Perspektiven und Grenzen der Steigerung von Produktivität als Motor der Wachstumsgesellschaft, in: Fricke, W. (Hg.), Jahrbuch Arbeit und Technik 1993, Bonn 1993, S. 78-83.

Weizsäcker, E. U. v. (Hg.), Umweltstandort Deutschland. Argumente gegen die ökologische Phantasielosigkeit, Basel u.a. 1994.

Weizsäcker, E. U. v. / Lovins, A. B. / Lovins, L. H., Faktor Vier. Doppelter Wohlstand – halbierter Naturverbrauch, München 1995.

Weskamp, C., Denn sie wissen nicht, was sie tun? Möglichkeiten und Grenzen verbesserter Verbraucherinformation, in: IÖW / VÖW Ökologisches Wirtschaften, 3-4/1996, S. 12-14.

Weterings, R. / Opschoor, H., The Ecocapacity as a Challenge to Sustainable Development, Netherlands Advisory Council for Research on Nature and Environment (RMNO), Rijswijk 1992.

Wicke, L., Umweltökonomie. Eine praxisorientierte Einführung, München 1991^3.

Williamson, O. E., Die ökonomischen Institutionen des Kapitalismus. Unternehmen, Märkte, Kooperationen, Tübingen 1990.

Wissenschaftsrat, Gutachten zur Umweltforschung in Deutschland, 2 Bde., Köln 1994.

Witt, U., Individualistische Grundlagen einer evolutorischen Ökonomik, Tübingen 1987.

Witt, U. (Hg.), Explaining Process and Change, Ann Arbor 1992.

Witt, U., Evolutorische Ökonomik – Umrisse eines neuen Forschungsprogramms, in: Seifert, E. K. / Priddat, B., Neuorientierungen in der ökonomischen Theorie, Marburg 1995, S. 153-179.

Wunderlich, F., Produktivität, Jena 1926.

Wunderlich, F., Bemerkungen zur amerikanischen Produktivität, in: Ifo-Studien 2/1956, S. 47-60.

Young, A.A., Incresing Returns and Enconomic Progress, in: Economic Journal, Vol. 38, Dezember 1928, S. 527-542.

Zapf, W., Die Modernisierung moderner Gesellschaften. Verhandlungen des 25. Deutschen Soziologentages in Frankfurt a. M. 1990, Frankfurt a. M. u.a. 1991.

Zilleßen, H., Mediation. Kooperatives Konfliktmanagement in der Umweltpolitik, Opladen 1997.

Zocke, P. et al., Nachfrageorientierte Technikgestaltung. Plädoyer für einen Perspektivwechsel bei der Entwicklung und Gestaltung von Informations- und Kommunikationstechnologien, in: Fricke, W. (Hg.), Jahrbuch Arbeit und Technik 1994, Bonn 1994, S. 265-275.

Sachregister

GPSR Compliance

The European Union's (EU) General Product Safety Regulation (GPSR) is a set of rules that requires consumer products to be safe and our obligations to ensure this.

If you have any concerns about our products, you can contact us on ProductSafety@springernature.com

In case Publisher is established outside the EU, the EU authorized representative is:

Springer Nature Customer Service Center GmbH
Europaplatz 3
69115 Heidelberg, Germany

Batch number: 10844669

Printed by Printforce, the Netherlands